全国电力行业“十四五”规划教材
高职高专电力技术类与自动化类系列教材

自动控制原理与系统

主　编　胡祝兵
副主编　王艳华
编　写　韩志凌　刘海波
　　　　高树红　齐　琳

中国电力出版社
CHINA ELECTRIC POWER PRESS

内 容 提 要

本书为电力行业"十四五"规划教材。本书分为九章。第一～六章内容为自动控制原理，包括自动控制系统概述、控制系统的数学模型、控制系统时域分析法、控制系统频率分析法、控制系统的校正、线性采样系统控制技术等，该部分内容是对系统进行分析和设计的理论基础；第七～九章内容为自动控制系统，包括直流调速控制系统、交流调速控制系统、位置随动控制系统的工作原理与性能分析等。各章均配有实例、MATLAB 仿真软件应用，还介绍了五个典型实验，供学习参考。

本书适用于高职高专院校电力技术类、自动化类、机械类等工科专业自动控制原理或自动控制原理与系统的教材，可作为职业院校其他相关专业的教材，还可供相关工程技术人员参考。

图书在版编目（CIP）数据

自动控制原理与系统/胡祝兵主编. --北京：中国电力出版社，2024.9. -- ISBN 978-7-5198-9063-6

Ⅰ. TP13；TP273

中国国家版本馆 CIP 数据核字第 20243YU245 号

出版发行：中国电力出版社
地　　址：北京市东城区北京站西街 19 号（邮政编码 100005）
网　　址：http://www.cepp.sgcc.com.cn
责任编辑：罗晓莉
责任校对：黄　蓓　郝军燕
装帧设计：王红柳
责任印制：吴　迪

印　　刷：北京九州迅驰传媒文化有限公司
版　　次：2024 年 9 月第一版
印　　次：2024 年 9 月北京第一次印刷
开　　本：787 毫米×1092 毫米　16 开本
印　　张：19.5
字　　数：413 千字
定　　价：60.00 元

前　言

为贯彻落实《国务院关于加快发展现代职业教育的决定》《教育部关于深化职业教育教学改革全面提高人才培养质量的若干意见》《关于深化现代职业教育体系建设改革的意见》等文件精神，促进高等职业教育的内涵建设，进一步推动高等职业教育课程改革和教材建设的发展，中国电力出版社组织遴选了高等职业教育电力行业“十四五”规划教材。本书是为适应高等职业教育电力、自动化及机电类各专业的教学要求进行编写，突出了高层次技术技能人才培养特色。

自动控制作为重要的技术手段，在现代科学技术的许多领域中得到广泛的应用，不仅可以提高劳动生产率和产品质量，改善劳动环境，而且在人类征服自然、探索新能源、发展空间技术和提高人民物质生活等方面起着极为重要的作用。

全书力求突出物理概念，避免烦琐的数学推导，深入浅出，强调工程应用。书中大量实例和习题来源于工程实际，增强了本书的实用性，有利于激发读者的学习兴趣，加深读者对控制技术在国民经济建设中的重要地位的认识。

全书精心组织了一个在控制工程中的重要应用实例——磁盘驱动读取系统，并将它贯穿于自动控制原理内容始终，各章都结合本章所介绍的原理、方法对该系统进行循序渐进的分析，有利于帮助学生建立起系统工程的观念，提高应用控制理论分析实际控制系统的能力。

本书体现了“以控制理论为基础，以计算机为核心”的现代控制工程特点，有关各章都结合书本内容介绍了运用 MATLAB 软件分析和设计自动控制系统的基本方法，再配合附录二中 MATLAB 应用简介，可使学生较易理解和掌握 MATLAB 在控制工程中的应用，有利于培养学生应用计算机辅助分析和设计控制系统的能力。

本书由河北石油职业技术大学胡祝兵任主编，并编写第四章、第七章、第九章、附录、第二～六章中关于 MATLAB 的应用一节；王艳华任副主编，并编写第一、二章；韩志凌教授编写第三、五章；齐琳编写了第六章；刘海波编写第八章；承德市中瑞自动化工程有限公司高树红对该书提出许多宝贵修改意见，在此表示感谢。

本书由甄玉杰教授担任主审，审阅过程中提出了许多宝贵的意见和建议，在此表示衷心的感谢！

限于编者水平，书中若有缺点和不当之处，恳请读者批评、指正。

编　者

2023 年 12 月

目　录

第一章　自动控制系统概述

本章简要介绍了有关自动控制的基本概念，自动控制系统的基本控制方式和分类，自动控制系统的性能要求；还介绍了自动控制理论的发展历史和研究前沿，最后简单介绍了建立自动控制系统的具体过程，并结合磁盘驱动读取系统进行分析。

第一节　自动控制的基本概念

自动控制作为重要的技术手段，在现代科学技术的许多领域中得到了广泛的应用，不仅提高了劳动生产力和产品质量，改善了劳动环境，而且在人类征服自然、探索新能源、发展空间技术和提高人类物质生活等方面起着极为重要的作用。

自动控制技术最显著的特征就是通过对各类机器、各种物理参量和工业生产过程的控制直接造福于社会。

所谓自动控制是指在无人直接参与的情况下，通过控制装置使被控制对象或生产过程自动地按照预定的规律运行。被控制的装置称为受控对象，所用的控制设备称为控制器。受控对象和控制器的总体称为自动控制系统。

基本自动控制系统的组成如图 1-1 所示。由控制器与检测元件组成控制装置，受控对象为物理装置，而给定值和被控量均为一定形式的物理量。给定值又可称为控制系统的输入量，被控量又称为控制系统的输出量。

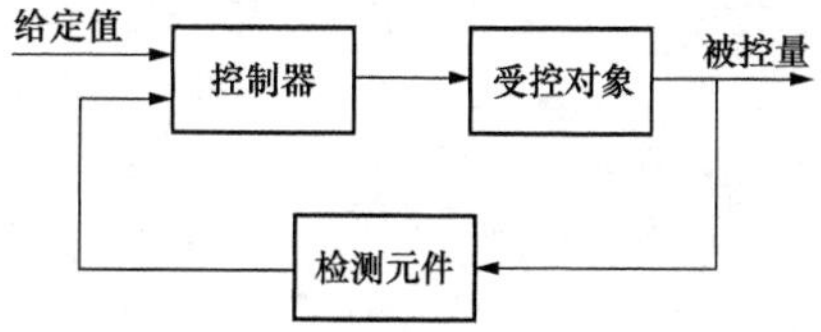

图 1-1　基本自动控制系统

控制理论的中心问题是研究自动控制系统，对自动控制系统的性能进行分析和设计则是自动控制原理的主要任务。下面，进一步举例说明。

【例 1-1】 如图 1-2 所示的水温人工控制系统。这里受控对象为水箱，具体地说，是水箱中的水。被控制量则是水的温度，它是表征受控对象物理特征的物理量。水箱中注入冷水，蒸汽经手动阀门并流经热传导器件，通过热传导作用将冷水加热，加热后的水流出水箱。同时，蒸汽冷却成水后由排水口排出。由人通过手动调节阀门来调节蒸汽流量，进而调节水的温度，使其满足要求。这种人工控制方式要依赖人的感官和经验，因而难以实现稳定的高质量控制。

【例 1-2】 如图 1-3 所示的水温自动控制系统。这是通过控制装置来自动调节蒸汽的流量，达到控制水温的目的。控制装置包括热敏测温元件、控制器、执行机构和阀门。给定值为要求达到的水温值，它可以是与该水温值对应的不同形式的物理量。测温元件将检测到的水温值转换成与给定值相同的物理量，并馈赠给控制器。控制器将给定值和检测值比较之后，发出控制信号。当水箱中的水温低于给定值的要求时，执行机构将阀门的开度增加，使更多的蒸汽流入，直至实际水温与给定值相符为止。反之，当水温偏高时，同样也可进行相应的调节。这样，就实现了没有人直接参与的自动水温控制。

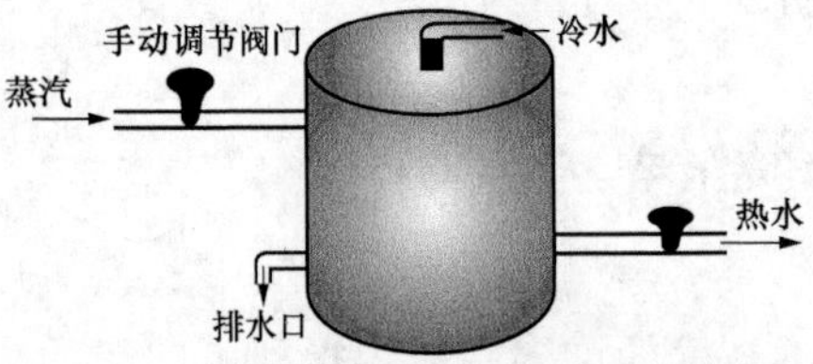

图 1-2　水温人工控制系统

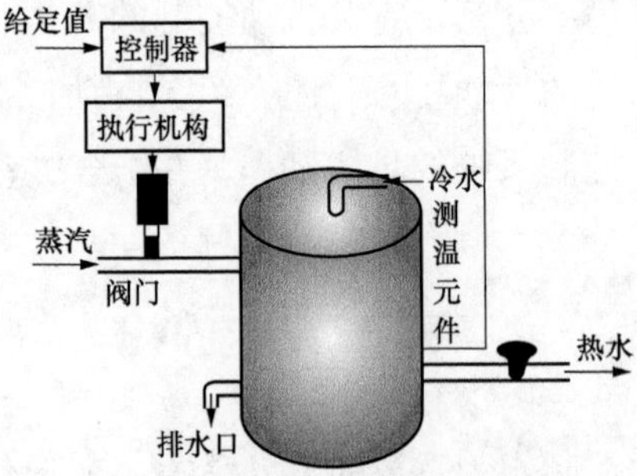

图 1-3　水温自动控制系统

要使自动控制系统能满足工程实际的需要，必须研究自动控制系统的结构、参数与系统性能之间的关系。为了分析方便，常用结构图来表示系统各个部件及变量之间的关系。图 1-4 为水温自动控制系统的结构图。图中叉圈符号称为综合点，它表示几个信号相加减，其输出量即为各信号的代数和，负信号需在相应信号线的箭头附近标以负号。

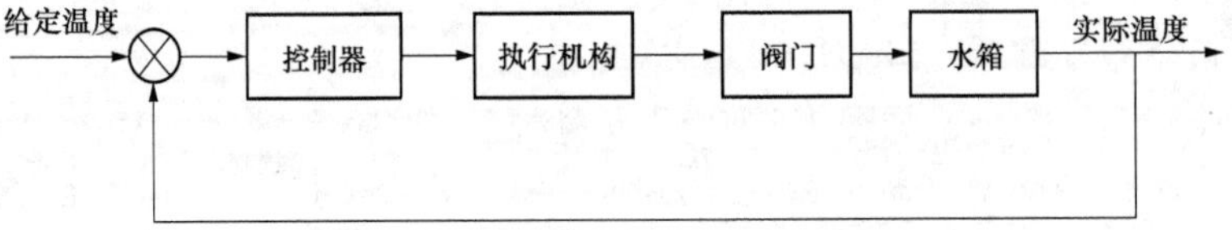

图 1-4　水温自动控制系统的结构示意图

自动控制理论是伴随工业技术的发展而发展的，但是它有着更为广阔的应用范围。目前，自动控制的概念及分析方法正在向其他领域渗透，政治和经济领域中的各种体系、社会生活中各种现象、人体的各项功能、自然界中的各种生物学系统等，都可认为是一种自动控制系统，可以运用自动控制理论对它们进行研究。目前，我们对这些系统的认识还不够深入，随着自动控制理论的发展与实践、计算机技术在控制领域中的广泛应用，人类对自然界以及社会上各种系统的控制能力也将日益提高。

第二节　自动控制系统的基本控制方式

若通过某种装置将反映输出量的信号引回来去影响控制信号，这种作用称为“反馈”作用。控制系统根据是否具有反馈环节分为闭环控制系统和开环控制系统。闭环控制系统又可称为反馈控制系统，它是构成现代控制系统的主体，也是本书研究的主要对象。

自动控制系统的两种基本结构对应着开环控制、闭环控制、复合控制三种基本控制方式。

一、开环控制

控制装置与受控对象之间只有顺向作用而无反向联系时，称为开环控制。

例如，一般洗衣机就是一个开环控制系统。其浸湿、洗涤、漂清和脱水过程都是依设定的时间程序依次进行的，而无需对输出量（如衣服清洁程度、脱水过程等）进行测量。

【例 1-3】 转台速度开环控制系统。许多现代装置都利用转台驱动盘片匀速旋转，例如CD机、计算机磁盘驱动器、留声机等都需要在电机和其他部件发生变化的情况下，仍然保持盘片的转速恒定。如图 1-5 所示。该系统利用电池提供与预期速度成比例的电压，直流放大器将给定信号进行功率放大后，用来驱动直流电动机。作为执行机构，直流电动机的转速与加在其电枢上的电压成比例以驱动盘片旋转。

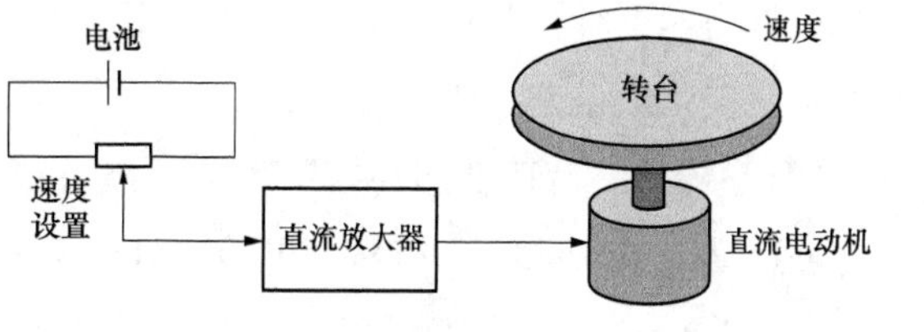

图 1-5　转台速度开环控制系统

系统结构框图如图 1-6 所示。由图可见，系统的被控量没有反馈到系统的输入端与给定量进行比较，即被控量不对系统产生控制作用，故属开环控制系统。这种转台需要在电动机和其他部件的参数发生变化的情况下，仍然保持恒定的转速，但在开环控制下是做不到这一点的。这是因为电动机和直流放大器受到的任何扰动，如电网电压的波动、环境温度变化引起的放大系数变化等都会引起速度的改变，而这种变化未能被反馈至控制装置并影响控制过程。因此，开环控制系统无法克服由此产生的偏差。

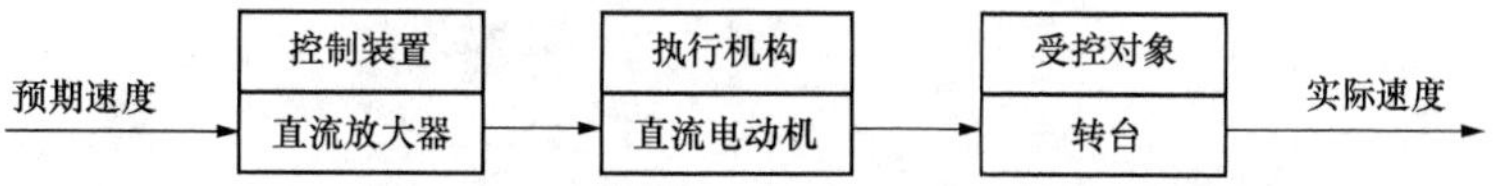

图 1-6　转台速度开环控制系统的结构图

开环控制的特点是，系统结构和控制过程均很简单，但由于这类系统无抗扰能力，因而其控制精度较低，大大限制了它的应用范围。开环控制一般只能用于对控制性能要求不高、干扰因素较少的场合，一些自动化产生线、数控机床、自动切割机等常用这种控制方式。

开环控制系统可以利用前馈作用来改善其控制性能。

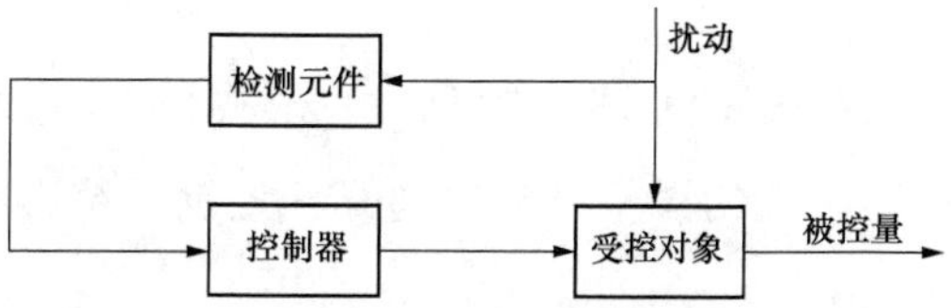

图 1-7　按扰动补偿的控制方式结构图

如果扰动能被测出来，则可采用按扰动补偿的控制方式，如图 1-7 所示。其基本原理是，将扰动测量出来，送入控制器，以形成与扰动作用相反的控制量，该控制量与扰动共同作用的结果是使被控量基本不受扰动的影响。在这种控制方式中，由于被控量对控制过程不产生任何影响，故它也属于开环控制。由于测量的是干扰，故只能对可测干扰进行补偿，而不可测干扰、受控对象和各功能部件内部的参数变化对控制量的影响，系统自身仍无法控制，因此控制精度受到限制。存在强干扰而且变化比较剧烈的场合常用这种控制方式，如龙门铣刀的转速控制、稳压电源控制等。

二、闭环控制

控制装置与受控对象之间，不但有顺向作用，而且还有反向联系，即有被控量对控制过程的影响，这种控制称为闭环控制，相应的控制系统称为闭环控制系统。闭环控制又常称为反馈控制或偏差控制。

【例 1-4】 转台速度闭环控制系统。该系统中，转速计是一种有效的传感器，它能提供与转轴速度成比例的电压信号。以转速计作为检测元件，便可得到转台速度闭环控制系统，如图 1-8 所示，其结构示意图如图 1-9 所示。偏差电压信号是由对应预期速度的给定电压与转速计输出电压比较相减后得到的。当预期速度为定值，而实际速度受扰动的影响发生变化时，偏差电压也会随之变化，通过系统的调节，使实际速度接近或等于预期速度，从而消除扰动对速度的影响，提高系统的控制精度。

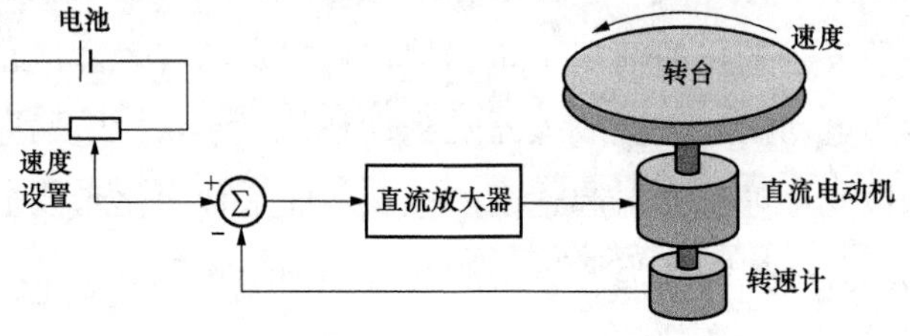

图 1-8　转台速度闭环控制系统

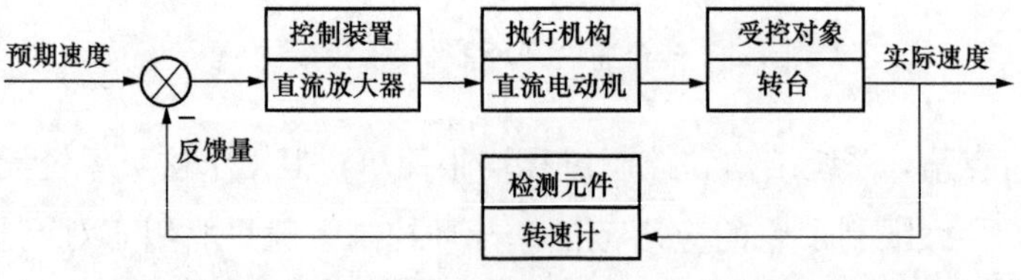

图 1-9　转台速度闭环控制系统的结构图

由于闭环控制系统能对偏差做出响应，并在运行中不断减小偏差，故闭环控制系统将优于开环控制系统。若采用精密部件，该闭环控制系统的误差可望达到开环控制系统误差的 1/100。

闭环控制的特点是，需要控制的是受控对象的被控量，而控制装置测量的是被控量和给定值，并计算二者的偏差。只要被控量偏移了给定值，无论是干扰影响还是内部特性参数变化引起的或是给定值主动变动，系统均能自动纠正，故这种控制常称为按偏差控制，又称为反馈控制。显然，这种系统从原理上提供了实现高精度控制的可能性，使得闭环控制系统在控制工程中得到了广泛的应用。

这类控制系统具有两种传输信号的通道，由给定值至被控量的通道称为前向通道，由被控量至系统输入端的通道叫反馈通道。

三、复合控制

反馈控制是在外部（给定或扰动）作用下，系统的被控量发生变化后才作出相应调节和控制的，在受控对象具有较大时滞的情况下，其控制作用难以及时影响被控量，无法形成快速有效的反馈控制。

前馈补偿控制，则在测量出外部作用的基础上，形成与外部作用相反的控制量，该控制量与相应的外部作用共同作用的结果是使被控量基本不受影响，即在偏差产生之前就进行了抑制偏差产生的控制。在这种控制方式中，由于被控量对控制过程不产生任何影响，故它也属于开环控制。

前馈补偿控制与反馈控制相结合构成了复合控制。复合控制有两种基本形式，即按输入前馈补偿的复合控制和按扰动前馈补偿的复合控制。如图 1-10 所示。

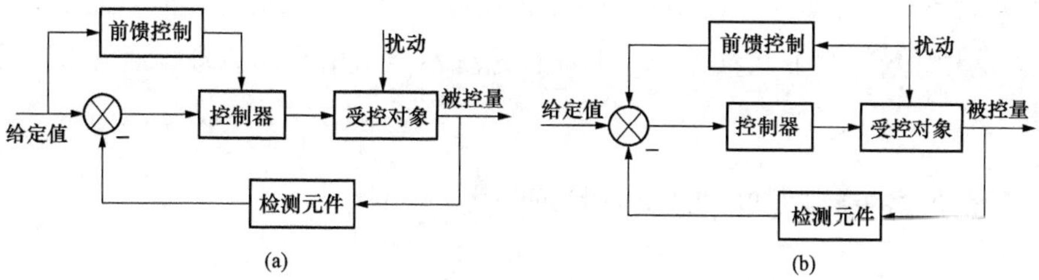

图 1-10 两种复合控制方式结构图

（a）按输入前馈补偿的复合控制；（b）按扰动前馈补偿的复合控制

第三节 自动控制系统的分类

自动控制系统的分类方法较多，常见的有以下几种。

一、按输入量变化的规律分类

1. 恒值控制系统

若系统的给定值为一定值，而控制任务就是克服扰动，使被控量保持恒值，此类系统称为恒值控制系统。恒值控制系统是最常见的一类自动控制系统，如自动调速度系统、恒温控制系统、恒压控制系统、水位控制系统、稳压控制系统、稳流控制系统等。

2. 随动控制系统

若系统的给定值按照事先不知道的时间函数变化，并要求被控量跟随给定值变化，则此类系统称为随动控制系统。这类控制系统可以用功率很小的输入信号操纵功率很大的工作机械，此外还可以进行远距离控制。随动控制系统在工业和国防上有着极为广泛的应用，如火炮自动跟踪系统、轮舵位置控制系统、雷达导引控制系统、机器人控制系统等。

3. 程序控制系统

若系统的给定值按照一定的时间函数变化，并要求被控量随之变化，则此类系统称为程序控制系统，如数控伺服系统以及一些自动化生产线等。

二、按输出量和输入量间的关系分类

1. 线性系统

若系统中所有元件都由线性元件组成，它的输出量和输入量间的关系可以用线性微分方程或线性差分方程描述，称这种系统为线性系统。线性系统的最重要的特性是可以应用叠加原理。叠加原理说明，两个不同的作用量同时作用于系统时的响应，等于两个作用量单独作用的响应的叠加。

2. 非线性系统

若系统中存在有非线性元件（如具有死区、饱和、含有库仑摩擦等非线性特性的元件)，系统的输出量和输入量间的动态关系不能用线性微分方程描述，而只能用非线性微分方程描述，这种系统称为非线性系统。非线性系统不能采用叠加原理，通常采用描述函数和相平面法。

三、按系统中的参数对时间的变化情况分类

1. 定常系统

若系统微分方程的系数不是时间变量的函数，则称此类系统为定常系统。若线性系统微分方程的系数为常数，则称这类系统为线性定常系统。此类系统为本书的主要讨论对象。

2. 时变系统

若系统微分方程中有的系数是时间的函数，则称此类系统为时变系统。如宇宙飞船控制系统就是时变控制系统，宇宙飞船在飞行过程中，飞船内燃料质量、飞船受的重力等都在发生变化。

四、按系统传输信号对时间的关系分类

1. 连续控制系统

若系统各元件的输入量和输出量都是连续量，则称此类系统为连续控制系统，又称为模拟控制系统。连续控制系统的控制规律通常可用微分方程来描述。

2. 离散控制系统

若控制系统中有的信号是脉冲序列、采样数据量或数字量，则称此类系统为离散控制系统，又称为采样数据控制系统。离散控制系统的控制规律通常可用差分方程来描述。通常采用计算机控制的系统都是离散控制系统。

此外，根据系统元部件的类型，还可分为机电控制系统、液压控制系统、气动系统及生物系统等。根据系统被控物理量的不同，可分为位置控制系统、速度控制系统、温度控制系统等。

第四节　自动控制系统的性能要求

理想控制系统在控制过程中，应使其被控量始终等于给定值，运行中完全没有误差，完全不受干扰的影响。但是，实际上由于机械部分中质量和惯量的存在，电路中储能元件的存在以及能源功率的限制，使得运动部件的加速度受到限制，其速度和位置难以瞬时变化。所以，当给定值变化时，被控量不可能立即等于给定值，而需要经过一个过渡过程，即动态过程。所谓动态过程就是指系统受到外加信号（给定值或扰动）作用后，被控量随时间变化的全过程。动态过程可以反映系统内在性能的好坏，而常见的评价系统优劣的性能指标也是从动态过程中定义出来的。

性能指标是衡量自动控制系统技术品质的客观标准，是定型、验收的基本依据，也是技术合同的基本内容。对系统性能的基本要求有稳、快、准三个方面。

一、稳——动态过程的稳定性

若系统受到外作用（给定值变化或扰动）后，输出量将会偏离原来的期望值，由于反馈信号的作用，通过系统内部的自动调节，其被控量可以重新达到某一稳定状态，则称系统是稳定的；但也可能由于内部的相互作用，使系统出现发散，则称为不稳定的。另外，若系统出现等幅振荡，即处于临界稳定的状态，也视为不稳定。如图 1-11 所示。

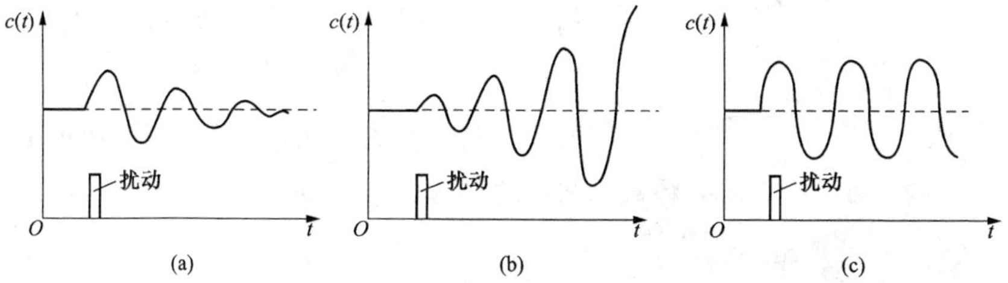

图 1-11　稳定系统和不稳定系统

（a）稳定系统；（b）不稳定系统；（c）临界稳定系统

显然，不稳定系统是无法正常工作的。对任何自动控制系统，首要的条件便是系统能稳定正常运行。

二、快——动态过程的快速性

快速性是通过动态过程时间长短来表征的。过渡过程时间越短，表明快速性越好，反之亦然。快速性表明了系统输出对输入响应的快慢程度。系统响应越快，说明系统的输出复现输入信号的能力越强。

三、准——动态过程的准确性

准确性是由输入给定值与输出响应的终值之间的差值来表征的。它反映了系统的稳态精度。若系统的最终误差为零，则称为无差系统，否则称为有差系统。

受控对象不同，对稳、快、准的要求也有所侧重，随动系统对快速性要求较高，而温控系统对稳定性限制严格。同一系统，稳定性、快速性和准确性往往是互相制约的。在设计与调试过程中，若过分强调系统的稳定性，则可能会造成系统响应迟缓和控制精度较低；反之，若过分强调系统响应的快速性，则又会使系统的振荡加剧，甚至导致系统不稳定。

如何根据工作任务的不同，分析和设计自动控制系统，使其对三方面的性能有所侧重，并兼顾其他，以全面满足要求，正是本课程所要研究的内容。

第五节　自动控制理论发展

公元前两千年，古巴比伦人根据土壤湿度来控制水闸闸门，以调节底格里斯河和幼发拉底河的灌溉用水的流量，这可以说是一种闭环控制系统。早在2000年以前，我国就发明了自动定向的指南车，这是一种具有扰动顺馈补偿的开环控制系统。又如公元1088年，宋代的苏颂、韩公廉、周日严等人制作了水运仪象台，属于闭环控制系统。它利用水力运转，并能保持一个和天体运动一致的恒定速度，可使天空中运行的恒星保持在视野里。

人们普遍认为最早应用于工业过程的自动反馈控制器，是瓦特（James Watt）在1769年发明的飞球调节器，如图1-12所示。它被用来控制蒸汽机的转速，飞球（金属球）的转速与蒸汽机的转速成正比，在蒸汽机恒速运转时，飞球的离心力与弹簧的弹力平衡，控制气阀的阀门，使通过的蒸汽流恒定，保证蒸汽机按照要求的速度恒速运转。当蒸汽机转速降低时，飞球的离心力随之减少，通过杠杆使阀门开大，送入蒸汽机的蒸汽流增加，使蒸汽机转速增加。当蒸汽机转速因负荷变化而改变时，由于同样的工作原理，飞球调节器也将使其转速保持恒定。

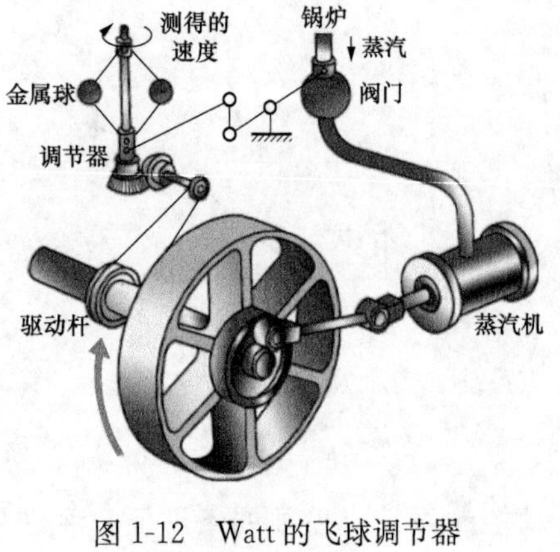

图1-12　Watt的飞球调节器

1868 年之前，自动控制系统发展的主要特点是凭借直觉的实证性发明。为了提高控制系统的精度，必须要解决暂态振荡的减振问题，甚至是系统的稳定性问题，因此发展自动控制理论便成了当务之急。1868 年，麦克斯威尔（James Clerk Maxwell）发表了著名的《论调节器》一文，这可以说是有关反馈控制理论的第一篇正式发表的论文。他用微分方程建立了一类调节器的数学模型，发展了与控制理论相关的数学理论，其工作重点在于研究不同系统参数对系统性能的影响。紧接着劳斯（E. J. Routh）于 1874 年、赫尔维茨（A. Hurwitz）于 1895 年，分别独立地提出了对高阶控制系统的稳定性判据。1892 年，李雅普诺夫（A. M. Lyapunov）发表了重要著作《论运动稳定性的一般问题》，全面论述了稳定性问题，并且得出了和劳斯判据一致的结果。1932 年，奈魁斯特（H. Nyquist）提出了根据频率响应法得出的稳定判据。随之，伯德（H. W. Bode）、霍尔（A. C. Hall）及哈里斯（H. Harris）都做了大量研究工作，使频率响应法更趋完善。1948 年，从事飞机导航及控制研究的伊万斯（W. R. Evans）提出了根轨迹法理论，创建了用微分方程模型来分析系统性能的整套方法。由于根轨迹法的提出，控制工程发展的第一个阶段基本完成。

从 20 世纪 20—40 年代形成了以时域法、频率法和根轨迹法为主要内容的经典控制理论。它立足于复数方法，以传递函数为数学模型，以传递函数所对应的系统零、极点分布来确定系统动态性能，用频域分析法来进行系统的分析和综合的。它的优点是计算量小、物理概念清楚、并可用实验方法来建立系统的数学模型，所以长期以来，得到了不断地发展、完善和广泛的应用。但是，经典控制理论有着一些固有的局限：①主要适用于线性定常系统，难于应用到非线性系统或时变系统；②研究的主要对象是具有单输入、单输出的单变量系统，难于应用到具有多输入、多输出的多变量系统；③以传递函数为基础，只讨论外部输入量与输出量之间的关系，因此当系统的内部特性中含有的某些因素，在外部特性中反应不出来时，这种方法就可能得出错误的结论；④是在频域范围内研究系统的时间变化特性，因此是一种间接的方法，只能判断系统运动的主要特性，得不出系统运动的精确曲线。

20 世纪 60 年代以来，随着计算机技术的发展和航天等高科技的推动，又产生了基于状态空间模型的所谓现代控制理论，即控制工程发展的第二个阶段。它是在经典控制理论的基础上发展起来的，主要是通过状态空间方法，在时域范围内研究系统状态的运动规律，并实现最优化设计。现代控制理论克服了经典控制理论的许多局限性，显示了强大的生命力，主要用来解决具有多输入、多输出的多变量系统的问题，适用于解决大型复杂系统的控制问题。它的分析和综合的目标，是要揭示系统内在规律，并通过结构辨识与参数估计，针对一定的综合性能指标，实现系统的最佳估计和最佳控制。

有些作者把 20 世纪 70 年代以来现代控制理论的新发展——大系统理论和智能控制理论，称为第三代控制理论。所谓大系统，就是规模十分庞大的信息与控制系统，如大型交通运输系统、大型电力系统、大型通信网、大型空间测控系统等，其包含若干子系统，并与有控制能力的电子计算机相结合。智能控制系统则是与人工智能相结合的信息与控制系统，主要包括专家系统、模糊控制和人工神经元网络等内容。另外，20 世纪 90 年代末以来，不少研究者提出充分利用现在的一切技术，同时从时间域和频率域两种方法来设计控制系统，即择优控制。表 1-1 给出了控制系统发展的主要过程。

表 1-1　　控制系统发展历史简表

1769 年	James Watt 发明了蒸汽机和飞球调节器。蒸汽机常常被认为是英国工业革命开始的标志。工业革命时期，机械化水平有了巨大的提高，这是自动化发展的前奏
1800 年	Eli Whitney 的“可互换生产”概念在滑膛枪生产中得到验证。Whitney 的成就常常被认为是大规模工业化生产开始的标志
1868 年	J. C. Maxwell 为一类蒸汽机的调节器建立数学模型
1913 年	Henry Ford 在汽车生产中引入机械化装配机
1927 年	H. W. Bode 分析反馈放大器
1932 年	H. Nyquist 研究出了系统稳定性分析方法
1952 年	MIT 为机床实施轴向控制，并发出数控（NC）方法
1954 年	George Devol 开发出“程控物体转运器”，这是最早的工业机器人
1960 年	在 Devol 设计的基础上，Unimate 研制了第一台机器人，并于 1961 年用它向压铸机给料
1970 年	发展了多变量模型和最优控制
1980 年	鲁棒控制系统设计得到广泛应用
1990 年	出口外向型产业公司强调自动化
1994 年	汽车上广泛采用反馈控制系统。工业生产中迫切需要可靠性高、鲁棒性强的系统

虽然现代控制理论的内容很丰富，但对于单输入、单输出线性定常系统而言，用经典控制理论来分析和设计，仍是最实用、最方便的。真正优良的设计必须允许模型的结构和参数不精确并可能在一定范围内变化，即具有鲁棒性，这是当前的重要前沿课题之一。总之，自动控制理论正随着技术和生产的发展而不断发展，而它反过来又成为高新技术发展的重要理论根据。

第六节　自动控制系统的建立过程

建立一个实用的控制系统目的是逐步确定预期系统的结构配置、设计规范和关键参数，以满足实际的需求。建立控制系统的基本流程是：确定系统目标，建立控制系统（包括传感器和执行机构）模型、设计合适的控制器或断言不存在满足要求的控制系统。图 1-13 说明了建立控制系统的具体过程。

通过建立胰岛素注射控制系统及后续各章的示例，讲解控制系统建立的工作流程。在第一章的例题中只能完成步骤 1 至步骤 4，以获得初步的概要设计。

步骤 1：控制目标——胰岛素注射控制系统。

步骤 2：控制变量为血糖浓度。

步骤 3：控制要求就是使病人的血糖浓度严格逼近（跟踪）健康人的血糖浓度。

健康人士的血糖和胰岛素的浓度如图 1-14 所示。胰岛素注射控制系统要向糖尿病人注射剂量适中的胰岛素。

步骤 4：初步确定系统结构。

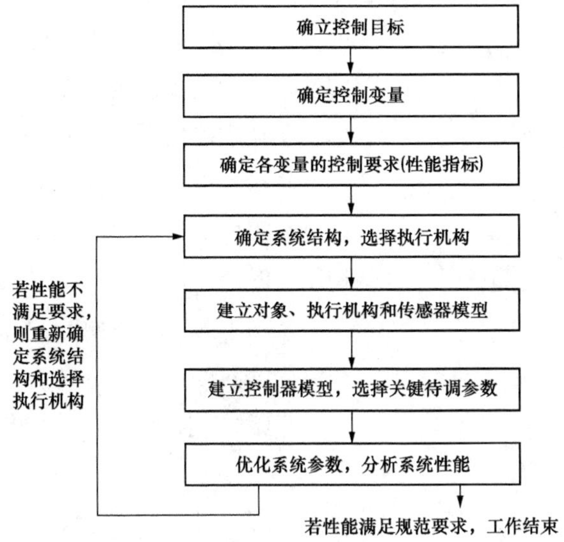

图 1-13　控制系统建立的工作流程

图 1-15 所示的血糖开环控制系统由一个预编程信号发生器和一个微型电机泵来调节胰岛素注射速率。图 1-16 所示的血糖闭环控制系统则采用了一个血糖测量传感器，将测量值与预期血糖浓度相比较，并在必要时调整电机泵的阀门。

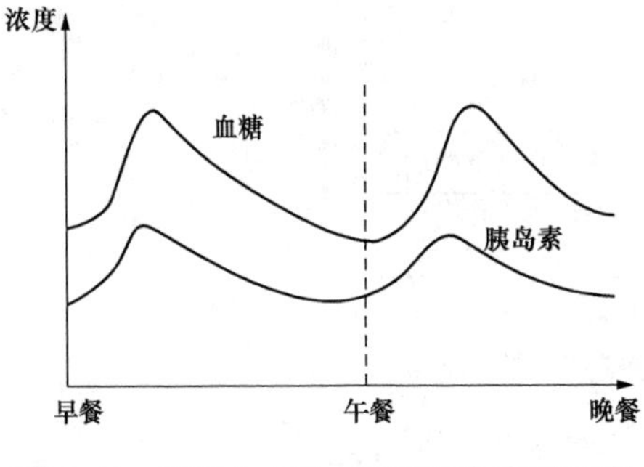

图 1-14　健康人士的血糖和胰岛素的浓度

图 1-15　血糖的开环控制系统

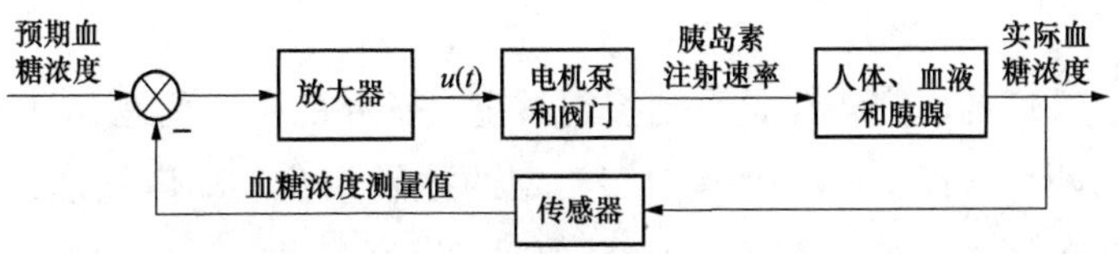

图 1-16　血糖的闭环控制系统

第七节 循序渐进分析示例——磁盘驱动读取系统

这个控制系统实例将在本书的第一章～七章中循序渐进地加以讨论。按照图 1-13 给出的工作流程，各章都将讨论该章所能完成的工作任务。在本章中，我们将完成工作流程中的步骤 1、2、3、4，即①建立控制目标；②确定控制变量；③初步确定各变量的控制要求，即性能指标；④初步确定系统结构。

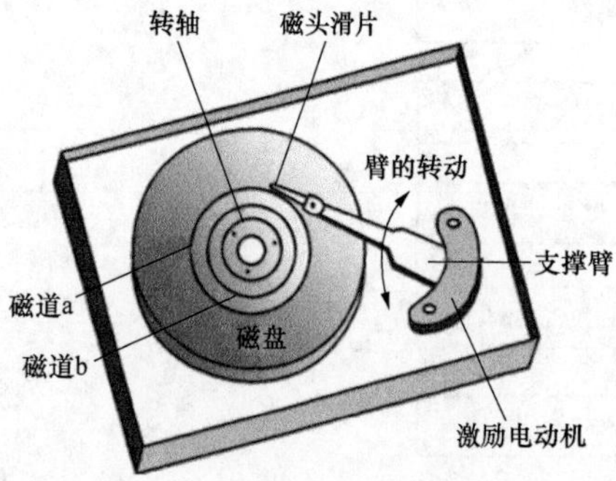

图 1-17 磁盘驱动器的结构示意图

磁盘可以方便有效地储存信息，磁盘驱动器则广泛用于各类计算机中。图 1-17 为磁盘驱动器的结构示意图。

从图 1-17 可以发现，建立磁盘驱动读取系统工作流程的前四个步骤分别为：

步骤 1：控制目标——将磁头准确定位，以便正确读取磁盘磁道上的信息。

步骤 2：控制变量是磁头（安装在一个滑动簧片上）的位置。

步骤 3：控制要求是磁盘旋转速度在 1800～7200r/min，磁头在磁盘上方不到 100nm 的地方“飞行”，位置精度指标初步定为 1 μm。如有可能，要进一步做到使磁头由磁道 a 移动到磁道 b 的时间小于 50ms。

步骤 4：初步确定系统结构。

初步确定的系统结构如图 1-18 所示，该闭环控制系统利用电机驱动磁头臂达到预期的位置。

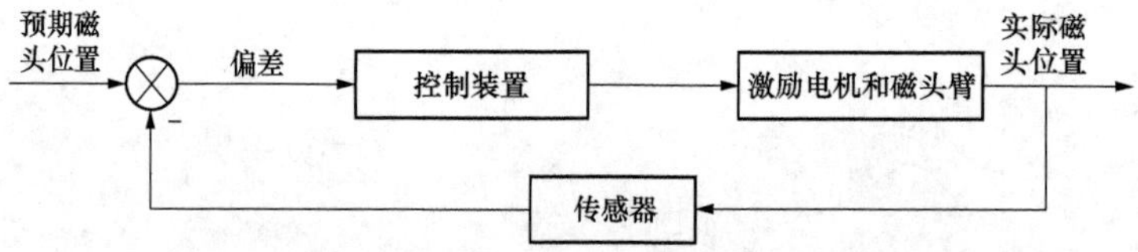

图 1-18 磁盘驱动器磁头的闭环控制系统的结构图

小 结

（1）自动控制原理的研究对象是自动控制系统，研究的中心问题是动态过程的稳、快、准。问题又可分为两个方面：一方面是对于给定的控制系统，如何从理论上对其动态性能进行定性分析和定量估算；另一方面对于给定系统的性能要求，如何根据受控对象的特点，合理确定控制装置的部分结构及参数。

（2）自动控制系统有开环控制系统和闭环控制系统两种基本结构。闭环控制系统又称为反馈控制系统，自动控制原理中主要研究反馈控制系统。根据自动控制系统的两种基本结构，对应着开环控制、闭环控制和复合控制三种基本控制方式。一些新型的智能控制系统，也都是在基本控制方式的基础上发展起来的。

（3）自动控制理论可分为经典控制理论和现代控制理论两大部分。本书主要介绍经典控制理论，它在工程实际中应用最多，也是进一步学习现代控制理论的基础。

（4）建立控制系统的工作流程是：确定系统目标，建立控制系统（包括传感器和执行机构）模型，设计合适的控制器或断言不存在满足要求的控制系统。

术语和概念

自动化（automation）：是指过程控制采用自动方式而非人工方式来完成。

系统（system）：为实现预期的目标而将有关元部件互连在一起构成的系统。

控制系统（control system）：为了达到预期的目标（响应）而设计出来的系统，它由相互关联的部件组合而成。

开环控制系统（open-loop control system）：在没有反馈的情况下，利用执行机构直接控制受控对象的控制系统。在开环控制系统中，输出对受控对象的输入信号无影响。

闭环反馈控制系统（closed-loop feedback control system）：是指对输出进行测量，并将此测量值反馈到输入端与预期输出（即参考或指令输入）进行比较的系统。

正反馈（positive feedback）：是指将输出信号反馈回来，叠加在参考输入信号上。

负反馈（negative feedback）：是指从参考输入信号中减去反馈输出信号，并以其差值作为控制器的输入信号的一种系统结构形式。

反馈信号（feedback signal）：用于反馈控制中对系统输出的测量信号。

受控对象（controlled plant）：被控制的装置称为受控对象，它接受控制量并输出被控制量。

反馈环节（feedback element）：用于将输出量引出，再回送到控制部分的环节。

检测元件（detecting element）：用于检测输出量的大小，并反馈到输入端的元件。

恒值控制系统（fixed set-point control system）：系统的输入量是恒量，并且要求系统的输出量相应地保持恒定。

随动控制系统（follow-up control system）：输入量是随机变化着的，并且要求系统的输出量能跟随输入量的变化而做出相应的变化。

程序控制系统（programme control system）：输入量按照一定的时间函数变化，并且要求输出量随之变化。

连续控制系统（continuous control system）：各元件的输入量与输出量都是连续量（模拟量）。

离散控制系统（discrete control system）：系统中信号有脉冲序列、采样数据量或数字量。

线性系统（liner system）：系统全部由线性元件组成，它的输出量与输入量间的关系用线性微分方程来描述。

非线性系统（non-liner system）：系统中存在有非线性元件，它的输出量与输入量间的关系要用非线性微分方程来描述。

定常系统（time-invariant system）：系统的微分方程的系数不是时间变量的函数。

时变系统（time-varying system）：系统微分方程中有的系数是时间变量的函数。

习　题

1-1　日常生活中有许多开环和闭环控制系统，试举例说明其工作原理。

1-2　组成自动控制系统的主要环节有哪些？它们各有什么特点，起什么作用？

1-3　对自动控制系统的性能要求是什么？

1-4　有下列控制系统：①家用电冰箱控制系统；②家用空调控制系统；③家用洗衣机控制系统；④抽水马桶控制系统；⑤普通车床控制系统；⑥电饭煲控制系统；⑦多速电风扇控制系统；⑧高楼水箱控制系统；⑨调光台灯控制系统；⑩自动报时电子钟控制系统。试问：哪些属于开环控制；哪些属于闭环控制？

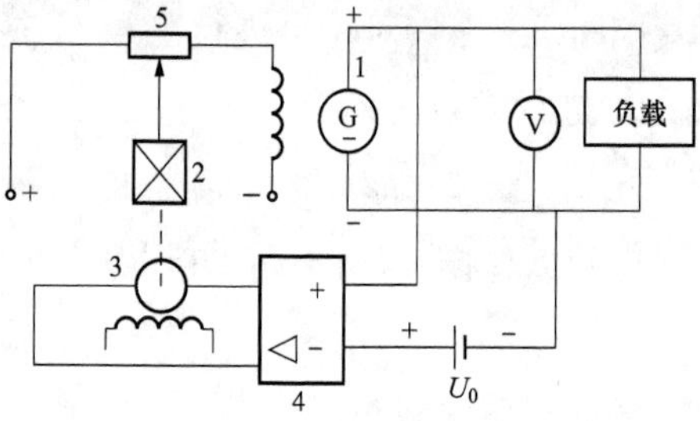

图 1-19　习题 1-6 图

1—发电机；2—减速器；3—执行机构；4—比例放大器；5—可调电位器

1-5　恒值控制系统、随动控制系统和程序控制系统的主要区别是什么？判断下列系统属于哪一类系统？电饭煲系统、空调机系统、燃气热水器系统、仿形加工机床系统、母子钟系统、自动跟踪雷达系统、家用交流稳压器系统、数控加工中心、啤酒生产自动线。

1-6　直流发电机电压自动控制系统如图 1-19 所示。试问：

（1）该系统由哪些环节组成，各起什么作用？

（2）绘出系统的结构图，说明当负载电流变化时，系统如何保持发电机的电压恒定？

（3）该系统是有差系统还是无差系统？

（4）系统中有哪些可能的扰动？

1-7　仓库大门自动控制系统如图 1-20 所示。试说明自动控制大门开启和关闭的工作原理。如果大门不能全开或全关，应如何进行调整？

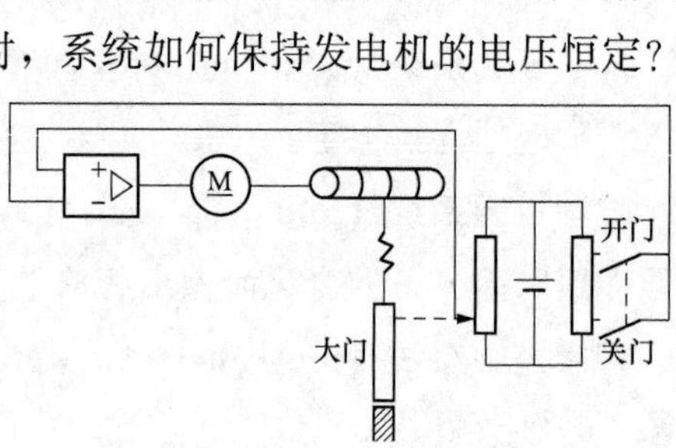

图 1-20　习题 1-7 图

1-8　锅炉液位控制系统如图 1-21 所示。气动薄膜调节阀设置在给水进水管上，液位检测变送器、调节器、定值器（给定器）全部采用气动单元组合（QDZ）仪表。试完成：

（1）画出该液位控制系统的原理方框图，要求标出各环节对应的信号。

（2）说明被控量、给定值及可能的干扰量各是什么？

（3）从系统的结构、给定值变化的规律及对象特点来分类，该自动控制系统应分别属于哪类控制系统？

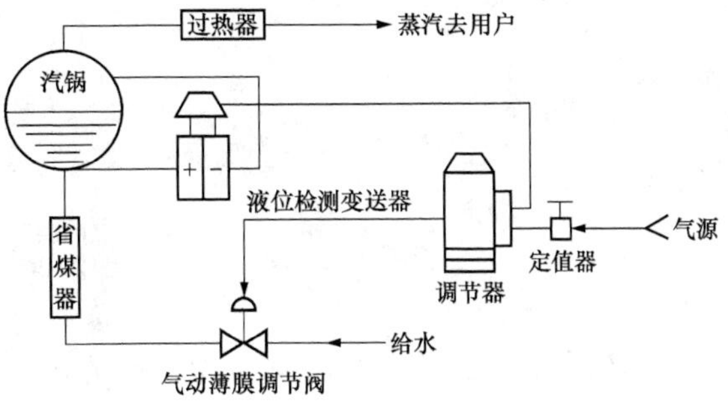

图 1-21　习题 1-8 图

1-9　下列各式是描述系统的微分方程，其中 $c(t)$ 为输出量，$r(t)$ 为输入量。试判断哪些是线性定常系统或时变系统，哪些是非线性系统？

（1）$c(t)=5+r^2(t)+t\dfrac{d^2r(t)}{dt^2}$；

（2）$\dfrac{d^3c(t)}{dt^3}+3\dfrac{d^2c(t)}{dt^2}+6\dfrac{dc(t)}{dt}+8c(t)=r(t)$；

（3）$t\dfrac{dc(t)}{dt}+c(t)=r(t)+3\dfrac{dr(t)}{dt}$；

（4）$c(t)=r(t)\cos\omega t+5$；

（5）$c(t)=3r(t)+6\dfrac{dr(t)}{dt}+5\int_{-\infty}^{t}r(\tau)d\tau$；

（6）$c(t)=r^2(t)$；

（7）$c(t)=\begin{cases}0 & t<6\\ r(t) & t\geqslant 6\end{cases}$。

1-10　许多汽车安装有温度控制的空调系统，司机可以在控制板上设置预期的车内温度。请画出空调系统的结构图，并说明各部分的功能。

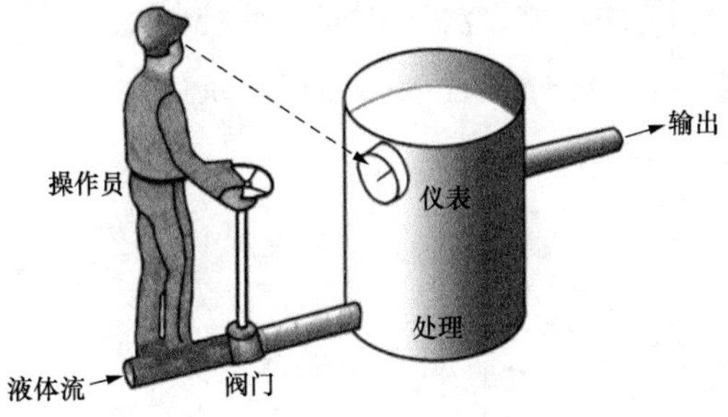

图 1-22　习题 1-11 图

1-11　请画出图 1-22 所示的阀门控制系统的结构图，并说明其工作原理。

1-12　带有独立的冷热水阀门的家用淋浴器是一个常见的双输入控制系统的实例，其目的是得到预期的水温与水流量。请画出该闭环系统的结构图。

1-13　师生之间的学习过程，本质上是一个使系统误差趋于最小化的反馈过程，借助于反馈系统的结构图，构造该学习过程的反馈模型，并确定系统中的各个模块。

第二章　控制系统的数学模型

在分析和设计控制系统的时，首先要建立系统的数学模型。然后，以数学模型为研究对象，应用经典或现代的控制理论所提供的方法去分析它的性能和研究改善系统性能的途径。在此基础上，再应用这些研究成果和结论，去指导实际系统的分析和改进。因此，建立系统的数学模型是分析和研究控制系统的基础性工作和前提条件。

控制系统的数学模型是描述系统动态过程中各变量之间相互关系的数学表达式。在静态条件下（即变量各阶导数为零），描述变量之间关系的代数方程为静态数学模型；而描述变量各阶导数之间关系的微分方程为动态数学模型。

建立控制系统数学模型的方法主要有解析法和实验法两种。解析法是根据系统所遵循的物理定律，经过数学推导，求出数学模型。实验法是在系统的输入端加上一定形式的测试信号，通过实验测试出系统输出信号，再根据输入、输出特性确定数学模型，这种方法也称为系统辨识。近几年来，系统辨识已发展成一门独立的学科分支。本章只研究用解析法建立系统数学模型的方法。

在经典控制理论中，常用的数学模型有微分方程、传递函数、动态结构图、频率特性等。它们反映了系统的输出量、输入量与内部各种变量的关系，也反映了系统的内在特性。数学模型是经典控制理论中常用的时域分析法、频率法和根轨迹法进行分析的基础。

最后，为循序渐进分析示例（磁盘驱动读取系统）中的各个部件建立了传递函数模型。

第一节　控制系统的微分方程

描述系统的输入量和输出量之间的关系最直接的数学方法就是列写系统的微分方程。当系统的输入量和输出量都是时间 t 的函数时，可用微分方程准确描述系统的运动过程。微分方程是系统最基本的数学模型。

一、控制系统微分方程的建立

控制系统往往是由若干元件或环节组成，首先应列写元件或环节的微分方程，然后再建立控制系统的微分方程。

建立系统微分方程的一般步骤：

（1）全面了解系统的工作原理、结构组成和支持系统运动的物理规律，确定系统的输入量和输出量。

(2) 一般从系统的输入端开始，根据各元件或环节所遵循的物理规律，依次列写它们的微分方程。

(3) 将各元件或环节的微分方程联立，消去中间变量，求取一个仅含有系统的输入量和输出量的微分方程，它就是系统的微分方程。

(4) 将该方程整理成标准形式，即把与输入量有关的各项放在方程的右边，把与输出量有关的各项放在方程的左边，各导数项按降幂排列，并将方程的系数化为具有一定物理意义的表示形式（如时间常数等）。

列写系统各元件或环节的微分方程时，一是应注意信号传送的单向性，即前一个元件的输出是后一个元件输入，一级一级地单向传送；二是应注意前后连接的两个元件或环节中，后级对前级的负载效应。

二、常见元件和系统的微分方程的建立

1. RC 电路

RC 电路如图 2-1 所示。

(1) 确定输入量与输出量。

输入量为电压 u_r，输出量为电压 u_c。

(2) 建立初始微分方程组。

设回路电流为 i，根据电路理论中基尔霍夫电压定律，任一时刻回路的输入电压等于回路中各元件上的电压之和，得

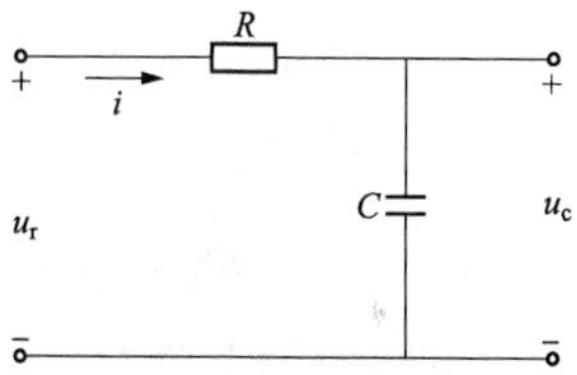

图 2-1 *RC* 电路图

$$u_r = Ri + u_c \tag{2-1}$$

而

$$i = C\frac{du_c}{dt} \tag{2-2}$$

式中：i 为回路电流，是一个中间变量。

(3) 消除中间变量，并将微分方程整理成标准形式。

将式 (2-2) 代入式 (2-1)，消除中间变量 i，并将微分方程整理成标准形式，得

$$RC\frac{du_c}{dt} + u_c = u_r \tag{2-3}$$

可见，*RC* 电路的数学模型是一个一阶常系数线性微分方程。

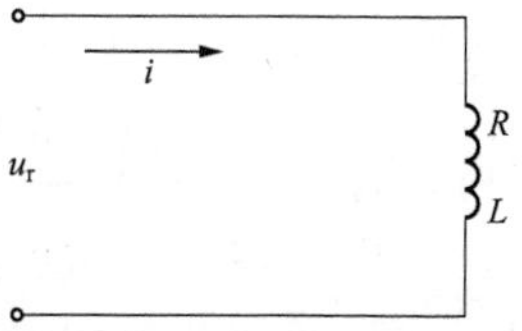

图 2-2 铁芯线圈电路图

2. 铁芯线圈

铁芯线圈电路如图 2-2 所示。

(1) 确定输入量与输出量。

输入量为电压 u_r，输出量为电流 i。

(2) 建立初始微分方程组。

由基尔霍夫电压定律可写出

$$u_r = Ri + u_L \tag{2-4}$$

式中：u_L 为电感电压，$u_L = \dfrac{d\psi(i)}{dt}$。

铁芯线圈的磁链是线圈电流 i 的非线性函数。

(3) 消除中间变量，并将微分方程整理成标准形式得

$$\frac{d\psi(i)}{dt} + Ri = u_r \tag{2-5}$$

铁芯线圈的数学模型是一个非线性微分方程。

3. 他励直流电动机

他励直流电动机的电路如图 2-3 所示。直流电动机将直流电能转化成旋转运动的机械能，转子（电枢）所产生的机械能绝大部分用于驱动外部负载。由于他励直流电动机具有转矩大、速度可控范围宽、速度—转矩特性好、便于携带、适用面广等特点，因而得到了广泛的应用。他励直流电动机已用在机器人操纵系统、传送带系统、磁盘驱动系统、机床等实用系统中。

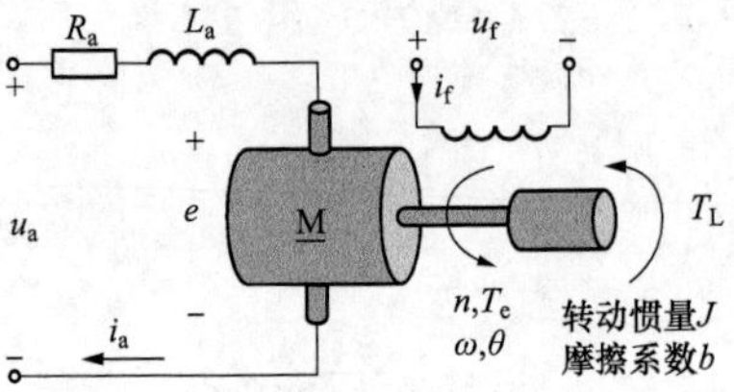

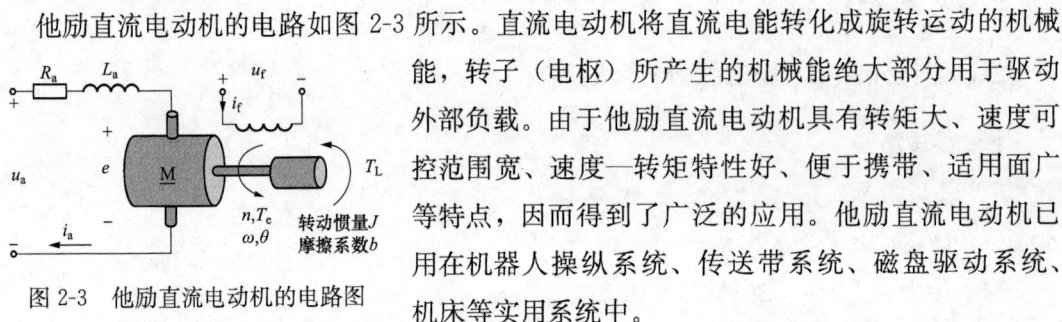

图 2-3 他励直流电动机的电路图

它有两个独立的电路：一个是电枢回路，有关物理量用下角标 a 表示，为直观起见，现将电枢回路的电阻 R_a 和漏磁电感 L_a 单独画出；另一个电路是励磁回路，有关的物理量用下角标 f 表示。T_e 为电磁转矩，T_L 为负载转矩（包含摩擦转矩 T_f）。

(1) 确定输入量与输出量。需要分析电枢电压 u_a 对他励直流电动机转速 n 的影响，因此应以电枢电压 u_a 为输入量，电动机转速 n 为输出量，负载转矩 T_L 作为他励直流电动机的外界扰动量。

(2) 建立初始微分方程组。他励直流电动机各物理量间的基本关系如下

电枢回路电压平衡方程
$$u_a = i_a R_a + L_a \frac{di_a}{dt} + e \tag{2-6}$$

反电动势
$$e = K_e \Phi n \tag{2-7}$$

式中：e 为电枢反电动势，是电枢旋转时产生的反电动势，其大小与励磁磁通及转速成正比，方向与电枢电压 u_a 相反；K_e 为反电动势系数；Φ 为磁通。

他励直流电动机轴上的转矩平衡方程为

$$T_e - T_L = J\frac{dn}{dt} \tag{2-8}$$

$$T_e = K_T \Phi i_a \tag{2-9}$$

$$J = \frac{GD^2}{375} \tag{2-10}$$

式中：J 称为转速惯量；G 为转动部分的质量；D 为转动部分的等效回转直径；GD^2 为折合到他励直流电动机机轴的机械负载和电动机电枢的飞轮转动惯量；K_T 为转矩常量。

（3）消除中间变量，并将微分方程整理成标准形式。当不计扰动转矩和摩擦转矩时，由式（2-7）～式（2-10）代入式（2-6），消去参变量 e、i_a 和 T_e，将微分方程整理成标准形式，于是就得到以 u_a 为输入量、以 n 为输出量、以 T_L 为扰动量的他励直流电动机的微分方程为

$$T_aT_m\frac{d^2n}{dt^2}+T_m\frac{dn}{dt}+n=\frac{1}{K_e\Phi}u_a-\frac{R_a}{K_eK_T\Phi^2}\left(T_a\frac{dT_L}{dt}+T_L\right) \tag{2-11}$$

$$T_a=\frac{L_a}{R_a}$$

$$T_m=\frac{JR_a}{K_eK_T\Phi^2}$$

式中：T_a 为电枢回路的电磁时间常数；T_m 为他励直流电动机的机电时间常数。

他励直流电动机的数学模型是一个二阶常系数线性微分方程。

（4）对微分方程进行分析和简化。若不考虑他励直流电动机的负载转矩，即 $T_L=0$，于是式（2-11）可化简为

$$T_aT_m\frac{d^2n}{dt^2}+T_m\frac{dn}{dt}+n=\frac{1}{K_e\Phi}u_a \tag{2-12}$$

在调速系统中，当只讨论电枢电压 u_a 与转速 n 的关系时，常用式（2-12）来描述他励直流电动机。

考虑到他励直流电动机电枢漏感 L_a 一般较小，有时为进一步化简，可假设 $L_a=0$，则 $T_a=0$，此时式（2-12）可化简为

$$T_m\frac{dn}{dt}+n=\frac{1}{K_e\Phi}u_a \tag{2-13}$$

4. 弹簧—质量—阻尼系统

弹簧—质量—阻尼系统示意图如图 2-4(a) 所示，这个简单的系统可以用来表示汽车减震装置，图 2-4(b) 给出了质量的运动分析图。

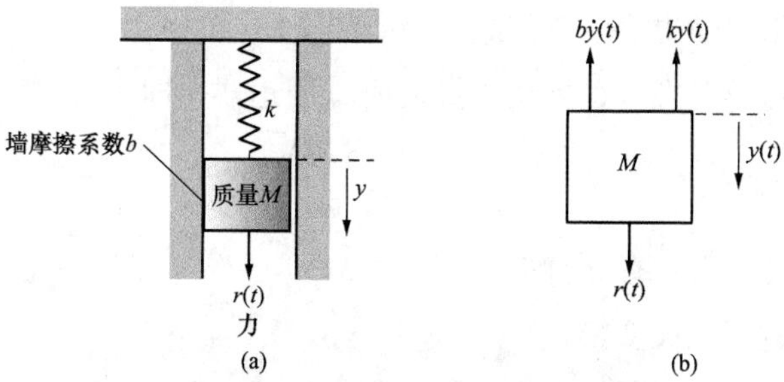

图 2-4　弹簧—质量—阻尼系统

（a）系统示意图；（b）质量的运动分析图

(1) 确定输入量与输出量。输入量为外力 $r(t)$，输出量为位移 $y(t)$。

(2) 建立初始微分方程组。质量 M 相对于初始状态的位移、速度、加速度分别为 $y(t)$、$\frac{\mathrm{d}y(t)}{\mathrm{d}t}$、$\frac{\mathrm{d}^2y(t)}{\mathrm{d}t^2}$。由牛顿第二运动定律有

$$M\frac{\mathrm{d}^2y(t)}{\mathrm{d}t^2}=r(t)-F_1(t)-F_2(t) \tag{2-14}$$

$$F_1(t)=b\frac{\mathrm{d}y(t)}{\mathrm{d}t} \tag{2-15}$$

$$F_2(t)=ky(t) \tag{2-16}$$

式中：$F_1(t)$ 是阻尼器的阻力，其方向与运动方向相反，其大小与运动速度成正比（称为黏性摩擦，对经过充分润滑处理的光滑表面而言，均属于黏性摩擦）；b 为黏性摩擦的摩擦系数；$F_2(t)$ 是弹簧的弹性力，其方向也与运动方向相反，其大小与位移成正比；k 为弹簧的弹性系数。

(3) 消除中间变量，并将微分方程整理成标准形式。将式（2-15）、式（2-16）代入式（2-14）中，经整理后可得该系统的微分方程为

$$M\frac{\mathrm{d}^2y(t)}{\mathrm{d}t^2}+b\frac{\mathrm{d}y(t)}{\mathrm{d}t}+ky(t)=r(t) \tag{2-17}$$

弹簧—质量—阻尼系统的数学模型是一个二阶线性常微分方程。

三、线性定常微分方程的求解

建立控制系统数学模型的目的之一，是用数学方法定量研究控制系统的工作特性。当列写出系统微分方程之后，只要给定输入量和初始条件，便可对微分方程进行分析和求解，并由此了解系统输出量随时间变化的特性。在工程实践中，常采用拉氏变换法求解线性定常微分方程。关于用拉氏变换法求解线性定常微分方程的方法，在工程数学中已介绍，在此不再赘述。

拉氏变换法求解线性定常微分方程的步骤为：

(1) 考虑初始条件，对微分方程中的每一项分别进行拉氏变换，将微分方程转换为变量 s 的代数方程，又称象方程。

(2) 解象方程，求出输出量的象函数。

(3) 对象函数进行反变换，得到输出量的时域表达式，即为所求微分方程的解。

【例 2-1】 设系统的微分方程为$\frac{\mathrm{d}^2c(t)}{\mathrm{d}t^2}+2\frac{\mathrm{d}c(t)}{\mathrm{d}t}+2c(t)=r(t)$。已知 $r(t)=\delta(t)$；$c(0)=c'(0)=0$。试求系统的输出响应。

解 将微分方程进行拉氏变换，得

$$s^2C(s)+2sC(s)+2C(s)=R(s) \tag{2-18}$$

将 $r(t)=\delta(t)$ 进行拉氏变换得 $R(s)=1$，代入式（2-18），得到输出量的拉氏变换为

$$C(s)=\frac{1}{s^2+2s+2}=\frac{1}{(s+1)^2+1} \tag{2-19}$$

对式（2-19）进行拉氏反变换得

$$c(t)=\mathrm{e}^{-t}\sin t$$

该系统的输出响应曲线如图 2-5 所示。

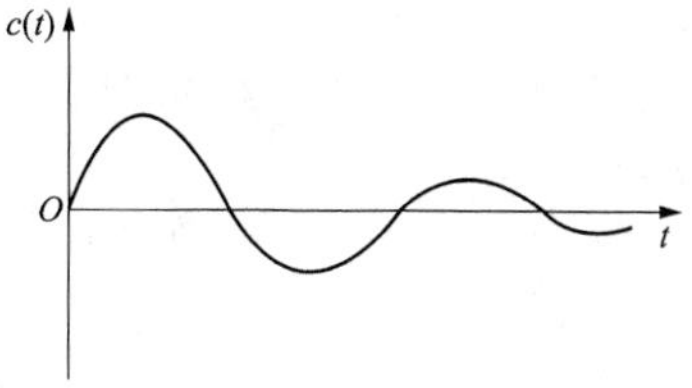

图 2-5　例 2-1 系统的输出响应曲线

四、非线性数学模型的线性化

绝大多数物理系统在参数的某些范围内呈现出线性特性。不过，当参数范围不加限制时，所有的物理系统都是非线性系统。例如，图 2-4 所示的弹簧—质量—阻尼系统在质量位移 $y(t)$ 较小时，可视为由方程式（2-17）表示的线性系统，但当 $y(t)$ 不断增大时，弹簧最终将会因过载变形而断裂。因此，对每个系统都应研究其线性特性及相应的线性工作范围。

与非线性系统相比，线性系统具有齐次性和叠加性。

齐次性：如果线性系统对激励信号 $x(t)$ 的响应为 $y(t)$，β 为常数，则线性系统对激励信号 $\beta x(t)$ 的响应为 $\beta y(t)$。齐次性又称比例性。

叠加性：如果线性系统对激励信号 $x_1(t)$ 的响应为 $y_1(t)$，对激励信号 $x_2(t)$ 的响应为 $y_2(t)$，则线性系统对激励信号 $x_1(t)+x_2(t)$ 的响应为 $y_1(t)+y_2(t)$。

因此，对线性系统进行设计和分析时，如果几个激励信号同时作用于此系统，则可以将它们分别处理，依次求出各个激励信号单独加入时系统的响应，然后将它们叠加，从而大大简化线性系统的研究工作。

在建立控制系统的数学模型时，常常遇到非线性的问题。严格来说，实际物理系统都是非线性系统，只是非线性的程度有所不同而已。例如，弹簧的刚度与其形变有关，因此弹簧系数 k 实际上是其位移 $y(t)$ 的函数，并非常值；电阻、电容、电感等参数值与周围环境（温度、湿度、压力等）及流经它们的电流有关，也并非常值；电动机本身的摩擦、死区等非线性因素会使其运动方程复杂化而成为非线性方程。当然，在一定条件下，为了简化数学模型，可以忽略它们的影响，将这些元件视为线性元件，这就是通常使用的一种线性化方法。此外，还有一种线性化方法，称为切线法或小偏差法，该方法特别适合于具有连续变化的非线性特性函数，其实质是在一个很小的范围内，将非线性特性用一段直线来代替。

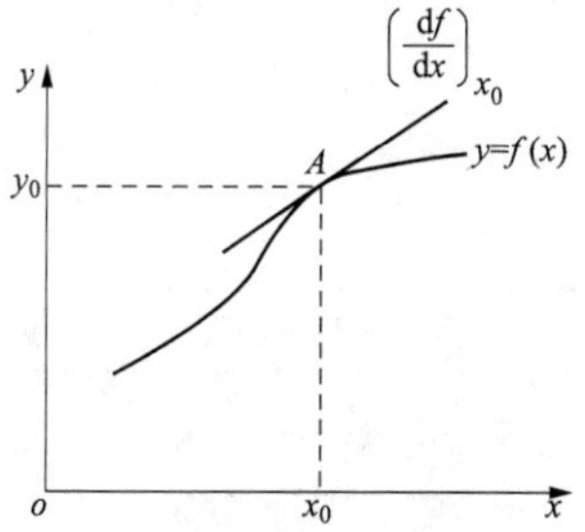

图 2-6　小偏差线性化示意图

这种有条件地把非线性数学模型化为线性数学模型来处理的方法，称为非线性数学模型的线性化。在建立数学模型的过程中，线性化方法是一种常见的、比较有效的方法。

设连续变化的非线性函数为 $y=f(x)$，如图 2-6 所示。设系统的正常工作点为 A，对应有 $y_0=f(x_0)$。当 $x=x_0+\Delta x$ 时，有 $y=y_0+\Delta y$。设函数 $y=f(x)$ 在 (x_0, y_0) 点连续可微，则将它在该点附近用泰勒级数展开为

$$y=f(x)=f(x_0)+\left(\frac{\mathrm{d}f(x)}{\mathrm{d}x}\right)_{x_0}(x-x_0)+\frac{1}{2!}\left(\frac{\mathrm{d}^2 f(x)}{\mathrm{d}x^2}\right)_{x_0}(x-x_0)^2+\cdots$$

当增量（$x-x_0$）很小时，略去高于一次的小增量项，则有

$$y=f(x)=f(x_0)+\left(\frac{\mathrm{d}f(x)}{\mathrm{d}x}\right)_{x_0}(x-x_0)$$

$$y-y_0=f(x)-f(x_0)=\left(\frac{\mathrm{d}f(x)}{\mathrm{d}x}\right)_{x_0}(x-x_0)$$

令 $\Delta y=y-y_0=f(x)-f(x_0)$，$\Delta x=x-x_0$，$K=\left(\frac{\mathrm{d}f(x)}{\mathrm{d}x}\right)_{x_0}$，则 $\Delta y=K\Delta x$。略去增量符号 Δ，便得函数 $y=f(x)$ 在工作点 A 附近的线性化方程为

$$y=Kx \tag{2-20}$$

式中：$K=\left(\frac{\mathrm{d}f(x)}{\mathrm{d}x}\right)_{x_0}$ 是比例系数，它是函数 $f(x)$ 在 A 点的切线斜率。

在处理线性化问题时，要注意以下几点：

（1）必须确定系统各元件或环节所在部件处于各平衡状态时的工作点，在不同的工作点，非线性曲线的斜率是不同的。

（2）当输入量变化范围较大时，用上述方法建模会引起较大的误差。所以，在进行线性化时要注意它的条件，包括输入信号变化的范围。

（3）若非线性特性是不连续的，由于在不连续点附近不能得出收敛的泰勒级数，因而就不能进行线性化，只能采用非线性理论进行分析处理。

（4）线性化后得到的微分方程是增量微分方程，为了简化方程，可略去增量的表示符号 Δ，直接用 x 和 y 表示。（关于这点在此说明后，下面就不再一一解释了。）

这种小偏差线性化方法对于控制系统大多数工作状态是可行。事实上，自动控制系统在正常情况下都处于一个稳定的工作状态，即平衡状态，这时被控量与期望值保持一致，控制系统也不进行控制动作。一旦被控量偏离期望值产生偏差时，控制系统便开始控制动作，以便减小或消除偏差。因此，控制系统中被控量的偏差一般不会很大，只是“小偏差”。

表 2-1 给出了常用的理想元件的微分方程描述，它们只是对实际情况的简化和近似（例如对分立元件的线性化和理想化近似）。

表 2-1　　理想元件的微分方程描述

元件类型	物理元件	描述方程	符号	物理量符号说明
感性储能元件	电感	$u_{21}=L\frac{\mathrm{d}i}{\mathrm{d}t}$		L—电感；u—电压；i—电流
	平动弹簧	$v_{21}=\frac{1}{k}\frac{\mathrm{d}F}{\mathrm{d}t}$	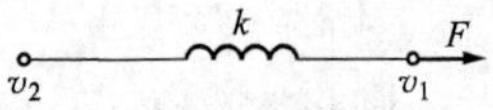	v—平动速度；F—力；k—平动刚度

续表

元件类型	物理元件	描述方程	符号	物理量符号说明
感性储能元件	旋转弹簧	$\omega_{21}=\frac{1}{k}\frac{\mathrm{d}T}{\mathrm{d}t}$	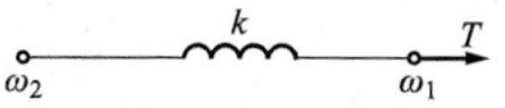	ω—角速度；T—扭矩；k—转动刚度
	流体惯量	$P_{21}=I\frac{\mathrm{d}Q}{\mathrm{d}t}$	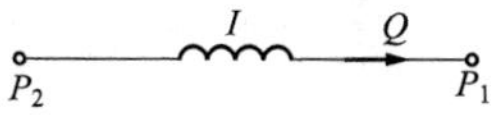	P—压强；I—流体惯量；Q—流体体积流速
容性储能元件	电容	$i=C\frac{\mathrm{d}u_{21}}{\mathrm{d}t}$	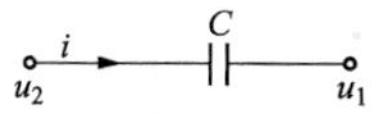	C—电容
	平动质量	$F=M\frac{\mathrm{d}v_2}{\mathrm{d}t}$	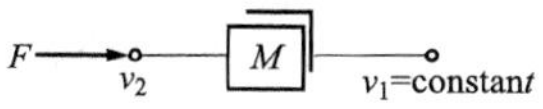	M—质量
	转动惯量	$T=J\frac{\mathrm{d}\omega_2}{\mathrm{d}t}$	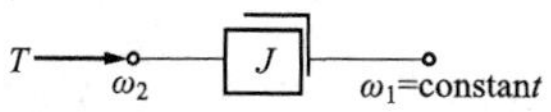	J—转动惯量
	流体容量	$Q=C_\mathrm{f}\frac{\mathrm{d}P_{21}}{\mathrm{d}t}$	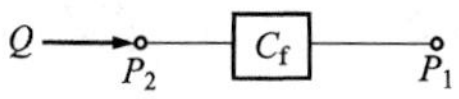	C_f—流体容量
耗能性元件	电阻	$i=\frac{u_{21}}{R}$	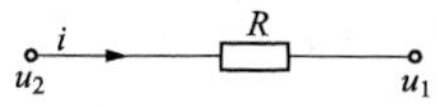	R—电阻
	平动阻尼器	$F=bv_{21}$	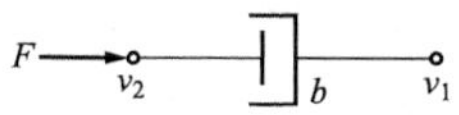	b—黏性摩擦系数
	旋转阻尼器	$T=b\omega_{21}$	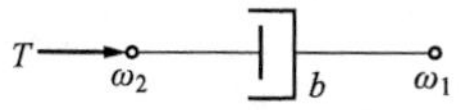	
	流阻	$Q=\frac{P_{21}}{R_\mathrm{f}}$	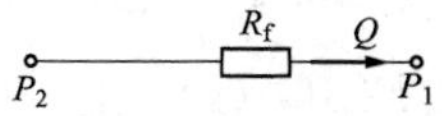	R_f—流阻

第二节 传 递 函 数

控制系统的微分方程是在时间域内描述系统动态性能的数学模型，在给定外作用及初始条件下，求解微分方程可以得到系统的输出响应。这种方法比较直观，特别是借助计算机可以迅速得到系统的输出响应。但是如果系统的结构改变或某个参数变化时，就要重新列写并求解微分方程，否则不便于对系统进行分析和设计。

传递函数是系统的另一种数学模型，它比微分方程简单明了、运算方便，是控制系统常用的数学模型。

一、传递函数

传递函数是在用拉氏变换求解微分方程的过程中推导出的，是控制系统在复数域的数学模型。传递函数不仅可以表征系统的动态性能，还可以用来研究系统的结构或参数变化对系统性能的影响。经典控制理论中广泛应用的时域分析法、频域分析法及根轨迹法，就是以传递函数为基础建立起来的，传递函数是经典控制理论中最基本和最重要的概念。

1. 传递函数的定义

传递函数的示意图如图 2-7 所示。

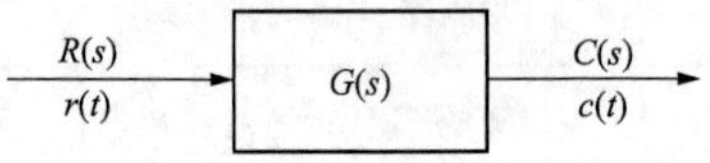

图 2-7　传递函数的示意图

$r(t)$—系统的输入；
$R(s)$—输入量的拉氏变换；
$c(t)$—系统的输出；
$C(s)$—输出量的拉氏变换

传递函数是指在初始条件为零时，系统输出量的拉氏变换与系统输入量的拉氏变换之比，用 $G(s)$ 表示，即

$$G(s)=\frac{C(s)}{R(s)} \tag{2-21}$$

所谓初始条件为零（又称零初始条件），一般是指输入量在 $t=0$ 时刻以后才作用于系统，系统的输入量和输出量及其各阶导数在 $t\leqslant 0$ 时的值也均为零。现实的控制系统多属于这种情况。

对系统的微分方程进行拉氏变换，再经过整理便可求得传递函数。传递函数是系统的 s 域动态数学模型，而且是更具有实际意义的模型。另外，在不需要求解微分方程的情况下，直接利用传递函数便可对系统的动态过程进行分析和研究。

【例 2-2】 求如图 2-1 所示 RC 电路的传递函数。

解　该网络的微分方程为

$$RC\frac{\mathrm{d}u_{\mathrm{c}}(t)}{\mathrm{d}t}+u_{\mathrm{c}}(t)=u_{\mathrm{r}}(t)$$

该电路具有零初始条件，对上式两边同时进行拉氏变换，得

$$RCsU_{\mathrm{c}}(s)+U_{\mathrm{c}}(s)=U_{\mathrm{r}}(s)$$

传递函数为

$$G(s)=\frac{U_{\mathrm{c}}(s)}{U_{\mathrm{r}}(s)}=\frac{1}{RCs+1}=\frac{1}{Ts+1} \tag{2-22}$$

式中：$T=RC$ 是电路的时间常数。

【例 2-3】 求如图 2-4 所示弹簧—质量—阻尼系统的传递函数。

解　该系统的微分方程为

$$M\frac{\mathrm{d}^2y(t)}{\mathrm{d}t^2}+b\frac{\mathrm{d}y(t)}{\mathrm{d}t}+ky(t)=r(t)$$

该系统具有零初始条件，对上式两边同时进行拉氏变换，得

$$Ms^2Y(s)+bsY(s)+kY(s)=R(s)$$

传递函数为

$$G(s)=\frac{Y(s)}{R(s)}=\frac{1}{Ms^2+bs+k} \tag{2-23}$$

2. 传递函数的一般表达式

一般地，n 阶系统可用 n 阶线性微分方程描述，即

$$a_0\frac{d^n c(t)}{dt^n}+a_1\frac{d^{n-1}c(t)}{dt^{n-1}}+\cdots+a_{n-1}\frac{dc(t)}{dt}+a_n c(t)$$

$$=b_0\frac{d^m r(t)}{dt^m}+b_1\frac{d^{m-1}r(t)}{dt^{m-1}}+\cdots+b_{m-1}\frac{dr(t)}{dt}+b_m r(t)\quad (n\geqslant m)\qquad(2\text{-}24)$$

式中：$c(t)$ 为输出量；$r(t)$ 为输入量；a_0、a_1、…、a_n 及 b_0、b_1、…、b_m 均为由系统结构、参数决定的常系数。

若系统处于零值初始条件下，即

$$c(0)=\frac{dc(0)}{dt}=\frac{d^2c(0)}{dt^2}=\cdots=\frac{d^{n-1}c(0)}{dt^{n-1}}=0$$

$$r(0)=\frac{dr(0)}{dt}=\frac{d^2r(0)}{dt^2}=\cdots=\frac{d^{m-1}r(0)}{dt^{m-1}}=0$$

根据拉氏变换的微分定理，式（2-24）的拉氏变换为

$$(a_0s^n+a_1s^{n-1}+\cdots+a_{n-1}s+a_n)C(s)=(b_0s^m+b_1s^{m-1}+\cdots+b_{m-1}s+b_m)R(s)$$

系统的传递函数的一般表达式为

$$G(s)=\frac{C(s)}{R(s)}=\frac{b_0s^m+b_1s^{m-1}+\cdots+b_{m-1}s+b_m}{a_0s^n+a_1s^{n-1}+\cdots+a_{n-1}s+a_n}\quad (n\geqslant m)\qquad(2\text{-}25)$$

式中：分子为象方程的输入端算子多项式；分母为输出端算子多项式（即微分方程的特征式）。

由以上推导可见，在零初始条件下，只要将微分方程中的微分算符 $\frac{d^{(i)}}{dt^{(i)}}$ 换成相应的 $s^{(i)}$，即可得到系统的传递函数。

3. 传递函数的性质

（1）传递函数是经过线性微分方程的拉氏变换导出的，它只适用于线性定常系统。

（2）传递函数只与系统本身的内部结构、参数有关，而与输入量、扰动量等外部因素无关。它表征了系统的固有特性，是一种用象函数来描述系统的数学模型，称为系统的复数域模型（以时间为自变量的微分方程，则称为时间域模型）。

（3）传递函数并不是系统具体物理结构的描述，对于许多物理性质截然不同的系统，如机械系统、电子系统、热传导系统等，都可以具有相同的传递函数。

（4）传递函数是在零初始条件下定义的，因此它只是系统的零状态模型，而不能反映初始条件不为零时的系统的运动过程，这是传递函数作为系统动态数学模型的局限性。

（5）传递函数因式分解后，可以写成

$$G(s)=\frac{K(s-z_1)(s-z_2)\cdots(s-z_m)}{(s-p_1)(s-p_2)\cdots(s-p_n)}$$

式中：K 为常数；z_1、z_2、…、z_m 为传递函数分子多项式等于零时的根，可为实数、虚数或复数，称为传递函数的零点；p_1、p_2、…、p_n 为传递函数分母多项式等于零时的根，称为传递函数的极点，可为实数、虚数或复数，也称为系统的特征根。

不难看出，传递函数分母多项式就是相应微分方程的特征多项式，传递函数的极点就是微分方程的特征根。

传递函数的概念和求解方法非常重要，它为系统分析和设计人员提供了一种十分有用的系统元件或环节数学描述。通过传递函数在 s 平面上的零极点分布，可以确定系统的动态响应特性，因此传递函数成为动态系统数学建模的一种得力工具。

二、自动控制系统典型环节的传递函数及其动态响应

不同的自动控制系统，其物理结构可能相差很大，但任何一个复杂的控制系统都可视为由若干典型环节所组成。研究和掌握典型环节的特性，可以方便地分析较复杂控制系统内部各单元之间的联系，有助于对系统性能的了解。

典型环节有比例环节、惯性环节、积分环节、微分环节、振荡环节等。

1. 比例环节

微分方程

$$c(t)=Kr(t) \tag{2-26}$$

式中：K 为放大倍数，比例环节也称为放大环节。

（1）传递函数。对式（2-26）进行拉氏变换，可得 $C(s)=KR(s)$，则传递函数为

$$G(s)=\frac{C(s)}{R(s)}=K \tag{2-27}$$

其方框图如图 2-8(a) 所示。

（2）单位阶跃响应。当 $r(t)=l(t)$ 时，单位阶跃响应为

$$c(t)=Kl(t) \tag{2-28}$$

比例环节的单位阶跃响应如图 2-8(b) 所示。由图可见，比例环节的特点是其输出不失真、不延迟、成比例地响应输入量的变化，即信号的传递没有惯性。

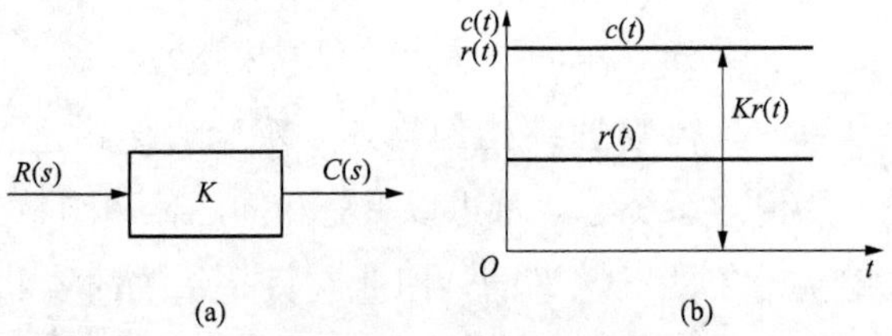

图 2-8　比例环节

（a）方框图；（b）单位阶跃响应

（3）实例。比例环节是自动控制系统中应用最多的一种，例如电子放大器、齿轮减速器、杠杆机构、弹簧、电位器等，如图 2-9 所示。

2. 惯性环节

微分方程为

$$T\frac{\mathrm{d}c(t)}{\mathrm{d}t}+c(t)=r(t)0 \tag{2-29}$$

式中：T 为惯性时间常数。

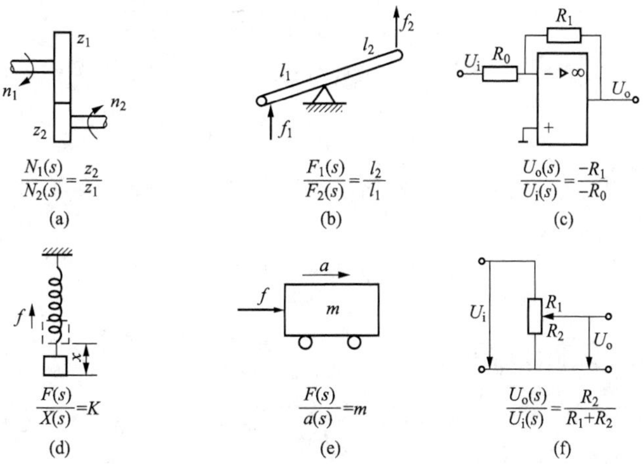

图 2-9 比例环节实例

（1）传递函数。对式（2-29）进行拉氏变换，可得 $TsC(s)+C(s)=R(s)$，则传递函数为

$$G(s)=\frac{C(s)}{R(s)}=\frac{1}{Ts+1} \tag{2-30}$$

其方框图如图 2-10(a) 所示。

（2）单位阶跃响应。当 $r(t)=1(t)$时，$R(s)=1/s$

$$C(s)=G(s)R(s)=\frac{1}{Ts+1}\frac{1}{s}=\left(\frac{1}{s}-\frac{1}{s+\frac{1}{T}}\right)$$

则单位阶跃响应为

$$c(t)=1-\mathrm{e}^{-\frac{t}{T}}\quad(t\geqslant 0) \tag{2-31}$$

惯性环节的单位阶跃响应曲线如图 2-10(b) 所示。由图可见，惯性环节的特点是，其输出量不能立即跟随输入量的变化，只能按照指数规律逐渐变化，存在时间上的延迟，这是由于环节的惯性造成的。环节的惯性越大，时间常数越大，延迟的时间也越长。

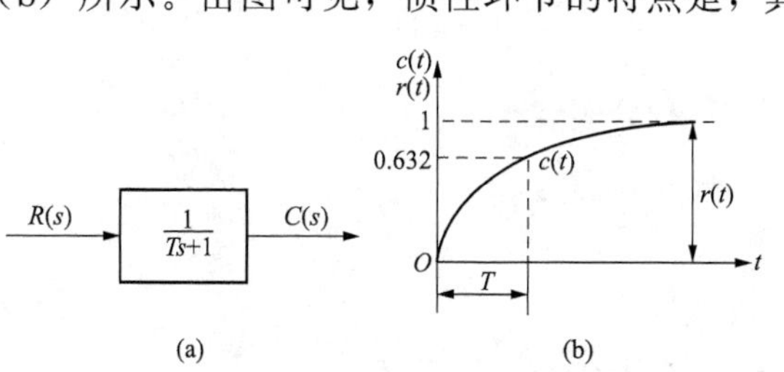

图 2-10 惯性环节

(a) 方框图；(b) 单位阶跃响应

（3）实例。惯性环节的实例如图 2-11 所示。

1）图 2-11(a) 为电阻、电感电路，由基尔霍夫定律可得电路微分方程为

$$Ri(t)+L\frac{\mathrm{d}i(t)}{\mathrm{d}t}=u(t)$$

对上式进行拉氏变换，并整理后可得

$$G(s)=\frac{I(s)}{U(s)}=\frac{1/R}{(L/R)s+1}=\frac{K}{Ts+1} \tag{2-32}$$

2）图 2-11(b) 为电阻、电容电路，由图可见

$$u_{\mathrm{r}}(t)=Ri(t)+u_{\mathrm{c}}(t)$$

又因为 $i(t)=C\frac{\mathrm{d}u_{\mathrm{c}}(t)}{\mathrm{d}t}$，代入上式可得

$$u_{\mathrm{r}}(t)=RC\frac{\mathrm{d}u_{\mathrm{c}}(t)}{\mathrm{d}t}+u_{\mathrm{c}}(t)$$

对上式进行拉氏变换，并整理后可得

$$G(s)=\frac{U_{\mathrm{c}}(s)}{U_{\mathrm{r}}(s)}=\frac{1}{RCs+1}=\frac{1}{Ts+1} \tag{2-33}$$

3）图 2-11（c）为惯性调节器，其微分方程为

$$\frac{u_{\mathrm{r}}(t)}{R_0}=-\left[\frac{u_{\mathrm{c}}(t)}{R_1}+C\frac{\mathrm{d}u_{\mathrm{c}}(t)}{\mathrm{d}t}\right]$$

对上式进行拉氏变换，并整理后可得

$$G(s)=\frac{U_{\mathrm{c}}(s)}{U_{\mathrm{r}}(s)}=\frac{-R_1/R_0}{R_1Cs+1}=\frac{K}{Ts+1} \tag{2-34}$$

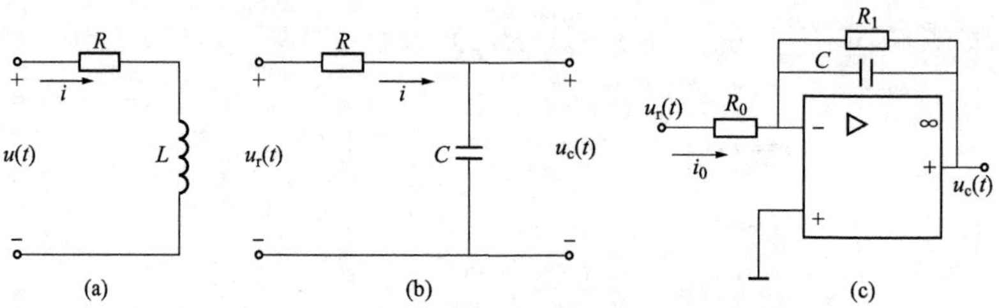

图 2-11 惯性环节实例

（a）电阻、电感电路；（b）电阻、电容电路；（c）惯性调节器

3. 积分环节

微分方程为

$$T\frac{\mathrm{d}c(t)}{\mathrm{d}t}=r(t) \tag{2-35}$$

式中：T 为积分时间常数。

（1）传递函数。对式（2-35）进行拉氏变换，得 $TsC(s)=R(s)$，则传递函数为

$$G(s)=\frac{C(s)}{R(s)}=\frac{1}{Ts} \tag{2-36}$$

其方框图如图 2-12(a) 所示。

(2) 单位阶跃响应。当 $r(t)=1(t)$ 时，$R(s)=1/s$，则

$$C(s)=G(s)R(s)=\frac{1}{Ts}\frac{1}{s}=\frac{1}{Ts^2}$$

单位阶跃响应为

$$c(t)=\frac{1}{T}t \quad (t\geqslant 0) \tag{2-37}$$

积分环节的单位阶跃响应曲线如图 2-12(b) 所示。由图可见，输出量随着时间的增长而不断增加，增长的斜率为 $1/T$。积分环节的特点是，输出量与输入量对时间的积分呈正比。

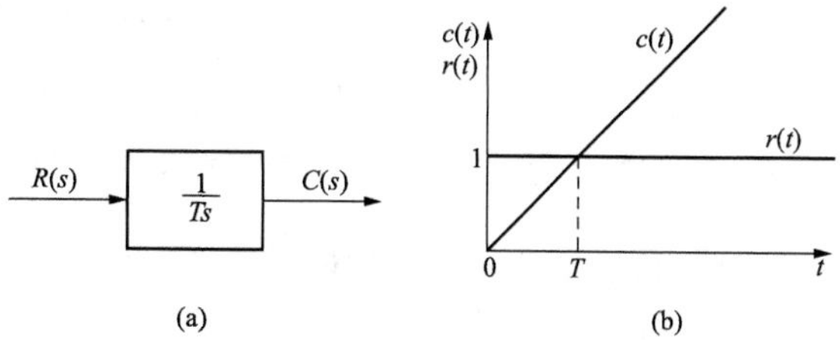

图 2-12 积分环节

(a) 方框图；(b) 单位阶跃响应

(3) 实例。积分环节也是自动控制系统中遇到的最多的环节之一。例如水箱的水位与水流量，烘箱的温度与热流量（或功率），机械运动中的转速与转矩，位移与速度，速度与加速度，电容的电量与电流等。

积分环节的实例如图 2-13 所示。

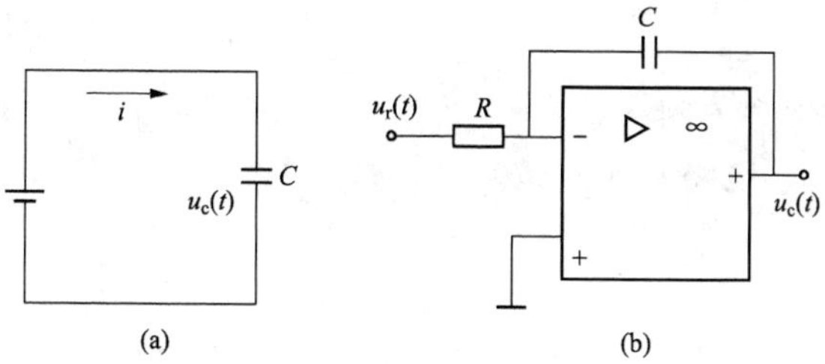

图 2-13 积分环节实例

(a) 电容电路；(b) 积分调节器

1) 图 2-13(a) 为电容电路，电容器电压与充电电流的积分关系为 $u_c(t)=\frac{1}{C}\int i\,dt$，对上式进行拉氏变换，并整理后可得

$$G(s)=\frac{U_c(s)}{I(s)}=\frac{1}{Cs} \tag{2-38}$$

2) 图 2-13(b) 为积分调节器电路，输出量与输入量为积分关系 $u_c(t)=-\frac{1}{RC}\int u_r(t)dt$，对上式进行拉氏变换，并整理后可得

$$G(s)=\frac{U_c(s)}{U_r(s)}=-\frac{1}{RCs}=-\frac{1}{Ts} \tag{2-39}$$

4. 微分环节

理想微分环节的微分方程为

$$c(t)=T\frac{\mathrm{d}r(t)}{\mathrm{d}t} \tag{2-40}$$

式中：T 为微分时间常数。

(1) 传递函数。对式 (2-40) 进行拉氏变换，得 $C(s)=TsR(s)$，则传递函数为

$$G(s)=\frac{C(s)}{R(s)}=Ts \tag{2-41}$$

其方框图如图 2-14(a) 所示。

(2) 单位阶跃响应。当 $r(t)=1(t)$时，$R(s)=1/s$，则

$$C(s)=G(s)R(s)=Ts\,\frac{1}{s}=T$$

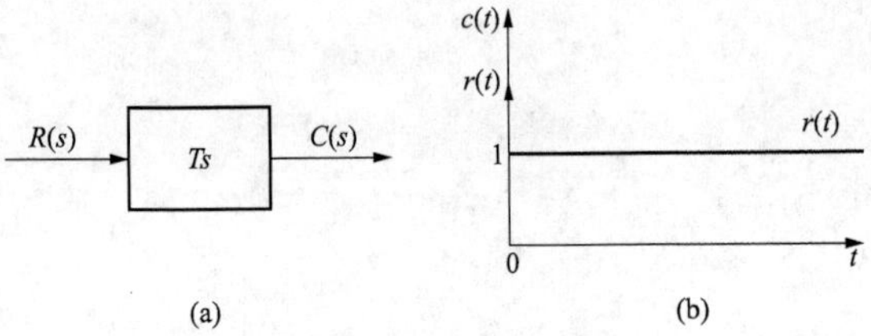

图 2-14 理想微分环节

(a) 方框图；(b) 单位阶跃响应

单位阶跃响应为

$$c(t)=T\delta(t) \tag{2-42}$$

理想微分环节的单位阶跃响应曲线如图 2-14(b) 所示。由图可见，在 $t=0$ 时，其输出应是一面积（强度）为 T，宽度为零，幅值无穷大的理想脉冲。这种理想的微分环节在实际中是不可能实现的。

(3) 实例。微分环节的实例如图 2-15 所示。

1) 图 2-15(a) 为 RC 电路构成的微分环节，其电路方程为

$$u_{\mathrm{r}}(t)=\frac{1}{C}\int i\,\mathrm{d}t+iR$$

$$u_{\mathrm{c}}(t)=iR$$

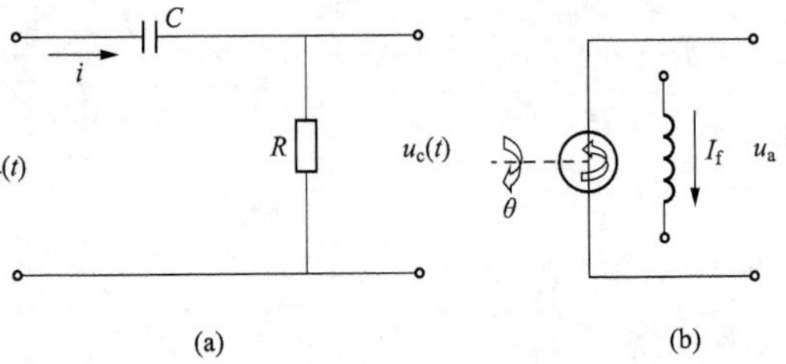

图 2-15 微分环节实例

(a) RC 电路；(b) 直流测速发电机

从上面二式中消去中间变量，可得

$$RC\,\frac{\mathrm{d}u_{\mathrm{r}}(t)}{\mathrm{d}t}=u_{\mathrm{c}}(t)+RC\,\frac{\mathrm{d}u_{\mathrm{c}}(t)}{\mathrm{d}t}$$

对上式进行拉氏变换，求出其传递函数为

$$G(s)=\frac{RCs}{RCs+1}=\frac{Ts}{Ts+1} \tag{2-43}$$

式 (2-43) 表明，此电路相当于一个微分环节和一个惯性环节的串联组合，具有这种特性的微分环节称为实用微分环节。若惯性很小，即 $T=RC\ll 1$ 时，有 $G(s)\approx Ts$。

实用微分环节的单位阶跃响应的拉氏变换式为

$$C(s)=\frac{Ts}{Ts+1}\,\frac{1}{s}=\frac{1}{s+\dfrac{1}{T}}$$

则单位阶跃响应为

$$c(t)=e^{-\frac{t}{T}} \quad (t \geqslant 0) \tag{2-44}$$

其单位阶跃响应曲线如图 2-16 所示。

微分环节的特点是，输出量与输入量信号对时间的微分成正比，即输出反映了输入信号的变化率，而不反映输入量本身的大小，可利用该环节来加快系统控制作用的实现，以改善系统的动态性能。

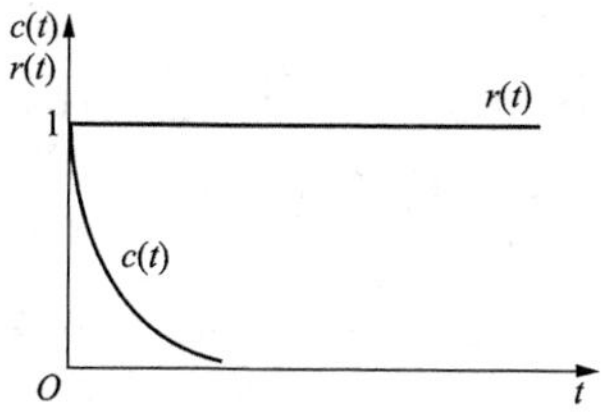

图 2-16 实用微分环节的单位阶跃响应曲线

由于微分环节不能反映输入量本身的大小，故在许多场合无法单独使用，常采用比例微分环节，其传递函数为

$$G(s)=\frac{C(s)}{R(s)}=K(Ts+1) \tag{2-45}$$

比例微分环节的单位阶跃响应为

$$c(t)=KT\delta(t)+K=K[T\delta(t)+1] \tag{2-46}$$

当比例微分环节的输入量为恒值时，其输出量与输入量成正比；当输入量为变量时，输出量即含有与输入量成正比的量，也包含反映输入信号变化趋势的信息。

2）图 2-15(b) 为直流测速发电机，设以转角 θ 为输入量，以电枢电压 u_a 为输出量，忽略磁滞、涡流和电枢反应等影响，并认为磁通为常量，则直流测速发电机的输出电压与角速度 ω 成正比，即

$$u_a=K\omega=K\frac{d\theta}{dt}$$

其传递函数为

$$G(s)=\frac{U_a(s)}{\Theta(s)}=Ks \tag{2-47}$$

5. **振荡环节**

微分方程为

$$T^2\frac{d^2c(t)}{dt^2}+2\xi T\frac{dc(t)}{dt}+c(t)=r(t) \tag{2-48}$$

式中：T 为时间常数；ξ 为阻尼系数（阻尼比）。

当 ξ 在一定范围内取值时，上式为振荡环节的微分方程。

（1）传递函数为

$$G(s)=\frac{C(s)}{R(s)}=\frac{1}{T^2s^2+2\xi Ts+1} \tag{2-49}$$

或

$$G(s)=\frac{\omega_n^2}{s^2+2\xi\omega_n s+\omega_n^2} \tag{2-50}$$

式中：$\omega_n=1/T$ 为振荡环节的无阻尼自然振荡频率。

其方框图如图 2-17(a) 所示。

(2) 单位阶跃响应。当 $r(t)=1(t)$ 时，$R(s)=1/s$，则

$$C(s)=\frac{\omega_n^2}{s(s^2+2\xi\omega_n s+\omega_n^2)}=\frac{1}{s}-\frac{s+\xi\omega_n}{(s+\xi\omega_n)^2+\omega_d^2}-\frac{\xi\omega_n}{(s+\xi\omega_n)^2+\omega_d^2}$$

式中：$\omega_d=\omega_n\sqrt{1-\xi^2}$ 为阻尼自然振荡频率。

单位阶跃响应为

$$c(t)=1-\frac{e^{-\xi\omega_n t}}{\sqrt{1-\xi^2}}\sin(\omega_d t+\varphi)\quad(t\geqslant 0) \tag{2-51}$$

$$\varphi=\arctan\frac{\sqrt{1-\xi^2}}{\xi}$$

振荡环节的单位阶跃响应曲线如图 2-17(b) 所示。

当 $\xi=0$ 时，$c(t)$ 为等幅自由振荡（又称为无阻尼振荡），其振荡频率为 ω_n。

当 $0<\xi<1$ 时，$c(t)$ 为减幅振荡（又称为阻尼振荡），其振荡频率为 ω_d。由图 2-17 可见，振荡环节的单位阶跃响应曲线应是有阻尼的正弦振荡曲线。振荡程度与阻尼比 ξ 有关：ξ 值越小，则振荡越强；反之，阻尼比 ξ 值越大，则振荡衰减越快。

当 $\xi\geqslant 1$ 时，$c(t)$ 为单调上升曲线，这时已不是振荡环节了。

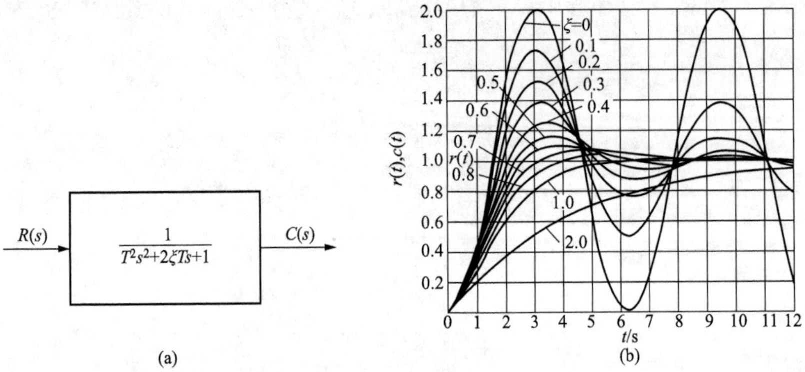

图 2-17　振荡环节

(a) 方框图；(b) 单位阶跃响应

(3) 实例。以他励直流电动机为例，参见图 2-3。

他励直流电动机的传递函数是对实际电动机的一种线性近似描述，一些高阶影响如电刷上的电压下降等因素都将忽略不计。

他励直流电动机要保持恒定的励磁电流 i_f，因此，气隙磁通也是恒定的。根据式 (2-9) 可得电枢转矩为

$$T_e(s)=K_m I_a(s) \tag{2-52}$$

式中：K_m 为电动机常数。

电枢电流与输入电压之间的关系为

$$U_a(s)=(R_a+sL)I_a(s)+E(s)$$

式中：$E(s)$ 是与电动机角速度成正比的反电动势，且有 $E(s)=K_b\omega(s)=K_bs\theta(s)$。

于是，电枢电流为

$$I_a(s)=\frac{U_a(s)-K_bs\theta(s)}{R_a+sL_a} \tag{2-53}$$

电动机的动力学方程式为

$$T_e-T_d-T_f=J\frac{d\omega}{dt}=J\frac{d\theta^2}{dt^2} \tag{2-54}$$

式中：T_d 为扰动转矩且通常可以忽略不计，不过，当负载受到其他外力作用（如天线受到风的作用）时，扰动转矩就不能忽略不计了；T_f 为摩擦转矩，$T_f=b\omega=b\frac{d\theta}{dt}$。

当不计扰动转矩时，根据式（2-54）可得

$$K_mI_a(s)-bs\theta(s)=Js^2\theta(s) \tag{2-55}$$

根据式（2-53）和式（2-55），可以得到不计扰动情况下的传递函数为

$$G(s)=\frac{\theta(s)}{U_a(s)}=\frac{K_m}{s[(R_a+L_as)(Js+b)+K_bK_m]}=\frac{K_m}{s(s^2+2\xi\omega_ns+\omega_n^2)} \tag{2-56}$$

他励直流电动机的动态结构框图如图 2-18 所示。

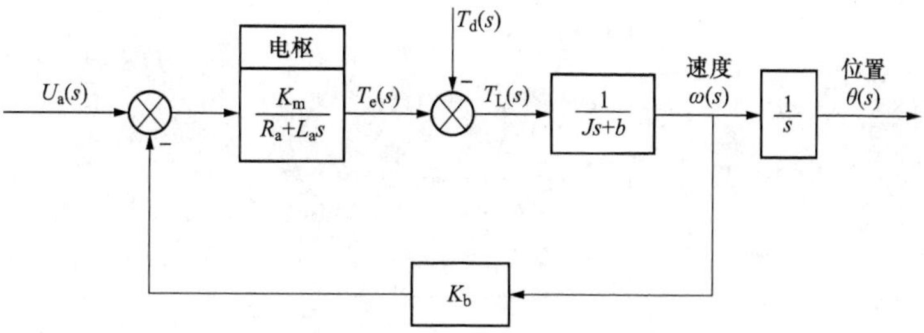

图 2-18　他励直流电动机的动态结构框图

不过，对许多直流电动机，电枢时间常数 $\tau_a=L_a/R_a$ 是可以忽略的，因此

$$G(s)=\frac{\theta(s)}{U_a(s)}=\frac{K_m}{s[R_a(Js+b)+K_bK_m]} \tag{2-57}$$

在控制系统中，若包含着两种不同形式的储能单元，这两种单元的能量又能相互交换，在能量储存和交换的过程中，就可能出现振荡而构成振荡环节。例如，由于 L、C 是两种不同的储能元件，电感储存的磁能和电容储存的电能相互交换，有可能形成振荡过程。

传递函数的概念和方法非常重要，它为系统分析和设计人员提供了一种非常有用的系统元件或系统数学模型描述。由于通过传递函数在 s 平面上的零极点分布，可以确定系统的动态响应特性，因此传递函数成为人们对动态系统建模的一种得力工具。

表 2-2 给出了一些常用动态元件或系统的传递函数。

表 2-2　　动态元件或系统的传递函数

元件或系统	传递函数 $G(s)$
1. 积分电路、滤波器 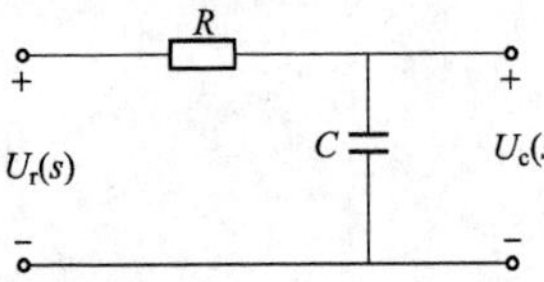	$\frac{U_c(s)}{U_r(s)}=\frac{1}{RCs+1}$
2. 微分电路（一） 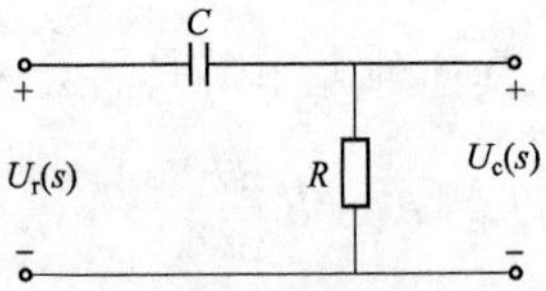	$\frac{U_c(s)}{U_r(s)}=\frac{RCs}{RCs+1}$
3. 微分电路（二） 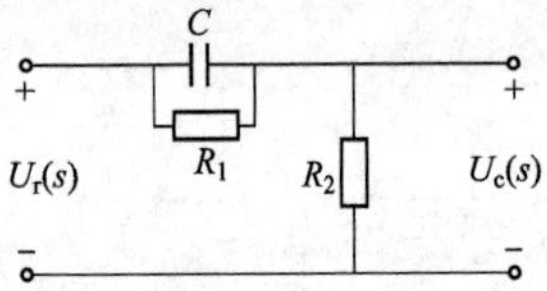	$\frac{U_c(s)}{U_r(s)}=\frac{s+\frac{1}{R_1C}}{s+\frac{R_1+R_2}{R_1R_2C}}$
4. 他励直流电动机，旋转执行机构 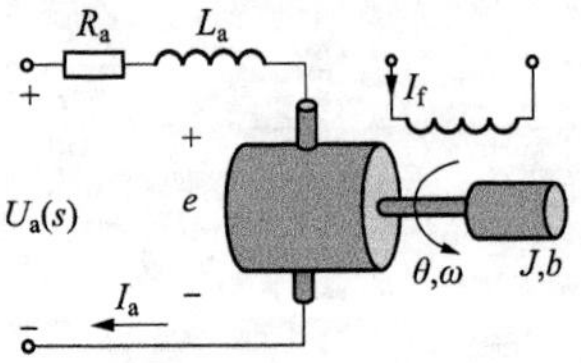	$\frac{\theta(s)}{U_a(s)}=\frac{K_m}{s[(L_as+R_a)(Js+b)+K_bK_m]}$ 式中　K_m——电动机常数； J——转动惯量； b——黏性摩擦系数； K_b——反电动势系数，反电动势为 $e=K_b\omega$
5. 转速计（转速测量元件） 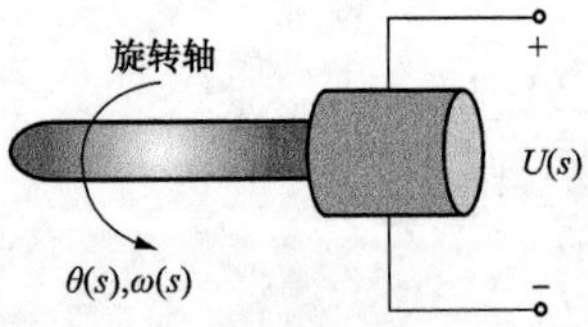	$U(s)=K_t\omega(s)=K_ts\theta(s)$ 式中　K_t——常数
6. 直流放大器 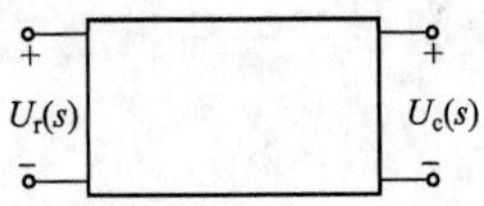	$\frac{U_c(s)}{U_r(s)}=\frac{K_a}{\tau s+1}$ $\tau=R_aC_a$ 式中　R_a——输出电阻； C_a——输出电容。 对于伺服放大器 $\tau\ll1$，通常可忽略不计 τ

第三节 自动控制系统动态结构图及其等效变换

动态结构图又称方框图，是系统数学模型的另一种形式。建立动态结构图的目的，一是可以直观形象地了解控制系统受控对象和控制装置之间以及内部各变量之间的动态联系，以便从总体上及原则上把握系统的基本特点，这无论对系统的动态分析还是系统设计都是至关重要的；二是借助动态结构图可以方便地求出系统的传递函数，避开较烦琐的象方程组联立消元计算。

一、动态结构图的概念

动态结构图是把元件或环节用一个方框表示，如图 2-19(a) 所示。方框的一端为输入信号 $r(t)$，另一端是经过元件或环节后的输出信号 $c(t)$，用箭头表示信号的传递方向。动态结构图也可用来表示元件或环节输入和输出信号的拉氏变换式之间的关系，如图 2-19(b) 所示，这时方框中标出的是传递函数。

图 2-19 动态结构图

动态结构图的主要组成部分包括信号线、方框、综合点和引出点。

(1) 信号线。表示信号输入、输出通道，箭头代表信号传递方向，如图 2-20(a) 所示。

(2) 方框。方框两侧应为输入信号线和输出信号线，方框内写入该输入、输出之间的传递函数 $G(s)$，如图 2-20(b) 所示。

(3) 综合点。亦称加减点，表示几个信号相加减，符号⊗的输出量即为各信号的代数和，负信号需在相应信号线的箭头附近标以负号，如图 2-20(c) 所示。

(4) 引出点。表示同一信号传输到几个地方，如图 2-20(d) 所示。

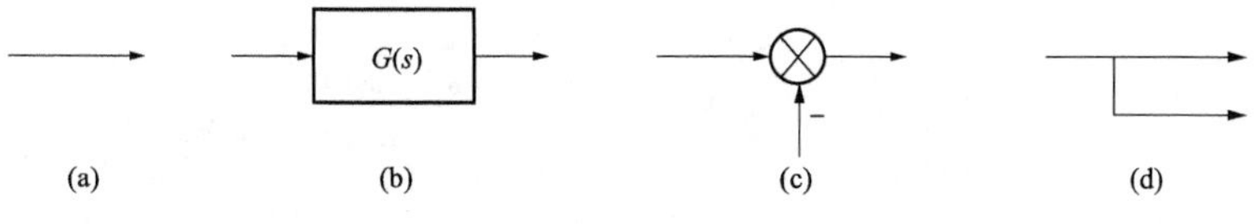

图 2-20 动态结构图的基本组成

(a) 动态结构图的信号线；(b) 动态结构图的方框；(c) 动态结构图的综合点；(d) 动态结构图的引出点

根据由微分方程组得到的零初始条件下的象方程组，对每个子方程都用上述符号表示，且将各方框图依次连接起来，即为动态结构图。

用动态结构图表示系统的优点是：只要根据信号的流向，将各环节的方框连接起来，就能够很容易地组成整个系统的动态结构图。再通过动态结构图的简化，不难求得系统输入信号的拉氏变换式与输出信号的拉氏变换式间的关系式。在此基础上，无论是研究整个控制系统的性能，还是评价每一个环节对系统性能的影响，都是很方便的。

应强调指出，动态结构图中只包含与系统性能有关的信息，并不包含与系统物理结构有关的一切信息。因此，许多在物理结构上完全不同的系统，可以用相同的动态结构图来表示。

二、动态结构图的绘制

绘制动态结构图的一般步骤是：

（1）列写各元件或环节的微分方程式或方程组，在列写微分方程时要考虑相互连接元件间的负载效应。

（2）根据微分方程，写出传递函数。

（3）绘出各环节的方框，方框中标出其传递函数，并以箭头和字母标明其输入量和输出量。

（4）根据信号在系统中的流向，依次将各方框连接起来，便构成了控制系统的动态结构图。

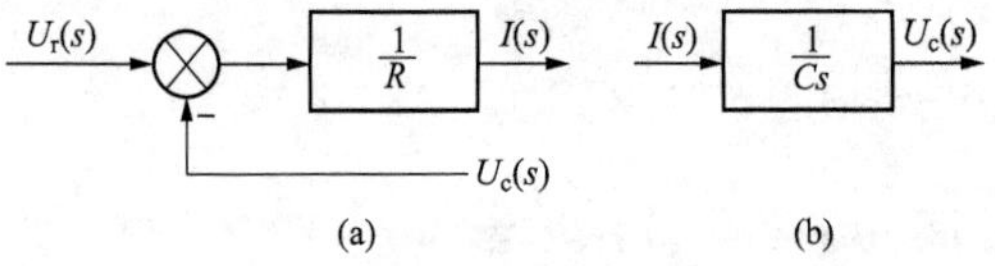

图 2-21　*RC* 电路用方框表示各变量间的关系

(a) $U_r(s)=RI(s)+U_c(s)$；(b) $U_c(s)=I(s)\dfrac{1}{Cs}$

【例 2-4】 绘制图 2-1 所示 *RC* 电路的动态结构图。

解　列出电路的初始微分方程组

$$\begin{cases} u_r = Ri + u_c \\ i = C\dfrac{du_c}{dt} \end{cases}$$

对以上两式进行拉氏变换，可得

$$\begin{cases} U_r(s) = RI(s) + U_c(s) \\ I(s) = CsU_c(s) \end{cases}$$

即

$$\frac{U_r(s)-U_c(s)}{R} = I(s)$$

$$U_c(s) = I(s)\frac{1}{Cs}$$

用方框表示各变量之间的关系，如图 2-21 所示。再根据信号的流向，将各方框依次连接起来，即得到系统的动态结构图，如图 2-22 所示。

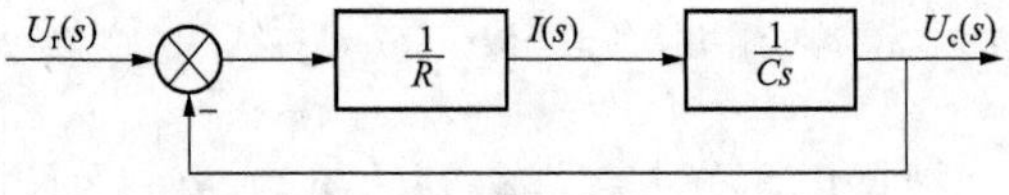

图 2-22　*RC* 电路的动态结构图

【例 2-5】 绘制图 2-23 所示两级 RC 网络的动态结构图。

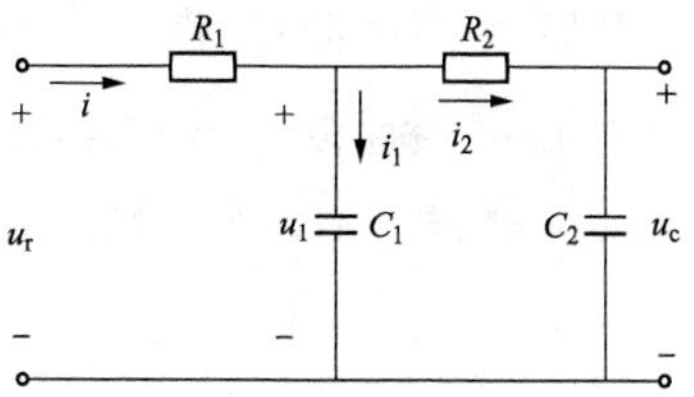

图 2-23 两级 RC 网络

解 列出电路的初始微分方程组

$$u_r(t)-u_1(t)=R_1 i(t)$$

$$i_1(t)=i(t)-i_2(t)$$

$$\frac{1}{C_1}\int i_1(t)\mathrm{d}t=u_1(t)$$

$$u_1(t)-u_c(t)=R_2 i_2(t)$$

$$\frac{1}{C_2}\int i_2(t)\mathrm{d}t=u_c(t)$$

取零初始条件，对以上各式进行拉氏变换，并整理成因果关系式为

$$I(s)=[U_r(s)-U_1(s)]\frac{1}{R_1}$$

$$I_1(s)=I(s)-I_2(s)$$

$$U_1(s)=I_1(s)\frac{1}{C_1 s}$$

$$I_2(s)=[U_1(s)-U_c(s)]\frac{1}{R_2}$$

$$U_c(s)=I_2(s)\frac{1}{C_2 s}$$

用方框表示各变量之间的关系，如图 2-24 所示。再根据信号的流向，将各方框依次连接起来，即得到两级 RC 网络的动态结构图，如图 2-25 所示。

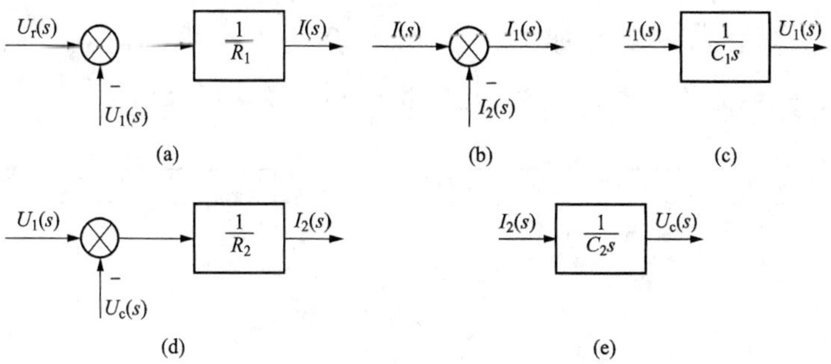

图 2-24 两级 RC 网络用方框表示各变量间的关系

(a) $I(s)=[U_r(s)-U_1(s)]\frac{1}{R_1}$；(b) $I_1(s)=I(s)-I_2(s)$；

(c) $U_1(s)=I_1(s)\frac{1}{C_1 s}$；(d) $I_2(s)=[U_1(s)-U_c(s)]\frac{1}{R_2}$；

(e) $U_c(s)=I_2(s)\frac{1}{C_2 s}$

从图 2-25 中明显看出，二级网络的动态结构图不等同于两个一级网络动态结构图的串联。电流 i_2 经反馈作用影响 u_1，后一级网络对前级网络的这种反作用，称为负载效应，即后一级网络相当于前级网络的负载。

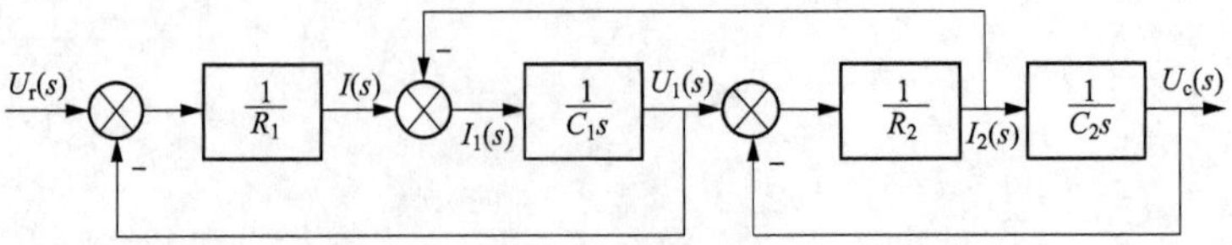

图 2-25　两级 RC 网络的动态结构图

三、动态结构图的等效变换

在控制工程实践中，常常会遇到一些包含许多反馈回路的控制系统，其动态结构图甚为复杂。对于这种系统，为了便于分析并求出其传递函数，常需要将复杂的动态结构图进行等效变换和化简。

等效变换是指被变换的输入量和输出量之间的数学关系，在变换前后保持不变。

1. 动态结构图的等效变换法则

动态结构图的基本连接方式有串联、并联和反馈三种。

(1) 环节的串联。传递函数分别为 $G_1(s)$ 和 $G_2(s)$ 的两个方框，若 $G_1(s)$ 的输出量作为 $G_2(s)$ 的输入量，则 $G_1(s)$ 与 $G_2(s)$ 称为串联连接，如图 2-26(a) 所示。有

$$U(s)=G_1(s)R(s)$$

$$C(s)=G_2(s)U(s)=G_1(s)G_2(s)R(s)$$

则

$$G(s)=G_1(s)G_2(s) \tag{2-58}$$

两个方框串联连接的等效方框如图 2-26(b) 所示。由此可见，串联环节的等效传递函数等于各个环节传递函数的乘积。这个结论可推广到 n 个串联环节。

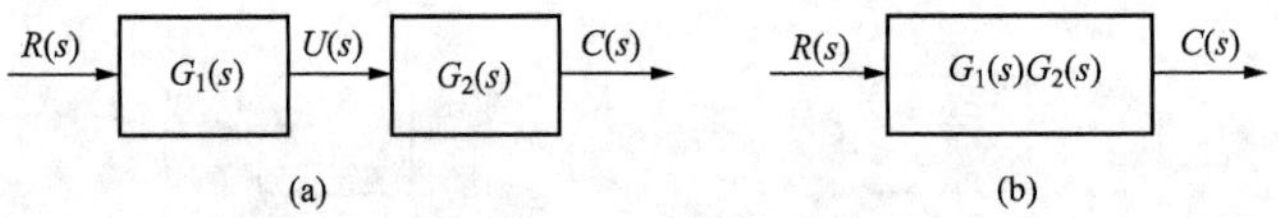

图 2-26　环节的串联

(a) 两个环节串联连接；(b) 等效方框图

(2) 环节的并联。传递函数分别为 $G_1(s)$ 和 $G_2(s)$ 的两个方框，如果它们有相同的输入量，而输出量等于两个方框输出量的代数和，则 $G_1(s)$ 与 $G_2(s)$ 称为并联连接，如图 2-27(a) 所示。有

$$C_1(s)=G_1(s)R(s)$$

$$C_2(s)=G_2(s)R(s)$$

$$C(s)=C_1(s)\pm C_2(s)=[G_1(s)\pm G_2(s)]R(s)$$

则
$$G(s)=G_1(s)\pm G_2(s) \tag{2-59}$$

两个方框并联连接的等效方框如图 2-27(b) 所示。由此可见，并联环节的等效传递函数等于各个环节传递函数的代数和。这个结论可推广到 n 个并联环节。

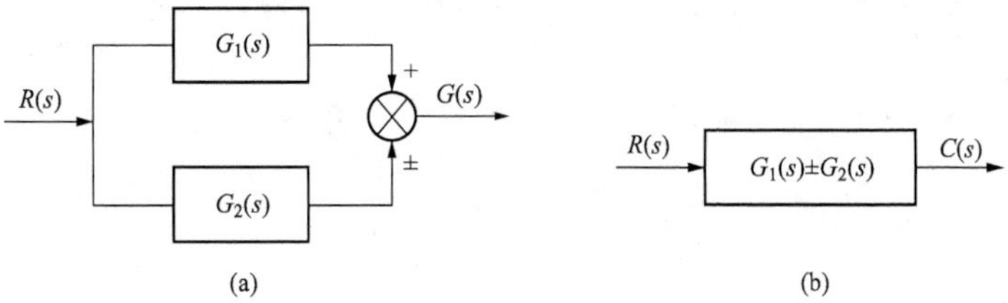

图 2-27　环节的并联

(a) 两个环节并联连接；(b) 等效方框图

(3) 环节的反馈连接。若传递函数分别为 $G(s)$ 和 $H(s)$ 的两个方框如图 2-28(a) 形式连接，则称为反馈连接。“+”号为正反馈，表示输入信号与反馈信号相加；“−”号为负反馈，表示输入信号与反馈信号相减。反馈环节 $H(s)=1$ 时，称为单位反馈。

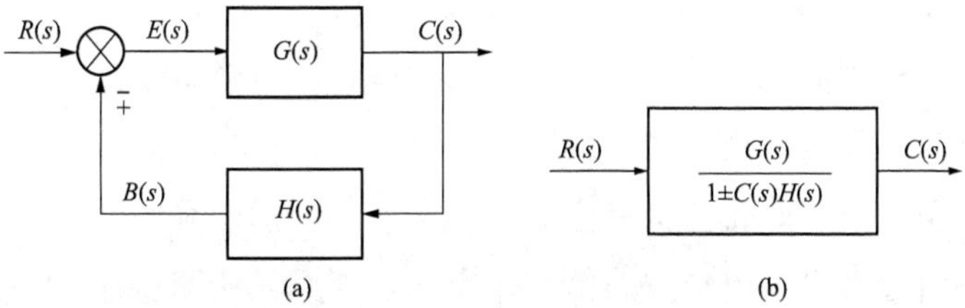

图 2-28　环节的反馈连接

(a) 两个环节反馈连接；(b) 等效方框图

由图 2-28 (a) 有

$$B(s)=H(s)C(s)$$

$$C(s)=G(s)E(s)=G(s)[R(s)\mp B(s)]=R(s)G(s)\mp H(s)C(s)G(s)$$

则
$$C(s)=\frac{G(s)}{1\pm G(s)H(s)}R(s)=\Phi(s)R(s) \tag{2-60}$$

$$\Phi(s)=\frac{G(s)}{1\pm G(s)H(s)} \tag{2-61}$$

式中：$G(s)$ 称为前向通道传递函数；$H(s)$ 称为反馈通道传递函数；$G(s)H(s)$ 称为闭环系统的开环传递函数；$\Phi(s)$ 称为闭环传递函数，是环节反馈连接的等效传递函数；式中负号对应正反馈连接；正号对应负反馈连接。

两个环节反馈连接等效方框图如图 2-28(b) 所示。

2. 综合点和引出点的移动

在一些复杂系统的动态结构图中，回路之间常常存在交叉连接，为了消除交叉连接，方便利用上述三种等效变换法则，常需要移动某些综合点和引出点的位置。综合点和引出点前后移动规则是根据下列两条原则得到的：①变换前与变换后前向通道中传递函数的乘积必须保持不变；②变换前与变换后回路中传递函数的乘积必须保持不变。

移动分为以下六种情况。

（1）综合点之间的位置变换。图 2-29 表示了相邻综合点前后移动的等效变换。

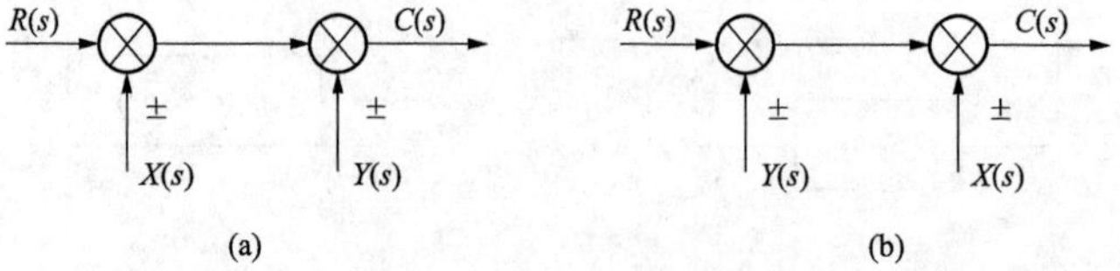

图 2-29　相邻综合点前后移动的等效变换

（a）移动前；（b）移动后

移动前

$$C(s)=R(s)\pm X(s)\pm Y(s)$$

移动后

$$C(s)=R(s)\pm Y(s)\pm X(s)=R(s)\pm X(s)\pm Y(s)$$

因此，相邻综合点之间可以换位；多个相邻综合点亦可随意换位。

（2）引出点之间的位置变换。图 2-30 所示若干个引出点相邻，表明是同一信号传送至许多地方。因此，引出点之间相互交换位置，不会改变引出信号的性质。

注意，一般不将综合点与引出点的信号作交换，否则结构图愈加复杂。

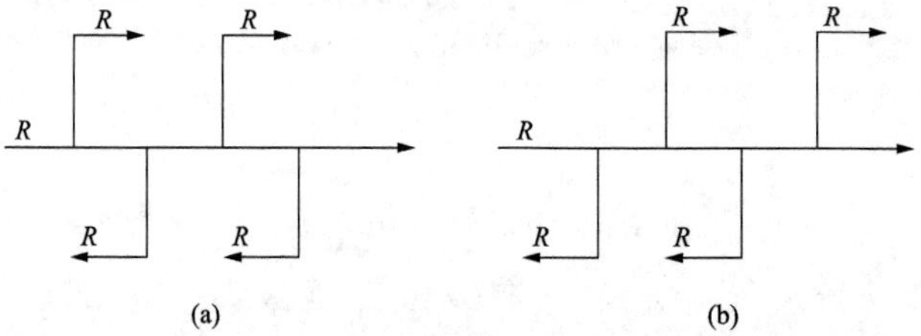

图 2-30　相邻引出点之间的位置变换

（a）移动前；（b）移动后

（3）综合点前移。图 2-31 表示了综合点前移的等效变换。

移动前

$$C(s)=R(s)G(s)\mp F(s)$$

移动后

$$C(s)=G(s)\left[R(s)\mp F(s)\frac{1}{G(s)}\right]=R(s)G(s)\mp F(s)$$

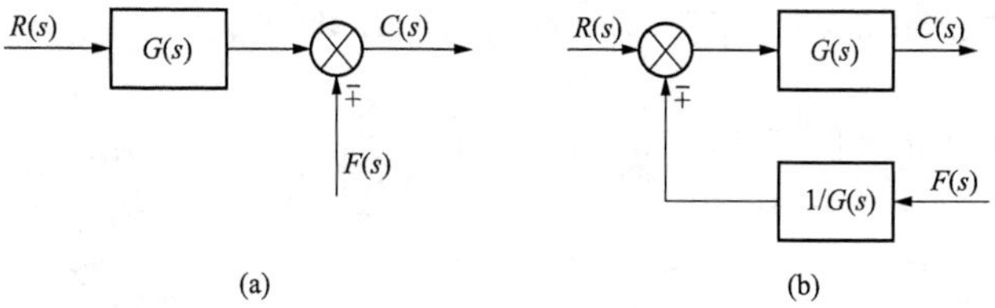

图 2-31 综合点前移的等效变换

（a）移动前；（b）移动后

可见，将 $G(s)$ 方框后的综合点前移到 $G(s)$ 的输入端，仍要保持 $R(s)$、$C(s)$、$F(s)$ 的关系不变，则在被移动的通道上必须串以 $1/G(s)$ 方框。

（4）综合点后移。图 2-32 表示了综合点后移的等效变换。

移动前

$$C(s)=[R(s)\mp F(s)]G(s)$$

移动后

$$C(s)=R(s)G(s)\mp F(s)G(s)=[R(s)\mp F(s)]G(s)$$

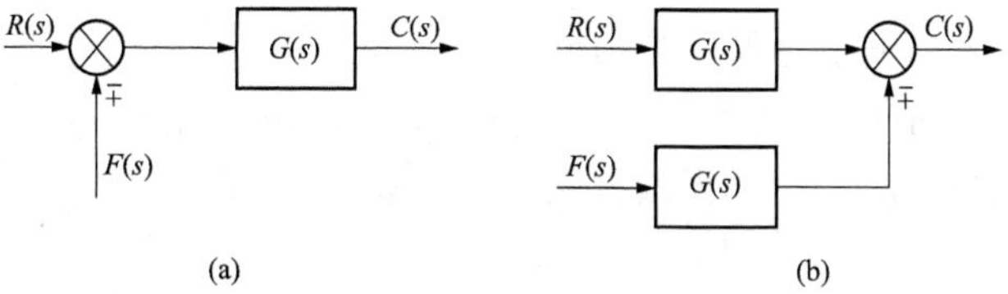

图 2-32 综合点后移的等效变换

（a）移动前；（b）移动后

可见，将 $G(s)$ 方框前的综合点后移到 $G(s)$ 的输出端，仍要保持 $R(s)$、$C(s)$、$F(s)$ 的关系不变，则在被移动的通道上必须串以 $G(s)$ 方框。

（5）引出点前移。图 2-33 表示了引出点前移的等效变换。

移动前、后均有

$$C(s)=R(s)G(s)$$

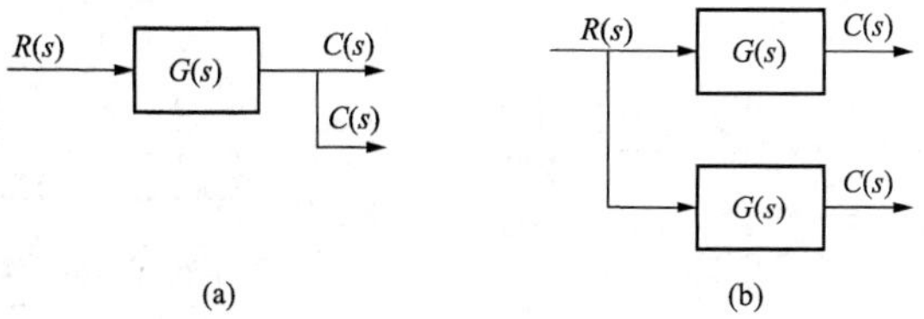

图 2-33 引出点前移的等效变换

（a）移动前；（b）移动后

可见，将 $G(s)$ 方框后的引出点前移到 $G(s)$ 的输入端，仍要保持 $R(s)$、$C(s)$ 的关系不变，则在被移动的通道上必须串以 $G(s)$ 方框。

（6）引出点后移。图 2-34 表示了引出点后移的等效变换。

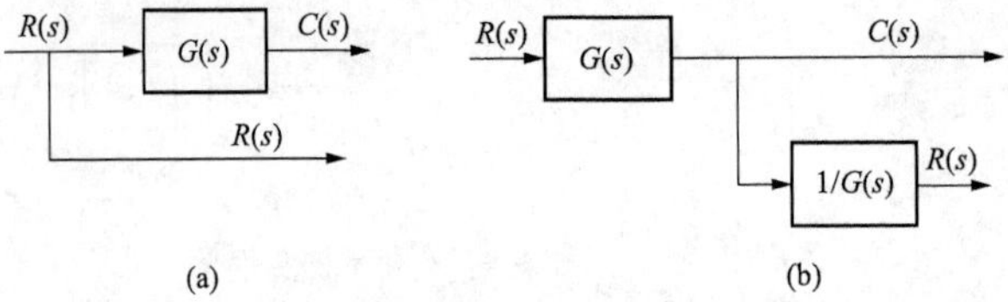

图 2-34　引出点后移的等效变换

（a）移动前；（b）移动后

将 $G(s)$ 方框前的引出点后移到 $G(s)$ 的输出端，仍要保持 $R(s)$、$C(s)$ 的关系不变，则在被移动的通道上必须串以 $1/G(s)$ 方框。

【例 2-6】 化简如图 2-25 所示的系统的动态结构图，求传递函数。

解　图 2-25 中三个回路有多处交叉，为了将回路单独分离出来，必须移动综合点和引出点。将前向通道的第二个综合点前移，然后与第一个综合点交换位置；同时将引出点后移。

在移动过程中，应特别注意正负号和箭头方向。

移动后的结构图如图 2-35 所示；再求出内环传递函数，将系统动态结构图简化，如图 2-36 所示；最后，利用反馈变换可再变换为一个方框，如图 2-37 所示。经上述变换后系统总传递函数为

$$\frac{C(s)}{R(s)}=\frac{1}{R_1R_2C_1C_2s^2+(R_1C_1+R_2C_2+R_1C_2)s+1}$$

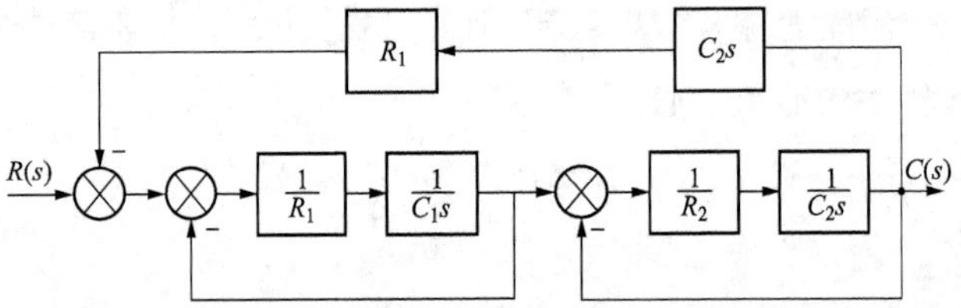

图 2-35　综合点和引出点同时移动后的动态结构图

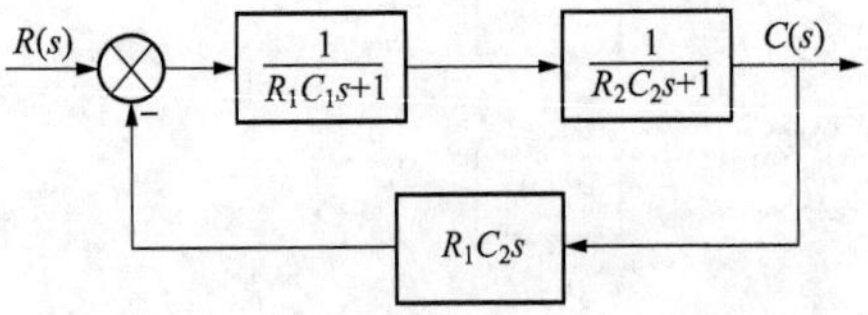

图 2-36　化简后的系统动态结构图

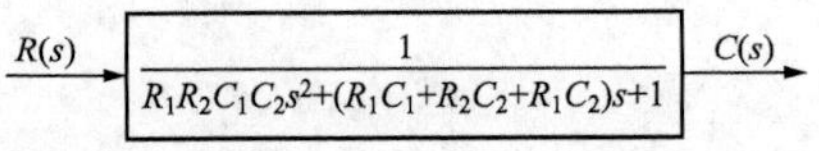

图 2-37　系统的传递函数

【例 2-7】 化简如图 2-38 所示的系统的动态结构图，求传递函数。

解　将图示系统中第二个综合点后移，并与第三个综合点交换位置，移动后的动态结构图如图 2-39 所示；再求出内环传递函数，将系统动态结构图简化，如图 2-40 所示；最

后，利用反馈变换可再变换为一个方框，如图 2-41 所示。经上述变换后的系统总传递函数为

$$\frac{C(s)}{R(s)}=\frac{G_1(s)G_2(s)+G_3(s)}{1+G_2(s)H(s)+G_1(s)G_2(s)+G_3(s)}$$

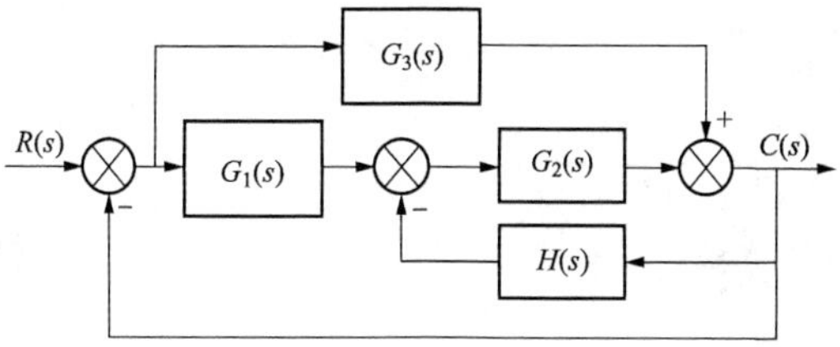

图 2-38 系统的动态结构图

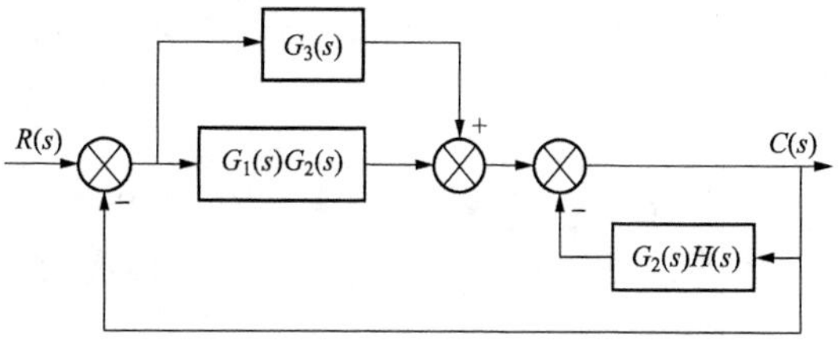

图 2-39 综合点移动后的系统动态结构图

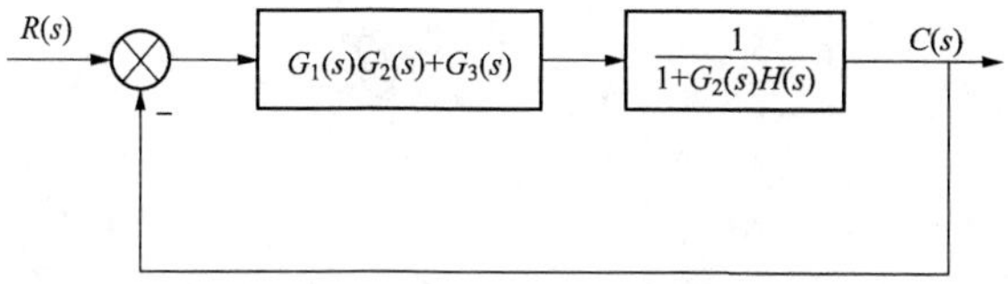

图 2-40 化简后的系统动态结构图

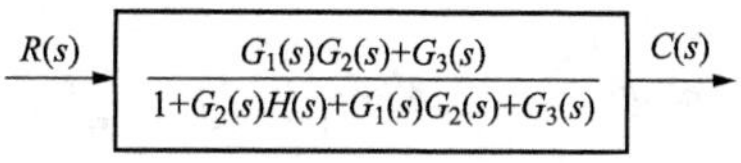

图 2-41 系统的传递函数

3. 用梅逊公式求传递函数

动态结构图可以直观完整地表示输出量和输入量之间的关系，但对于比较复杂的控制系统，动态结构图的简化过程将很烦琐甚至难以完成。利用梅逊公式，不需要作动态结构图的等效变换，便可求出系统的传递函数。

由输入端单向传递至输出端的信号通常称为前向通道，一个前向通道自身不能有重复的路径，但诸前向通道之间允许有相同的部分。回路传递函数是指反馈回路的前向通道和反馈通道传递函数的乘积，并且包含表示反馈极性的正、负号。

梅逊公式为

$$\Phi(s)=\frac{\sum_{k=1}^{n}P_k\Delta_k}{\Delta} \tag{2-62}$$

式中：$\Phi(s)$ 为系统总的传递函数；Δ 为特征式；Δ_k 为余子式；n 为前向通道数；P_k 为第 k 条前向通道的传递函数。

特征式为

$$\Delta=1-\sum L_a+\sum L_bL_c-\sum L_dL_eL_f+\cdots \tag{2-63}$$

式中：$\sum L_a$ 为各回路的回路传递函数之和；$\sum L_bL_c$ 为两两互不接触的回路，其回路传递函数乘积之和；$\sum L_dL_eL_f$ 为所有三个互不接触回路，其回路传递函数乘积之和。

余子式 Δ_k 是特征式 Δ 中与第 k 条前向通道相接触（有重合部分）的回路所在项去掉之后的剩余部分。

梅逊公式的推导可参阅有关文献。

【例 2-8】 用梅逊公式求图 2-25 所示系统的传递函数。

解 该动态结构图有三个反馈回路，各回路的回路传递函数分别为

$$L_1=-\frac{1}{R_1C_1s},\ L_2=-\frac{1}{R_2C_2s},\ L_3=-\frac{1}{R_2C_1s}$$

故有

$$\sum_{a=1}^{3}L_a=-\frac{1}{R_1C_1s}-\frac{1}{R_2C_2s}-\frac{1}{R_2C_1s}$$

另外，回路 L_1 和 L_2 互不接触，没有重合部分，因此

$$\sum L_bL_c=\frac{1}{R_1R_2C_1C_2s^2}$$

所以，特征式为

$$\Delta=1-\sum L_a+\sum L_bL_c=1+\frac{1}{R_1C_1s}+\frac{1}{R_2C_2s}+\frac{1}{R_2C_1s}+\frac{1}{R_1R_2C_1C_2s^2}$$

该回路只有一个前向通道，与三个回路均有接触，所以

$$P_1=\frac{1}{R_1R_2C_1C_2s^2},\ \Delta_1=1$$

故有

$$\frac{C(s)}{R(s)}=\frac{P_1\Delta_1}{\Delta}=\frac{1}{R_1R_2C_1C_2s^2+(R_1C_1+R_2C_2+R_1C_2)s+1}$$

【例 2-9】 用梅逊公式求图 2-42 所示系统的传递函数。

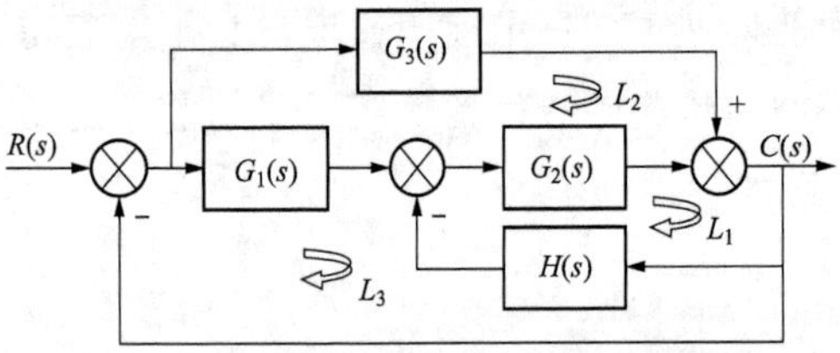

图 2-42 例 2-9 系统的动态结构图

解 该动态结构图有三个反馈回路，各回路的回路传递函数分别为

$$L_1=-G_2(s)H(s),$$
$$L_2=-G_3(s),$$
$$L_3=-G_1(s)G_2(s)$$

故有

$$\sum_{a=1}^{3}L_a=-G_2(s)H(s)-G_3(s)-G_1(s)G_2(s)$$

该系统中没有两两互不接触的回路，因此$\sum L_bL_c=0$。特征式为

$$\Delta=1-\sum L_a=1+G_2(s)H(s)+G_3(s)+G_1(s)G_2(s)$$

该系统有两条前向通道，分别与三个回路都有接触，所以

$$P_1=G_1(s)G_2(s),\ \Delta_1=1$$
$$P_2=G_3(s),\ \Delta_2=1$$

故有

$$\frac{C(s)}{R(s)}=\frac{P_1\Delta_1+P_2\Delta_2}{\Delta}=\frac{G_1(s)G_2(s)+G_3(s)}{1+G_2(s)H(s)+G_3(s)+G_1(s)G_2(s)}$$

应用梅逊公式，将大大简化结构变换的计算。但当系统结构复杂时，容易将前向通道、回路数及余子式判断错误，需格外注意。

第四节　反馈控制系统的传递函数

对于无反馈的系统，常称其为直接系统或开环系统，输入信号直接产生输出信号。对于有反馈的系统，常称其为闭环系统，闭环系统是将输出的测量值与预期的输出值相比较，产生偏差信号并将偏差信号作用于执行机构。引入反馈来改善控制系统通常认为是很必要的。

反馈控制系统的传递函数，一般可由组成系统的元件或环节运动方程式求得，但更方便的是由系统的动态结构图求取。一个典型的反馈控制系统的动态结构图如图 2-43 所示。图中，$R(s)$ 和 $D(s)$ 都是施加于系统的外作用。

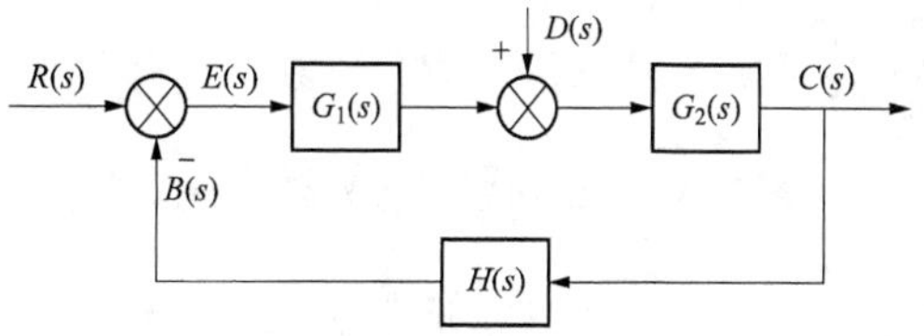

图 2-43　反馈控制系统的典型动态结构图

$R(s)$—有用输入作用；$D(s)$—扰动作用；

$C(s)$—系统输出信号

为了研究有用输入作用对系统输出 $C(s)$ 的影响，需要求有用输入作用下的闭环传递函数 $C(s)/R(s)$。同样，为了研究扰动作用 $D(s)$ 对系统输出 $C(s)$ 的影响，需要求扰动作用下的闭环传递函数 $C(s)/D(s)$。此外，在控制系统的分析和设计中，还常用到在输入信号 $R(s)$ 或扰动作用 $D(s)$ 下，以误差信号 $E(s)$ 作为输出量的闭环误差传递函数 $E(s)/R(s)$ 或 $E(s)/D(s)$。

一、系统的开环传递函数

系统反馈量 $B(s)$ 与误差信号 $E(s)$ 的比值，称为闭环系统的开环传递函数，即

$$\frac{B(s)}{E(s)}=G_1(s)G_2(s)H(s)=G(s)H(s) \tag{2-64}$$

式中：$G(s)=G_1(s)G_2(s)$。

二、系统的闭环传递函数

1. 输入信号下的闭环传递函数

应用叠加原理，令 $D(s)=0$，可直接求得系统的闭环传递函数为

$$\Phi(s)=\frac{C(s)}{R(s)}=\frac{G_1(s)G_2(s)}{1+G_1(s)G_2(s)H(s)}=\frac{G(s)}{1+G(s)H(s)} \tag{2-65}$$

在输入信号下系统的输出量为

$$C(s)=\Phi(s)R(s)=\frac{G(s)R(s)}{1+G(s)H(s)} \tag{2-66}$$

式（2-66）表明，系统在输入信号的作用下的输出响应 $C(s)$，取决于闭环传递函数 $\Phi(s)$ 及输入信号 $R(s)$ 的形式。

2. 扰动作用下的闭环传递函数

应用叠加原理，令 $R(s)=0$，图 2-43 可简化为图 2-44，可直接求得扰动作用下的闭环传递函数为

$$\Phi_d(s)=\frac{C(s)}{D(s)}=\frac{G_2(s)}{1+G_1(s)G_2(s)H(s)}=\frac{G_2(s)}{1+G(s)H(s)} \tag{2-67}$$

在扰动作用下系统的输出量为

$$C(s)=\Phi_d(s)D(s)=\frac{G_2(s)D(s)}{1+G(s)H(s)} \tag{2-68}$$

显然，当输入信号 $R(s)$ 和扰动作用 $D(s)$ 同时作用时，系统的输出响应为

$$\sum C(s)=\Phi(s)R(s)+\Phi_d(s)D(s)=\frac{1}{1+G(s)H(s)}[G(s)R(s)+G_2(s)D(s)] \tag{2-69}$$

在式（2-69）中，如果满足 $|G_1(s)G_2(s)H(s)|=|G(s)H(s)|\gg 1$ 和 $|G_1(s)H(s)|\gg D(s)$，则可简化为

$$\sum C(s)\approx\frac{1}{H(s)}R(s) \tag{2-70}$$

式（2-70）表明，系统的输出只取决于反馈通路传递函数 $H(s)$ 及输入信号 $R(s)$，与前向通路传递函数无关，也不受扰动作用的影响。特别是当 $H(s)=1$，即单位反馈时，$C(s)\approx R(s)$，从而实现了对输入信号的完全复制，且对扰动具有较强的抑制能力。

三、闭环系统的误差传递函数

闭环系统在输入信号和扰动作用时，以误差信号 $E(s)$ 作为输出量时的传递函数称为误差传递函数。

1. 输入信号下的误差传递函数

令 $D(s)=0$，图 2-43 可简化为图 2-45，可直接求得输入信号下的误差传递函数为

$$\Phi_{er}(s)=\frac{E(s)}{R(s)}=\frac{1}{1+G_1(s)G_2(s)H(s)}=\frac{1}{1+G(s)H(s)} \tag{2-71}$$

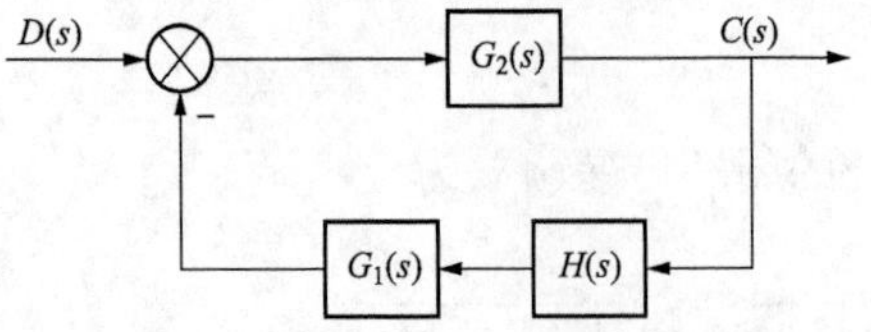

图 2-44　扰动作用时系统的动态结构图

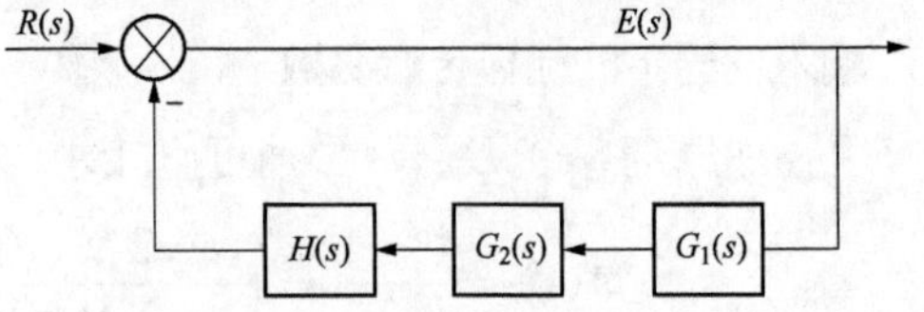

图 2-45　输入信号下误差输出的动态结构图

2. 扰动作用下的误差传递函数

令 $R(s)=0$，图 2-43 可简化为图 2-46，可直接求得扰动作用下的误差传递函数为

$$\Phi_{ed}(s)=\frac{E(s)}{D(s)}=\frac{-G_2(s)H(s)}{1+G_1(s)G_2(s)H(s)}=\frac{-G_2(s)H(s)}{1+G(s)H(s)} \tag{2-72}$$

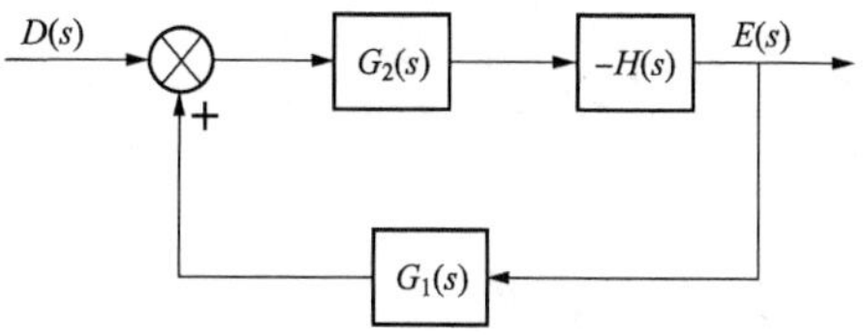

图 2-46 扰动作用下误差输出的动态结构图

最后要指出的是，对于图 2-43 所示的典型反馈控制系统，其各种闭环系统传递函数的分母均相同，即闭环特征多项式是一样的。$G_1(s)G_2(s)H(s)=G(s)H(s)$ 是回路传递函数，并称它为图 2-43 系统的开环传递函数，它等效为主反馈断开时，从输入信号 $R(s)$ 到反馈信号 $B(s)$ 之间的传递函数。此外，对于图 2-43 的线性系统，应用叠加原理可以研究系统在各种情况下的输出响应 $C(s)$ 或误差响应 $E(s)$，然后进行叠加，求出 $\sum C(s)$ 或 $\sum E(s)$。但绝不允许将各种闭环传递函数进行叠加后求其输出响应。

第五节 用 MATLAB 处理控制系统数学模型

MATLAB 是一种高级的数学分析与工程计算软件，可以用作动态系统的建模与仿真。关于 MATLAB 的应用介绍可见附录二。描述线性定常系统的数学模型主要有微分方程、传递函数、动态结构图等，利用 MATLAB 可对它们做相应的处理。

一、微分方程求解

求解微分方程可采用指令

```
y = dsolve('y1','y2','y3',…,'yn')
```

括号里面的变量包括三部分：微分方程、初始条件和指定的独立变量。其中，微分方程的输入是必不可少的，其余的视具体情况而定。这里默认的独立变量是't'，用户如要更改此变量，只需将新变量放在输入变量的后面即可。微分算子 $\frac{\mathrm{d}}{\mathrm{d}t}$ 用字母 D 代替，紧跟其后用数字表示微分的阶次，如 D_2 代表 $\frac{\mathrm{d}^2}{\mathrm{d}t^2}$，1 阶微分数字可省略，微分的变量用字母表示，且紧跟在数字后面，如 $y(t)$ 的二阶微分用 D^2y 表示。初始条件可按如下方式输入："$y(a)=b$"以及"$Dy(a)=b$"等。

【例 2-10】 当初始条件为 $y(0)=y'(0)=2$ 时，求解下列微分方程

$$\frac{\mathrm{d}^2y(t)}{\mathrm{d}t^2}+5\frac{\mathrm{d}y(t)}{\mathrm{d}t}+6y(t)=6$$

解 在 MATLAB 命令行键入 `y = dsolve('D2y + 5 * Dy + 6 * y = 6','y(0) = 2,Dy(0) = 2')`

按回车键运行得 y =

1 - 4 * exp(- 3 * t) + 5 * exp(- 2 * t)

这里不输入独立变量则默认为 t，若要更改为 n，则可键入

y = dsolve('D2y + 5 * Dy + 6 * y = 6','y(0) = 2,Dy(0) = 2','n')

按回车键运行得 y=

1 - 4 * exp(- 3 * n) + 5 * exp(- 2 * n)

二、传递函数

在 MATLAB 中，用 sys=tf(num，den) 可建立时域的传递函数，其中 num、den 分别是传递函数的分子、分母多项式系数组成的向量。

【例 2-11】 在 MATLAB 中表示传递函数 $G(s)=\dfrac{s+1}{s^3+3s^2+2s}$。

解 在 MATLAB 命令行键入

```
≫num = [1 1];den = [1 3 2 0];
≫sys = tf(num,den)
```

按回车键运行得

```
Transfer function:

        s + 1
   ---------------
   s^3 + 3s^2 + 2s
```

求传递函数的极点与零点，可以使用 roots(p) 命令分别求得分子多项式与分母多项式的根（p 是由多项式的系数组成的矩阵)，还可以用 tf2zp 命令得到传递函数的零点、极点和增益，命令格式为

[z,p,k] = tf2zp(num,den)

在例 2-11 中，继续键入

[z,p,k] = tf2zp(num,den)

按回车运行得z =

```
   - 1

p =

     0
   - 2
   - 1

k =

     1
```

还可以采用函数 zpk(z,p,k) 建立零极点形式的传递函数，继续键入

```
sys = zpk(z,p,k)
```

按回车运行得

```
Zero/pole/gain:
      (s + 1)
---------------
s(s + 2)(s + 1)
```

三、动态结构图的串联、并联与反馈

简单的动态结构图分析可以使用 series、parallel、feedback 与 cloop 命令，采用传递函数的形式进行分析和处理。命令格式为

sys=series(sys1,sys2)　　%实现串联：$G(s)=G_1(s)G_2(s)$

sys=parallel(sys1,sys2)　　%实现并联：$G(s)=G_1(s)+G_2(s)$

sys=feedback(sys1,sys2,sign)　　%实现反馈：$G(s)=\dfrac{G_1(s)}{1\pm G_1(s)G_2(s)}$

sys=cloop(sys1,sign)　　%实现单位反馈：$G(s)=\dfrac{G_1(s)}{1+G_1(s)}$

其中 sign=1 为正反馈；sign=−1 为负反馈。若不设定 sign，则默认为负反馈。

【例 2-12】 在 MATLAB 中，实现 $G_1(s)=\dfrac{1}{s+1}$ 和 $G_2(s)=\dfrac{1}{s+2}$ 的串联、并联、负反馈。

解 在 MATLAB 命令行键入

```
num1 = [1];num2 = [1];den1 = [1 1];den2 = [1 2];
sys1 = tf(num1,den1);sys2 = tf(num2,den2);
sys = series(sys1,sys2)
```

按回车运行得

```
Transfer function:
      1
-----------        % G1(s) 和 G2(s) 的串联传递函数，如图 2-47 所示。
s^2 + 3s + 2
```

继续键入

```
sys = parallel(sys1,sys2)
```

按回车运行得

```
Transfer function:
    2s + 3
-----------        % G1(s) 和 G2(s) 的并联传递函数，如图 2-48 所示。
s^2 + 3s + 2
```

继续键入

```
sys = feedback(sys1,sys2)
```

按回车运行得

```
Transfer function:
      s + 2
   -----------        % G1(s) 和 G2(s) 组成的负反馈传递函数，如图 2-49 所示。
   s^2 + 3s + 3
```

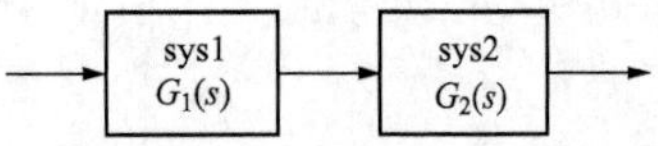

图 2-47　环节的串联

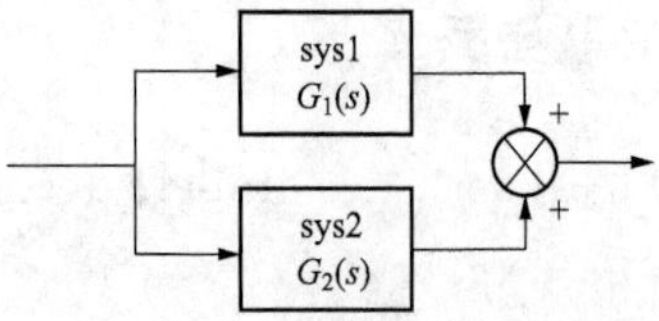

图 2-48　环节的并联图

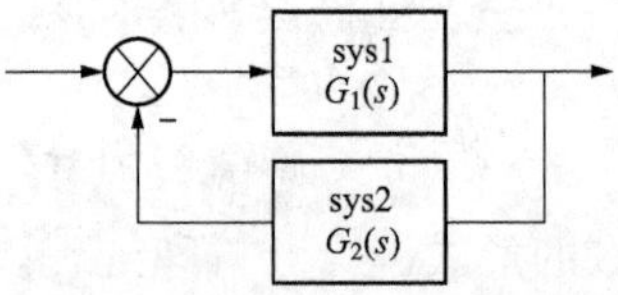

图 2-49　环节的负反馈连接

另外，对于复杂的动态结构图可以使用 SIMULINK 结合 MATLAB 编程进行分析和仿真。

第六节　循序渐进分析示例——磁盘驱动读取系统

第一章第七节指出了磁盘驱动读取系统的基本设计目标是尽可能将磁头准确定位在指定的磁道上，并且使磁头从一个磁道转移到另一个磁道所花的时间不超过 10ms。本章继续分析磁盘驱动读取系统，将完成工作流程中的第 4、5 步。首先应选定执行机构、传感器和控制器，然后建立控制对象和传感器等元部件的模型。

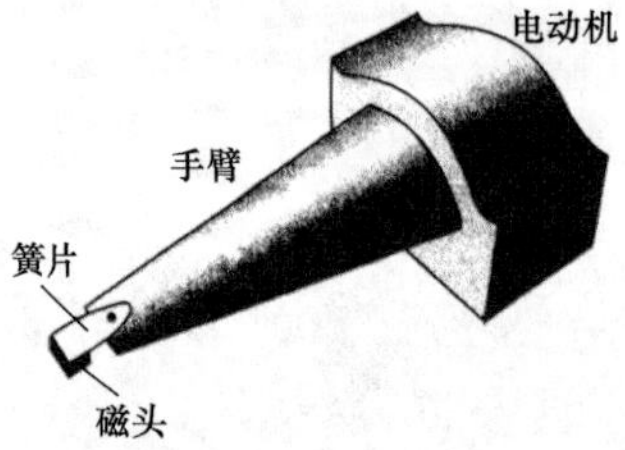

图 2-50　磁头安装结构图

磁盘驱动读取系统采用永磁直流电机驱动读取手臂的转动（见图 1-17）。磁头安装在一个与手臂相连的簧片上，它读取磁盘上各点处不同的磁通量并将信号提供给放大器，簧片（弹性金属制成）保证磁头以小于 100nm 的间隙悬浮于磁盘之上，如图 2-50 所示。

该系统的动态结构图如图 2-51 所示。图中的偏差信号是在磁头读取磁盘上预先录制的索引磁道时产生的。假定磁头足够精确，传感器环节的传递函数 $H(s)=1$；同时，作为足够精确的近似，我们采用表 2-2 中给出的他励直流电动机模型（$K_b=0$）来对此系统建模；此外，图中也给出了线性放大器的模型为 K_a；而且还假定簧片是完全刚性的，不会出现明显的弯曲。

表 2-3 给出了系统的典型参数，则

$$G(s)=\frac{K_m}{s(Js+b)(Ls+R)}=\frac{5000}{s(s+20)(s+1000)}$$

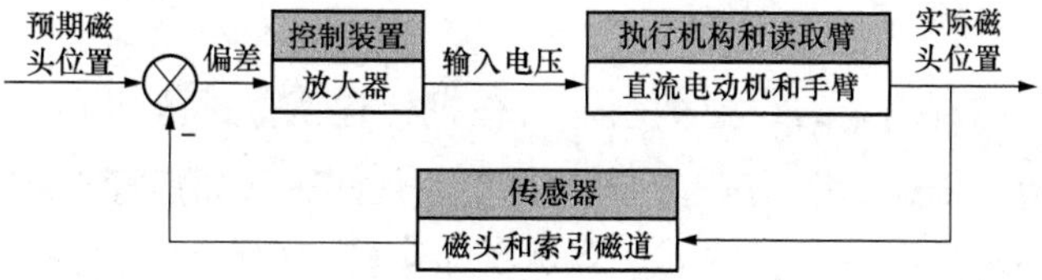

图 2-51　磁盘驱动读取系统的结构图

表 2-3　　**磁盘驱动读取系统的典型参数**

参数	符号	典型值
手臂与磁头的转动惯量	J	$1\text{N}\cdot\text{m}\cdot\text{s}^2/\text{rad}$
摩擦系数	b	20kg/m/s
放大器系数	K_a	10～1000
电枢电阻	R	1Ω
电动机系数	K_m	5N·m/A
电枢电感	L	1mH

$G(s)$ 还可以改写为

$$G(s)=\frac{K_m/bR}{s(\tau_L s+1)(\tau s+1)}$$

因为 $\tau_L=J/b=50(\text{ms})$；$\tau=L/R=1(\text{ms})$，由于 $\tau\ll\tau_L$，因此 τ 常略去不计，则

$$G(s)\approx\frac{K_m/bR}{s(\tau_L s+1)}=\frac{0.25}{s(0.05s+1)}=\frac{5}{s(s+20)}$$

该闭环系统的传递函数为

$$\Phi(s)=\frac{C(s)}{R(s)}=\frac{K_aG(s)}{1+K_aG(s)}=\frac{5K_a}{s^2+20s+5K_a}$$

因此，当 $K_a=40$ 时，$C(s)=\dfrac{200}{s^2+20s+200}R(s)$。

利用 MATLAB 的函数 step，可以得到 $R(s)=\dfrac{0.1}{s}$ rad 时系统阶跃响应，如图 2-52 所示。

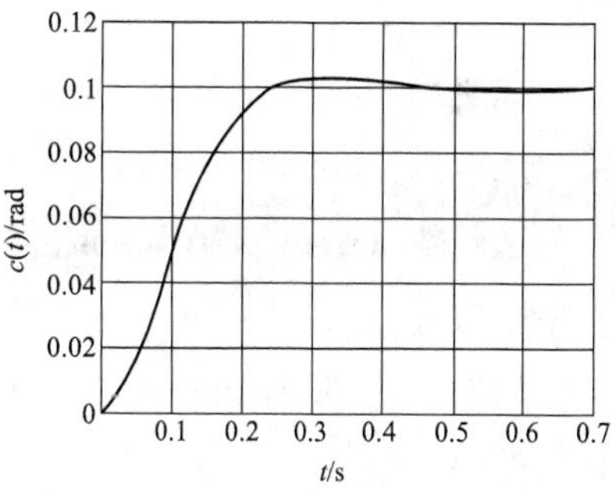

图 2-52　$R(s)=\dfrac{0.1}{s}$时磁盘驱动读取系统的时间响应

小　　结

（1）建立系统的数学模型，是对系统进行定性分析和定量估算的前提，也是系统动态仿真研究的主要依据。控制系统的数学模型有多种，常用的有微分方程、传递函数、动态结构图以及在第五章介绍的频率特性等，各模型间可进行转换。

（2）微分方程是表述系统动态特性的基本形式，只有在正确了解各元部件和受控对象的工作原理，深入把握使用场合和研究问题的范围的基础上，才能做到合理的取舍和抽象，写出合乎实际的动态方程。

(3) 传递函数是控制理论的重要概念，可根据传递函数的零极点分布，来判定系统对各种输入的动态特性。传递函数为开拓新的工程研究方法（如后面介绍的根轨迹法和频率法）提供了基础。系统的传递函数可分为开环传递函数、闭环传递函数、误差传递函数等。

(4) 由传递函数可方便地导出系统的动态结构图，从而使求复杂系统的传递函数和微分方程，可运用等效变换法则和梅逊公式较容易地进行。

(5) 一个控制系统可看作由若干典型环节组成，掌握这些典型环节的特性，将有益于整个系统的分析。

(6) 最后，继续研究了磁盘驱动读取系统，建立了电动机和手臂的传递函数模型。

术 语 和 概 念

数学模型（mathematical models）：作为一种数学工具用于对系统行为进行的描述所得到的数学模型。

线性系统（linear system）：是指满足叠加性和齐次性的系统。

线性近似（linear approximation）：是指通过建立系统的输入与输出之间的线性关系而获得的近似模型。

拉氏变换（laplace transform）：将时域函数 $f(t)$ 转换成复频域函数 $F(s)$ 的一种变换。

传递函数（transfer function）：输出量的拉氏变换与输入量的拉氏变换之比。

特征方程（characteristic equation）：令传递函数的分母多项式为零时所得的方程。

方框图（block diagrams）：由单方向功能方框组成的一种结构图，这些方框代表了系统元件的传递函数。

梅逊公式（mason rule）：使用户能通过追踪系统中的回路和路径获得其传递函数的公式。

执行机构（actuator）：向控制对象提供运动动力，使之产生输出的装置。

直流电动机（DC motor）：是指用直流电压作为控制变量、向负载提供动力的一种电动机执行机构。

干扰信号（disturbance signal）：是指不希望出现的输入信号，它影响系统的输出。

偏差信号（error signal）：预期的输出信号 $R(s)$ 与实际的输出信号 $C(s)$ 之差，即 $E(s)=R(s)-C(s)$。

开环系统（open-loop system）：是指没有反馈的系统，其输出信号直接产生输出响应。

闭环系统（closed-loop system）：是指将输出的测量值与预期的输出值相比较，产生偏差信号并将偏差信号作用于执行机构的系统。

习　题

2-1　试建立图 2-53 所示电路的动态微分方程。

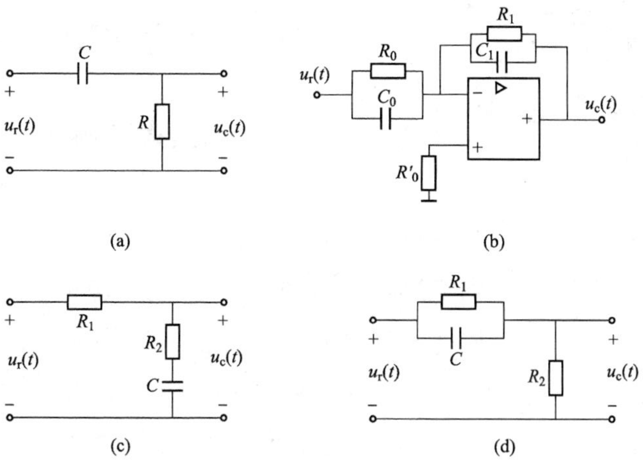

图 2-53　习题 2-1 图

2-2　试求下列函数的拉氏变换：

(1) $f(t)=\sin 4t+\cos 4t$；　　(2) $f(t)=t^3+e^{4t}$；

(3) $f(t)=e^{-at}\sin\omega t$。

2-3　试求下列函数的拉氏反变换：

(1) $F(s)=\dfrac{s+1}{(s+2)(s+3)}$；　　(2) $F(s)=\dfrac{s+2}{s^2+4s+3}$；

(3) $F(s)=\dfrac{s+2}{s(s+1)^2(s+3)}$。

2-4　试求解下列微分方程：

(1) $3\dfrac{d^2c(t)}{dt^2}+3\dfrac{dc(t)}{dt}+2c(t)=1$，初始条件为 $c(0)=c'(0)=0$；

(2) $\dfrac{d^2c(t)}{dt^2}+5\dfrac{dc(t)}{dt}+6c(t)=6$，初始条件为 $c(0)=c'(0)=2$。

2-5　热敏电阻的温度响应描述式为 $R=R_0e^{-0.1T}$，其中 $R_0=10000\Omega$，R 为电阻，T 为温度。在温度扰动很小的情况下，试建立该热敏电阻在工作点 $T=20℃$ 附近的线性近似模型。

2-6　某装置的输入和输出关系为 $y=x+0.4x^3$，其中 x 为输入，y 为输出。试完成：

(1) 当工作点为 $x_0=1$ 和 $x_0=2$ 时，分别计算系统输出的稳态值。

(2) 确定系统在这两个工作点附近的线性化模型，并比较所得的结果。

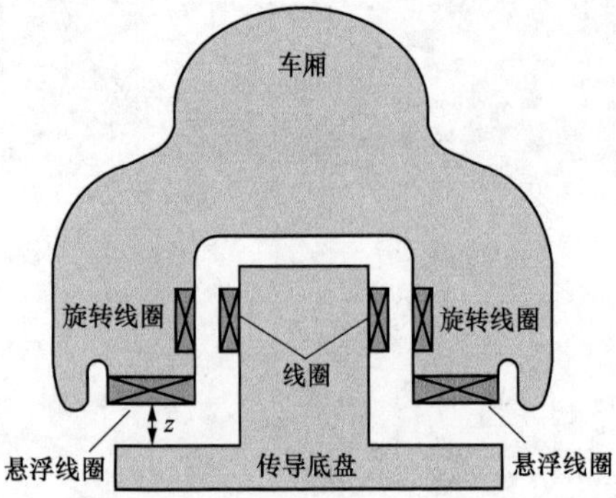

图 2-54　习题 2-7 图

2-7　磁悬浮列车能高速运行的主要原因是轨道与车体之间的摩擦很小。如图 2-54 所示，列车悬浮在气隙以上。悬浮力 F_L 与向下的重力 $F=mg$ 方向相反，它由流经悬浮线圈的电流 i 控制，并可近似描述为 $F_L=ki^2/z^2$，其中 z 是气隙间隔。试在平衡条件附近，确定气隙间隔 z 与控制电流 i 的线性近似关系。

2-8　某系统在阶跃输入 $r(t)=1(t)$ 作用时，系统在零初始条件下的输出响应为 $c(t)=I(t)-e^{-2t}+e^{-t}$，试求系统的传递函数和脉冲响应。

2-9　试求出图 2-55 中各有源网络的传递函数。

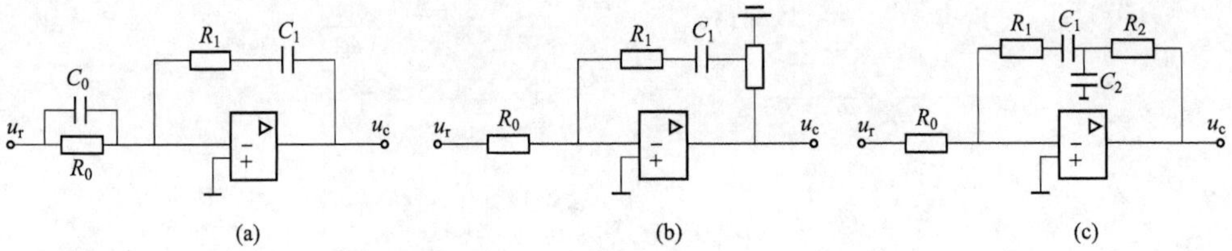

图 2-55　习题 2-9 图

2-10　系统微分方程组为

$$x_1(t)=r(t)-c(t)$$

$$x_2(t)=\tau\frac{\mathrm{d}x_1(t)}{\mathrm{d}t}+K_1x_1(t)$$

$$x_3(t)=K_2x_2(t)$$

$$x_4(t)=x_3(t)-K_5c(t)$$

$$\frac{\mathrm{d}x_5(t)}{\mathrm{d}t}=K_3x_4(t)$$

$$T\frac{\mathrm{d}c(t)}{\mathrm{d}t}+c(t)=K_4x_5(t)$$

式中：τ、T、K_1、…、K_5 均为常数。

试建立以 $r(t)$ 为输入、$c(t)$ 为输出的系统动态结构图，并求系统的传递函数 $C(s)/R(s)$。

2-11　某航天平台的位置控制系统服从下列方程组

$$\frac{\mathrm{d}^2p}{\mathrm{d}t^2}+2\frac{\mathrm{d}p}{\mathrm{d}t}+4p=\theta$$

$$v_1=r-p$$

$$\frac{\mathrm{d}\theta}{\mathrm{d}t}=0.6v_2$$

$$v_2 = 7v_1$$

式中：$r(t)$ 为平台的预期位置；$p(t)$ 为平台的实际位置；$v_1(t)$ 为放大器的输入电压；$v_2(t)$ 为放大器的输出电压；$\theta(t)$ 为电动机轴位置。

试画出该系统的动态结构图，并求系统的传递函数 $P(s)/R(s)$。

2-12 试画出图 2-53 所示各电路的动态结构图，并求出传递函数。

2-13 已知控制系统的动态结构图如图 2-56 所示。试分别用动态结构图等效变换和梅逊公式求各系统的传递函数 $C(s)/R(s)$。

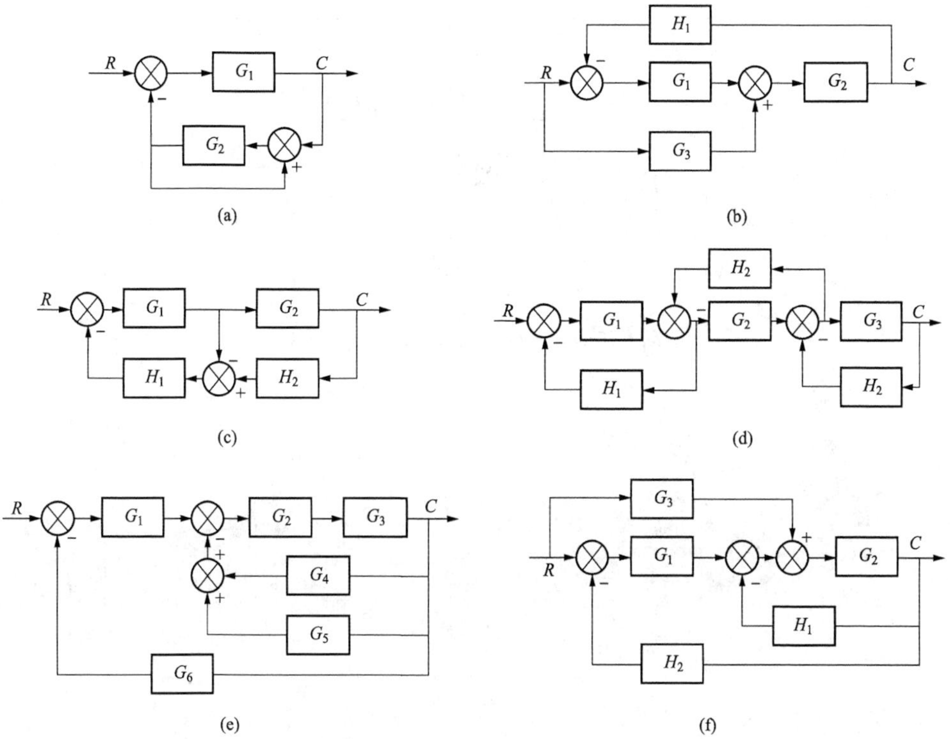

图 2-56 习题 2-13 图

2-14 某系统的动态结构图如图 2-57 所示，试求该系统的传递函数 $C(s)/R(s)$。

2-15 试简化图 2-58 所示系统的动态结构图，并求传递函数 $C(s)/R(s)$ 和 $C(s)/D(s)$。

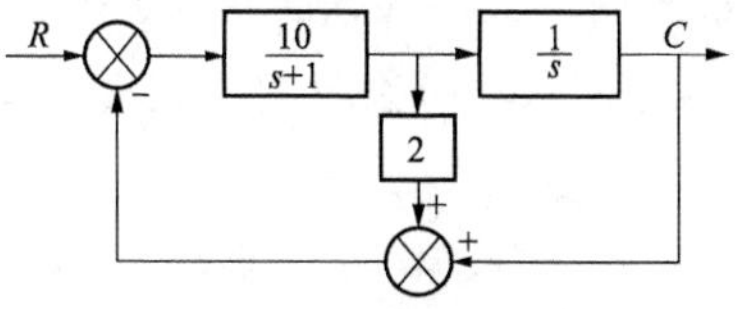

图 2-57 习题 2-14 图

2-16 利用梅逊公式求图 2-58 所示各系统的传递函数 $C(s)/R(s)$ 和 $C(s)/D(s)$。

2-17 在超市、印刷业和制造业，常用光学扫描仪来读取产品的条形码。光学扫描仪如图 2-59 所示。当图中的反光镜转动时，将产生一个与其角速度成比例的摩擦力，其摩擦系数为 0.04N·s/rad，转动惯量为 0.1kg·m^2。输出变量是角速度 $\omega(t)$，且设 $t=0$ 时初始速度为 0.5。试完成：

(1) 确定电动机的微分方程模型；

(2) 当电动机输入转矩为单位阶跃信号时，计算系统的响应。

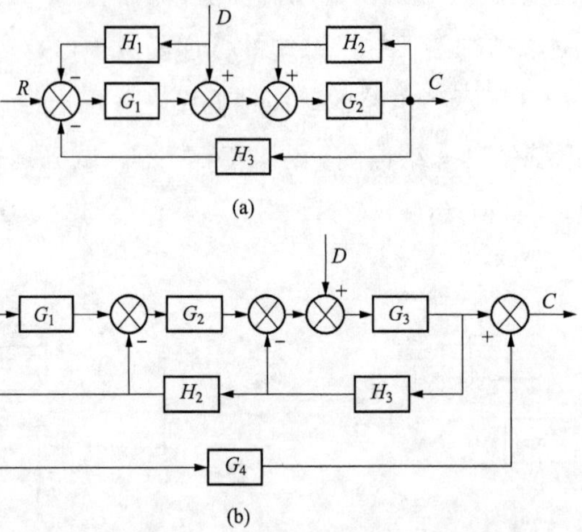

图 2-58 习题 2-15 图

2-18 试求图 2-60 所示系统的闭环传递函数。

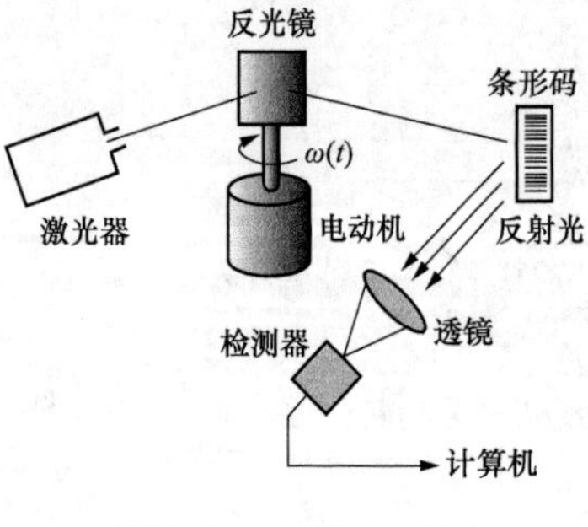

图 2-59 习题 2-17 图

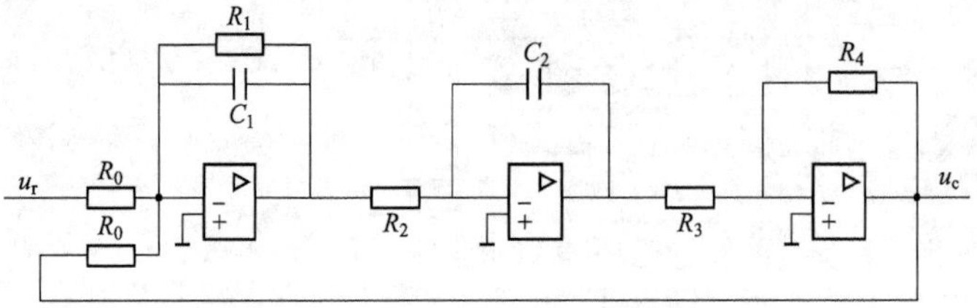

图 2-60 习题 2-18 图

2-19 在粗糙路面上颠簸行驶的车辆会受到许多干扰的影响，采用能感知前方路况的传感器之后，主动式悬挂减震系统就可以减轻干扰的影响。简单悬挂减震系统的动态结构图如图 2-61 所示。试选取增益 K_1、K_2 的值，使得当预期偏移为 $R(s)=0$，且扰动 $D(s)=1/s$，车辆不会跳动。

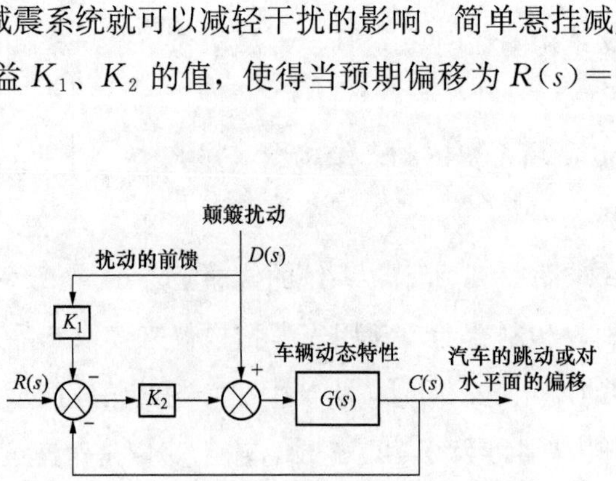

图 2-61 习题 2-19 图

第三章　控制系统时域分析法

控制系统的数学模型建立以后，就可以运用适当的方法对其控制性能进行全面的定量分析。对于线性定常系统，常用的分析方法有时域分析法、根轨迹法和频率法，本章将介绍时域分析法。时域分析法是根据系统的微分方程，以拉氏变换为数学工具，直接求出控制系统的时间响应，并根据响应的表达式及其描述曲线来分析系统的控制性能，如稳定性、快速性、稳态精度等。本章首先介绍控制系统的单位阶跃响应性能指标，接着分析一阶、二阶以及高阶系统的动态性能，然后重点分析线性系统稳定的充要条件，最后介绍计算稳态误差的方法，并探讨稳态误差的规律性。

第一节　控制系统的动态性能指标

一个系统的时间响应 $c(t)$，不仅取决于系统内部的结构、参数，而且和系统的初始状态以及加在系统上的外作用有关。初始状态及外作用不同，响应全然不同。

实际系统的给定指令和承受的干扰是各不相同的，甚至事先无法预测，初始状态也不完全相同。为了便于分析和比较系统性能的优劣，通常对外作用和初始状态作一些典型化处理，而将重点放在控制系统内部结构、参数对响应的影响上。

一、典型初始状态

一般规定，控制系统的典型初始状态均为零状态，即在 $t=0^-$ 时刻有

$$c(0^-)=\dot{c}(0^-)=\ddot{c}(0^-)=\cdots=0 \tag{3-1}$$

上式表明，在外作用加于系统之前，被控量及其各阶导数相对于平衡点的增量为零，系统是相对静止的。

二、典型外作用

典型外作用是众多而复杂的实际外作用的近似和抽象，它的选择应使数学运算简单，而且还应便于用实验验证。

常用的典型外作用有以下四种。

1. 单位阶跃函数

单位阶跃函数波形如图 3-1(a) 所示，其数学描述为

$$l(t)=\begin{cases}1 & t\geqslant 0\\ 0 & t<0\end{cases} \tag{3-2}$$

其拉氏变换式（或称象函数）为

$$L[l(t)]=\frac{1}{s} \tag{3-3}$$

如指令突然转换、合闸、开关突然闭合、负荷突变等，均可视为阶跃函数。阶跃函数是评价系统动态性能时应用较多的一种典型外作用。

2. 单位斜坡函数

单位斜坡函数波形如图 3-1(b) 所示，其数学描述为

$$t\times l(t)=\begin{cases}t & t\geqslant 0\\ 0 & t<0\end{cases} \tag{3-4}$$

其拉氏变换式为

$$L[tl(t)]=\frac{1}{s^2} \tag{3-5}$$

数控机床加工斜面或锥体时的进给指令、机械手的等速移动指令以及船闸升降时主拖动系统发出的位置信号等，均可视为斜坡函数。

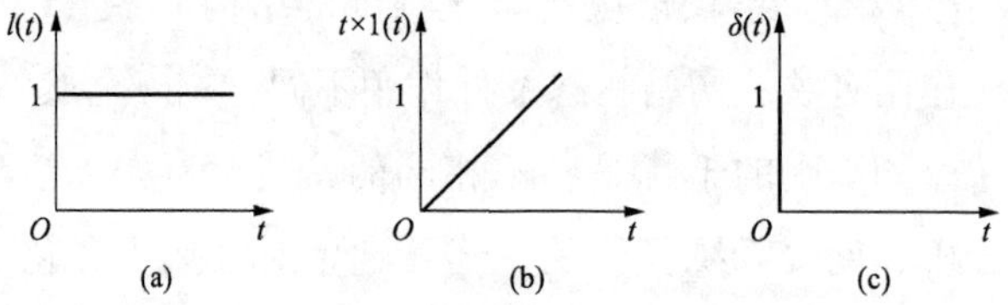

图 3-1　典型外作用波形

(a) 单位阶跃函数；(b) 单位斜坡函数；(c) 单位脉冲函数

3. 单位脉冲函数

单位脉冲函数波形如图 3-1(c) 所示，其数学描述为

$$\delta(t)=\begin{cases}\infty & t=0\\ 0 & t\neq 0\end{cases} \tag{3-6}$$

且

$$\int_{-\infty}^{\infty}\delta(t)\mathrm{d}t=1$$

其拉氏变换式为

$$L[\delta(t)]=1 \tag{3-7}$$

$\delta(t)$ 是一种脉冲值很大、脉冲强度（面积）有限的短暂信号，这是现实中的抽象，只有数学意义，但它是重要的数学工具。实际的脉冲信号、撞击力、武器弹射的爆发力及阵风等，均可视为脉冲函数。

4. 正弦函数

正弦函数的数学描述为

$$r(t)=\begin{cases}A\sin\omega t & t\geqslant 0\\0 & t<0\end{cases} \tag{3-8}$$

其拉氏变换式为

$$L[A\sin\omega t]=\frac{A\omega}{s^2+\omega^2} \tag{3-9}$$

在实际控制过程中，电源、振动的噪声、模拟路面不平度的指令信号以及海浪对船舶的扰动力等，均可近似为正弦函数。

三、典型时间响应

初始状态为零的系统，在典型外作用下输出量的动态过程，称为典型时间响应。典型时间响应有以下三种类型。

1. 单位阶跃响应

系统在单位阶跃信号 $l(t)$ 作用下的响应，称为单位阶跃响应。

若系统的闭环传递函数为 $\Phi(s)$，则单位阶跃响应的拉氏变换式为

$$C(s)=\Phi(s)R(s)=\Phi(s)\frac{1}{s} \tag{3-10}$$

故响应为

$$c(t)=L^{-1}\left[\Phi(s)\frac{1}{s}\right] \tag{3-11}$$

2. 单位斜坡响应

系统在单位斜坡信号 $t\times l(t)$ 作用下的响应，称为单位斜坡响应。

若系统的闭环传递函数为 $\Phi(s)$，则单位斜坡响应的拉氏变换式为

$$C(s)=\Phi(s)R(s)=\Phi(s)\frac{1}{s^2} \tag{3-12}$$

故响应为

$$c(t)=L^{-1}\left[\Phi(s)\frac{1}{s^2}\right] \tag{3-13}$$

3. 单位脉冲响应

系统在单位脉冲信号 $\delta(t)$ 作用下的响应，称为单位脉冲响应。

若系统的闭环传递函数为 $\Phi(s)$，则单位脉冲响应的拉氏变换式为

$$C(s)=\Phi(s)R(s)=\Phi(s)1=\Phi(s) \tag{3-14}$$

故响应为

$$c(t)=g(t)=L^{-1}[\Phi(s)] \tag{3-15}$$

和传递函数一样，单位脉冲响应只由系统的动态结构及参数决定，$g(t)$ 也可认为是系统的一种动态数学模型。

四、阶跃响应的性能指标

一般来说，阶跃输入对系统来说是最严峻的工作条件，故常以阶跃响应衡量系统控制性能的好坏。

控制系统的时间响应可以划分为暂态和稳态两个阶段。暂态是指系统响应从开始到接近终了平衡的状态。稳态是指时间延续较长（$t\to\infty$）后的平衡状态。评价系统的响应，必须对两个阶段的性能给予全面考虑。

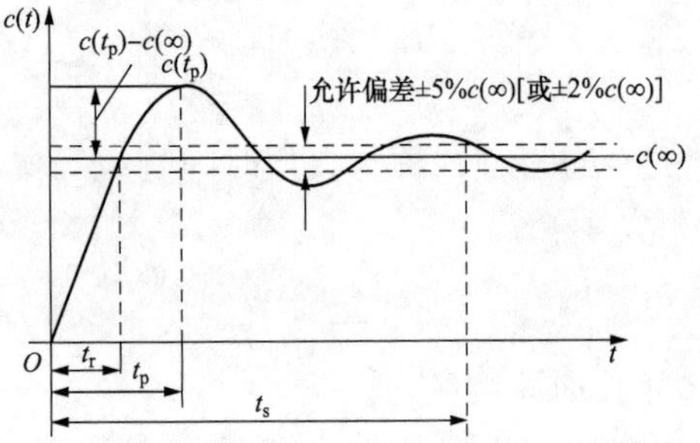

图 3-2　控制系统单位阶跃响应性能指标

控制系统的单位阶跃响应性能指标如图 3-2 所示。

（1）峰值时间 t_p。指系统的响应从零开始，第一次到达峰值所需的时间。

（2）超调量 $\sigma\%$。指系统的响应超出稳态值的最大偏离量占稳态值的百分比。

$$\sigma\%=\frac{c(t_p)-c(\infty)}{c(\infty)}\times 100\% \tag{3-16}$$

（3）调节时间 t_s。指系统的响应从零开始，达到并保持在稳态值的 $\pm 5\%$（或 $\pm 2\%$）误差范围内，即响应进入并保持在 $\pm 5\%$（或 $\pm 2\%$）误差带之内所需的时间。t_s 小，表示系统动态响应过程短，快速性好。

（4）上升时间 t_r。指系统的响应从零开始，第一次上升到稳态值所需的时间。

（5）稳态误差 e_{ss}。指系统的期望值与稳态值之差。对复现单位阶跃输入信号的系统而言，常取

$$e_{ss}=1-c(\infty) \tag{3-17}$$

显然，当 $c(\infty)=1$ 时，系统的稳态误差为零。

上述指标中，峰值时间 t_p、上升时间 t_r、延迟时间 t_d 反映了系统响应初始阶段的快慢，反映过渡过程初始阶段的快速性。调节时间 t_s 反映系统过渡过程持续的长短，从整体上反映系统的快速性。超调量 $\sigma\%$ 反映的是系统响应过程的平稳性。稳态误差 e_{ss} 表征的是系统响应的最终（稳态）精度。

在控制工程中，常以 $\sigma\%$、t_s 及 e_{ss} 三项指标分别评价系统响应的平稳性、快速性和稳态精度。

第二节　一阶系统的时域分析

凡是过渡过程可以用一阶微分方程描述的控制系统，称为一阶系统。一阶系统在控制

工程实践中应用极为广泛。一些控制元部件及简单系统，如 RC 网络、发电机、空气加热器、液面控制系统等都是一阶系统。

一、一阶系统的数学模型

描述一阶系统动态特性的微分方程式的一般标准形式为

$$T\frac{\mathrm{d}c(t)}{\mathrm{d}t}+c(t)=r(t) \tag{3-18}$$

式中：$c(t)$ 为输出量；$r(t)$ 为输入量；T 为时间常数，表示系统的惯性，具有时间量纲。

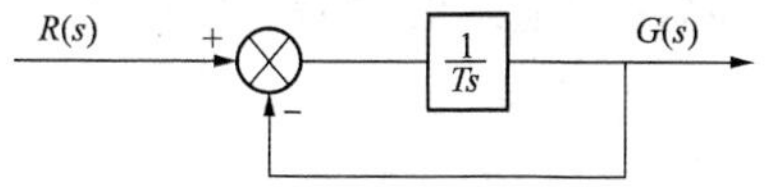

图 3-3 一阶系统的典型动态结构图

一阶系统的典型结构如图 3-3 所示。其闭环传递函数为

$$\Phi(s)=\frac{C(s)}{R(s)}=\frac{1}{Ts+1} \tag{3-19}$$

式（3-18）和式（3-19）称为一阶系统的数学模型。由于时间常数 T 是表征系统惯性的一个主要参数，所以一阶系统有时也被称为惯性环节。

二、一阶系统的单位阶跃响应

当系统的输入信号为单位阶跃函数时，系统输出就是单位阶跃响应。

因为 $r(t)=L(t)$，$R(s)=1/s$，则由式（3-19）可得出系统过渡过程（指系统输出）的拉氏变换式为

$$C(s)=\Phi(s)R(s)=\frac{1}{Ts+1}\frac{1}{s} \tag{3-20}$$

取 $C(s)$ 的拉氏反变换，可得单位阶跃响应为

$$c(t)=L^{-1}\left[\frac{1}{Ts+1}\frac{1}{s}\right]=L^{-1}\left[\frac{1}{s}-\frac{1}{s+\frac{1}{T}}\right]=1-\mathrm{e}^{-\frac{t}{T}}\quad(t\geqslant 0) \tag{3-21}$$

$c(t)$ 还可写成

$$c(t)=c_{\mathrm{ss}}+c_{\mathrm{tt}} \tag{3-22}$$

式中：$c_{\mathrm{ss}}=1$，为稳态分量；$c_{\mathrm{tt}}=-\mathrm{e}^{-t/T}$，为暂态分量。

当时间 t 趋于无穷时，c_{tt} 衰减为零。显然，一阶系统的单位阶跃响应曲线是一条由零开始按指数规律单调上升，最终趋近于 1 的曲线，如图 3-4 所示。响应曲线具有非振荡特性，故也称为非周期响应。

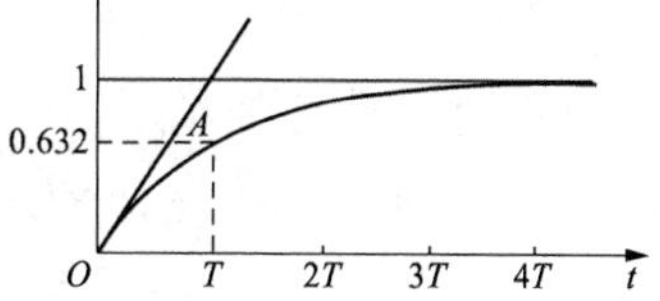

图 3-4 一阶系统的单位阶跃响应

时间常数 T 是表征响应特性的唯一参数。当 $t=T$ 时

$$c(T)=1-\mathrm{e}^{-\frac{1}{T}T}=1-\mathrm{e}^{-1}\approx 0.632$$

此刻系统输出达到过渡过程总变化量的 63.2%。这时的点 A 是一阶系统过渡过程的重

要特征点，它为用实验方法求取一阶系统的时间常数提供了理论依据。

图 3-4 所示曲线的另一个重要特性是，在 $t=0$ 处切线的斜率等于$\frac{1}{T}$，即

$$\left.\frac{\mathrm{d}c(t)}{\mathrm{d}t}\right|_{t=0}=\left.\frac{1}{T}\mathrm{e}^{-\frac{t}{T}}\right|_{t=0}=\frac{1}{T} \tag{3-23}$$

由此可见，一阶系统如果按此斜率由 0 点等速上升至稳态值 1，所需的时间恰好为 T。

由于一阶系统的阶跃响应没有超调量，所以其性能指标主要是调节时间 t_s，它表征系统过渡过程进行的快慢。由式（3-21）可知，当 $t=3T$ 时，$c(t)=0.950$；当 $t=4T$ 时，$c(t)=0.982$，即此刻的过渡过程在数值上与其应完成的全部变化量间的误差将保持在 5%（或 2%）以内，从工程实际角度看，这时可认为过渡过程已经结束。

故一般取

$$t_s=3T \quad （对应\pm 5\% 误差带） \tag{3-24}$$

$$t_s=4T \quad （对应\pm 2\% 误差带） \tag{3-25}$$

显然，系统的时间常数越小，调节时间 t_s 越小，响应过程的快速性也越好。

由式（3-17）和式（3-21）可以看出，一阶系统的单位阶跃响应是没有稳态误差的，这是因为 $e_{ss}=1-c(\infty)=1-1=0$。

【例 3-1】 一阶系统的动态结构图如图 3-5 所示。

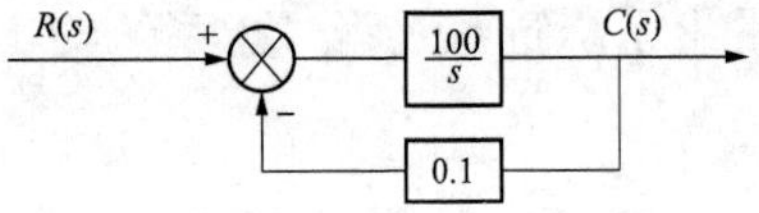

图 3-5 例 3-1 系统的动态结构图

（1）试求系统的调节时间 t_s（按±2%误差带）；

（2）如果要求 $t_s=0.1\text{s}$，反馈系数应调整为何值。

解 （1）系统的闭环传递函数为

$$\Phi(s)=\frac{C(s)}{R(s)}=\frac{100/s}{1+0.1\times 100/s}=\frac{10}{0.1s+1}$$

因此，一阶系统的时间常数为 $T=0.1$，调节时间为 $t_s=4T=0.4\text{s}$（按±2%误差带）。

闭环传递函数分子上的数值 10 称为放大系数，相当于串接了一个 $K=10$ 的放大器，不影响调节时间。

（2）若要求 $t_s=0.1\text{s}$，可以设图 3-5 中的反馈系数为 K_H，此时，系统的闭环传递函数为

$$\Phi(s)=\frac{C(s)}{R(s)}=\frac{100/s}{1+100K_H/s}=\frac{1/K_H}{0.01s/K_H+1}$$

则一阶系统的时间常数为 $T=0.01/K_H$。

由 $t_s=4T=4\times 0.01/K_H=0.1$（按±2%误差带），可得

$$K_H=0.4$$

三、一阶系统的单位脉冲响应

当系统的输入信号是单位脉冲函数时，系统的输出就是单位脉冲响应。

因为 $r(t)=\delta(t)$，$R(s)=1$，则由式（3-19）可得出系统过渡过程（指系统输出）的拉氏变换式为

$$C(s)=\Phi(s)R(s)=\frac{1}{Ts+1}\times 1=\frac{1}{Ts+1} \tag{3-26}$$

取 $C(s)$ 的拉氏反变换，可得一阶系统的单位脉冲响应为

$$c(t)=L^{-1}\left(\frac{1}{Ts+1}\right)=\frac{1}{T}\mathrm{e}^{-\frac{t}{T}} \quad (t\geqslant 0) \tag{3-27}$$

一阶系统的单位脉冲响应曲线如图 3-6 所示，它为一条单调下降的指数曲线。输出量的初始值为 $1/T$，当时间趋于无穷时，输出量趋于零，所以不存在稳态分量。如果定义上述指数曲线衰减到其初值的 2% 为调节时间 t_s，则 $t_s=4T$。因此，时间常数 T 同样反映了响应过程的快速性。当系统的惯性越小，即 T 越小，则过渡过程的持续时间便越短，系统的快速性就越好。

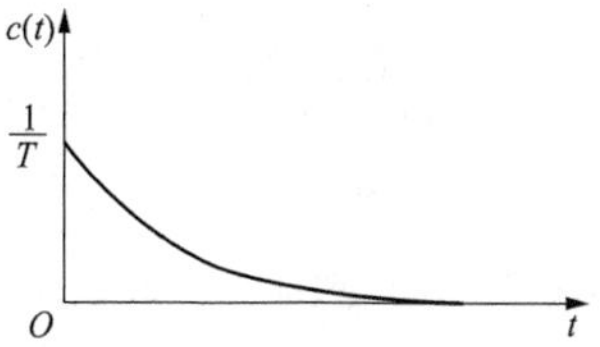

图 3-6 一阶系统的单位脉冲响应

四、一阶系统的单位斜坡响应

当系统的输入信号是单位斜坡函数时，系统的输出就是单位斜坡响应。

因为 $r(t)=t\times 1(t)$，$R(s)=\frac{1}{s^2}$，则由式（3-19）可得出系统过渡过程（指系统输出）的拉氏变换式为

$$C(s)=\Phi(s)R(s)=\frac{1}{Ts+1}\frac{1}{s^2} \tag{3-28}$$

取 $C(s)$ 的拉氏反变换，可得一阶系统的单位斜坡响应为

$$c(t)=L^{-1}\left(\frac{1}{Ts+1}\frac{1}{s^2}\right)=L^{-1}\left(\frac{1}{s^2}-\frac{T}{s}+\frac{T}{s+\frac{1}{T}}\right)=t-T+T\mathrm{e}^{-\frac{t}{T}} \quad (t\geqslant 0) \tag{3-29}$$

一阶系统单位斜坡响应曲线如图 3-7 所示。

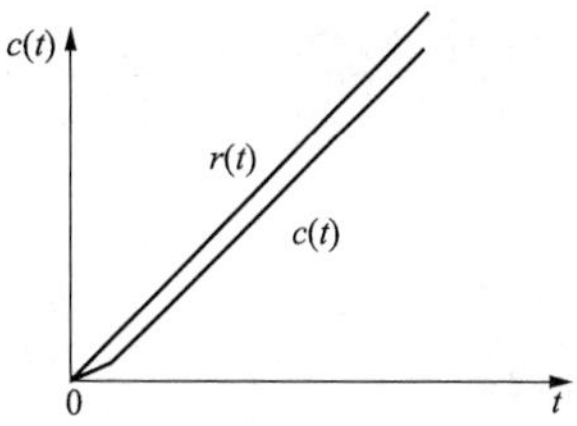

图 3-7 一阶系统的单位斜坡响应

五、三种响应之间的关系

从输入信号看，单位脉冲函数、单位阶跃函数和单位斜坡函数之间存在以下关系

$$\delta(t)=\frac{\mathrm{d}}{\mathrm{d}(t)}[1(t)]=\frac{\mathrm{d}^2}{\mathrm{d}t^2}[t\times 1(t)] \tag{3-30}$$

即单位斜坡函数的导数为单位阶跃函数，而单位阶跃函数的导数为单位脉冲函数。

从输出信号看，单位斜坡响应的导数为单位阶跃响应，而单位阶跃响应的导数为单位脉冲响应。

这种对应关系表明，系统对输入信号导数的响应等于系统对该输入信号响应的导数。换言之，系统对输入信号积分的响应等于系统对该输入信号响应的积分，其积分常数由零输入初始条件确定。这是线性定常系统的一个重要特性，不仅适用于一阶线性定常系统，还适用于任意阶线性定常系统。

第三节　典型二阶系统的时域分析

凡可用二阶微分方程描述的系统，称为二阶系统。二阶系统在控制工程中应用极为广泛，例如，RLC 网络、忽略了电枢电感后的电动机、具有质量的物体的运动等，都属于二阶系统的典型例子。此外，在分析和设计系统时，二阶的响应特性常被视为一种基准。因为三阶或更高阶系统有可能用二阶系统去近似，或者其响应可以表示为一、二阶系统响应的合成，因此，详细地讨论和分析二阶系统的特性具有极为重要的实际意义。

一、典型二阶系统的数学模型

描述典型二阶系统动态特性的微分方程一般形式为

$$\frac{d^2c(t)}{dt^2}+2\xi\omega_n\frac{dc(t)}{dt}+\omega_n^2c(t)=\omega_n^2r(t) \tag{3-31}$$

式中：ξ 为阻尼比；ω_n 为自然振荡角频率（或无阻尼振荡频率）。

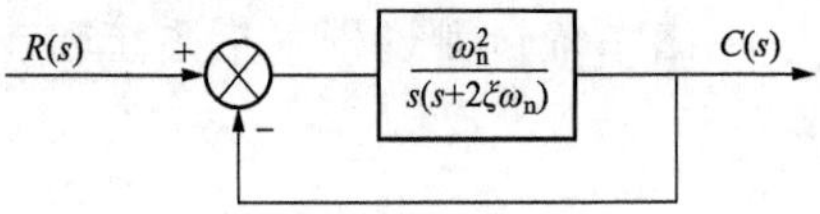

图 3-8　典型二阶系统的动态结构图

典型二阶系统的动态结构图如图 3-8 所示。其闭环传递函数为

$$\Phi(s)=\frac{C(s)}{R(s)}=\frac{\omega_n^2}{s^2+2\xi\omega_ns+\omega_n^2} \tag{3-32}$$

二、典型二阶系统的单位阶跃响应

二阶系统在单位阶跃信号作用下，由式（3-32）可得出系统过渡过程（指系统输出）的拉氏变换式为

$$C(s)=\Phi(s)R(s)=\frac{\omega_n^2}{s^2+2\xi\omega_ns+\omega_n^2}\frac{1}{s} \tag{3-33}$$

取 $C(s)$ 的拉氏反变换，可得单位阶跃响应为

$$\begin{aligned}c(t)&=L^{-1}[C(s)]=L^{-1}\left(\frac{\omega_n^2}{s^2+2\xi\omega_ns+\omega_n^2}\frac{1}{s}\right)=L^{-1}\left[\frac{\omega_n^2}{(s-s_1)(s-s_2)s}\right]\\&=L^{-1}\left(\frac{C_1}{s-s_1}+\frac{C_2}{s-s_2}+\frac{1}{s}\right)\\&=1+C_1e^{s_1t}+C_2e^{s_2t}\end{aligned} \tag{3-34}$$

式中：$C_1=\dfrac{\omega_n^2}{(s_1-s_2)s_1}$；$C_2=\dfrac{\omega_n^2}{(s_2-s_1)s_2}$；$s_1$ 和 s_2 为特征根。

s_1 和 s_2 为传递函数 $\Phi(s)$ 的分母多项式方程的根，亦即微分方程的特征方程式 $s^2+2\xi\omega_n s+\omega_n^2=0$ 的根，即

$$s_{1,2}=-\xi\omega_n\pm\omega_n\sqrt{\xi^2-1} \tag{3-35}$$

二阶系统的响应特点和特征根的性质关系密切，而特征根 $s_{1,2}$ 完全取决于参数 ξ、ω_n，因此 ξ 和 ω_n 是二阶系统重要的结构参数。

（1）当 $\xi>1$ 时，$s_{1,2}$ 为两个不相等的负实根，称为过阻尼状态。

（2）当 $\xi=1$ 时，$s_{1,2}$ 为一对相等的负实根 $-\omega_n$，称为临界阻尼状态。

（3）当 $0<\xi<1$ 时，$s_{1,2}$ 为一对实部为负的共轭复数根，称为欠阻尼状态。

（4）当 $\xi=0$ 时，$s_{1,2}$ 为一对纯虚根 $\pm j\omega_n$，称为无阻尼状态。

（5）当 $\xi<0$ 时，系统将出现正实部的特征根，称为负阻尼状态，此时系统的响应是发散的，在这里我们不予讨论。

1. 过阻尼二阶系统的单位阶跃响应

在过阻尼状态下（即 $\xi>1$ 时），二阶系统的特征根为两个不相等的负实根

$$s_{1,2}=-\xi\omega_n\pm\omega_n\sqrt{\xi^2-1}$$

代入式（3-34）中，单位阶跃响应为

$$\begin{aligned}c(t)&=1+\frac{\omega_n^2}{(s_1-s_2)s_1}e^{s_1t}+\frac{\omega_n^2}{(s_2-s_1)s_2}e^{s_2t}\\&=1+\frac{0.5}{\xi^2-\xi\sqrt{\xi^2-1}-1}e^{(-\xi+\sqrt{\xi^2-1})\omega_nt}\\&\quad+\frac{0.5}{\xi^2+\xi\sqrt{\xi^2-1}-1}e^{(-\xi-\sqrt{\xi^2-1})\omega_nt}\quad(t\geqslant0)\end{aligned} \tag{3-36}$$

式中后两项为过渡分量，均按指数规律变化，由于具有负指数，则随着时间延续将逐渐趋近于零。响应最终趋向稳态值 1，如图 3-9 所示。

由图 3-9 可见，响应具有非周期性，没有振荡和超调。但又不同于一阶系统。一阶系统单位阶跃响应的初速度最大（为 $1/T$），之后速度逐渐减小并趋于零；而过阻尼二阶系统单位阶跃响应的初速度为零，之后速度逐渐加大，过某一极值又逐渐减小，因此在曲线上形成一个拐点。

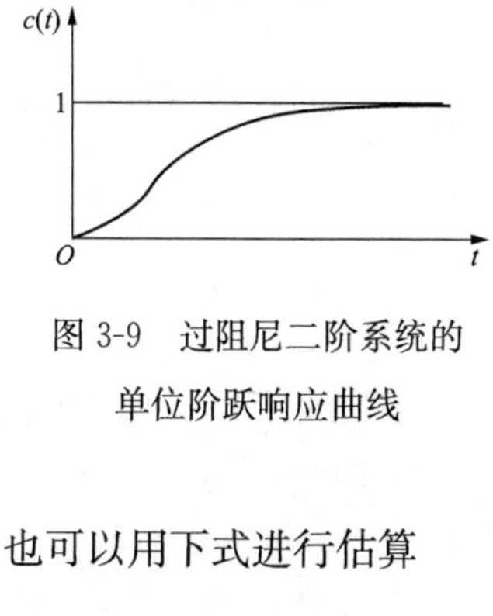

图 3-9 过阻尼二阶系统的单位阶跃响应曲线

对过阻尼二阶系统，动态性能指标只需考虑调节时间 t_s，t_s 反映系统响应总体的快速性。推导 t_s 的表达式比较复杂，一般可以根据响应的表达式由计算机求微分方程的解来得到。也可以用下式进行估算

$$t_s = \frac{1}{\omega_n}(6.45\xi - 1.7) \quad (5\% \text{误差带}; \xi \geqslant 0.7) \tag{3-37}$$

式（3-37）表明，可通过增大 ω_n 或减少 ξ，来减少调节时间 t_s，以提高系统的快速性。

2. 临界阻尼二阶系统的单位阶跃响应

在临界阻尼状态下（即 $\xi=1$ 时），二阶系统的特征根为一对相等的负实根，即

$$s_{1,2} = -\omega_n \tag{3-38}$$

当输入信号为单位阶跃函数时，系统输出的拉氏变换为

$$C(s) = \Phi(s)\frac{1}{s} = \frac{\omega_n^2}{(s+\omega_n)^2}\frac{1}{s} \tag{3-39}$$

取 $C(s)$ 的拉氏反变换，可得单位阶跃响应表达式为

$$c(t) = 1 - (1+\omega_n t)e^{-\omega_n t} \quad (t \geqslant 0) \tag{3-40}$$

上式表明，当 $\xi=1$ 时，二阶系统的单位阶跃响应是一个无超调的单调上升的过程，与过阻尼情况相似，随着时间的延续，$c(t)$ 逐渐趋近于 1。

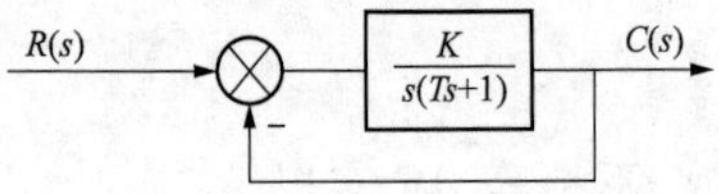

图 3-10　例 3-2 系统的动态结构图

【例 3-2】 某小功率随动系统的动态结构图如图 3-10 所示。系统中 $T=0.1$s，K 为系统开环增益（即系统开环传递函数中将分子、分母 s 多项式的低阶系数换算为 1 后的总传递系数）。要求系统阶跃响应无超调，且调节时间 $t_s=1$s，试计算 K 值。

解　根据题意，要求系统阶跃响应无超调，可取$\xi>1$；同时考虑在过阻尼状态下，ξ 越小，系统的响应越快，试取 $\xi=1.02$。将各参数代入式（3-37），得

$$t_s = \frac{1}{\omega_n}(6.45\xi - 1.7) = \frac{1}{\omega_n}(6.45 \times 1.02 - 1.7) = 1(\text{s})$$

所以

$$\omega_n = 4.88\text{rad/s}$$

系统的闭环传递函数为

$$\Phi(s) = \frac{K}{s(Ts+1)+K} = \frac{K}{s(0.1s+1)+K} = \frac{10K}{s^2+10s+10K}$$

与二阶系统闭环传递函数的标准式（3-32）对照，可得

$$\omega_n = \sqrt{10K} = 4.88(\text{rad/s})$$

所以

$$K = 2.38$$

3. 欠阻尼二阶系统的单位阶跃响应

在欠阻尼状态下（即 $0<\xi<1$ 时），二阶系统的特征根为一对实部为负的共轭复数根，即

$$s_{1,2} = -\xi\omega_n \pm j\omega_n\sqrt{1-\xi^2} = -\sigma \pm j\omega_d \tag{3-41}$$

式中：$\sigma=\xi\omega_n$ 为特征根的实部模值；$\omega_d=\omega_n\sqrt{1-\xi^2}$ 为阻尼振荡角频率。

当输入信号为单位阶跃函数时，系统输出的拉氏变换为

$$\begin{aligned}C(s)&=\frac{\omega_n^2}{s^2+2\xi\omega_n s+\omega_n^2}\frac{1}{s}\\&=\frac{1}{s}-\frac{s+\xi\omega_n}{(s+\xi\omega_n)^2+\omega_d^2}-\frac{\xi\omega_n}{(s+\xi\omega_n)^2+\omega_d^2}\end{aligned}\tag{3-42}$$

取 $C(s)$ 的拉氏反变换，可得单位阶跃响应的表达式为

$$c(t)=1-e^{-\xi\omega_n t}\left(\cos\omega_d t+\frac{\xi}{\sqrt{1-\xi^2}}\sin\omega_d t\right)\quad(t\geqslant 0)$$

经整理，也可以表示为

$$c(t)=1-\frac{1}{\sqrt{1-\xi^2}}e^{-\xi\omega_n t}\sin(\omega_d t+\arccos\xi)\quad(t\geqslant 0)\tag{3-43}$$

式（3-43）表明，系统响应是由稳态分量与暂态分量组成，稳态分量值等于 1；暂态分量为振荡衰减过程，振荡角频率为 $\omega_d=\omega_n\sqrt{1-\xi^2}$。当时间趋于无穷时，$c(t)$ 逐渐趋近于稳态值 1。

4. 无阻尼二阶系统的单位阶跃响应

在无阻尼状态下（$\xi=0$ 时），二阶系统的特征根为一对纯虚根 $\pm j\omega_n$，当输入信号为单位阶跃函数时，系统输出的拉氏变换为

$$C(s)=\Phi(s)\frac{1}{s}=\frac{\omega_n^2}{s^2+\omega_n^2}\frac{1}{s}\tag{3-44}$$

取 $C(s)$ 的拉氏反变换，可得单位阶跃响应表达式为

$$c(t)=1-\cos\omega_n t\quad(t\geqslant 0)\tag{3-45}$$

式（3-45）表明，当 $\xi=0$ 时，二阶系统的单位阶跃响应是一个等幅振荡曲线，振荡频率为 ω_n。

图 3-11 为阻尼比 ξ 取不同值时对应的二阶系统单位阶跃响应曲线。由图可见：

（1）当 $\xi>1$ 的过阻尼状态时，系统响应的调节时间 t_s 最长，快速性最差。

（2）当 $\xi=1$ 的临界阻尼状态时，系统响应没有超调量，响应速度比过阻尼状态时要快。

（3）当 $0<\xi<1$ 的欠阻尼状态时，系统响应的上升时间较快，调节时间较短，但响应曲线具有超调量，平稳性较差。

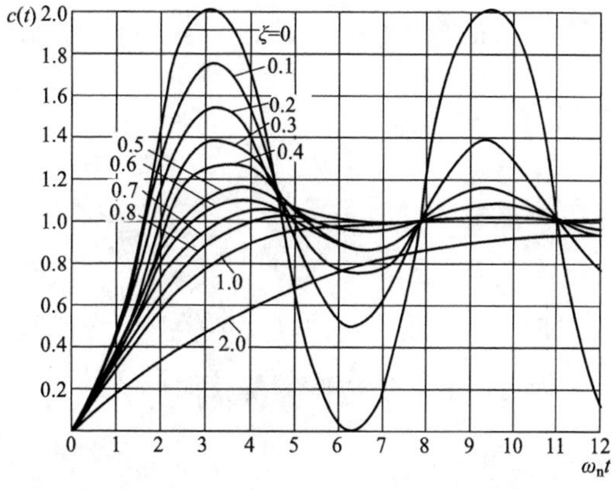

图 3-11 ξ 取不同值时系统的单位阶跃响应曲线

(4) 当$\xi=0$的无阻尼状态时，系统响应最先达到稳态值，但响应曲线是等幅振荡的。

综上所述，对于欠阻尼系统，因为系统响应的快速性较好，如果选择合理的ξ值，使得系统的超调量控制在要求的范围之内，同时调节时间较短，则这样的系统是令人满意的。

三、二阶欠阻尼系统的性能指标分析

1. 参数与性能分析

(1) 平稳性。由图 3-11 的曲线族看出，阻尼比ξ越大，超调量$\sigma\%$越小，响应的振荡倾向越弱，平稳性越好；反之，阻尼比ξ越小，振荡越强，频率$\omega_d=\omega_n\sqrt{1-\xi^2}$越高，平稳性越差。当$\xi=0$时，二阶系统的单位阶跃响应是具有频率为$\omega_n$的等幅振荡曲线，系统无法进入平衡工作状态，不能正常运行。

另外，在一定的阻尼比ξ下，ω_n越大，振荡频率$\omega_d=\omega_n\sqrt{1-\xi^2}$越高，响应的平稳性也越差。

总的来说，当阻尼比ξ大、自然振荡角频率ω_n小时，二阶系统单位阶跃响应的平稳性好。

(2) 快速性。由图 3-11 的曲线族看出，阻尼比ξ过大，系统响应迟钝，调节时间长，快速性差；ξ过小，虽然响应的初始段较快，但振荡强烈、衰减较慢，调节时间亦长，快速性亦差。当$\xi=0.707$时，超调量$\sigma\%$不大，调节时间短，快速性好，平稳性也较理想。因此，称$\xi=0.707$为最佳阻尼比，此时系统的响应称为最佳响应。

另外，在一定的ξ下，ω_n越大，调节时间t_s越短，响应的快速性越好。

(3) 稳态精度。由式 (3-43) 可以看出，系统响应的稳态分量值等于 1；暂态分量为振荡衰减过程，当时间趋于无穷时衰减为 0。因此，欠阻尼二阶系统的单位阶跃响应不存在稳态误差。

2. 性能指标计算

(1) 峰值时间t_p。将式 (3-43) 的响应表达式$c(t)$求导，并令其等于零，得$\left.\frac{\mathrm{d}c(t)}{\mathrm{d}t}\right|_{t=t_p}=0$，即

$$\frac{\xi\omega_n e^{-\xi\omega_n t_p}}{\sqrt{1-\xi^2}}\sin(\omega_d t_p+\arccos\xi)-\frac{\omega_d}{\sqrt{1-\xi^2}}e^{-\xi\omega_n t_p}\cos(\omega_d t_p+\arccos\xi)=0$$

求解上式，并考虑响应的第一个峰值是响应曲线的第二个极值点［第一个极值点为$t=0$，$c(t)=0$］，所以解得峰值时间为

$$t_p=\frac{\pi}{\omega_n\sqrt{1-\xi^2}}\quad(0<\xi<1) \tag{3-46}$$

(2) 超调量$\sigma\%$。将峰值时间t_p代入式 (3-43)，可得

$$c(t_p)=1-\frac{e^{-\xi\omega_n t_p}}{\sqrt{1-\xi^2}}\sin(\omega_d t_p+\arccos\xi)$$

$$=1-\frac{e^{-\xi\omega_n t_p}}{\sqrt{1-\xi^2}}\sin(\pi+\arccos\xi)=1+\frac{e^{-\xi\omega_n t_p}}{\sqrt{1-\xi^2}}\sin(\arccos\xi)$$

由于

$$\sin(\arccos\xi)=\sqrt{1-\cos^2(\arccos\xi)}=\sqrt{1-\xi^2}$$

所以

$$c(t_p)=1+e^{-\xi\omega_n t_p}=1+e^{-\pi\xi/\sqrt{1-\xi^2}}$$

故超调量为

$$\sigma\%=\frac{c(t_p)-c(\infty)}{c(\infty)}\times100\%=\frac{c(t_p)-1}{1}\times100\%$$

$$=e^{-\pi\xi/\sqrt{1-\xi^2}}\times100\%\quad(0<\xi<1)\tag{3-47}$$

(3) 调节时间 t_s。寻求调节时间 t_s 的表达式比较困难，当阻尼比 $0<\xi<0.7$ 时，常采用下面的近似公式估算调节时间 t_s：

$$t_s=\frac{3}{\xi\omega_n}\quad(\text{按}\pm5\%\text{误差带})\tag{3-48}$$

$$t_s=\frac{4}{\xi\omega_n}\quad(\text{按}\pm2\%\text{误差带})\tag{3-49}$$

当 $\xi\geqslant0.7$，可以用过阻尼的计算式 (3-37) 求 t_s。

(4) 上升时间 t_r。欠阻尼二阶系统的上升时间 t_r，通常指 $c(t)$ 从 0 第一次上升到稳态值所需的时间。因此，当 $t=t_r$ 时，$c(t_r)=1$。代入式 (3-43)，可得

$$c(t_r)=1-\frac{1}{\sqrt{1-\xi^2}}e^{-\xi\omega_n t_r}\sin(\omega_d t_r+\arccos\xi)=1$$

考虑到 $\frac{1}{\sqrt{1-\xi^2}}e^{-\xi\omega_n t_r}\neq0$ 及上升时间的含义，可得上升时间为

$$t_r=\frac{\pi-\arccos\xi}{\omega_d}=\frac{\pi-\arccos\xi}{\omega_n\sqrt{1-\xi^2}}\tag{3-50}$$

【例 3-3】 某单位负反馈控制系统的开环传递函数为 $G(s)=\frac{4}{s(s+5)}$，试求输入信号 $r(t)=1(t)$ 时，输出的单位阶跃响应 $c(t)$。

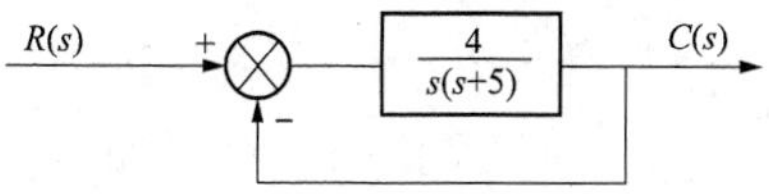

图 3-12 例 3-3 系统的动态结构图

解 该系统的动态结构图如图 3-12 所示，系统的闭环传递函数为

$$\Phi(s)=\frac{C(s)}{R(s)}=\frac{\frac{4}{s(s+5)}}{1+\frac{4}{s(s+5)}}=\frac{4}{s^2+5s+4}$$

当输入信号 $r(t)=1(t)$ 时，系统输出的拉氏变换为

$$C(s)=\Phi(s)R(s)=\frac{4}{s^2+5s+4}\frac{1}{s}=\frac{1}{s}+\frac{1}{3}\frac{1}{s+4}-\frac{4}{3}\frac{1}{s+1}$$

因此，系统的单位阶跃响应为

$$c(t)=1+\frac{1}{3}\mathrm{e}^{-4t}-\frac{4}{3}\mathrm{e}^{-t}\quad(t\geqslant 0)$$

【例 3-4】 某单位负反馈控制系统的闭环传递函数为 $\Phi(s)=\dfrac{K}{0.1s^2+s+K}$，试计算：

(1) $K=10$ 时，系统的峰值时间 t_p、阶跃响应的超调量 $\sigma\%$ 和调节时间 t_s（取 5%误差带）；

(2) 若要求系统成为最佳二阶系统，K 的取值。

解 将闭环传递函数化为标准式

$$\Phi(s)=\frac{K}{0.1s^2+s+K}=\frac{10K}{s^2+10s+10K}$$

将上式与二阶系统闭环传递函数的标准形式 $\Phi(s)=\dfrac{\omega_n^2}{s^2+2\xi\omega_n s+\omega_n^2}$ 相比较，可得

$$\omega_n^2=10K,\ 2\xi\omega_n=10$$

(1) 当 $K=10$ 时，$\omega_n=\sqrt{10K}=\sqrt{10\times 10}=10(\mathrm{rad/s})$，$\xi=\dfrac{10}{2\omega_n}=\dfrac{10}{2\times 10}=0.5$。由于 $0<\xi<1$，则系统呈欠阻尼状态，根据各性能指标的计算公式，可得

峰值时间

$$t_p=\frac{\pi}{\omega_n\sqrt{1-\xi^2}}=0.363(\mathrm{s})$$

超调量

$$\sigma\%=\mathrm{e}^{-\pi\xi/\sqrt{1-\xi^2}}\times 100\%=16.3\%$$

调节时间

$$t_s=\frac{3}{\xi\omega_n}=0.6(\mathrm{s})$$

(2) 当系统为最佳二阶系统时，取 $\xi=0.707$。将 $\xi=0.707$ 代入 $\omega_n^2=10K$ 和 $2\xi\omega_n=10$ 中，可得 $\omega_n=\dfrac{10}{2\xi}=7.07\mathrm{rad/s}$，$K=\dfrac{\omega_n^2}{10}=5$。

此时仍然可以根据各性能指标的计算公式解出 $t_p=0.628\mathrm{s}$，$\sigma\%=4.3\%$，$t_s=0.6\mathrm{s}$。此时超调量 $\sigma\%$ 不大，平稳性好；调节时间不变，快速性也较理想。

四、改善二阶系统性能的措施

通过对二阶系统阶跃响应的性能分析可以发现，系统响应的稳定性和快速性对系统的

结构和参数的要求往往是矛盾的。欲提高系统的响应速度需要增大增益 K，结果使阻尼比 ξ 变小，系统振荡加剧。反之，欲提高系统的稳定性而减少增益 K，又会使响应速度变慢。因此，仅靠调整系统的参数，很难同时满足各项性能指标的要求。对于实际控制系统，组成系统的各部件的结构和参数都是固定的，不能因控制要求而任意改变。为此，工程中常常采用加入一些环节，来改变控制系统的响应性能。

1. 加入比例微分环节

图 3-13 为加入比例微分环节的二阶系统，其开环传递函数为

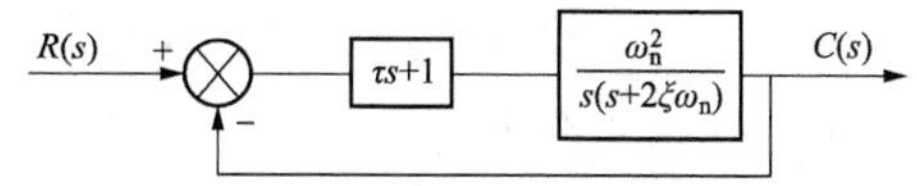

图 3-13 加入比例微分环节的二阶系统

$$G(s)=\frac{(\tau s+1)\omega_n^2}{s(s+2\xi\omega_n)}$$

闭环传递函数为

$$\Phi(s)=\frac{C(s)}{R(s)}=\frac{(\tau s+1)\omega_n^2}{s^2+2\xi\omega_n s+\tau\omega_n^2 s+\omega_n^2}=\frac{(\tau s+1)\omega_n^2}{s^2+2\xi'\omega_n s+\omega_n^2} \tag{3-51}$$

$$2\xi'\omega_n=2\xi\omega_n+\tau\omega_n^2$$

$$\xi'=\xi+\frac{\tau\omega_n}{2} \tag{3-52}$$

式中：ξ' 为等效阻尼比。

由式（3-52）可见，加入比例微分环节后，二阶系统的阻尼比增大，超调量减少。同时，若传递函数中增加的零点合适，将使得系统的调节时间 t_s 减少。另外，若输入为单位斜坡信号，系统的稳态误差不变。

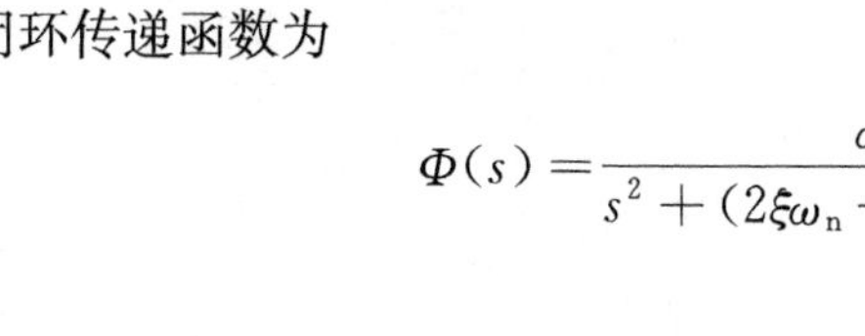

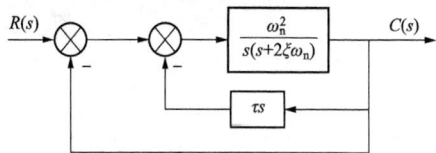

图 3-14 加入微分负反馈环节的二阶系统

2. 加入微分负反馈环节

图 3-14 为加入微分负反馈环节的二阶系统，其开环传递函数为

$$G(s)=\frac{\omega_n^2}{s^2+2\xi\omega_n s+\tau\omega_n^2 s}$$

闭环传递函数为

$$\Phi(s)=\frac{\omega_n^2}{s^2+(2\xi\omega_n+\tau\omega_n^2)s+\omega_n^2}=\frac{\omega_n^2}{s^2+2\xi'\omega_n s+\omega_n^2} \tag{3-53}$$

$$\xi'=\xi+\frac{\tau\omega_n}{2} \tag{3-54}$$

式中：ξ' 为等效阻尼比。

由式（3-54）可见，与加入微分负反馈环节之前相比，系统的阻尼比增大，超调量减少，平稳性变好。ξ 较小时，在 ω_n 不变的前提下，阻尼比的加大将使 t_s 减少。若输入为单位斜坡信号时，系统的稳态误差增加，稳态精度变差。

第四节　高阶系统的时域分析

三阶及三阶以上的系统通常称为高阶系统。在控制工程中，几乎所有的控制系统都是高阶系统，用高阶微分方程来描述。至于不能用一二阶系统近似的高阶系统，其动态性能指标的确定是比较复杂的。工程中常根据高阶系统闭环零、极点在 s 平面上的分布情况，将其进行合理的近似处理，降为一阶或二阶系统来处理。

一、高阶系统的数学模型

高阶系统的闭环传递函数表达式一般表示为

$$\Phi(s)=\frac{C(s)}{R(s)}=\frac{b_0s^m+b_1s^{m-1}+\cdots+b_{m-1}s+b_m}{a_0s^n+a_1s^{n-1}+\cdots+a_{n-1}s+a_n}\quad (n\geqslant m) \tag{3-55}$$

将上式的分子多项式和分母多项式进行因式分解，可以表示为

$$\Phi(s)=\frac{C(s)}{R(s)}=\frac{K(s-z_1)(s-z_2)\cdots(s-z_m)}{(s-s_1)(s-s_2)\cdots(s-s_n)}\quad (n\geqslant m) \tag{3-56}$$

式中：z_1、z_2、…、z_m 为 $b_0s^m+b_1s^{m-1}+\cdots+b_{m-1}s+b_m=0$ 的根，称为闭环零点；s_1、s_2、…、s_n 为 $a_0s^n+a_1s^{n-1}+\cdots+a_{n-1}s+a_n=0$（此方程称为系统的闭环特征方程）的根，称为闭环极点。

由于 $\Phi(s)$ 的分子多项式和分母多项式均为实系数多项式，因此 z_i 和 s_i 只可能是实数或共轭复数。

二、高阶系统的单位阶跃响应

在实际控制系统中，所有的闭环极点通常都不相同。因此，在输入单位阶跃信号时，系统输出的拉氏变换式为

$$C(s)=\Phi(s)R(s)=\frac{K\prod_{i=1}^{m}(s-z_i)}{\prod_{j=1}^{q}(s-s_j)\prod_{k=1}^{r}(s^2+2\xi_k\omega_ks+\omega_k^2)}\frac{1}{s} \tag{3-57}$$

$$q+2r=n$$

式中：q 为实数极点的个数；r 为共轭复数极点的个数。

将式（3-57）展开成部分分式，并设 $0<\xi_k<1$，可得

$$C(s)=\frac{A_0}{s}+\sum_{j=1}^{q}\frac{A_j}{s-s_j}+\sum_{k=1}^{r}\frac{B_ks+C_k}{s^2+2\xi_k\omega_ks+\omega_k^2} \tag{3-58}$$

式中：A_0 是 $C(s)$ 在输入极点处的留数，$A_0=\lim\limits_{s\to 0}sC(s)=\dfrac{b_m}{a_n}$；$A_j$ 是 $C(s)$ 在闭环实数极

点 s_j 处的留数，$A_j=\lim\limits_{s\to s_j}(s-s_j)C(s)(j=1, 2, \cdots, q)$；$B_k$ 和 C_k 是与 $C(s)$ 在闭环复数极点 $s=-\xi_k\omega_k+\mathrm{j}\omega_k\sqrt{1-\xi_k^2}$ 处的留数有关的常系数。

对式（3-58）进行拉氏反变换，并设初始条件全部为 0，可得单位阶跃响应为

$$c(t)=A_0+\sum_{j=1}^{q}A_j\mathrm{e}^{s_jt}+\sum_{k=1}^{r}B_k\mathrm{e}^{-\xi_k\omega_kt}\cos(\omega_k\sqrt{1-\xi_k^2})t$$
$$+\sum_{k=1}^{r}\frac{C_k-B_k\xi_k\omega_k}{\omega_k\sqrt{1-\xi_k^2}}\mathrm{e}^{-\xi_k\omega_kt}\sin(\omega_k\sqrt{1-\xi_k^2})t \quad (t\geqslant 0) \tag{3-59}$$

式（3-59）表明，高阶系统的时间响应，是由一阶系统和二阶系统的时间响应函数项组成的。式中 A_0 表示由输入信号引起的输出稳态分量；其他各项表示输出暂态分量，由衰减的指数函数及衰减的正、余弦函数组成，随着时间，暂态分量最终衰减为 0。暂态分量衰减的快慢，取决于各项所对应极点的负实部值（实部为正时，系统不稳定）。

三、高阶系统的性能指标分析

分析高阶系统的单位阶跃响应的表达式，可以得出以下结论：

（1）高阶系统响应的各暂态分量衰减速度，是由 s_j、ξ_k 和 ω_k 决定的。闭环极点在 s 左半平面离虚轴越远，则相应的暂态分量衰减越快；反之衰减得越慢。

（2）各暂态分量的系数取决于零、极点的分布。若某极点越靠近零点，而远离其他极点或原点，则相应的系数 C_i 就越小，相应的分量对系统速度影响减小；若某极点远离零点，越接近其他极点或原点，则相应的系数 C_i 越大，相应的分量的对系统速度影响增大；若一对零、极点靠得很近，即它们之间的距离比它们的幅值小一个数量级时，则对应该极点的分量就几乎被抵消。通常把这种互相靠得很近的闭环零、极点称为偶极子。

（3）若系统中距离虚轴最近的极点，其实数部分为其他极点实数部分的 1/5 或更小，且附近又没有零点，则可认为系统的响应主要由该极点（或共轭复数极点）决定，这一分量衰减得最慢。这种对系统的动态响应起主导作用的极点，称为系统的主导极点。一般情况下，高阶系统具有振荡性，所以主导极点通常是共轭复数极点。

（4）一个实际的高阶系统，其结构参数是确定的，不一定存在主导极点。但往往可以通过加入校正装置，改变其结构参数，使整个系统具有一对合适的共轭复数主导极点，此时系统的动态性能比较理想。

【例 3-5】 某系统的闭环传递函数为 $\Phi(s)=\dfrac{0.59s+1}{(0.67s+1)(0.01s^2+0.08s+1)}$，试估算该系统的动态性能指标。

解 由闭环传递函数可知该系统为三阶系统，由 $0.59s+1=0$ 可得闭环零点为

$$z_1=-1.7$$

由 $(0.67s+1)(0.01s^2+0.08s+1)=0$ 可得闭环极点为

$$s_1 = -1.49, \quad s_{2,3} = -4 \pm j9.2$$

z_1 和 s_1 可以看作是一对偶极子，s_2、s_3 为系统的主导极点。因此，系统可用一个二阶系统代替，即

$$\Phi(s) = \frac{1}{0.01s^2 + 0.08s + 1} = \frac{100}{s^2 + 8s + 100}$$

与二阶系统的传递函数标准式相比较，可得 $\omega_n = 10\text{rad/s}$，$\xi = \frac{8}{2\omega_n} = 0.4$。

因此，该系统的动态性能指标为

峰值时间

$$t_p = \frac{\pi}{\omega_n\sqrt{1-\xi^2}} = 0.34(\text{s})$$

超调量

$$\sigma\% = e^{-\pi\xi/\sqrt{1-\xi^2}} \times 100\% = 25.4\%$$

调节时间

$$t_s = \frac{3}{\xi\omega_n} = 0.75(\text{s})$$

第五节 控制系统的稳定性分析

设计一个控制系统，应满足多种性能指标，但首要的技术要求是必须保证系统是稳定的。一般情况下稳定性是区分有用或无用系统的最主要的标志。

一、线性系统稳定的概念

稳定性是指系统当扰动消失后，由初始偏差状态恢复平衡状态的性能。即如果系统受到扰动，偏离了原来的平衡状态，而当扰动消失后，系统又能逐渐恢复到原来的平衡状态，则称系统是稳定的，或称系统具有稳定性。否则，系统就是不稳定的或不具有稳定性。

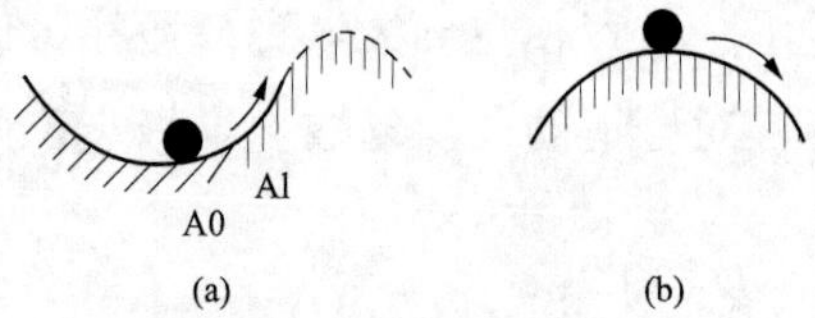

图 3-15 稳定性示意图

如图 3-15(a) 所示，小球在一个凹面上，原来平衡位置为 A0。当小球受到外力（扰动）作用偏离 A0 至 A1。当外力去除后，小球经过来回几次振荡，最终可以回到原来平衡位置 A0。可以说，这个系统是稳定的。反之，如图 3-15(b) 所示的系统（小球在一个凸面上）系统则是不稳定的。

稳定性是系统去除扰动以后自身的一种恢复能力，是系统的一种固有特性。这种固有稳定性只取决于系统的结构、参数，而与初始条件及外作用无关。

二、线性系统稳定的充要条件

任意一个线性控制系统，其闭环传递函数可以用式（3-55）来表示，在单位阶跃输入作用下（并设初始条件为0），可得到系统的单位阶跃响应的表达式（3-59）。此响应由稳态分量和暂态分量组成，如果系统稳定，暂态分量必随着时间的增长衰减为0。而系统闭环特征方程的根，即系统闭环传递函数的极点，在 s 平面的位置决定了暂态分量的性质。如果所有的极点都分布在 s 平面的左半平面，系统的暂态分量将衰减为0，系统稳定；如果有共轭极点分布在虚轴上，系统的暂态分量做等幅振荡，系统临界稳定（工程中视为不稳定）；如果有一个或一个以上极点分布在 s 平面的右半平面，系统的暂态分量发散振荡，系统不稳定。

因此，系统的稳定性仅取决于系统特征方程的特征根的性质。即线性系统稳定的充分必要条件是：系统特征方程的所有根（系统闭环传递函数的极点）都具有负实部，或者说都位于 s 平面的左半平面。

三、劳斯稳定判据

对于线性系统，根据系统稳定的充分必要条件来判别系统的稳定性，必须知道系统微分方程特征根实部的符号。如能解出全部特征根，则可立即判定系统是否稳定。然而，对于高阶系统，求解特征根的工作量相当大。下面介绍一种不必求解特征根而判断系统稳定性的方法，即稳定性的劳斯（Routh）代数判据。这里不做证明，只给出结论。

将系统的闭环特征方程写成如下标准形式

$$a_0 s^n + a_1 s^{n-1} + \cdots + a_{n-1} s + a_n = 0 \quad (a_0 > 0) \tag{3-60}$$

将系数组成劳斯表，如表3-1所示。

表3-1　劳　斯　表

s^n	a_0	a_2	a_4	a_6	…
s^{n-1}	a_1	a_3	a_5	a_7	…
s^{n-2}	$b_{31}=\frac{a_1a_2-a_0a_3}{a_1}$	$b_{32}=\frac{a_1a_4-a_0a_5}{a_1}$	$b_{33}=\frac{a_1a_6-a_0a_7}{a_1}$	b_{34}	…
s^{n-3}	$b_{41}=\frac{b_{31}a_3-a_1b_{32}}{b_{31}}$	$b_{42}=\frac{b_{31}a_5-a_1b_{33}}{b_{31}}$	$b_{43}=\frac{b_{31}a_7-a_1b_{34}}{b_{31}}$	b_{44}	…
s^{n-4}	$b_{51}=\frac{b_{41}b_{32}-b_{31}b_{42}}{b_{41}}$	$b_{52}=\frac{b_{41}b_{33}-b_{31}b_{43}}{b_{41}}$	$b_{53}=\frac{b_{41}b_{34}-b_{31}b_{44}}{b_{41}}$	b_{54}	…
⋮	⋮	⋮	⋮	⋮	⋮
s^2	$b_{n-1,1}$	$b_{n-1,2}$			
s^1	$b_{n,1}$				
s^0	$b_{n+1,1}=a_n$				

劳斯稳定判据：若系统的闭环特征方程的各项系数都大于零（必要条件），且劳斯表中

第一列所有元素均为正值，系统是稳定的。如果第一列中出现小于零的元素，系统就不稳定，且第一列元素符号改变的次数等于系统特征方程正实部根的个数。

【例 3-6】 已知系统的闭环特征方程为 $s^4+2s^3+3s^2+4s+5=0$，试用劳斯稳定判据判别系统的稳定性。

解 特征方程的各项系数都大于零

列劳斯表为

$$\begin{array}{llll}
s^4 & 1 & 3 & 5 \\
s^3 & 2 & 4 & \\
s^2 & \dfrac{2\times3-1\times4}{2}=1 & \dfrac{2\times5-1\times0}{2}=5 & \\
s^1 & \dfrac{1\times4-2\times5}{1}=-6 & \dfrac{1\times0-2\times0}{1}=0 & \\
s^0 & \dfrac{-6\times5-1\times0}{-6}=5 & &
\end{array}$$

由劳斯表可见，第一列元素的符号改变了两次，表示系统的特征方程有两个正实部根，系统不稳定。

【例 3-7】 某单位负反馈控制系统的开环传递函数为 $G(s)=\dfrac{K}{s(0.1s+1)(0.25s+1)}$，试用劳斯稳定判据判别系统的稳定性。

解 系统的闭环传递函数为

$$\Phi(s)=\frac{G(s)}{1+G(s)}=\frac{\dfrac{K}{s(0.1s+1)(0.25s+1)}}{1+\dfrac{K}{s(0.1s+1)(0.25s+1)}}=\frac{K}{s(0.1s+1)(0.25s+1)+K}$$

系统的闭环特征方程为

$$s(0.1s+1)(0.25s+1)+K=0$$

即

$$0.025s^3+0.35s^2+s+K=0$$

列劳斯表为

$$\begin{array}{lll}
s^3 & 0.025 & 1 \\
s^2 & 0.35 & K \\
s^1 & \dfrac{0.35-0.025K}{0.35} & 0 \\
s^0 & K &
\end{array}$$

根据劳斯稳定判据，当系统稳定时，要求闭环特征方程的各项系数及第一列所有元素均大于零，即

（1）$K>0$；

（2）$\frac{0.35-0.025K}{0.35}>0$，即 $K<14$。

因此，保证系统稳定的条件是增益 K 的稳定域为 $0<K<14$。

在运用劳斯稳定判据分析系统的稳定性时，有时会遇到以下两种特殊情况。

（1）在劳斯表的任意一行，出现第一个元素为零，而其余各元素均不为零或部分为零，这时可用一个很小的正数 ε 来代替这个零，从而可使劳斯表继续算下去（否则下一行将出现∞）。

【例 3-8】 已知系统的闭环特征方程为 $s^4+3s^3+s^2+3s+1=0$，试用劳斯稳定判据判别系统的稳定性。

解 列劳斯表为

$$\begin{array}{llll} s^4 & 1 & 1 & 1 \\ s^3 & 3 & 3 & \\ s^2 & \varepsilon & 1 & \\ s^1 & 3-\dfrac{3}{\varepsilon} & 0 & \\ s^0 & 1 & & \end{array}$$

因为 ε 很小，$3-\frac{3}{\varepsilon}<0$，所以第一列元素符号改变两次，故有两个根在 s 右半平面，系统不稳定。

【例 3-9】 已知系统的闭环特征方程为 $s^3+2s^2+s+2=0$，试用劳斯稳定判据判别系统的稳定性。

解 列劳斯表为

$$\begin{array}{lll} s^3 & 1 & 1 \\ s^2 & 2 & 2 \\ s^1 & \varepsilon & 0 \\ s^0 & 2 & \end{array}$$

由于 ε 上面的一个数“2”的符号和 ε 下面一个数“2”的符号相同，则说明存在一对虚根，系统处于临界稳定状态。事实上，上述特征方程可因式分解成 $(s^2+1)(s+2)=0$，其根为 -2 和 $\pm j1$。

（2）在劳斯表的任意一行，出现所有元素均为零的情况。这说明系统的特征根中，或存在大小相等符号相反的实根；或存在共轭复根；或上述两种类型的根同时存在。在劳斯表中，当出现整行的元素全为零时，由该行上方相邻一行的元素构成的方程叫做辅助方程。辅助方程的最高方次一般为偶数，表征在特征根中将出现的数值相同、符号相异的根的数目。例如，辅助方程的最高方次为 2，表明系统有两个大小相同、符号相反的特征根，并可以从辅助方程中求出根的大小。

若将辅助方程对变量 s 求导，则得到一个新方程，将新方程的系数代替劳斯表中全部为零的那一行的元素，完成劳斯表的计算。

【例 3-10】 系统的闭环特征方程为 $s^5+2s^4+24s^3+48s^2-25s-50=0$，试用劳斯稳定判据判别系统的稳定性。

解 列劳斯表为

s^5	1	24	−25
s^4	2	48	−50
s^3	0	0	

第三行各元素全为零，取第二行各元素构成辅助方程为

$$P(s)=2s^4+48s^2-50=(s^2+25)(s^2-1)=0$$

取辅助方程对变量 s 的导数，得

$$\frac{\mathrm{d}P(s)}{\mathrm{d}s}=8s^3+96s$$

用系数 8 和 96 代替第三行的全部零元素，再将劳斯表计算完。

s^5	1	24	−25
s^4	2	48	−50
s^3	8	96	
s^2	24	−50	
s^1	112.7		
s^0	−50		

上表第一列各元素符号改变一次，系统不稳定。同时，由辅助方程（四阶）解出两组（每组两个）大小相同、符号相反的特征根，即±1 和±5j。

实际上，将系统的闭环特征方程进行因式分解，得

$$(s+1)(s-1)(s+2)(s+\mathrm{j}5)(s-\mathrm{j}5)=0$$

因此，系统的五个闭环特征根为±1、−2 和±j5。

由劳斯判据，可以得出判断系统稳定性的直接方法。例如，如果闭环特征方程的各项系数出现负值或 0 时，则该系统不稳定。因此，对于【例 3-10】给出的系统来说，闭环特征方程中 s^1 和 s^0 的系数分别为−25 和−50，即可判断此系统不稳定。

四、结构不稳定系统及其改进措施

仅靠调整各元部件参数无法使其达到稳定的系统，称之为结构不稳定系统。

例如，某一水箱液面高度控制系统，其动态结构图如图 3-16 所示。图中 K_p 为杠杆比；

$K_m/[s(T_m s+1)]$ 为执行电动机的传递函数；K_1 为进水阀门的传递函数；K_0/s 为受控对象水箱的传递函数。

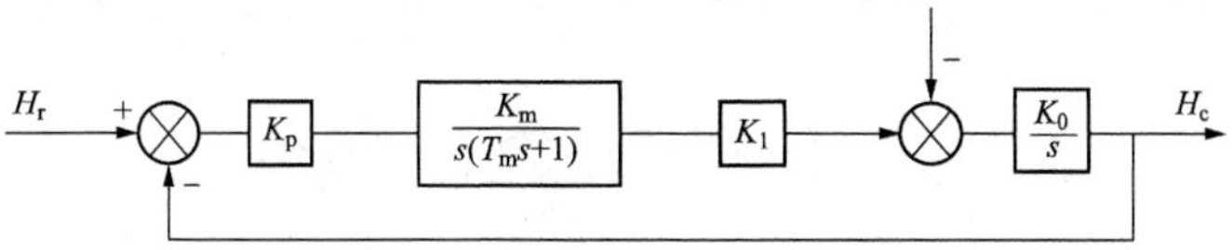

图 3-16　液位控制系统的动态结构图

由动态结构图可写出系统的闭环特征方程为

$$s^2(T_m s+1)+K_p K_m K_1 K_0=0$$

整理成

$$T_m s^3+s^2+K=0$$

式中：$K=K_p K_m K_1 K_0$，为一大于零的常数。

因此，方程的系数 $a_0=T_m$、$a_1=1$、$a_2=0$、$a_3=K$。由于 $a_2=0$，故不满足系统稳定的充分必要条件，所以系统是不稳定的。而且无论怎样调整参数 T_m 和 K，都不能使系统稳定，必须改变原系统的结构。

系统结构不稳定，主要是由于闭环特征方程的缺项（s 一次项系数为零）造成的。而缺项又是因为动态结构图前向通道中有两个积分环节串联，传递函数的分子又只有增益 K。因此，消除结构不稳定的措施有改变积分性质、引入比例微分环节两种，都是为了补上特征方程中的缺项。

1. 改变积分性质

用反馈 K_H 包围积分环节，破坏其积分性质，如图 3-17 所示。积分环节被 K_H 包围后的传递函数为

$$\frac{X_2(s)}{X_1(s)}=\frac{K_0}{s+K_0K_H}$$

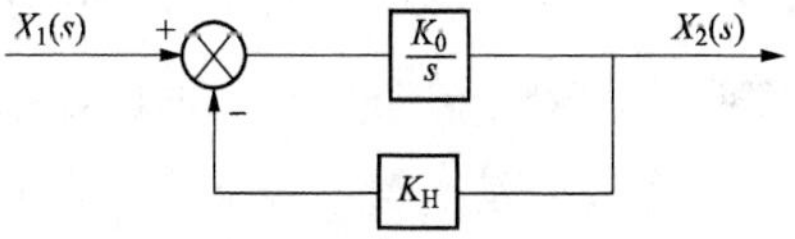

图 3-17　用反馈包围积分环节

即积分环节变为惯性环节，破坏了积分性质，就相当于补上了特征方程的缺项，变结构不稳定为结构稳定了。

这里积分性质的破坏，改善了系统的稳定性，但会使系统的稳态精度下降，因此常采用第二种措施。

2. 引入比例微分环节

在原系统的前向通道中引入比例微分环节，如图 3-18 所示。

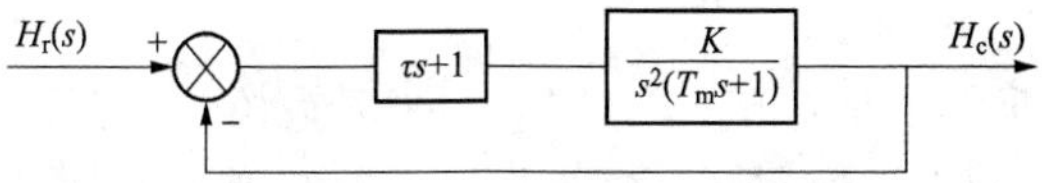

图 3-18　引入比例微分环节

闭环传递函数为

$$\Phi(s)=\frac{H_c(s)}{H_r(s)}=\frac{K(\tau s+1)}{s^2(T_m s+1)+K(\tau s+1)}$$

闭环特征方程为

$$T_m s^3 + s^2 + K\tau s + K = 0$$

其各项系数为 $a_0 = T_m$、$a_1 = 1$、$a_2 = K\tau$、$a_3 = K$。很明显，补上了缺项。故只要适当匹配参数（只要 $\tau > T_m$），即可使系统稳定。

第六节　控制系统稳态误差分析

在系统稳定的前提下，输出量的期望值与稳态值之间存在的误差，称为系统的稳态误差。稳态误差是衡量系统控制精度的重要指标。系统的稳态误差与系统本身的结构参数及外作用的形式密切相关。本节主要介绍计算稳态误差的方法，探讨稳态误差的规律性。

一、误差及稳态误差的定义

系统的误差 $e(t)$ 一般定义为期望值与实际值之差，即

$$e(t) = \text{期望值} - \text{实际值} \tag{3-61}$$

控制系统的典型动态结构图如图 3-19 所示，如果定义期望值是输入信号 $r(t)$，实际值是系统的输出 $c(t)$，反馈量 $b(t)$ 为 $c(t)$ 的测量值，$H(s)$ 是测量装置的传递函数，此时误差定义为

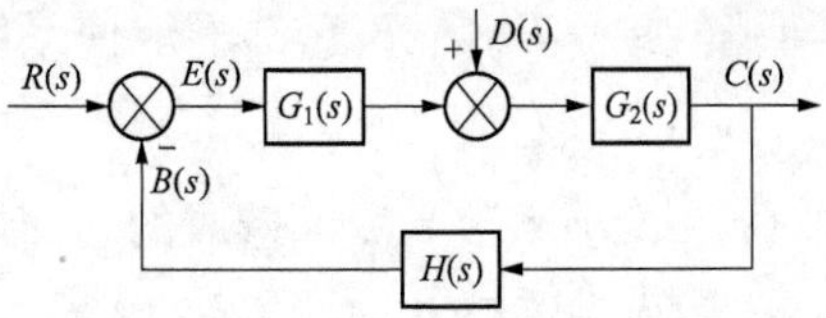

图 3-19　控制系统的典型动态结构图

$$e(t) = r(t) - b(t) \tag{3-62}$$

当 $H(s) = 1$，即单位负反馈时，则误差也可以表示为

$$e(t) = r(t) - c(t) \tag{3-63}$$

$e(t)$ 也常被称为系统的误差响应，反映了系统在跟踪输入信号 $r(t)$ 和抑制干扰 $d(t)$ 的整个过程中的精度。对于高阶系统，求解误差响应 $e(t)$ 是相当困难的，如果只关心系统误差响应的瞬态分量消失以后的稳态误差，问题就比较简单了。

稳态误差是衡量系统最终控制精度的重要性能指标。因此，稳态误差可以定义为稳定系统误差的终值，即

$$e_{ss} = \lim_{t \to \infty} e(t) \tag{3-64}$$

二、稳态误差的计算

在计算系统的稳态误差时，可以应用拉氏变换的终值定理。终值定理为

$$\lim_{t \to \infty} f(t) = \lim_{s \to 0} sF(s) \tag{3-65}$$

式中：$F(s)$ 是 $f(t)$ 的拉氏变换式。

其应用条件是：$F(s)$ 在 s 右半平面及虚轴上（原点除外）解析，即没有极点。

因此，只要 $E(s)$ 在 s 右半平面及虚轴上（原点除外）没有极点，则稳态误差为

$$e_{ss} = \lim_{t \to \infty} e(t) = \lim_{s \to 0} sE(s) \tag{3-66}$$

控制系统的稳态误差可以分为给定输入信号引起的给定稳态误差、由扰动信号引起的扰动稳态误差两类。下面分别进行讨论。

1. 给定信号作用下的稳态误差及误差系数

对于图 3-19 所示的系统典型结构，考虑给定输入信号 $R(s)$ 单独作用时，设扰动信号 $D(s)=0$，根据式（2-71）得到误差的拉氏变换为

$$E(s)=R(s)\Phi_{\mathrm{er}}(s)=\frac{1}{1+G_1(s)G_2(s)H(s)}R(s)=\frac{1}{1+G(s)H(s)}R(s) \qquad (3\text{-}67)$$

式中：$G(s)H(s)$ 为系统的开环传递函数，其中 $G(s)=G_1(s)G_2(s)$。

根据终值定理，可得系统的给定稳态误差为

$$e_{\mathrm{ssr}}=\lim_{t\to\infty}e(t)=\lim_{s\to0}sE(s)=\lim_{s\to0}\frac{sR(s)}{1+G(s)H(s)} \qquad (3\text{-}68)$$

由此可见，系统的给定稳态误差与输入量及系统的结构参数有关。

设系统开环传递函数的一般表达式为

$$G(s)H(s)=\frac{K\prod_{k=1}^{m_1}(\tau_k s+1)\prod_{l=1}^{m_2}(\tau_l^2s^2+2\xi_l\tau_l s+1)}{s^v\prod_{i=1}^{n_1}(T_i s+1)\prod_{j=1}^{n_2}(T_j^2s^2+2\xi_j T_j s+1)} \qquad (3\text{-}69)$$

式中：K 为系统的开环增益，即开环传递函数中常数项为 1 时各因式的比例系数；v 为开环传递函数中积分环节的个数，也称为系统的型别，$v=0$ 时为 0 型系统，$v=1$ 时为Ⅰ型系统，$v=2$ 时称为Ⅱ型系统，以此类推。

下面分析不同的输入信号作用下系统的稳态误差。

（1）当 $r(t)$ 是阶跃信号时的稳态误差。设 $r(t)=R_0 1(t)$，R_0 为常数。则 $R(s)=\frac{R_0}{s}$，根据式（3-68）可得

$$e_{\mathrm{ssr}}=\lim_{s\to0}\frac{sR(s)}{1+G(s)H(s)}=\lim_{s\to0}\frac{R_0}{1+G(s)H(s)}$$

令 $K_{\mathrm{p}}=\lim_{s\to0}G(s)H(s)$，$K_{\mathrm{p}}$ 称为静态位置误差系数，则给定稳态误差为

$$e_{\mathrm{ssr}}=\frac{R_0}{1+K_{\mathrm{p}}} \qquad (3\text{-}70)$$

由此可见，在阶跃信号输入下，静态位置误差系数决定了给定稳态误差的大小。

对于 0 型系统，由于 $v=0$，则静态位置误差系数为

$$K_{\mathrm{p}}=\lim_{s\to0}G(s)H(s)=\lim_{s\to0}\frac{K\prod_{k=1}^{m_1}(\tau_k s+1)\prod_{l=1}^{m_2}(\tau_l^2s^2+2\xi_l\tau_l s+1)}{\prod_{i=1}^{n_1}(T_i s+1)\prod_{j=1}^{n_2}(T_j^2s^2+2\xi_j T_j s+1)}=K$$

给定稳态误差为

$$e_{ssr}=\frac{R_0}{1+K_p}=\frac{R_0}{1+K}$$

对于Ⅰ型及Ⅰ型以上的系统，静态位置误差系数 $K_p=\infty$，给定稳态误差为

$$e_{ssr}=\frac{R_0}{1+K_p}=0$$

因此，在阶跃信号输入下，仅 0 型系统存在稳态误差，其大小与系统的开环增益 K 有关；对于Ⅰ型及Ⅰ型以上的系统，稳态误差为 0。阶跃响应曲线如图 3-20 所示。

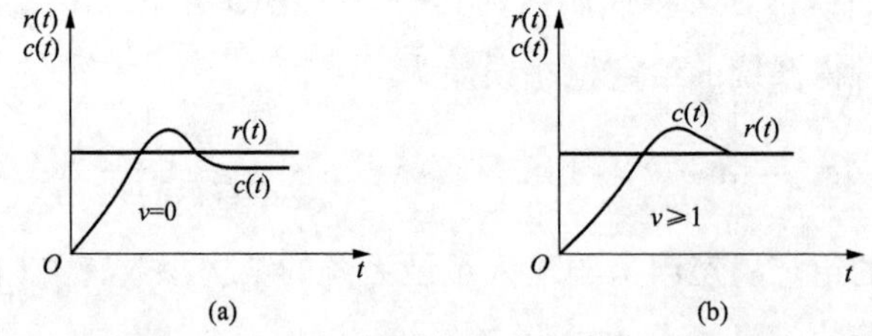

图 3-20　不同型别系统的阶跃响应曲线

(a) 0 型系统阶跃响应曲线；(b) Ⅰ型及Ⅰ型以上系统阶跃响应曲线

(2) 当 $r(t)$ 是斜坡信号时的稳态误差。设 $r(t)=v_0t1(t)$，v_0 为速度系数，则 $R(s)=\frac{v_0}{s^2}$，根据式 (3-68) 可得

$$e_{ssr}=\lim_{s\to 0}\frac{v_0}{s[1+G(s)H(s)]}=\lim_{s\to 0}\frac{v_0}{sG(s)H(s)}$$

令 $K_v=\lim\limits_{s\to 0}sG(s)H(s)$，$K_v$ 称为静态速度误差系数，则给定稳态误差为

$$e_{ssr}=\frac{v_0}{K_v} \tag{3-71}$$

因此，可得到以下结论：

对于 0 型系统，$K_v=0$，$e_{ssr}=\infty$；

对于Ⅰ型系统，$K_v=K$，$e_{ssr}=\frac{v_0}{K}$；

对于Ⅱ型及Ⅱ型以上系统，$K_v=\infty$，$e_{ssr}=0$。

由此可见，在斜坡输入信号作用下，0 型系统稳态误差为∞；对于Ⅰ型系统，其输出量与输入量以相同的速度变化，但存在稳态误差；对于Ⅱ型及Ⅱ型以上系统，其输出量能准确地跟踪斜坡输入信号，稳态误差为 0。斜坡响应曲线如图 3-21 所示。

(3) 当 $r(t)$ 是等加速信号时的稳态误差。设 $r(t)=\frac{a_0t^2}{2}1(t)$，$a_0$ 为加速度系数，则 $R(s)=\frac{a_0}{s^3}$，根据式 (3-68) 可得

$$e_{ssr}=\lim_{s\to 0}\frac{a_0}{s^2[1+G(s)H(s)]}=\lim_{s\to 0}\frac{a_0}{s^2G(s)H(s)}$$

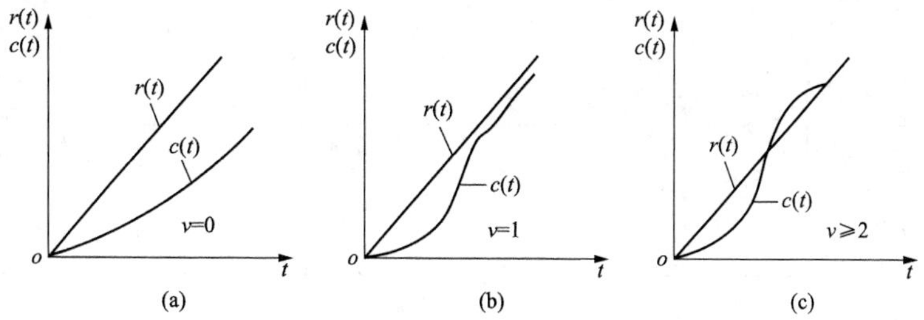

图 3-21 不同型别系统的斜坡响应曲线

(a) 0 型系统斜坡响应曲线；(b) Ⅰ型系统斜坡响应曲线；(c) Ⅱ型及Ⅱ型以上系统斜坡响应曲线

令 $K_a=\lim\limits_{s\to 0}s^2G(s)H(s)$，$K_a$ 称为静态加速度误差系数，则给定稳态误差为

$$e_{ssr}=\frac{a_0}{K_a} \tag{3-72}$$

因此，可得到以下结论：

对于 0 型系统和Ⅰ型系统，$K_a=0$，$e_{ssr}=\infty$；

对于Ⅱ型系统，$K_a=K$，$e_{ssr}=\dfrac{a_0}{K}$；

对于Ⅱ型以上系统，$K_a=\infty$，$e_{ssr}=0$。

由此可见，在等加速输入信号作用下，0 型系统和Ⅰ型系统稳态误差为∞，系统的输出量不能跟踪其输入量的变化；对于Ⅱ型系统，其输出量能跟踪输入信号，但存在稳态误差；对于Ⅱ型以上系统，稳态误差为 0。抛物线响应曲线如图 3-22 所示。

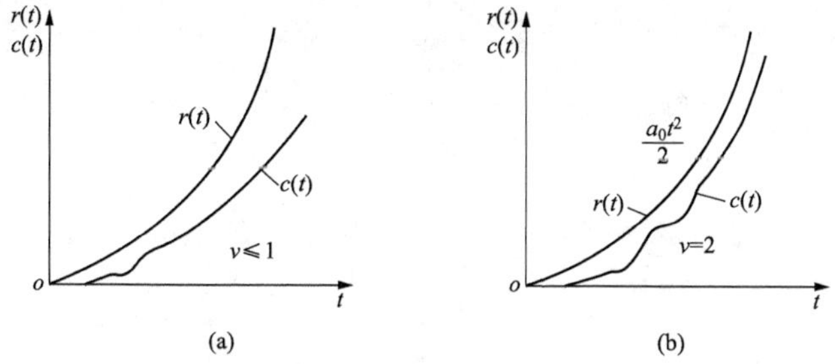

图 3-22 不同型别系统的抛物线响应曲线

(a) 0 型及Ⅰ型系统的抛物线响应曲线；(b) Ⅱ型系统的抛物线响应曲线

表 3-2 列出了系统的类型、静态误差系数和输入信号之间的关系。

表 3-2　　静态误差系数与稳态误差

输入信号		$R_0\times1(t)$		$v_0t\times1(t)$		$\frac{a_0t^2}{2}\times1(t)$	
参数		K_p	e_{ssr}	K_v	e_{ssr}	K_a	e_{ssr}
系统型别	0 型	K	$\frac{R_0}{1+K}$	0	∞	0	∞
	Ⅰ型	∞	0	K	$\frac{v_0}{K}$	0	∞

续表

输入信号		$R_0\times1(t)$		$v_0t\times1(t)$		$\frac{a_0t^2}{2}\times1(t)$	
参数		K_p	e_{ssr}	K_v	e_{ssr}	K_a	e_{ssr}
系统型别	Ⅱ型	∞	0	∞	0	K	$\frac{a_0}{K}$
	Ⅲ型	∞	0	∞	0	∞	0

从以上的分析可以看出，消除或减少系统稳态误差，必须增加积分环节数目和提高开环增益，这与系统稳定性的要求是矛盾的。如何合理地解决这一矛盾，是系统的设计任务之一。一般首先是保证稳态精度，然后采用某些校正措施改善系统的稳定性，此处不再赘述。

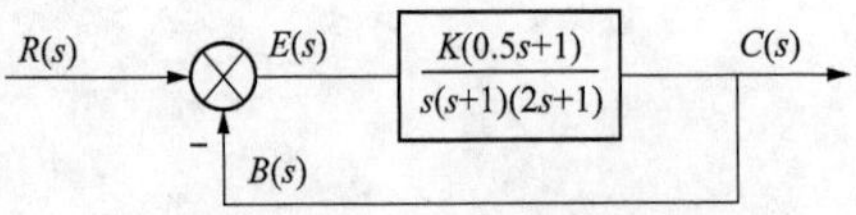

图 3-23　例 3-11 系统的动态结构图

【例 3-11】 已知系统动态结构图如图 3-23 所示。当输入信号 $r(t)=t1(t)$ 时，试求系统的给定稳态误差。

解　方法一：

（1）判别稳定性。系统的闭环传递函数为

$$\Phi(s)=\frac{\dfrac{K(0.5s+1)}{s(s+1)(2s+1)}}{1+\dfrac{K(0.5s+1)}{s(s+1)(2s+1)}}=\frac{K(0.5s+1)}{s(s+1)(2s+1)+K(0.5s+1)}$$

系统的闭环特征方程为

$$s(s+1)(2s+1)+K(0.5s+1)=0$$

整理得

$$2s^3+3s^2+(1+0.5K)s+K=0$$

列劳斯表为

$$\begin{array}{lcc} s^3 & 2 & 1+0.5K \\ s^2 & 3 & K \\ s^1 & \dfrac{3(1+0.5K)-2K}{3} & 0 \\ s^0 & K & \end{array}$$

根据劳斯稳定判据，若系统稳定，要求第一列所有元素均大于零，即

1）$\dfrac{3\ (1+0.5K)-2K}{3}>0$，即 $K<6$；

2）$K>0$。

所以保证系统稳定的条件是 $0<K<6$。

(2) 求系统的给定稳态误差 e_{ssr}。由动态结构图可知

$$E(s)=R(s)-C(s)=[1-\Phi(s)]R(s)$$

$$=\frac{s(s+1)(2s+1)}{s(s+1)(2s+1)+K(0.5s+1)}\frac{1}{s^2}$$

所以，给定稳态误差为

$$e_{ssr}=\lim_{s\to 0}sE(s)=\lim_{s\to 0}s\cdot\frac{s(s+1)(2s+1)}{s(s+1)(2s+1)+K(0.5s+1)}\frac{1}{s^2}=\frac{1}{K}$$

方法二：

(1) 判别稳定性同上。

(2) 求系统的给定稳态误差 e_{ssr}。

系统开环传递函数为

$$G(s)H(s)=G(s)=\frac{K(0.5s+1)}{s(s+1)(2s+1)}$$

由于 $v=1$，则系统为Ⅰ型系统。查表 3-2 可得，静态速度误差系数 $K_v=K$，输入斜坡信号时的给定稳态误差 $e_{ssr}=\frac{v_0}{K}=\frac{1}{K}$。

从以上计算过程可以看出，方法二比方法一计算简洁，而计算结果相同。但是，应用方法二时，必须注意：系统首先应该是稳定的；表 3-2 中的规律只适用于给定输入信号 $r(t)$ 作用下的稳态误差，对求干扰信号 $d(t)$ 作用下的稳态误差不适用；K 必须是开环增益，即将开环传递函数中各因式的常数项系数换算为 1 后的总比例系数；表 3-2 中的规律是根据 $e=r-b$ 导出的，若误差定义为 $e=r-c$，则对单位反馈系统可用，对非单位反馈系统，必须先将系统等效变换为单位反馈系统后再使用。

【例 3-12】 某系统动态结构图如图 3-24 所示。当输入信号为 $r(t)=4+6t+3t^2$ 时，试求出系统的给定稳态误差。

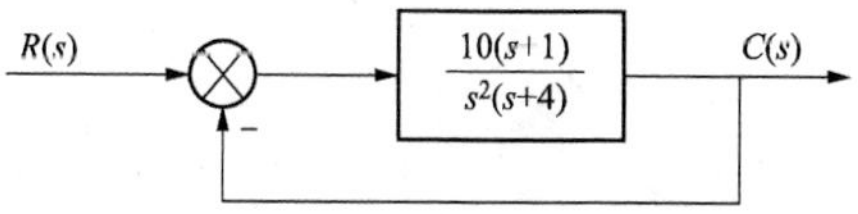

图 3-24 例 3-12 系统的动态结构图

解 (1) 判别稳定性。系统的闭环特征方程为

$$s^2(s+4)+10(s+1)=0$$

整理得

$$s^3+4s^2+10s+10=0$$

列劳斯表为

s^3	1	10
s^2	4	10
s^1	7.5	
s^0	10	

由于第一列所有元素均大于零，所以系统稳定。

(2) 求系统的给定稳态误差 e_{ssr}。系统的开环传递函数为

$$G(s)H(s)=\frac{10(s+1)}{s^2(s+4)}=\frac{2.5(s+1)}{s^2(0.25s+1)}$$

由上式可知，开环增益 $K=2.5$，$v=2$ 为Ⅱ型系统。查表 3-2 可得，系统的阶跃响应和斜坡响应无稳态误差，而输入为等加速信号时稳态误差 $e_{ssr}=\frac{a_0}{K}$。因此，系统在输入信号 $r(t)=4+6t+3t^2$ 作用下，总的稳态误差为 $e_{ssr}=0+0+\frac{a_0}{K}=\frac{6}{2.5}=2.4$。

2. 扰动信号作用下的稳态误差

对于图 3-19 所示的系统典型结构，考虑扰动信号 $D(s)$ 单独作用时，设给定信号 $R(s)=0$，根据式（3-72）得到扰动误差的拉氏变换为

$$E_d(s)=\Phi_{ed}(s)D(s)=\frac{-G_2(s)H(s)}{1+G_1(s)G_2(s)H(s)}D(s) \tag{3-73}$$

根据终值定理，可得系统的扰动稳态误差为

$$e_{ssd}=\lim_{t\to\infty}e_d(t)=\lim_{s\to 0}sE_d(s)=\lim_{s\to 0}\frac{-sG_2(s)H(s)}{1+G_1(s)G_2(s)H(s)}D(s) \tag{3-74}$$

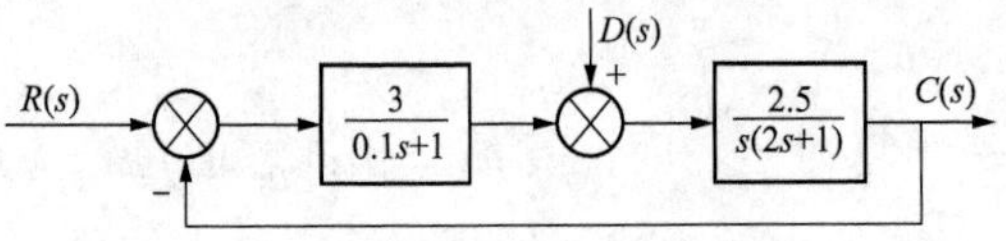

图 3-25　例 3-13 系统的动态结构图

【例 3-13】 某控制系统动态结构图如图 3-25 所示。当输入信号 $r(t)=t$、干扰信号 $d(t)=1(t)$ 时，试计算系统的稳态误差。

解 （1）判别稳定性。系统的闭环特征方程为

$$0.2s^3+2.1s^2+s+7.5=0$$

列劳斯表为

s^3	0.2	1
s^2	2.1	7.5
s^1	0.286	0
s^0	7.5	

由于第一列所有元素均大于零，所以系统稳定。

（2）求稳态误差 e_{ss}。系统的开环传递函数为

$$G(s)H(s)=\frac{7.5}{s(2s+1)(0.1s+1)}$$

从上式可知，开环增益 $K=7.5$，$v=1$，故系统为Ⅰ型系统。

令 $d(t)=0$，在 $r(t)=t$ 作用下，系统的给定稳态误差为

$$e_{ssr}=\frac{v_0}{K}=\frac{1}{7.5}=0.133$$

令 $r(t)=0$，在 $d(t)=1(t)$ 作用下，系统的扰动稳态误差为

$$e_{ssd}=\lim_{s\to 0}sE_d(s)=\lim_{s\to 0}\frac{-sG_2(s)H(s)}{1+G_1(s)G_2(s)H(s)}D(s)$$

$$=\lim_{s\to 0}\frac{-s\cdot\frac{2.5}{s(2s+1)}}{1+\frac{7.5}{s(2s+1)(0.1s+1)}}\cdot\frac{1}{s}=\lim_{s\to 0}\frac{-2.5(0.1s+1)}{s(2s+1)(0.1s+1)+7.5}=-0.334$$

因此，系统总的稳态误差为

$$e_{ss}=e_{ssr}+e_{ssd}=0.133-0.334=-0.201$$

三、减小稳态误差的方法

为了减小系统的给定或扰动稳态误差，一般经常采用的方法是提高系统的型别 v（即增加系统开环传递函数中串联的积分环节的个数），或增大系统的开环增益。但是 v 值一般不超过 2，增益也不能任意增加，否则系统将失去稳定性。为了进一步减小给定或扰动稳态误差，可以采用补偿的方法。所谓补偿是指作用于控制对象的控制信号中，除偏差信号以外，还引入扰动或给定量的补偿信号，以提高系统的控制精度，减小误差。

第七节　MATLAB 用于控制系统时域分析

在时域分析中，主要利用 MATLAB 绘制系统的输出响应曲线、分析系统的稳定性、求取系统的动态跟随性能指标及稳态误差。

一、系统输出响应及性能分析

在时域分析中，主要讨论系统的单位脉冲响应、单位阶跃响应及一般输入响应。其时域响应可由以下函数得到。

单位脉冲响应　impulse(num,den)或 y=impulse(num,den,t)

单位阶跃响应　step(num,den)或 y=step(num,den,t)

一般输入响应　y=lsim(num,den,u,t)

其中：num 和 den 分别为线性系统传递函数模型的分子和分母多项式系数；t 为选定的仿真时间向量；u 为给定输入信号构成的列向量，它的元素个数应该和 t 的个数是一致的；y 为函数的返回值，为系统在各个仿真时刻的输出所组成的矩阵。

另外，对系统的性能分析，如系统超调量、调节时间及稳态误差等的计算可以一并求出。

1. 一阶系统时域分析

现举例说明一阶系统时域分析。

【例 3-14】 某单位负反馈系统开环传递函数为 $G(s)=\frac{1}{s}$，试用 MATLAB 绘制系统单位阶跃响应曲线。

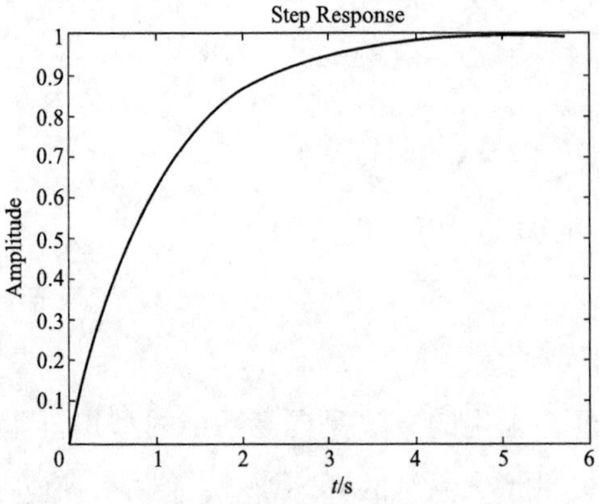

图 3-26 例 3-14 系统的单位阶跃响应曲线

解 在 MATLAB 命令行键入

```
sys1 = tf([1],[1,0]);
sys = feedback(sys1,1);
step(sys)
```

按回车键，运行结果如图 3-26 所示。

2. 二阶系统时域分析

现举例说明二阶系统时域分析。

【例 3-15】 某单位负反馈系统开环传递函数为 $G(s)=\frac{K}{s(s+34.5)}$，试用 MATLAB 绘出 K 分别为 1000、7500、150 时的单位阶跃响应曲线。

解 在MATLAB 命令行键入

```
t = 0:0.01:1;
[num1,den1] = cloop([1000],[1 34.5 0]);
[num2,den2] = cloop([7500],[1 34.5 0]);
[num3,den3] = cloop([150],[1 34.5 0]);
y1 = step(num1,den1,t);
y2 = step(num2,den2,t);
y3 = step(num3,den3,t);
plot(t,y1,t,y2,t,y3);
grid on
gtext('k = 7500')
gtext('k = 1000')
gtext('k = 150')
```

按回车键，运行结果如图 3-27 所示。

3. 系统稳定性分析

由上述的系统响应曲线可以直接判断系统的稳定性，还可以通过闭环特征方程的根来判断系统的稳定性。

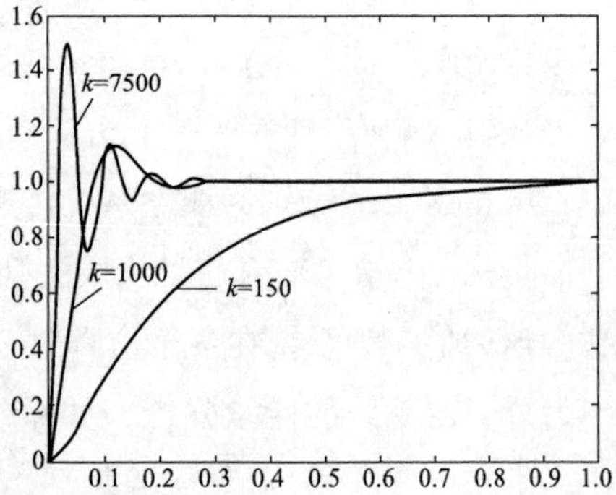

图 3-27 例 3-15 二阶系统的单位阶跃响应曲线

【例 3-16】 已知系统闭环特性方程为 $2s^3+s^2+3s+20=0$，试用 MATLAB 判断系统稳定性。

解 在 MATLAB 命令行键入

```
den = [2 1 3 20];
roots(den)
```

按回车运行结果为

```
ans =
0.7918 + 2.0427i
0.7918 - 2.0427i
-2.0836
```

可见，系统有两个根在 s 平面的右半部，故系统不稳定。

4. **系统动态跟随性能指标的求取**

系统动态跟随性能指标一般求取峰值时间、调节时间及超调量。

【例 3-17】 已知系统的闭环传递函数为 $\Phi(s)=\dfrac{40}{s^2+2.4s+4}$，试计算系统的动态跟随性能指标 t_p、t_s 和 $\sigma\%$。

解 在 MATLAB 命令行键入

```
t = 0:0.1:10;
num = [40];
den = [1 2.4 4];
[y,x,t] = step(num,den,t);
plot(t,y);
grid
maxy = max(y);                     %求峰值时间
for i = 1:1:101
if y(i) = = maxy,n = i;end
end
tp = (n - 1) * 0.1;
yss = y(length(t));                %求超调量
pos = 100 * (maxy-yss)/yss;
for i = 1:1:101                    %求调节时间
if(y(i)>1.05 * yss|y(i)<0.95 * yss),m = i;end
end
ts = (m + 1) * 0.1;
```

按回车键，运行结果为

$$t_p=2\text{s},\ t_s=2.8\text{s},\ \sigma\%=9.4527\%$$

系统的阶跃响应曲线如图 3-28 所示。

5. 求系统的稳态误差

【例 3-18】 单位负反馈系统的开环传递函数为分别为 $G_1(s)=\frac{1}{s+1}$、$G_2(s)=\frac{1}{s\ (s+1)}$ 和 $G_3(s)=\frac{2s+1}{s^2\ (s+1)}$，试求在给定信号为单位阶跃函数时，系统的响应及稳态误差。

解 在 MATLAB 命令行键入

```
t=0：0.1：10;
[num1,den1]=cloop([1],[1 1]);
[num2,den2]=cloop([1],[1 1 0]);
[num3,den3]=cloop([2 1],[1 1 0 0]);
y1=step(num1,den1,t);
y2=step(num2,den2,t);
y3=step(num3,den3,t);
subplot(311);plot(t,y1);
subplot(312);plot(t,y2);
subplot(313);plot(t,y3);
ess1=y1(length(t))-1;
ess2=y2(length(t))-1;
ess3=y3(length(t))-1;
```

按回车键，运行结果如图 3-29 所示。同时可得到

```
ess1 = -0.5000     ess2 = 0.0022     ess3 = -0.1222
```

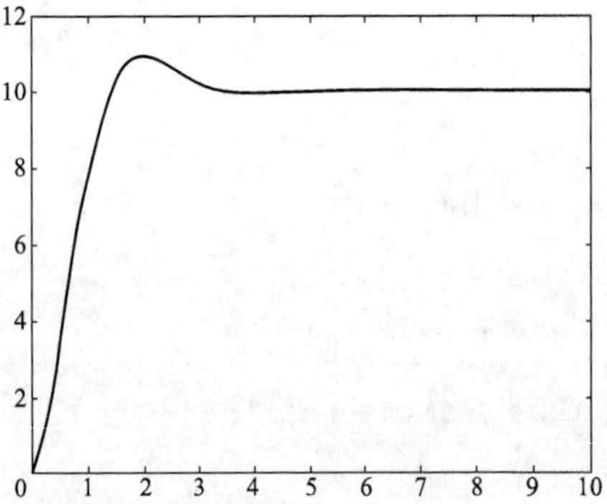

图 3-28 例 3-17 系统的阶跃响应曲线

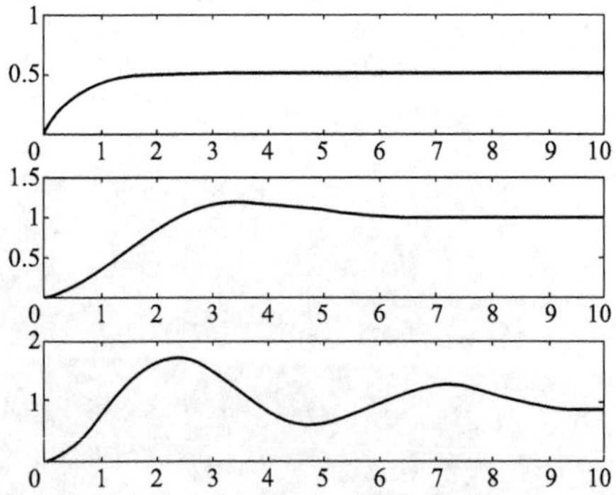

图 3-29 例 3-18 系统的单位阶跃响应曲线

二、 SIMULINK

SIMULINK 是运行在 MATLAB 环境下，多用于建模、仿真和分析系统动态性能的集成软件包。SIMULINK 可用于分析连续、离散及两者混合的线性和非线性系统，几乎能分

析所有的动态系统。

要想启动运行 SIMULINK，必须先运行 MATLAB，而后才能建立系统模型。一般启动运行 SIMULINK 有两种方式：

（1）用命令行方式启动。在 MATLAB 的命令行直接键入“simulink”，按回车键即可。

（2）用工具栏按钮启动。鼠标点击 MATLAB 工具栏的 SIMULINK 按钮，即可进入 SIMULINK 环境。

进入 SIMULINK 环境后，可在其图形编辑器中构建系统的动态结构图并仿真分析。下面通过一个实例，简单介绍 SIMULINK 的使用方法。

【例 3-19】 某单位负反馈系统的开环传递函数为 $G(s)=\dfrac{1}{s(s+1)(s+2)}$，放大倍数为 $K=1.5$，试利用 SIMULINK 分析该系统单位阶跃响应。

解 进入 SIMULINK 环境，建立系统仿真结构如图 3-30 所示。运行结果如图 3-31 所示。

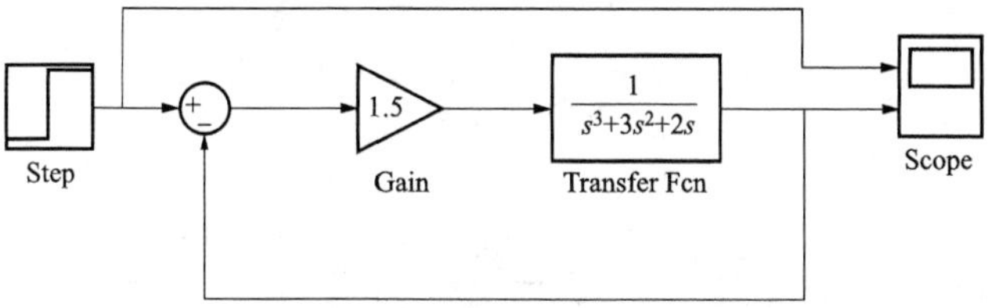

图 3-30 系统的仿真结构图

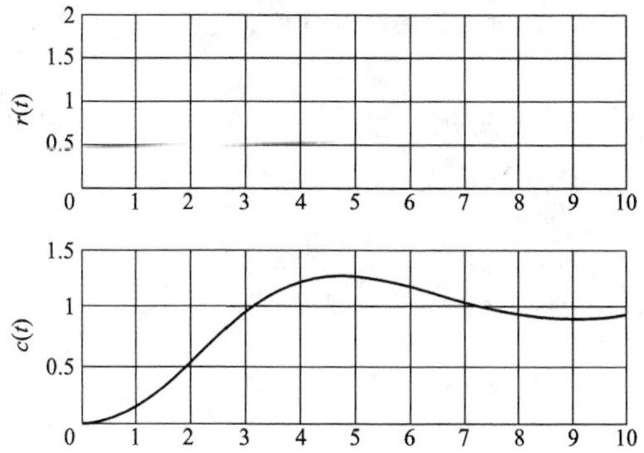

图 3-31 例 3-19 系统的仿真结果图

第八节 循序渐进分析示例——磁盘驱动读取系统

分析磁盘驱动读取系统，可以考虑系统的折中和优化。磁盘驱动器必须保证磁头的精确位置，并减小参数变化和外部振动对磁头定位造成的影响。机械臂和支撑簧片将在外部振动（如对笔记本电脑的振动）的频率点上产生共振。对驱动器产生的干扰包括物理振动、磁盘转轴轴承的磨损和摆动，以及元器件老化引起的参数变化等。本节讨论磁盘驱动器对干扰和参数变化的响应特性，以及磁盘驱动读取系统的稳定性。

一、磁盘驱动器对于干扰和参数变化的响应特性

下面的分析对应于图 1-13 控制系统建立流程的第六步和第七步。考虑图 3-32 所示系统，该闭环系统将可调增益放大器用作控制器。根据表 2-3 给定的参数，可得到如图 3-33 所示的传递函数。

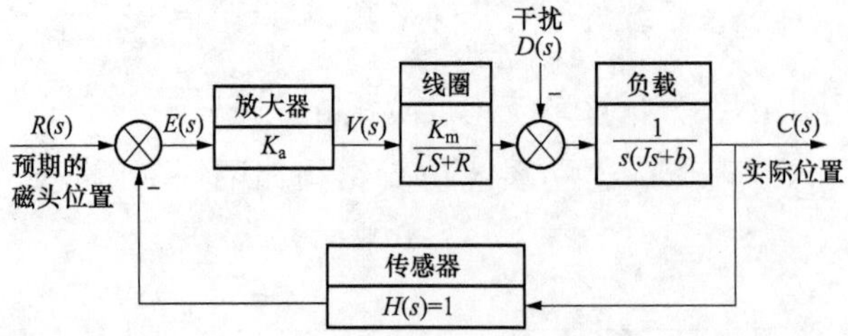

图 3-32 磁盘驱动器磁头控制系统

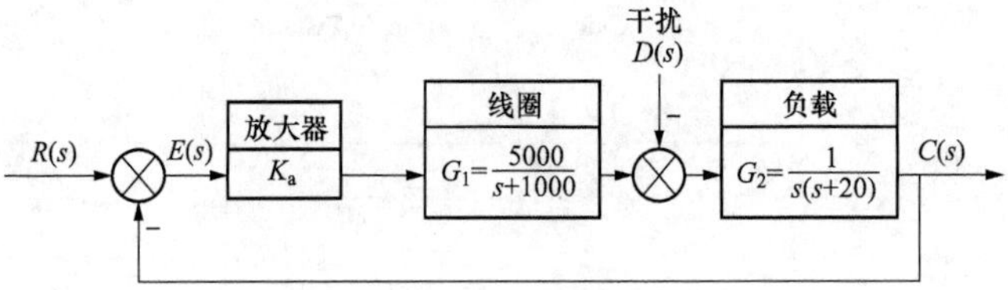

图 3-33 典型参数的磁盘驱动器磁头控制系统

首先，确定当输入信号为单位阶跃信号 $R(s)=1/s$、干扰为 $D(s)=0$ 时，系统的给定稳态误差。当 $H(s)=1$ 时，误差信号为

$$E(s)=\frac{1}{1+K_aG_1(s)G_2(s)}R(s)$$

于是

$$e_{ssr}=\lim_{t\to\infty}e(t)=\lim_{s\to 0}sE(s)=\lim_{s\to 0}s\left[\frac{1}{1+K_aG_1(s)G_2(s)}\right]\frac{1}{s}=0$$

即系统对单位阶跃输入的稳态误差为零。该结论不会随着系统参数的变化而改变。

下面研究调整 K_a 时系统的响应特性。当 $D(s)=0$ 时，系统的闭环传递函数为

$$\Phi(s)=\frac{C(s)}{R(s)}=\frac{K_aG_1(s)G_2(s)}{1+K_aG_1(s)G_2(s)}=\frac{5000K_a}{s^3+1020s^2+20000s+5000K_a}$$

应用图 3-34(a) 所示的 MATLAB 文本，可得 $K_a=10$ 和 $K_a=80$ 时系统的响应特性，如图 3-34(b) 所示。由图可见，当 $K_a=80$ 时系统对输入信号的响应速度明显加快，但响应却出现了振荡。

```
Ka=10;                    %选择Ka的值
num1=[5000];den1=[1 1000];num2=[1];den2=[1 20 0];
[num,den]=series(Ka*num1,denl,num2,den2);
[n,d]=cloop(num,den);
t=0:0.01:2:
c=step(n,d,t);
plot(t,c),grid
ylabel('c(t)'),xlable('时间(s)')
```

(a)

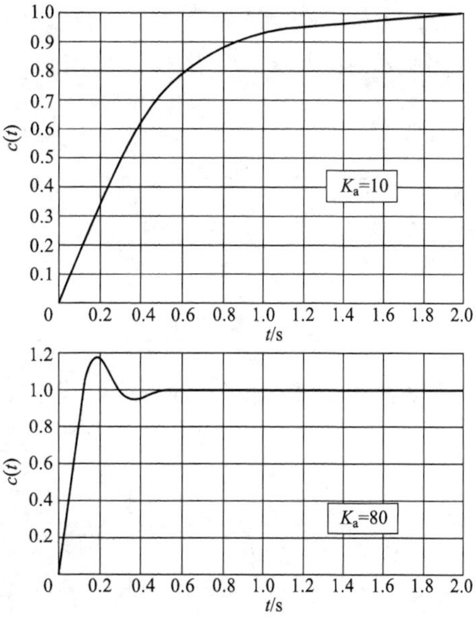

(b)

图 3-34 闭环系统对单位阶跃输入的响应

(a) MATLAB 文本；(b) $K_a=10$ 和 $K_a=80$ 时的单位阶跃响应

接下来研究干扰 $D(s)=1/s$ 对系统的影响。令 $R(s)=0$ 时，当 $K_a=80$ 时系统对 $D(s)$ 的响应为

$$C(s)=\frac{G_2(s)}{1+K_aG_1(s)G_2(s)}D(s)$$

应用图 3-35(a) 所示的 MATLAB 文本，当 $K_a=80$，$D(s)=1/s$ 时，系统的响应如图 3-35(b) 所示。为了进一步减小干扰的影响，需要增大 K_a 超过 80。但此时系统对单位阶跃信号 $r(t)=1$，$t>0$ 时的响应将会出现不能接受的振荡。下面给出 K_a 的最佳设计值，以使系统的响应能够满足既快速又不振荡的要求。

```
Ka=80;                    %选择Ka的值
num1=[5000];den1=[1 1000];num2=[1];den2=[1 20 0];
[num,den]=feedback(num2,den2,Ka* num1,denl);
num= -num;          %干扰信号取负值
t=0:0.01:2;
c=step(num,den,t);
plot(t,c),grid
ylabel('c(t)'),xlable(时间(s)')
```

(a)

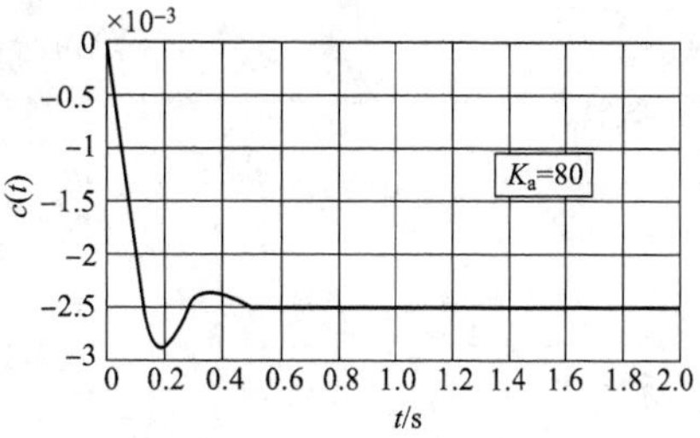

(b)

图 3-35 闭环系统对阶跃干扰的响应

(a) MATLAB 文本；(b) $K_a=80$ 时系统对干扰的响应

二、确定放大增益 K_a 的最佳设计值

下面来分析放大增益 K_a 对于系统动态性能指标的影响，以便获得 K_a 的最佳设计值。

目标是：使系统对阶跃输入信号 $r(t)$ 有最快的响应，同时达到：①限制超调量和响应的固有振荡；②减小干扰对磁头输出位置的影响。这些指标由表 3-3 给出。

表 3-3　动态响应的性能要求

性能指标	预期值
超调量	小于 5%
调节时间	小于 250ms
对单位阶跃干扰的最大响应值	小于 5×10^{-3}

考虑电动机和机械臂的二阶模型，忽略线圈感应的影响，则图 3-33 中 $G_1=5$。当 $D(s)=0$ 时，图 3-33 所示的闭环系统传递函数为

$$\Phi(s)=\frac{C(s)}{R(s)}=\frac{K_a G_1(s)G_2(s)}{1+K_a G_1(s)G_2(s)}=\frac{5K_a}{s^2+20s+5K_a}=\frac{\omega_n^2}{s^2+2\xi\omega_n s+\omega_n^2}$$

于是 $\omega_n^2=5K_a$，$2\xi\omega_n=20$。利用 MATLAB 计算系统的响应如图 3-36 所示。表 3-4 列出了 K_a 取不同的值时系统性能指标的计算结果。

```
Ka=30;                      %选择Ka的值
t=0:0.01:1;
num1=[Ka*5];den1=[1];num2=[1];den2=[1 20 0];
[n,d]=series(num1,den1,num2,den2);
[num,den]=cloop(n,d)        %计算闭环传递函数
c=step(num,den,t);
plot(t,c),grid
ylabel('c(t)'),xlable('时间(s)')
```

(a)

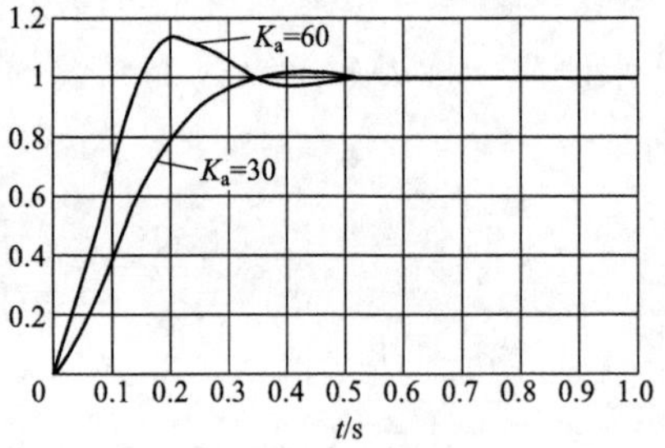

(b)

图 3-36　系统对单位阶跃输入的响应

(a) MATLAB 文本；(b) K_a 分别为 30 和 60

表 3-4　二阶系统的单位阶跃响应

K_a	20	30	40	50	60
超调量	0	1.2%	4.3%	10.8%	16.3%
调节时间	0.55	0.40	0.40	0.40	0.40
阻尼比	1	0.82	0.707	0.58	0.50
对单位阶跃干扰的响应最大值	-10×10^{-3}	-6.6×10^{-3}	-5.2×10^{-3}	-3.7×10^{-3}	-2.9×10^{-3}

从表 3-4 可以看出，当 K_a 增加到 60 时，干扰作用的影响已减小了 1/2。此外，利用 MATLAB 计算系统在单位阶跃干扰输入作用下的响应如图 3-37 所示。显然，要想达到设计目标，就必须选择一个合适的增益。这里折中选取 $K_a=40$。注意，它并不能满足所有的性能指标。

```
Ka=30;                    %选择Ka的值
t=0:0.01:1;
num1=[Ka*5]; den1=[1];num2=[1];den2=[1 20 0];
[num,den]=feedback(num2,den2,num1,den1);
num=-num                  %改变干扰信号的符号
c=step(num,den,t);
plot(t,c),grid
ylabel('c(t)'),xlable('时间(s)')
```

(a)

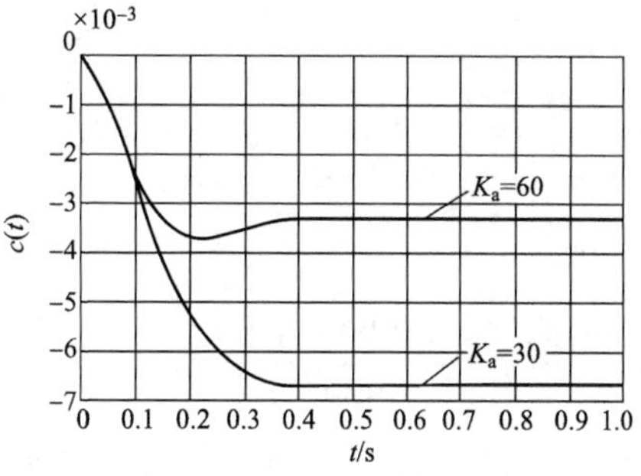

(b)

图 3-37 系统对单位阶跃干扰的响应

(a) MATLAB 文本；(b) K_a 分别为 30 和 60 时系统对干扰的响应

下一步将继续按照图 1-13 控制系统建立的工作流程展开讨论，并返回到流程的第四步，尝试改变控制系统的结构。

三、磁盘驱动读取系统的稳定性

下面继续讨论 K_a 可调时，磁盘驱动读取系统的稳定性，并重新考虑设计流程的第四步，即尝试改变控制系统的结构。

在前面的磁盘驱动器磁头控制系统中添加一个速度传感器，构成带速度反馈的磁盘驱动器磁头闭环系统，如图 3-38 所示。

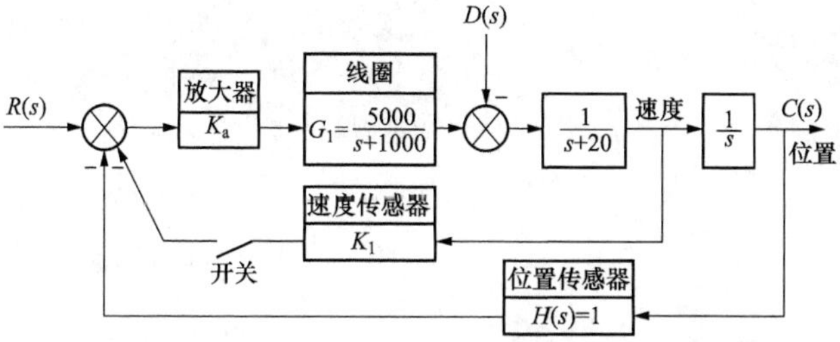

图 3-38 带速度反馈的磁盘驱动器磁头闭环系统

1. 开关断开（无速度反馈）

闭环传递函数为

$$\Phi(s)=\frac{C(s)}{R(s)}=\frac{K_aG_1(s)G_2(s)}{1+K_aG_1(s)G_2(s)}$$

式中：$G_1(s)=\dfrac{5000}{s+1000}$；$G_2(s)=\dfrac{1}{s(s+20)}$。

特征方程为

$$s^3+1020s^2+20000s+5000K_a=0$$

列劳斯表为

s^3	1	20000
s^2	1020	$5000K_a$
s^1	b_1	
s^0	$5000K_a$	

其中：$b_1=\dfrac{20000\times1020-5000K_a}{1020}$。

当 $K_a=4080$ 时，$b_1=0$，出现了临界稳定情况。借助辅助方程，即

$$1020s^2+5000\times4080=0$$

可知系统在虚轴上的根为 $s=\pm j141.4$。为了保证系统的稳定性，要求 $K_a<4080$。

2. 开关闭合（有速度反馈）

把图 3-38 中的速度引出点右移，变换后的等效动态结构图如图 3-39 所示，反馈因子为 $(1+K_1s)$，系统的闭环传递函数为

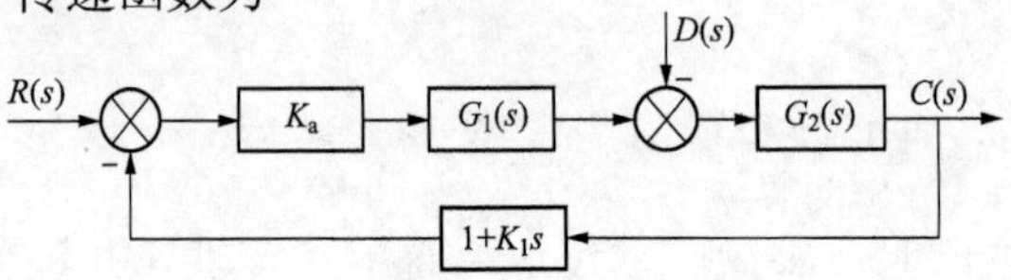

图 3-39　当速度反馈开关闭合时的等效系统

$$\Phi(s)=\frac{C(s)}{R(s)}=\frac{K_aG_1(s)G_2(s)}{1+[K_aG_1(s)G_2(s)](1+K_1s)}$$

特征方程为

$$1+[K_aG_1(s)G_2(s)](1+K_1s)=0$$

即

$$s^3+1020s^2+(20000+5000K_aK_1)+5000K_a=0$$

列劳斯表为

s^3	1	$(20000+5000K_aK_1)$
s^2	1020	$5000K_a$
s^1	b_1	
s^0	$5000K_a$	

其中 $b_1=\dfrac{(20000+5000K_aK_1)\times1020-5000K_a}{1020}$。

为保证系统的稳定性，在 $K_a>0$ 的条件下，所取得的参数应使得 $b_1>0$。当 $K_a=1000$、$K_1=0.05$ 时，利用 MATLAB 求得的系统响应如图 3-40 所示。响应的调节时间近似为 260ms，超调量为零。表 3-5 列出了该系统的性能指标。从中可以看出，以上设计基本可以满足性能指标要求。如要严格达到调节时间不大于 250ms 的要求，则需要重新考虑 K_1 的取值。

表 3-5　　磁盘驱动器系统的性能

性能指标	预期值	实际值
超调量	小于 5%	0
调节时间	小于 250ms	260ms
单位扰动的最大响应	小于 5×10^{-3}	2×10^{-3}

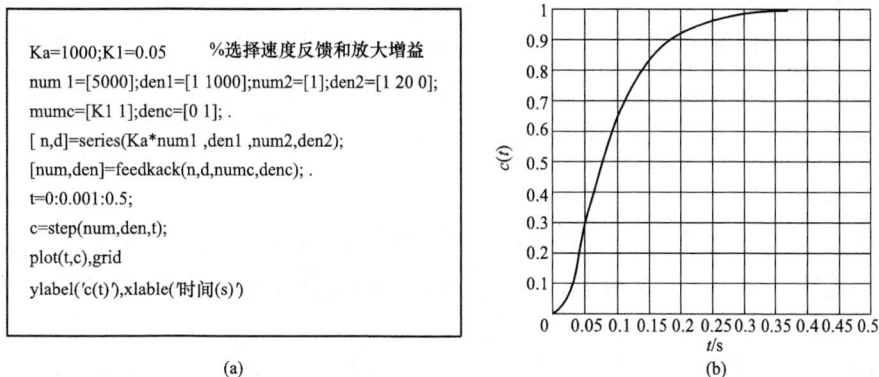

```
Ka=1000;K1=0.05      %选择速度反馈和放大增益
num 1=[5000];den1=[1 1000];num2=[1];den2=[1 20 0];
mumc=[K1 1];denc=[0 1]; .
[ n,d]=series(Ka*num1 ,den1 ,num2,den2);
[num,den]=feedkack(n,d,numc,denc); .
t=0:0.001:0.5;
c=step(num,den,t);
plot(t,c),grid
ylabel('c(t)'),xlable('时间(s)')
```

(a)

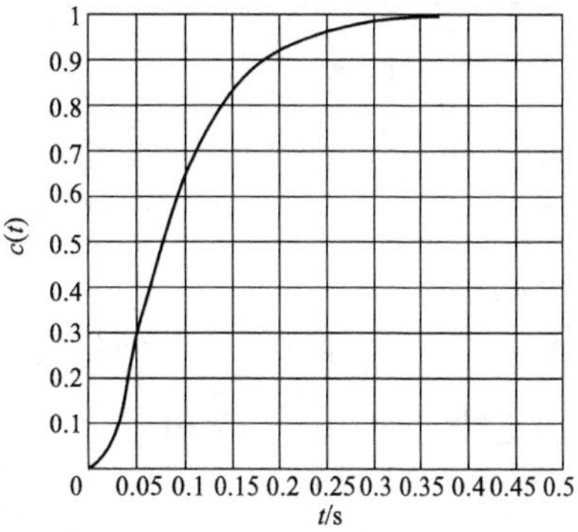

(b)

图 3-40　带有速度反馈的磁盘驱动器系统的响应

(a) MATLAB 文本；(b) $K_a=1000$ 和 $K_1=0.05$

小　　结

（1）时域分析法是通过直接求解系统在典型初始状态和典型外作用下的时间响应，去分析系统的控制性能的一种方法。通常用单位阶跃响应的超调量、调节时间和稳态误差等指标衡量系统性能的优劣。

（2）分析了一阶和二阶系统的时间响应，重点分析了典型二阶系统的单位阶跃响应，提出了改善二阶系统响应特性的措施。高阶系统的动态性能分析主要依靠近似法。

（3）稳定性是系统正常工作的首要条件。线性系统稳定的条件是，其闭环传递函数的极点全部位于 s 平面的左半部。判别稳定性可以采用劳斯稳定判据。

（4）系统的稳态误差表征的是系统的稳态精度，它不仅与系统的结构参数有关，而且还与外作用有关。系统型别、静态误差系数都是表征系统稳态精度的指标。

术 语 和 概 念

性能指标（performance index）：系统性能的定量度量。

设计要求（design specifications）：指一组规定的性能指标值。

最优控制系统（optimum control system）：指经过参数调整使性能指标达到极值的系统。

上升时间（rise time）：指系统输出响应从零开始，第一次上升到稳态值所需的时间。

峰值时间（peak time）：指系统输出响应从零开始，第一次到达峰值所需的时间。

调节时间（settling time）：指系统输出达到并维持在输入幅值的某个百分比范围内所需的时间。

超调量（overshoot）：指系统输出响应超过预期响应的部分。

主导极点（dominant roots）：指对系统暂态响应起主导作用的特征根。

型数（type number）：指传递函数 $G(s)$ 在原点的极点个数 N。其中 $G(s)$ 是前向通路传递函数。

稳定性（stability）：指一种重要的系统性能。如果其传递函数的所有极点具有负实部，则系统是稳定的。

稳定系统（stable system）：指在有界输入的作用下，其输出响应也有界的动态系统。

相对稳定性（relative stability）：指由特征方程的每个或每对根的实部度量的系统稳定特性。

劳斯判据（routh-Hurwize criterion）：指通过研究传递函数的特征方程来确定系统稳定性的判据。该判据指出：特征方程的正实部根的个数同劳斯判据表第一列中元素符号改变的次数相等。

辅助多项式（auxiliary polynomial）：指劳斯判据表中零元素行的上面一行的多项式。

习　题

3-1　已知电磁线圈的参数为 $R=20\Omega$、$L=1\text{H}$。以电压 u 为输入量，电流 i 为输出量，试求阶跃响应的调节时间 t_s。

3-2　设温度计需要在 1min 内指示出响应值的 98%，并且假设温度计为一阶系统，试求时间常数 T。如果将温度计放在澡盆内，澡盆的温度以 10°/min 的速度线性变化，试求温度计的误差。

3-3　已知系统的闭环传递函数为 $\Phi(s)=\dfrac{1}{Ts+1}$，当输入为单位阶跃信号时，经过 15s 系统响应达到稳态值的 98%，试确定系统的时间常数 T 及开环传递函数 $G(s)H(s)$。

3-4　已知单位负反馈系统开环传递函数为 $G(s)=\dfrac{4}{s(s+5)}$，试求系统的单位阶跃响应。

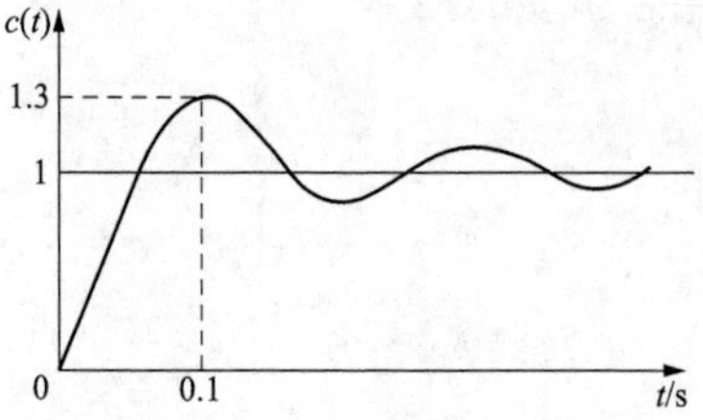

图 3-41　习题 3-5 图

3-5　已知单位负反馈二阶系统的单位阶跃响应如图 3-41 所示，试求系统的传递函数。

3-6　已知单位负反馈系统的开环传递函数为 $G(s)=$

$\dfrac{K}{s(Ts+1)}$，如果要求超调量 $\sigma\%\leqslant16\%$、调节时间 $t_s=6\text{s}$（$\pm5\%$误差带），试确定 K 和 T 的值。

3-7　某控制系统的动态结构图如图 3-42 所示。其中 $G_1(s)=\tau s+1$，试求满足 $\xi\geqslant0.707$ 时的 τ 值。

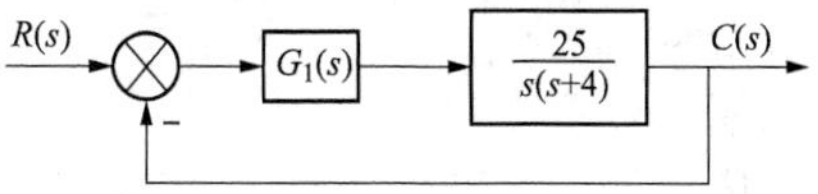

图 3-42　习题 3-7 图

3-8　已知控制系统的闭环特征方程如下：

（1）$s^3+20s^2+9s+100=0$；

（2）$s^3+20s^2+9s+200=0$；

（3）$5s^2+4s+1=0$；（4）$2s^4+2s^3+8s^2+4s+3=0$。

试用劳斯稳定判据判断系统的稳定性。

3-9　已知单位负反馈系统的开环传递函数为 $G(s)=\dfrac{K(0.5s+1)}{s(s+1)(0.5s^2+s+1)}$，试确定 K 的稳定范围。

3-10　已知系统的动态结构图如图 3-43 所示，试求系统稳定时，T 的取值范围。

3-11　已知系统的动态结构图如图 3-44 所示，为了使系统在 $r(t)=t^2$ 时的稳态误差不大于 0.1，同时要求系统稳定，试确定 T 和 K 的取值范围。

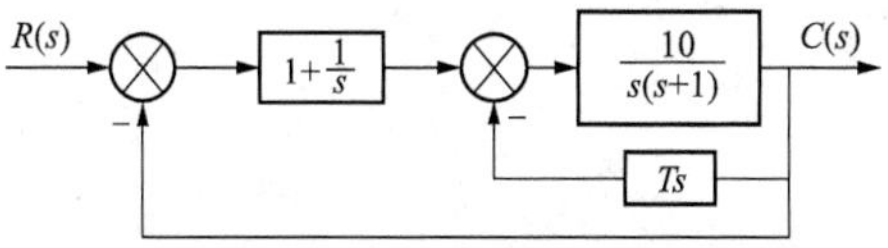

图 3-43　习题 3-10 图

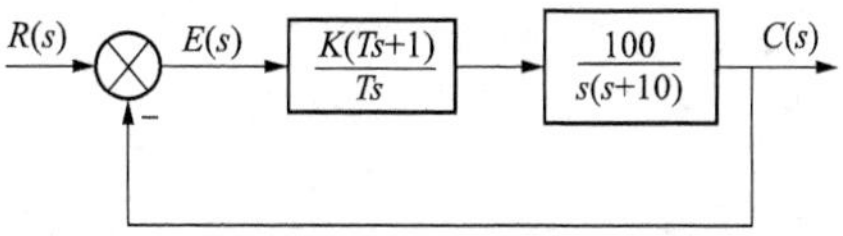

图 3-44　习题 3-11 图

3-12　已知系统的动态结构图如图 3-45 所示，应该怎样选择传递函数 $G_1(s)$，才能使系统在各种不同输入信号下的稳态误差都为 0？

3-13　已知系统的动态结构图如图 3-46 所示，当输入量 $r(t)=R_r\times1(t)$、$d(t)=R_n\times1(t)$ 时，试求系统的稳态误差。

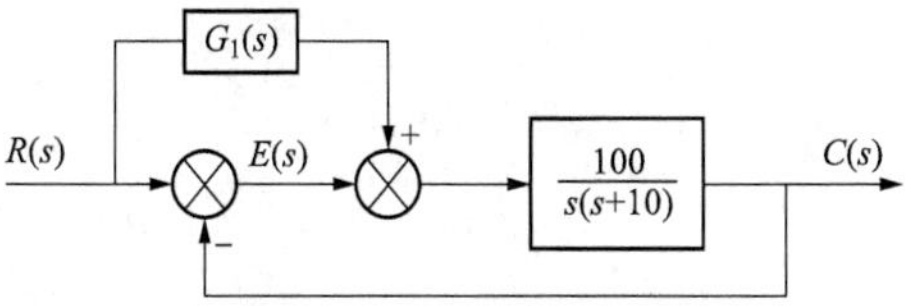

图 3-45　习题 3-12 图

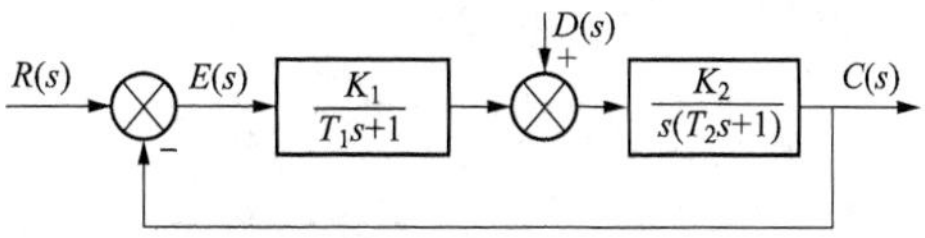

图 3-46　习题 3-13 图

3-14　已知系统的动态结构图如图 3-47 所示，当输入量 $r(t)=1(t)$、$d(t)=0.1\times1(t)$ 时，试求系统的稳态误差。

3-15　已知系统的动态结构图如图 3-48 所示，试分析：

（1）反馈系数 β 的大小对系统稳定性的影响；

（2）β 的大小对阶跃响应 $\sigma\%$、t_s 的影响；

（3）斜坡输入信号作用下 β 的大小对系统稳态误差的影响。

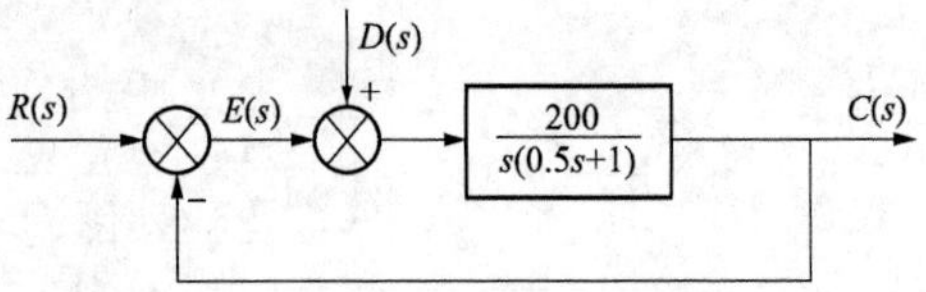

图 3-47 习题 3-14 图

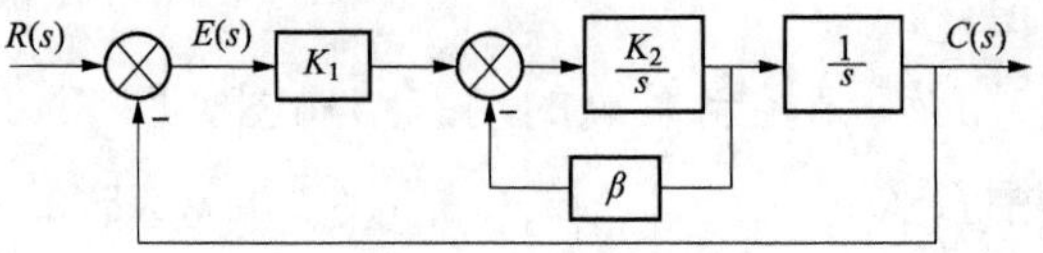

图 3-48 习题 3-15 图

3-16 已知系统的闭环传递函数为

$$\Phi(s)=\frac{C(s)}{R(s)}=\frac{G(s)}{1+G(s)H(s)}=\frac{b_0s^m+b_1s^{m-1}+\cdots+b_{m-1}s+b_m}{s^n+a_1s^{n-1}+\cdots+a_{n-1}s+a_n}\quad(m\leqslant n)$$

设系统稳定，且误差定义为 $e=r-c$，试证明：

（1）在阶跃信号作用下，系统稳态误差等于 0 的条件是 $b_m=a_n$；

（2）在斜坡信号作用下，系统稳态误差等于 0 的条件是 $b_m=a_n$ 和 $b_{m-1}=a_{n-1}$。

第四章　控制系统频率分析法

在前面各章中，讨论各种问题时普遍使用阶跃信号和斜坡信号作为测试输入信号。在本章中，将讨论系统对正弦输入信号的稳态响应。可以证明，当输入信号是正弦信号时，线性定常系统输出的稳态分量也是正弦信号。比较输入和输出的正弦信号，还可以发现，它们的频率相同，而幅值与相角则有所不同。此外，输出信号的幅值和相角还是输入信号频率的函数。因此，本章主要研究在正弦输入信号的频率变化时，系统稳态响应的变化情况。

频率分析法是一种图解分析方法，通过系统的开环频率特性来分析闭环系统的性能，并能较方便地分析系统中的参数对系统暂态响应的影响，从而进一步指出改善系统性能的途径。频率分析法具有明确的物理意义，许多元件和稳定系统的频率特性都可用实验方法测定。这对于那些目前还难以确定运动方程的元件或系统是非常实用的。

频率分析法不仅适用于线性定常系统的分析研究，还可以推广应用于某些非线性控制系统。

本章首先介绍了控制系统的频率特性函数，即 $s=\mathrm{j}\omega$ 时系统传递函数 $G(s)$，然后研究如何用图解法来表示控制系统频率特性函数 $G(\mathrm{j}\omega)$ 随 ω 的变化情况。运用频率分析法判断控制系统的稳定性，然后从控制系统的频率特性响应出发，重新讨论了控制系统的几种时域指标。最后，本章继续研究了循序渐进分析示例——磁盘驱动读取系统，对它的频率特性进行了分析。

第一节　频率特性的基本概念与表示方法

一、频率特性的基本概念

以 RC 电路（见图 2-1）为例，说明频率特性的基本概念。RC 电路的微分方程为

$$T\frac{\mathrm{d}u_{\mathrm{c}}}{\mathrm{d}t}+u_{\mathrm{c}}=u_{\mathrm{r}}$$

式中：$T=RC$。

网络的传递函数为

$$G(s)=\frac{1}{Ts+1} \tag{4-1}$$

若系统输入信号为正弦电压，即

$$r(t)=A\sin\omega t$$

$$R(s)=\frac{A\omega}{s^2+\omega^2} \tag{4-2}$$

则输出响应的拉氏变换为

$$C(s)=G(s)R(s)=\frac{1}{Ts+1}\frac{A\omega}{s^2+\omega^2}$$

对上式进行拉氏反变换，可得

$$c(t)=\frac{A\omega T}{1+\omega^2T^2}e^{-\frac{t}{T}}+\frac{A}{\sqrt{1+\omega^2T^2}}\sin(\omega t-\arctan\omega T)$$

式中：第一项为输出电压的暂态分量；第二项为输出电压的稳态分量。随时间趋于无穷，暂态分量趋于零，故系统的稳态响应为

$$c_s(t)=\lim_{t\to\infty}c(t)=\frac{A}{\sqrt{1+\omega^2T^2}}\sin(\omega t-\arctan\omega T)$$

$$=A\left|\frac{1}{1+j\omega T}\right|\sin\left(\omega t+\angle\frac{1}{1+j\omega T}\right) \tag{4-3}$$

由式（4-3）可见，系统稳态输出仍然是正弦电压，其频率和输入电压的频率相同，但幅值和相角发生了变化。幅值是输入的 $1/\sqrt{1+\omega^2T^2}$ 倍，相角比输入滞后 $\arctan\omega T$，其变化取决于频率 ω。

若把输出的稳态响应和输入正弦信号用复数表示，并求它们的复数比，即

$$G(j\omega)=\frac{1}{1+j\omega T}=A(\omega)e^{j\varphi(\omega)} \tag{4-4}$$

$$A(\omega)=\left|\frac{1}{1+j\omega T}\right|=\frac{1}{\sqrt{1+\omega^2T^2}}$$

$$\varphi(\omega)=\angle\left(\frac{1}{1+j\omega T}\right)=-\arctan\omega T$$

式中：$G(j\omega)$ 为上述电路的频率响应与输入正弦信号的复数比，称为频率特性，又称幅相特性；$A(\omega)$ 是输出信号的幅值与输入信号幅值之比，称为幅频特性；$\varphi(\omega)$ 是输出信号的相角与输入信号的相角之差，称为相频特性。

图 4-1 为 RC 电路的幅频特性和相频特性曲线。由图可见，当输入电压频率 ω 较低时，输出和输入的幅值几乎相等，相角滞后不大；ω 增大后，输出的幅值减小，相角滞后增大；ω 趋于无穷时，输出幅值为零，相角滞后 90°。以上结论与分析电路中电容的阻抗随频率变化而得出的结论是一致的。

将频率特性表达式（4-4）与传递函数表达式（4-1）比较可知，只要将传递函数中的 s 以 $j\omega$ 代替，即得到 RC 电路的频率特性。从 RC 电路得到的这一重要结论，对于任何稳定

的线性定常系统都是正确的，证明从略。

理论上可将频率特性的概念推广到不稳定系统。但是，当系统不稳定时，暂态分量不可能消逝，暂态和稳态两个分量始终同时存在，所以不稳定系统的频率特性是观察不到的。

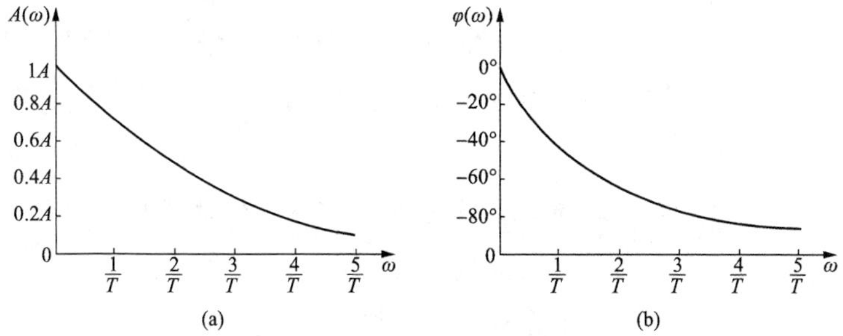

图 4-1 *RC* 电路的频率特性曲线

（a）幅频特性；（b）相频特性

系统的频率特性定义为

$$G(\mathrm{j}\omega)=G(s)|_{s=\mathrm{j}\omega}=|G(\mathrm{j}\omega)|\mathrm{e}^{\mathrm{j}\angle G(\mathrm{j}\omega)}=A(\omega)\mathrm{e}^{\mathrm{j}\varphi(\omega)} \tag{4-5}$$

$$\text{幅频特性 } A(\omega)=|G(\mathrm{j}\omega)| \tag{4-6}$$

$$\text{相频特性 } \varphi(\omega)=\angle G(\mathrm{j}\omega) \tag{4-7}$$

由定义可知，将系统传递函数中的 s 用 $\mathrm{j}\omega$ 代替便可得到其频率特性，即频率特性与表征系统性能的传递函数之间有着直接的内在联系，故可由频率特性来分析系统的性能。

二、频率特性的几何表示法

在工程分析和设计中，通常把频率特性画成曲线，从这些频率特性曲线出发进行研究。常见的频率特性曲线有以下两种。

1. 幅相频率特性曲线

幅相频率特性曲线简称幅相曲线，其特点是以频率 ω 为变量，将频率特性的幅频特性 $A(\omega)$ 和相频特性 $\varphi(\omega)$ 同时表示在复平面上。幅相频率特性曲线又称奈奎斯特（H. Nyquist）曲线，简称奈氏图，也称极坐标图。下面用例子说明奈氏图的绘制方法。

对上述 *RC* 电路，将式（4-4）中的 $G(\mathrm{j}\omega)$ 可以分为实部 $\mathrm{Re}[G(\mathrm{j}\omega)]$ 和虚部 $\mathrm{Im}[G(\mathrm{j}\omega)]$，即

$$G(\mathrm{j}\omega)=\frac{1}{1+\mathrm{j}\omega T}=\frac{1}{1+\omega^2T^2}-\mathrm{j}\frac{\omega T}{1+\omega^2T^2}=\mathrm{Re}[G(\mathrm{j}\omega)]+\mathrm{j}\mathrm{Im}[G(\mathrm{j}\omega)]$$

在 $G(\mathrm{j}\omega)$ 平面上，以横坐标表示实部，纵坐标表示虚部，根据上式作出 *RC* 电路的幅相频率特性曲线，如图 4-2 所示。图上实轴正方向为相角零度线，逆时针方向的角度为正角度，顺时针方向的角度为负角度。对于一个确定的频率，必有一个幅频特性的幅值和相频特性的角度与之对应，例如 $\omega=1/T$ 时，有 $1/\sqrt{1+\omega^2T^2}=0.71$ 和 $-\arctan\omega T=-45°$。

幅值 0.71 和相角 $-45°$ 在复平面上代表一个向量。频率 ω 从 0 变到 ∞ 时，相应向量的矢端就描绘出一条曲线。

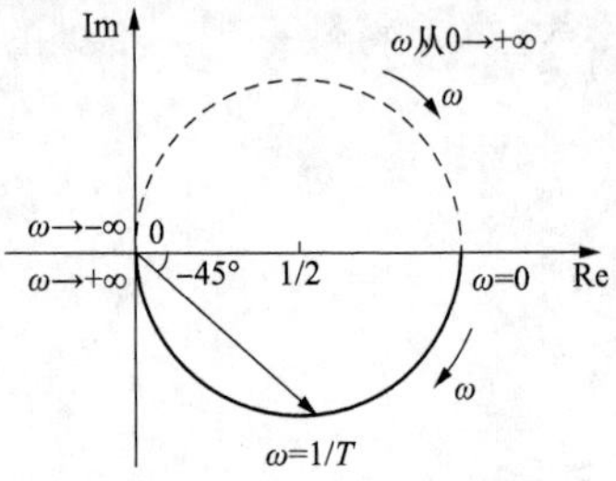

图 4-2　RC 电路的幅相频率特性曲线（奈氏图）

频率 ω 从 0 变到 $-\infty$ 时的幅相频率特性曲线，参见图 4-2 上的虚线，它与 ω 从 0 变到 ∞ 时的幅相频率特性曲线关于实轴对称。因此，一般只需绘制 ω 从 0 变到 $+\infty$ 时的幅相频率特性曲线。

奈氏图的一般作图方法是：取 $\omega=0$ 和 $\omega=+\infty$ 两点，必要时还可在 $0<\omega<+\infty$ 之间选取一些特殊点，算出这些点处的幅频值和相频值，然后在幅相平面上作出这些点，并用光滑的曲线将它们连接起来。

2. 对数频率特性曲线

前面介绍了表示频率特性的奈氏图，但奈氏图有着明显的不足，主要表现为：奈氏图的计算非常烦琐；在奈氏图中，无法明显看出每个零点和极点对系统性能的影响；当系统增加了新的零点或极点时，只有重新计算系统的频率响应才能得到新的奈氏图。

下面介绍另一种频率特性曲线，即对数频率特性曲线，通常称为伯德（Bode）图。它包括对数幅频特性曲线和对数相频特性曲线。

对数幅频特性曲线的横坐标是频率 ω，并按 ω 的对数 $\lg\omega$ 分度，单位是 rad/s。频率每变化 10 倍，坐标间距离变化为一个单位长度；称为十倍频程，记作 dec。纵坐标表示对数幅频特性的函数值，定义 $L(\omega)=20\lg A(\omega)$，均匀分度，单位是 dB。在画对数幅频特性时，常用渐近线（直线）来近似精确曲线。

对数相频特性曲线的横坐标也是频率 ω，也按 $\lg\omega$ 分度。纵坐标表示相频特性的函数值 $\varphi(\omega)$，均匀分度。

伯德图的主要优点：首先，它是利用对数运算，可以将串联环节的幅值相乘转化为幅值相加的运算，大大简化计算过程；其次，由于这种方法是建立在渐近近似的基础上，所以有可能利用简便的方法绘制近似的幅频特性曲线，从而使频率特性的绘制过程大为简化；最后，通过对数的表达形式有可能在一张图上，既画出频率特性的中、高频段特性，又能清晰地画出其低频段特性，而低频段特性对分析、设计控制系统来说是同样极为重要的。

仍以 RC 电路为例，说明对数频率特性曲线的绘制方法。

系统的对数幅频特性为　$L(\omega)=20\lg\dfrac{1}{\sqrt{1+\omega^2T^2}}$

当 $\omega\ll 1/T$ 时，可近似地认为 $\omega T=0$，则 $L(\omega)\approx 20\lg 1=0(\text{dB})$；

当 $\omega\gg 1/T$ 时，则 $L(\omega)\approx 20\lg\dfrac{1}{\omega T}=-20\lg\omega T$；

当 $\omega=1/T$ 时，则 $L(\omega)\approx 20\lg\frac{1}{\sqrt{2}}=20\lg1-20\lg\sqrt{2}=-3.03(\mathrm{dB})$。

以上分析表明，RC 电路的对数幅频特性可以近似地用渐近线来表示。在 $\omega<1/T$ 部分为一条 0dB 的水平线，在 $\omega>1/T$ 部分为斜率等于 $-20\mathrm{dB/dec}$ 的直线。两渐近线交接处的频率为 $\omega=1/T$，称为转折频率，此处渐近线的幅值误差为 $-3.03\mathrm{dB}$。

对数相频特性为

$$\varphi(\omega)=-\arctan\omega T$$

相频特性应求出一些特殊点的 $\varphi(\omega)$ 值：当 $\omega=0$ 时，$\varphi(\omega)=0°$；当 $\omega=1/T$ 时，$\varphi(\omega)=-45°$；当 $\omega\to\infty$ 时，$\varphi(\omega)=-90°$。还可以根据需要再计算出其他的一些点，然后用平滑的曲线连接。

RC 电路的对数频率特性曲线（伯德图）如图 4-3 所示。

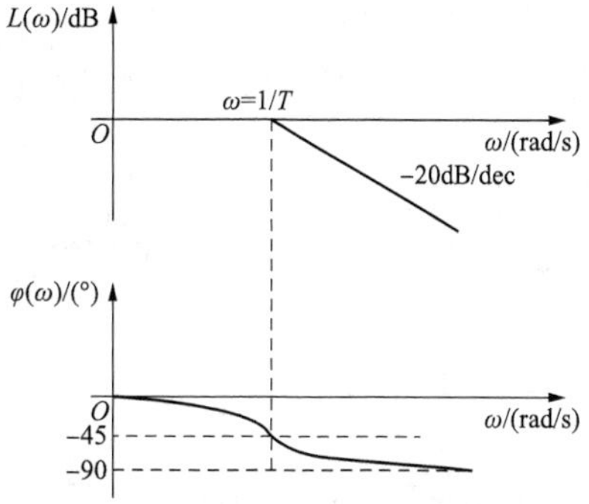

图 4-3 RC 电路的对数频率特性曲线（伯德图）

第二节 控制系统典型环节的频率特性

控制系统典型环节有比例环节、惯性环节、积分环节、微分环节、振荡环节等。

一、比例环节

比例环节传递函数为 $G(s)=K$，则

比例环节频率特性

$$G(\mathrm{j}\omega)=K=K\angle 0° \tag{4-8}$$

比例环节幅频特性

$$A(\omega)=K \tag{4-9}$$

$$L(\omega)=20\lg A(\omega)=20\lg K \tag{4-10}$$

比例环节相频特性

$$\varphi(\omega)=0° \tag{4-11}$$

可见，比例环节的频率特性与频率无关。

（1）奈氏图。比例环节的奈氏图如图 4-4 所示，是实轴上 K 点。

（2）伯德图。比例环节的伯德图如图 4-5 所示。式（4-10）表示比例环节的幅频特性曲线为一条高度为 $20\lg K$ 且与横轴平行的直线，式（4-11）表示其相频特性曲线为一条与 0° 线重合的直线。

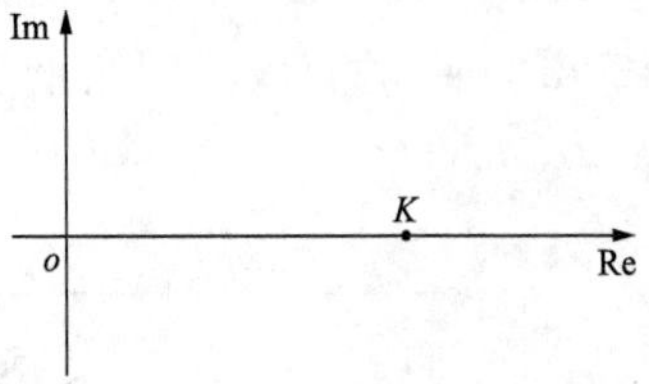

图 4-4　比例环节的奈氏图

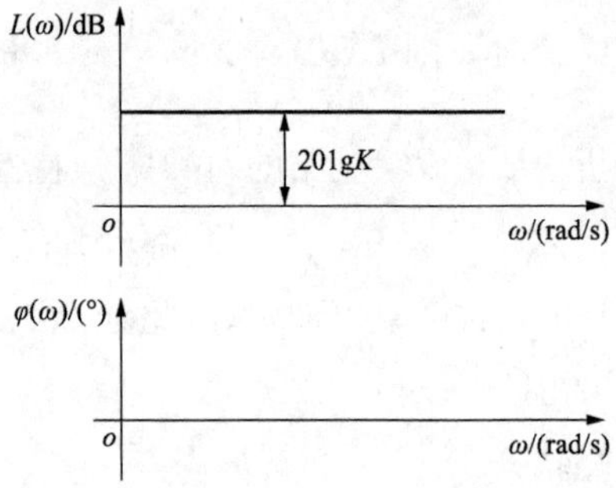

图 4-5　比例环节的伯德图

二、惯性环节

惯性环节传递函数为 $G(s)=\dfrac{1}{Ts+1}$，则

惯性环节频率特性

$$G(\mathrm{j}\omega)=\frac{1}{\mathrm{j}\omega T+1}=\frac{1}{\sqrt{1+\omega^2T^2}}\angle-\arctan\omega T \tag{4-12}$$

惯性环节幅频特性

$$A(\omega)=\frac{1}{\sqrt{1+\omega^2T^2}} \tag{4-13}$$

$$L(\omega)=20\lg A(\omega)=-20\lg\sqrt{1+\omega^2T^2} \tag{4-14}$$

惯性环节相频特性

$$\varphi(\omega)=-\arctan\omega T \tag{4-15}$$

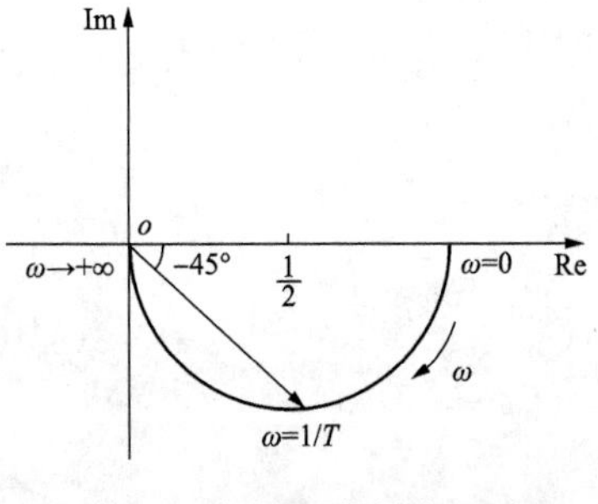

图 4-6　惯性环节的奈氏图

可见，前面所述的 RC 电路即为一个惯性环节。

(1) 奈氏图。惯性环节的奈氏图如图 4-6 所示，参见 RC 电路的奈氏图的做法。它是以 $\left(\dfrac{1}{2}，\mathrm{j}0\right)$ 点为圆心，以 $\dfrac{1}{2}$ 为半径的半圆。

(2) 伯德图。惯性环节的伯德图如图 4-7 所示，参见 RC 电路的伯德图的做法。惯性环节的幅频特性曲线随频率 ω 的增加而衰减，呈低通滤波特性；相频特性曲线呈滞后特性，即输出信号的相角滞后于输入信号的相角。频率 ω 越高，则相角滞后越大，最后滞后角趋于 $-90°$。

三、积分环节

积分环节传递函数为 $G(s)=\dfrac{1}{s}$，则

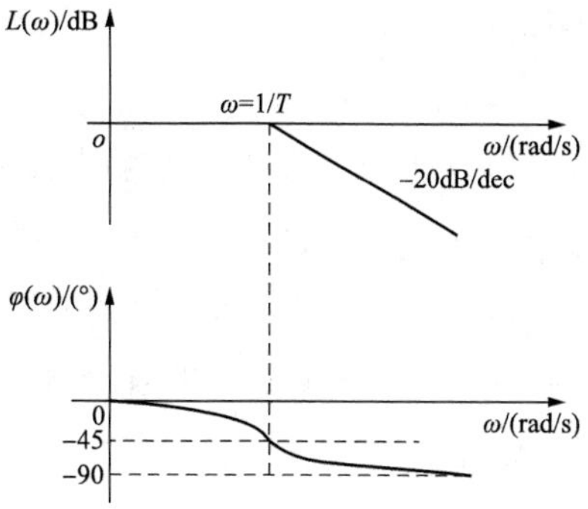

图 4-7 惯性环节的伯德图

频率特性

$$G(\mathrm{j}\omega)=\frac{1}{\mathrm{j}\omega}=\frac{1}{\omega}\angle-90^{\circ} \tag{4-16}$$

幅频特性

$$A(\omega)=\frac{1}{\omega} \tag{4-17}$$

$$L(\omega)=20\lg A(\omega)=-20\lg\omega \tag{4-18}$$

相频特性

$$\varphi(\omega)=-90^{\circ} \tag{4-19}$$

(1) 奈氏图。找出几个特殊点：

当 $\omega=0$ 时，$A(\omega)\to\infty$，$\varphi(\omega)=-90^{\circ}$；

当 $\omega=1$ 时，$A(\omega)=1$，$\varphi(\omega)=-90^{\circ}$；

当 $\omega\to\infty$时，$A(\omega)=0$，$\varphi(\omega)=-90^{\circ}$。

积分环节的奈氏图如图 4-8 所示。它是一条与负虚轴重合的直线，当频率 ω 从 $0\to\infty$ 时，特性曲线由虚轴的 $-\mathrm{j}\infty\to0$ 原点变化。

(2) 伯德图。积分环节的伯德图如图 4-9 所示。由图可见，其对数幅频特性为一条斜率为−20dB/dec 的直线，并且经过点（1，j0）。相频特性是一条平行于横坐标的直线，位于−90°位置。

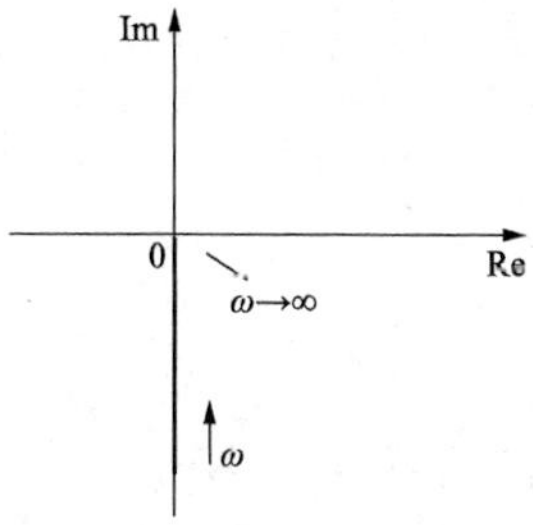

图 4-8 积分环节的奈氏图

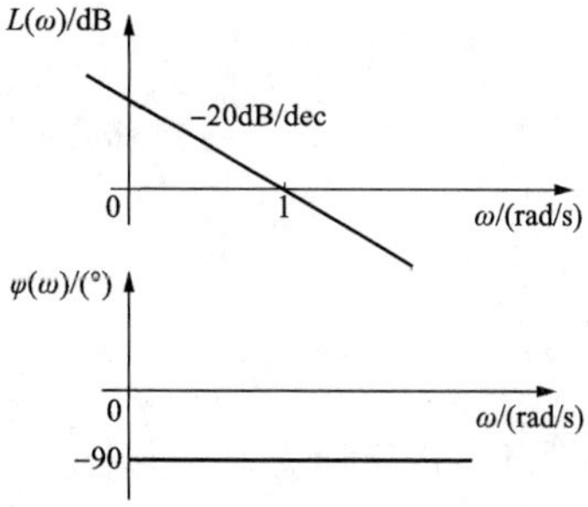

图 4-9 积分环节的伯德图

四、微分环节

微分环节传递函数为 $G(s)=s$，则

频率特性

$$G(\mathrm{j}\omega)=\mathrm{j}\omega=\omega\angle90^{\circ} \tag{4-20}$$

幅频特性

$$A(\omega)=\omega \tag{4-21}$$

$$L(\omega)=20\lg A(\omega)=20\lg\omega \tag{4-22}$$

相频特性

$$\varphi(\omega)=90^\circ \tag{4-23}$$

（1）奈氏图。微分环节的奈氏图如图 4-10 所示。是一条与正虚轴重合的直线，当频率 ω 从 $0\to\infty$ 时，特性曲线由虚轴的原点 $0\to+\mathrm{j}\infty$ 变化。

（2）伯德图。微分环节的伯德图如图 4-11 所示。由图可见，其对数幅频特性为一条斜率为 20dB/dec 的直线，并且经过点（1，j0）。相频特性是一条平行于横坐标的直线，位于 $+90^\circ$ 位置。

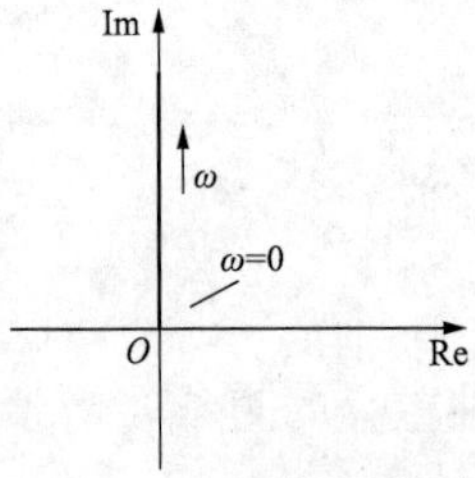

图 4-10　微分环节的奈氏图

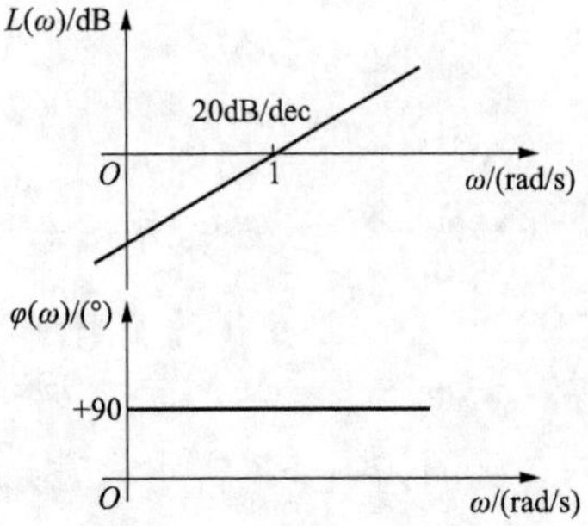

图 4-11　微分环节的伯德图

一阶比例微分环节传递函数为 $G(s)=1+Ts$，则

频率特性

$$G(\mathrm{j}\omega)=1+\mathrm{j}\omega T=\sqrt{1+\omega^2T^2}\angle\arctan\omega T \tag{4-24}$$

幅频特性

$$A(\omega)=\sqrt{1+\omega^2T^2} \tag{4-25}$$

$$L(\omega)=20\lg A(\omega)=20\lg\sqrt{1+\omega^2T^2} \tag{4-26}$$

相频特性

$$\varphi(\omega)=\arctan\omega T \tag{4-27}$$

一阶比例微分环节的奈氏图和伯德图分别如图 4-12 和图 4-13 所示。

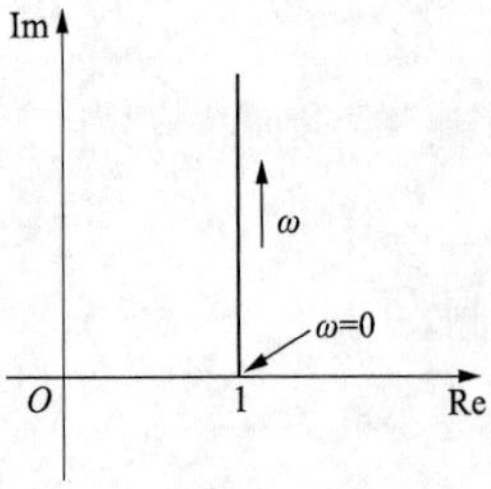

图 4-12　一阶比例微分环节的奈氏图

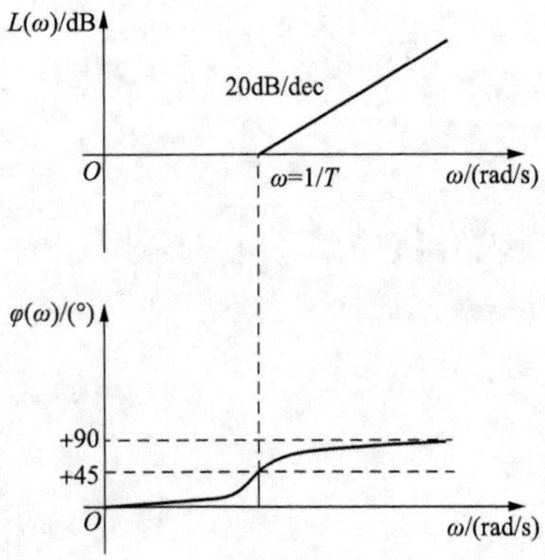

图 4-13　一阶比例微分环节的伯德图

五、振荡环节

振荡环节传递函数为 $G(s)=\frac{\omega_n^2}{s^2+2\xi\omega_n s+\omega_n^2}$，则

频率特性

$$G(j\omega)=\frac{\omega_n^2}{(j\omega)^2+2\xi\omega_n j\omega+\omega_n^2}=\frac{\omega_n^2}{\omega_n^2-\omega^2+j2\xi\omega_n\omega} \tag{4-28}$$

幅频特性

$$A(\omega)=\frac{\omega_n^2}{\sqrt{(\omega_n^2-\omega^2)^2+(2\xi\omega_n\omega)^2}}=\frac{1}{\sqrt{\left(1-\frac{\omega^2}{\omega_n^2}\right)^2+\left(\frac{2\xi\omega}{\omega_n}\right)^2}} \tag{4-29}$$

$$L(\omega)=20\lg A(\omega)=20\lg\frac{1}{\sqrt{\left(1-\frac{\omega^2}{\omega_n^2}\right)^2+\left(\frac{2\xi\omega}{\omega_n}\right)^2}} \tag{4-30}$$

相频特性

$$\varphi(\omega)=-\arctan\frac{2\xi\omega_n\omega}{\omega_n^2-\omega^2} \tag{4-31}$$

（1）奈氏图。取特殊点：

当 $\omega=0$ 时，　$A(\omega)=1$，　$\varphi(\omega)=0°$；

当 $\omega=\omega_n$ 时，　$A(\omega)=\frac{1}{2\xi}$，　$\varphi(\omega)=-90°$；

当 $\omega\to\infty$ 时，　$A(\omega)=0$，　$\varphi(\omega)=-180°$。

还可以根据需要再计算出其他的一些点，然后用平滑的曲线连接，得到振荡环节的奈氏图，如图 4-14 所示。由图可见，特性曲线起源于点（1，j0）。当 $\omega=\omega_n$ 时，特性曲线正好与负虚轴相交，且 ξ 值越小，$A(\omega)$ 的模值越大，曲线离原点越远。随着频率 ω 的增加，特性曲线以 $-180°$ 的角度趋向于原点。

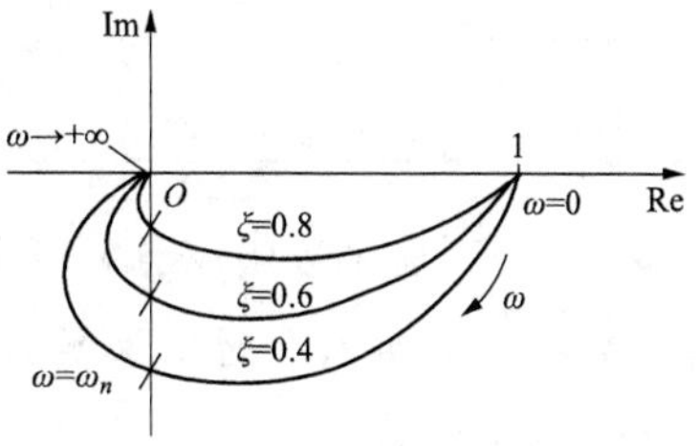

图 4-14　振荡环节的奈氏图

（2）伯德图。当 $\omega\ll\omega_n$ 时，不计式（4-30）中的 $\frac{\omega}{\omega_n}$ 和 $\frac{2\xi\omega}{\omega_n}$ 项，则 $L(\omega)\approx0$；

当 $\omega\gg\omega_n$ 时，不计式（4-30）中的 1 和 $\left(\frac{2\xi\omega}{\omega_n}\right)^2$ 项，则 $L(\omega)\approx-20\lg\frac{\omega^2}{\omega_n^2}=-40\lg\frac{\omega}{\omega_n}$；

当 $\omega=\omega_n$ 时，高、低频段两直线在此相交。

振荡环节的伯德图如图 4-15 所示。

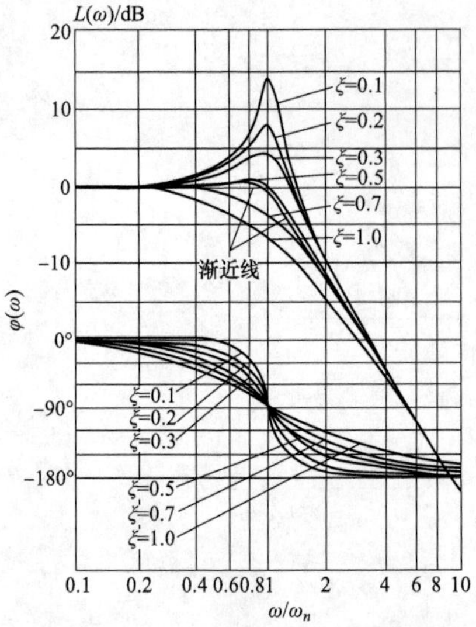

图 4-15 振荡环节的伯德图

在对数幅频特性曲线上可以看出，低频段的渐近线是一条 0dB 的水平线，而高频段的渐近线是一条斜率为－40dB/dec 的直线。这两条线相交处的频率为 ω_n，称为振荡环节的转折频率。在转折频率附近，幅频特性与渐近线之间存在一定的误差，取值取决于阻尼比 ξ 的值，ξ 值越小，误差越大。当 ξ 在 0.4～0.7 时，误差最小。

根据一些特殊点可得到振荡环节的对数相频特性曲线，它也是因 ξ 的值不同而异。

以上介绍了一些典型环节的频率特性，现将常用典型环节的伯德图的特征汇总于表 4-1。

表 4-1　　常用典型环节伯德图（渐近线）特征表

环节	传递函数	$L(\omega)$ 斜率/(dB/dec)	特殊点	$\varphi(\omega)$
比例	K	0	ω：0～∞ $L(\omega)=20\lg K$	0°
积分	$\frac{1}{s}$	－20	$\omega=1$，$L(\omega)=0$	－90°
重积分	$\frac{1}{s^2}$	－40	$\omega=1$，$L(\omega)=0$	－180°
惯性	$\frac{1}{Ts+1}$	0，－20	转折频率 $\omega=\frac{1}{T}$	0°～－90°
比例微分	$Ts+1$	0，20	转折频率 $\omega=\frac{1}{T}$	0°～90°
振荡	$\frac{\omega_n^2}{s^2+2\xi\omega_n s+\omega_n^2}$	0，－40	转折频率 $\omega=\omega_n$	0°～－180°

在开环传递函数中没有 s 右半平面上的极点和零点的环节（或系统），称为最小相位环节（或系统）；而在开环传递函数中含有 s 右半平面上的极点或零点的环节（或系统），则称为非最小相位环节（或系统）。

最小相位环节（或系统）的重要性质是，其对数幅频特性与对数相频特性之间存在着唯一的对应关系。即，若确定了它的对数幅频特性，则其对应的对数相频特性也就唯一的确定了，反之亦然。对于非最小相位环节（或系统）来说，就不存在这种关系。

第三节　控制系统的开环频率特性

控制系统一般是由若干环节组成，直接绘制系统的开环频率特性比较烦琐，但熟悉了典型环节的特性后，就不难绘制系统的开环频率特性。

一、控制系统的开环幅相频率特性

开环传递函数为

$$G(s)=\frac{K\prod_{i=1}^{m}(\tau_i s+1)}{s^v\prod_{j=1}^{n-v}(T_j s+1)} \tag{4-32}$$

则频率特性

$$G(j\omega)=\frac{K\prod_{i=1}^{m}(\tau_i \mathrm{j}\omega+1)}{(\mathrm{j}\omega)^v\prod_{j=1}^{n-v}(T_j \mathrm{j}\omega+1)} \tag{4-33}$$

幅频特性

$$A(\omega)=\frac{K\prod_{i=1}^{m}\sqrt{1+(\omega\tau_i)^2}}{\omega^v\prod_{j=1}^{n-v}\sqrt{1+(\omega T_j)^2}} \tag{4-34}$$

相频特性

$$\varphi(\omega)=-v90^\circ+\sum_{i=1}^{m}\arctan\omega\tau_i-\sum_{j=1}^{n-v}\arctan\omega T_j \tag{4-35}$$

式中：τ_i、T_j 为时间常数；v 为积分环节的个数；K 为开环增益；n 为系统阶次；对控制系统而言，$n>m$。

1. 特性曲线的起点

当 $\omega\to 0$ 时，$A(\omega)=\lim\limits_{\omega\to 0}\frac{K}{\omega^v}$，$\varphi(\omega)=-v90^\circ$。

特性曲线的起点只取决于系统的开环增益 K 和积分环节的数目 v，而与惯性、振荡、微分环节等无关。

(1) 0 型系统，$v=0$，奈氏曲线起始于点 K 处；

(2) Ⅰ型系统，$v=1$，奈氏曲线起始于点-90°处（负虚轴的∞处）；

(3) Ⅱ型系统，$v=2$，奈氏曲线起始于点-180°处（负实轴的∞处）；

(4) Ⅲ型系统，$v=3$，奈氏曲线起始于点-270°处（正虚轴的∞处）。

因此，当 v 值不同时，起点将来自极坐标轴的四个不同的方向，如图 4-16 所示。

2. 特性曲线的终点

当 $\omega\to\infty$时，$A(\omega)=0$，$\varphi(\omega)=-(n-m)90^\circ$。

奈氏曲线的终点如图 4-17 所示。

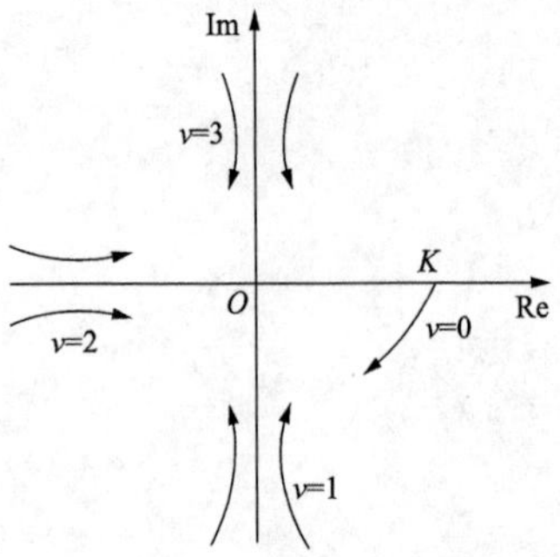

图 4-16　奈氏曲线的起点

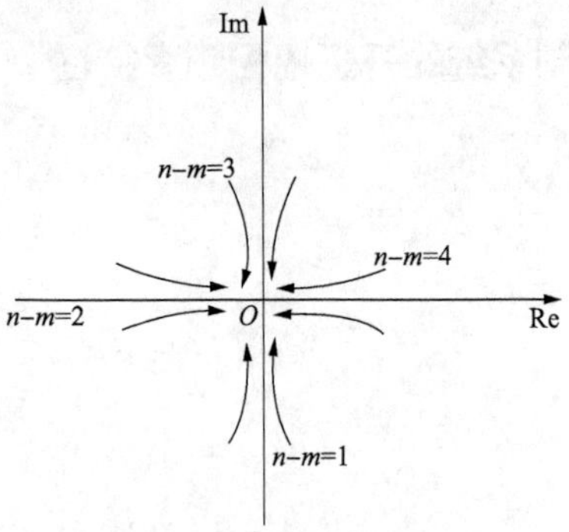

图 4-17　奈氏曲线的终点

取 $\omega\to 0$ 和 $\omega\to\infty$ 两个特殊点之外，还可根据需要选取并计算出若干其他的点，将所有这些点用平滑曲线连接起来，便可得到系统的奈氏图。

【例 4-1】 系统的传递函数为 $G(s)=\dfrac{10}{(s+1)(2s+1)}$，试绘制系统的奈氏图。

解　该系统为 0 型系统，有

幅频特性

$$A(\omega)=\frac{10}{\sqrt{1+\omega^2}\sqrt{1+(2\omega)^2}}$$

相频特性

$$\varphi(\omega)=-\arctan\omega-\arctan2\omega$$

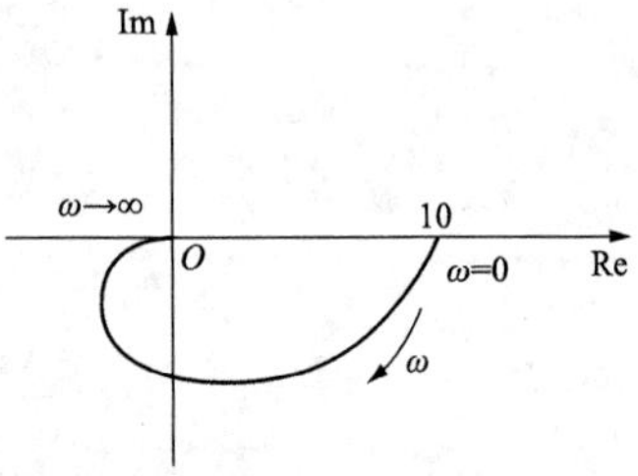

图 4-18　例 4-1 系统的奈氏图

选取特殊点：

当 $\omega\to 0$ 时，由于 $v=0$，$A(\omega)=10$，$\varphi(\omega)=0°$；

当 $\omega\to\infty$ 时，由于 $n-m=2$，$A(\omega)=0$，$\varphi(\omega)=-180°$；

当 $\omega>0$ 时，$\varphi(\omega)<0°$。

系统概略的奈氏曲线如图 4-18 所示。

【例 4-2】 系统的传递函数为 $G(s)=\dfrac{10}{s(2s+1)}$，试绘制系统的奈氏图。

解　该系统是Ⅰ型系统，有

幅频特性

$$A(\omega)=\frac{10}{\omega\sqrt{1+(2\omega)^2}}$$

相频特性

$$\varphi(\omega)=-90°-\arctan2\omega$$

选取特殊点：

当 $\omega\to 0$ 时，由于 $v=0$，$A(\omega)=\infty$，$\varphi(\omega)=-90°$；

当 $\omega \to \infty$ 时，由于 $n-m=2$，$A(\omega)=0$，$\varphi(\omega)=-180°$。

系统概略的奈氏曲线如图 4-19 所示。

【例 4-3】 系统的传递函数为 $G(s)=\dfrac{K(1+\tau s)}{1+Ts}$，当 $T>\tau$ 时，试绘制系统的奈氏图。

解 该系统为 0 型系统，有

幅频特性

$$A(\omega)=\frac{K\sqrt{1+(\omega\tau)^2}}{\sqrt{1+(\omega T)^2}}$$

相频特性

$$\varphi(\omega)=\arctan\omega\tau-\arctan\omega T$$

选取特殊点：

当 $\omega \to 0$ 时，$A(\omega)=K$，$\varphi(\omega)=0°$；

当 $\omega \to \infty$ 时，$A(\omega)=\dfrac{\tau}{T}K<K$，$\varphi(\omega)=0°$；

当 $\omega>0$ 时，$A(\omega)<K$，$\varphi(\omega)<0°$。

系统概略的奈氏曲线如图 4-20 所示。

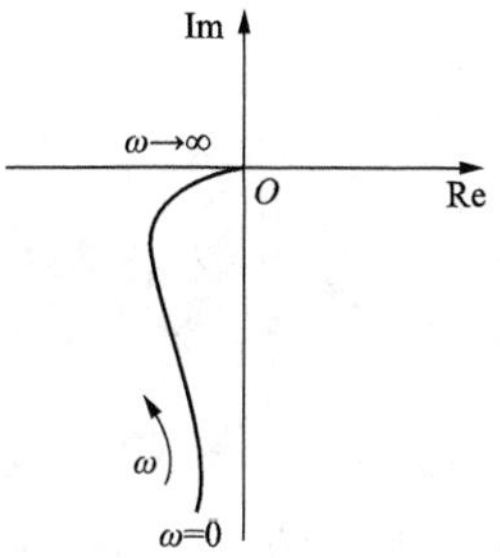

图 4-19 例 4-2 系统的奈氏图

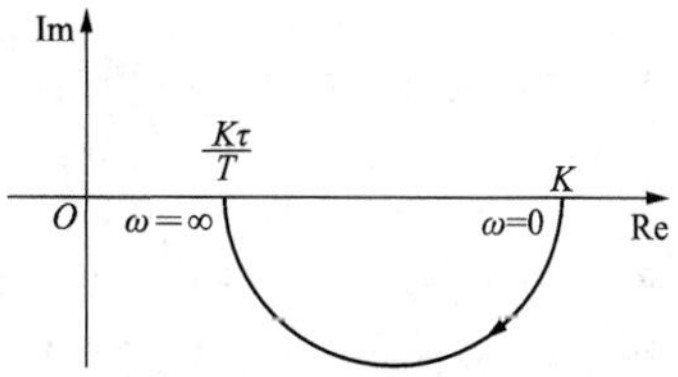

图 4-20 例 4-3 系统的奈氏图

二、系统的开环对数频率特性

设开环系统由 n 个环节串联组成，其传递函数为

$$G(s)=G_1(s)G_2(s)\cdots G_n(s)=\prod_{i=1}^{n}G_i(s) \tag{4-36}$$

则，频率特性为

$$G(j\omega)=G_1(j\omega)G_2(j\omega)\cdots G_n(j\omega)=\prod_{i=1}^{n}A_i(\omega)e^{j\varphi_i(\omega)} \tag{4-37}$$

对数幅频特性为

$$L(\omega)=20\lg\prod_{i=1}^{n}A_i(\omega)=\sum_{i=1}^{n}20\lg A_i(\omega)=\sum_{i=1}^{n}L_i(\omega) \tag{4-38}$$

对数相频特性为

$$\varphi(\omega)=\sum_{i=1}^{n}\varphi_i(\omega) \tag{4-39}$$

（1）根据以上分析，绘制对数频率特性的一般步骤是：

1）将开环传递函数写成典型环节乘积的形式；

2）画出各典型环节的对数幅频特性曲线和相频特性曲线；

3）在同一横坐标下，将各环节的对数幅频特性曲线和相频特性曲线分别相加，就可得到系统开环对数频率特性曲线。

【例 4-4】 试绘制传递函数为$G(s)=\dfrac{50}{(s+1)(s+5)}$的开环系统的对数频率特性曲线。

解 该系统为 0 型系统。首先将传递函数化为标准式，即每一因式中的常数项为 1，并写出典型环节乘积的形式，即

$$G(s)=\frac{10}{(1+s)(1+0.2s)}=G_1(s)G_2(s)G_3(s)$$

式中：$G_1(s)=10$；$G_2(s)=\dfrac{1}{1+s}$；$G_3(s)=\dfrac{1}{1+0.2s}$。

系统频率特性为

$$G(\mathrm{j}\omega)=\frac{10}{(1+\mathrm{j}\omega)(1+\mathrm{j}0.2\omega)}$$

对数幅频特性为

$$L(\omega)=L_1(\omega)+L_2(\omega)+L_3(\omega)=20\lg 10-20\lg\sqrt{1+\omega^2}-20\lg\sqrt{1+(0.2\omega)^2}$$

对数相频特性为

$$\varphi(\omega)=\varphi_1(\omega)+\varphi_2(\omega)+\varphi_3(\omega)=0^\circ-\arctan\omega-\arctan(0.2\omega)$$

可见，该系统由一个比例环节和两个惯性环节串联而成。第一个惯性环节的转折频率为 1，第二个惯性环节的转折频率为 5。

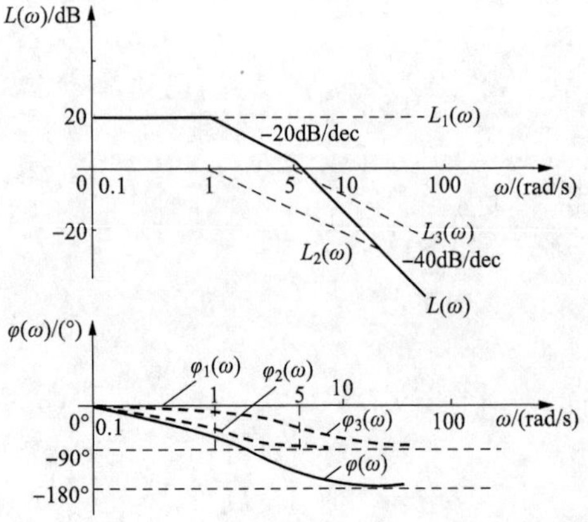

图 4-21 例 4-4 系统的伯德图

绘出各环节的对数幅频和相频曲线，如图 4-21 中虚线所示。将各环节的对数幅频和相频曲线分别相加，得到系统开环对数幅频曲线和相频曲线，如图 4-21 中实线所示。

实际上，在熟悉了对数幅频特性的性质以后，不必先一一画出各环节的特性曲线，然后相加，而可以采用更简便的方法。

由上例对数幅频特性曲线可见，这类 0 型系统开环对数幅频特性曲线的低频段为 $20\lg K$ 的水平线，随频率 ω 的增加，每遇到一个转折

频率，对数幅频特性曲线就要改变一次斜率。若遇到惯性环节，斜率改变－20dB/dec；若遇到振荡环节，斜率改变－40dB/dec；若遇到一阶微分环节，斜率改变 20dB/dec。

【例 4-5】 试绘制传递函数为 $G(s)=\dfrac{5}{s(0.1s+1)}$ 的开环系统的对数频率特性曲线。

解 该系统为Ⅰ型系统，由一个比例环节、一个积分环节和一个惯性环节串联组成，则有

对数幅频特性为

$$L(\omega)=L_1(\omega)+L_2(\omega)+L_3(\omega)=20\lg 5-20\lg\omega-20\lg\sqrt{1+(0.1\omega)^2}$$

对数相频特性为

$$\varphi(\omega)=\varphi_1(\omega)+\varphi_2(\omega)+\varphi_3(\omega)=0^\circ-90^\circ-\arctan(0.1\omega)$$

系统的伯德图如图 4-22 所示。

不难看出，这类Ⅰ型系统开环对数幅频特性的低频段斜率为－20dB/dec，它（或者其延长线）在 $\omega=1$rad/s 处与 $L(\omega)=20\lg K$ 的水平线相交。在转折频率 10 处，幅频特性曲线的斜率由－20dB/dec 变为－40dB/dec。

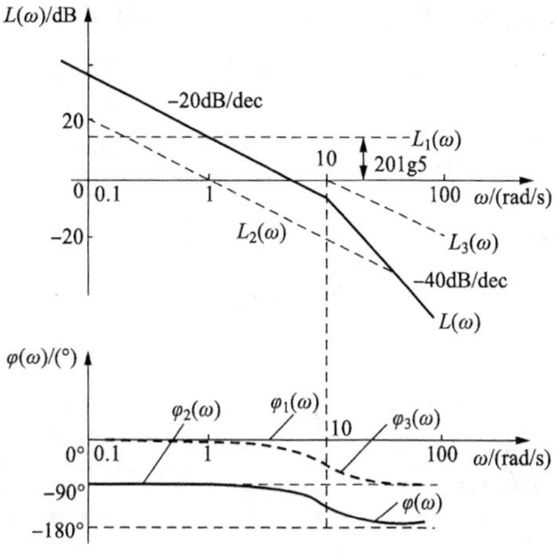

图 4-22 例 4-5 系统的伯德图

用类似方法可以绘制Ⅱ型系统的伯德图。

（2）通过以上分析可以看出，系统开环对数幅频特性曲线有以下特点：低频段斜率为－20vdB/dec，v 为开环系统中所包含的串联积分环节的数目；低频段（若存在小于 1 的转折频率时，则为其延长线）在 $\omega=1$ 处的对数幅值为 $20\lg K$；在典型环节的转折频率处，对数幅频特性的渐近线的斜率要发生变化，变化的情况取决于典型环节的类型。

绘制对数频率特性曲线的简化步骤是：

1）将开环传递函数写成典型环节乘积的形式；

2）计算各环节的转折频率，且按大小顺序在坐标中标出来；

3）计算 $20\lg K$ 的值；

4）过 $\omega=1$rad/s，$L(\omega)=20\lg K$ 这点，绘制斜率为－20vdB/dec 的低频段的渐近线；

5）从低频段开始，随着频率 ω 的增加，每遇到一个典型环节的转折频率就根据环节的特性曲线改变一次渐近线的斜率，从而画出对数幅频特性的近似曲线；

6）必要时可利用误差修正曲线，对转折频率附近的曲线进行修正，以求得更精确的特性曲线；

7）根据系统的开环对数相频特性的表达式，画出对数相频特性的近似曲线。

【例 4-6】 试绘制传递函数为$G(s)=\dfrac{100(s+2)}{s(s+1)(s+20)}$的开环系统的对数频率特性曲线。

解 将开环传递函数写成典型环节乘积的形式

$$G(s)=\frac{10(0.5s+1)}{s(s+1)(0.05s+1)}$$

该系统由一个比例环节、一个积分环节、一个一阶微分环节和两个惯性环节组成。比例环节的 $K=10$，$20\lg K=20\lg 10=20\text{dB}$。

转折频率分别为 $\omega_1=\dfrac{1}{1}=1\text{rad/s}$，$\omega_2=\dfrac{1}{0.5}=2\text{rad/s}$，$\omega_3=\dfrac{1}{0.05}=20\text{rad/s}$。过 $\omega=1\text{rad/s}$，$L(\omega)=20\lg K=20\text{dB}$ 这点，绘制斜率为-20dB/dec 的低频段的渐近线（Ⅰ型系统）；在第一个转折频率 $\omega_1=1\text{rad/s}$ 时，由于惯性环节$\dfrac{1}{s+1}$的作用，使幅频特性曲线的斜率由-20dB/dec 变为-40dB/dec；在第二个转折频率 $\omega_2=2\text{rad/s}$ 时，由于一阶微分环节 $0.5s+1$ 的作用，使幅频特性曲线的斜率由-40dB/dec 变为-20dB/dec；在第三个转折频率 $\omega_3=20\text{rad/s}$ 时，由于惯性环节$\dfrac{1}{0.05s+1}$的作用，使幅频特性曲线的斜率由-20dB/dec 变为-40dB/dec。因此，该系统的对数幅频特性曲线如图 4-23 所示。

由开环对数相频特性表达式

$$\varphi(\omega)=-90^\circ+\arctan 0.5\omega-\arctan\omega-\arctan(0.05\omega)$$

可知当 $\omega=0$ 时，$\varphi(\omega)=-90^\circ$；$\omega=\infty$时，$\varphi(\omega)=-180^\circ$。

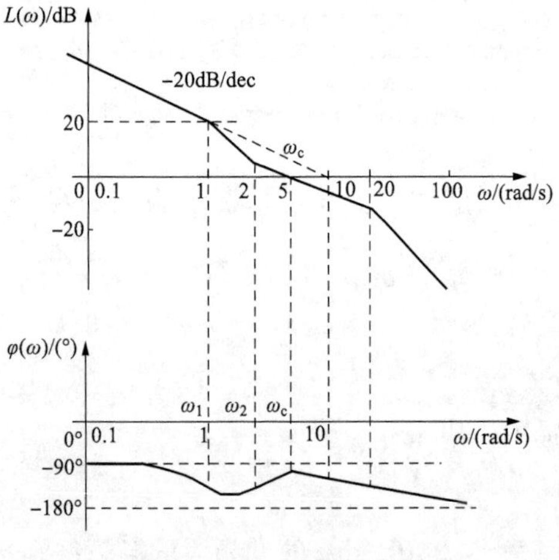

图 4-23 例 4-6 系统的伯德图

可绘制对数相频特性的近似曲线，如图 4-23 所示。

在工程实际中，一般只需了解相频特性曲线的大致变化趋势，但 $L(\omega)$ 线与 0dB 线的交点 ω_c 处的相角 $\varphi(\omega_c)$，对系统性能有重要影响。ω_c 称为穿越频率（或称剪切频率，又称截止频率）。

基于图 4-23 所示，下面介绍求解穿越频率的两种方法。

方法一：在特性曲线 $\omega_1\sim\omega_2$ 之间，由于渐近线特性的特点，其斜率为-40dB/dec，有

$$\frac{20\lg K'-20\lg 10}{\lg 2-\lg 1}=-40(\text{dB/dec})$$

同理，在特性曲线 $\omega_2\sim\omega_c$ 之间，其斜率为-20dB/dec，有

$$\frac{0-20\lg K'}{\lg\omega_c-\lg 2}=-20(\text{dB/dec})$$

联立上述二式，可求得 $\omega_c=5\text{rad/s}$。

方法二：由于 $L(\omega_c)=0\mathrm{dB}$ 或 $A(\omega_c)=1$，同时，考虑到 $\omega_c>\omega_1$、$\omega_c>\omega_2$ 及 $\omega_c<\omega_3$，即 ω_c 对于 ω_1 和 ω_2 来说属高频段，一阶微分环节和第一个惯性环节取高频近似直线；ω_c 对于 ω_3 来说，属低频段，第二个惯性环节取低频近似直线。所以

$$A(\omega_c)=\frac{10\sqrt{(0.5\omega_c)^2+0}}{\omega_c\sqrt{\omega_c^2+0}\cdot\sqrt{0+1}}=1$$

求得 $\omega_c=5\mathrm{rad/s}$。

相位角 $\varphi(\omega_c)=-90^\circ+\arctan(0.5\times5)-\arctan5-\arctan(0.05\times5)=-114.5^\circ$。

三、用实验方法确定系统的对数频率特性

在工程实际中，有时需要采用实验方法确定系统的传递函数。首先，通过实验测得系统的频率特性，画出系统的伯德图；然后，根据伯德图确定系统的传递函数。具体步骤如下：

（1）在规定的频率范围内，给被测系统施加不同频率的正弦信号，并相应地测量出系统的稳态输出幅值和相位值，据此作出系统的对数幅频特性和相频特性曲线。

（2）用斜率为 0、±20、±40dB/dec 等直线近似被测对数幅频特性曲线，得到系统的对数幅频特性曲线的渐近线。

（3）先假设被测系统为最小相位系统，便可根据得到的对数幅频特性曲线的渐近线，写出其传递函数以及相频特性的表达式，并作出相频特性曲线。将此相频特性曲线与实测数据绘制的相频特性曲线进行比较，若二者能较好地吻合，且高频段时它们的相角都趋于 $-90^\circ(n-m)$，则说明该系统确实是最小相位系统。否则，说明该系统为非最小相位系统。

在各类测量仪器中，频谱分析仪可以用来测量系统的幅值和相角随频率的变化，传递函数分析仪则可以直接测定系统的开环或闭环频率特性函数。

第四节　奈奎斯特稳定判据和控制系统的相对稳定性

在第三章中已经指出，闭环控制系统稳定的充分和必要条件是，其特征方程式的所有根（闭环极点）都具有负实部，即都位于 s 平面的左半部。

时域分析法是根据闭环特征方程根和系数的关系来判断系统的稳定性。

本节介绍另一种重要且实用的方法——奈奎斯特稳定判据（简称奈氏判据）。该方法是根据系统的开环频率特性来判断闭环系统的稳定性，并能确定系统的相对稳定性。

根据开环频率特性来判断闭环系统的稳定性，首先要找到开环频率特性和闭环特征式之间的关系，进而找到与闭环特征根的关系。

一、开环频率特性和闭环特征式的关系

研究图 4-24 所示系统。图中 $G(s)$ 和 $H(s)$ 是两个多项式之比，即

$$G(s)=\frac{M_1(s)}{N_1(s)},\ H(s)=\frac{M_2(s)}{N_2(s)}$$

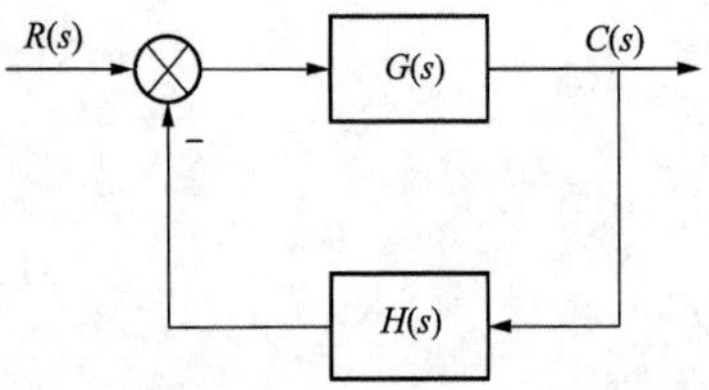

图 4-24　反馈控制系统的动态结构图

如果 $G(s)$ 和 $H(s)$ 无极点和零点对消，则系统的开环传递函数为

$$G(s)H(s)=\frac{M(s)}{N(s)}=\frac{M_1(s)M_2(s)}{N_1(s)N_2(s)}$$

式中：$N(s)$ 为系统的开环特征方程式。

闭环传递函数为

$$\Phi(s)=\frac{G(s)}{1+G(s)H(s)}=\frac{M_1(s)N_2(s)}{N_1(s)N_2(s)+M_1(s)M_2(s)}=\frac{B(s)}{D(s)}$$

式中：$D(s)$ 为系统的闭环特征方程式，它的阶次与 $N(s)$ 的阶次相同。

构建辅助函数 $F(s)$

$$F(s)=1+G(s)H(s) \tag{4-40}$$

则

$$F(s)=\frac{M_1(s)M_2(s)+N_1(s)N_2(s)}{N_1(s)N_2(s)}=\frac{D(s)}{N(s)} \tag{4-41}$$

考虑到物理系统中，开环传递函数分子的最高次幂必小于分母的最高次幂，故 $F(s)$ 可以改写为

$$F(s)=\frac{K_p\prod_{i=1}^{n}(s-z_i)}{\prod_{i=1}^{n}(s-p_i)} \tag{4-42}$$

式中：z_i 和 p_i 分别为辅助函数 $F(s)$ 的零点和极点。

根据式（4-41），以 $\mathrm{j}\omega$ 代替 s，可得系统开环频率特性与闭环特征式之间的关系为

$$F(\mathrm{j}\omega)=\frac{D(\mathrm{j}\omega)}{N(\mathrm{j}\omega)} \tag{4-43}$$

辅助函数 $F(s)$ 的特点是：

（1）其零点和极点分别是系统闭环和开环极点；

（2）零点和极点的个数相同；

（3）$F(s)$ 和 $G(s)H(s)$ 只差常数 1，其频率特性坐标间的关系如图 4-25 所示。

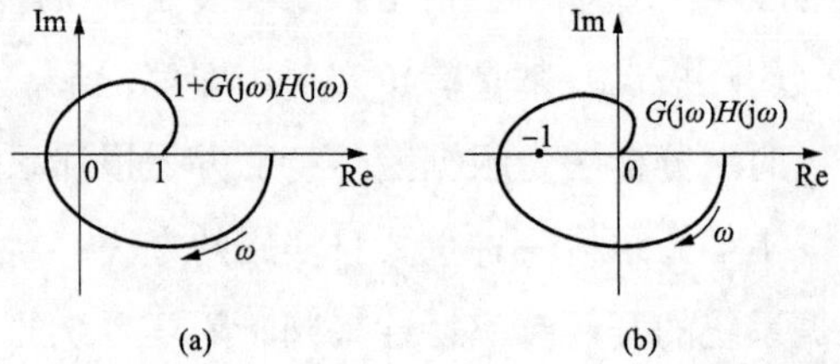

图 4-25　$F(\mathrm{j}\omega)$ 与 $G(\mathrm{j}\omega)H(\mathrm{j}\omega)$ 坐标间的关系

（a）$F(\mathrm{j}\omega)$ 频率特性；（b）$G(\mathrm{j}\omega)H(\mathrm{j}\omega)$ 频率特性

二、奈奎斯特稳定判据

由于$G(s)H(s)=F(s)-1$，这意味着$F(s)$的映射曲线围绕原点运动的情况，相当于$G(s)H(s)$的封闭曲线围绕着（-1，j0）点的运动情况。

奈奎斯特稳定判据：若系统开环传递函数有p个不稳定的极点，则闭环系统稳定的充要的条件是，当ω由$0\to+\infty$时，系统的开环幅相频率特性$G(j\omega)H(j\omega)$按逆时针方向包围（-1，j0）点$\frac{p}{2}$周。

显然，若开环系统稳定，即位于s平面右半部的开环极点数$P=0$，则闭环系统稳定的充要的条件是，系统的开环频率特性$G(j\omega)H(j\omega)$不包围（-1，j0）点。

【例 4-7】 已知开环传递函数为$G(s)H(s)=\frac{2}{s-1}$，试用奈奎斯特稳定判据判断系统的稳定性。

解 开环频率特性为

$$G(j\omega)H(j\omega)=\frac{2}{j\omega-1}$$

系统的奈氏图如图 4-26 所示。

由于位于s平面右半部的开环极点数$P=1$，当ω由$0\to+\infty$时，奈氏曲线逆时针方向包围（-1，j0）点 1/2 周，故闭环系统是稳定。

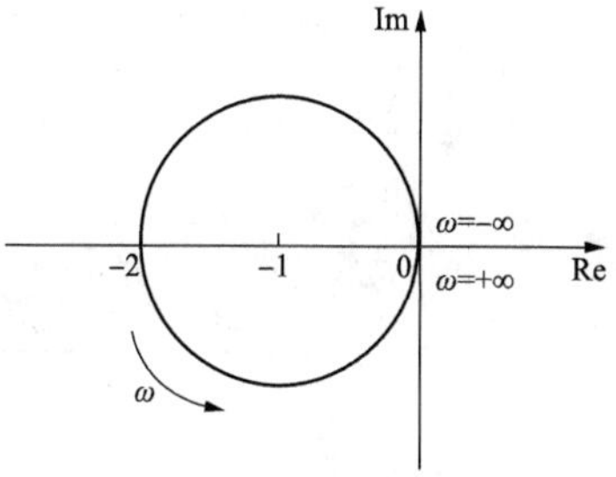

图 4-26 例 4-7 系统的奈氏图

若开环传递函数$G(s)H(s)$包含v个积分环节，则先画出ω从$0^+\to\infty$的幅相频率特性曲线，然后从$\omega=0^+$开始，逆时针方向补画一个半径为无穷大，相角为$v\cdot90°$的大圆弧，即$\omega=0\to0^+$的曲线。然后，再根据奈奎斯特稳定判据判断稳定性。

最后还需指出，当已知的开环频率特性$G(j\omega)H(j\omega)$通过点（-1，j0）时，与此对应的闭环系统将处于稳定的临界状态。

【例 4-8】 已知系统开环传递函数为$G(s)H(s)=\frac{K}{s(Ts-1)}$，试用奈奎斯特稳定判据判断系统的稳定性。

解 开环频率特性为

$$G(j\omega)H(j\omega)=\frac{K}{j\omega(j\omega T-1)}$$

幅频特性为

$$A(\omega)=\frac{K}{\omega\sqrt{1+(\omega T)^2}}$$

当 $\omega>0^+$ 后，相频特性为

$$\varphi(\omega)=-90^\circ-\arctan\frac{\omega T}{-1}$$

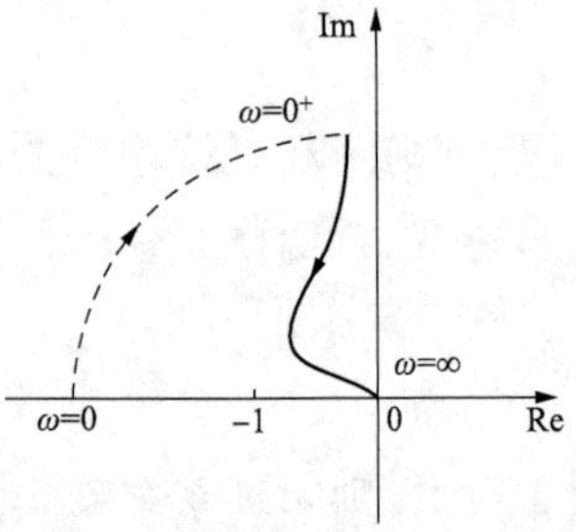

图 4-27　例 4-8 系统的奈氏图

系统的奈氏图如图 4-27 所示。由于该系统有一个积分环节，故先将曲线的起点逆时针修正 90°，并补画出 $\omega=0\to0^+$ 的曲线，修正后的曲线见图 4-27 中虚线所示。

由于开环传递函数有一个不稳定极点，所以 $P=1$。根据奈奎斯特稳定判据，若奈氏曲线逆时针方向绕（−1，j0）点的周数为 $N=\frac{P}{2}=\frac{1}{2}$ 时，系统稳定。但实际上，奈氏曲线是顺时针方向绕（−1，j0）点的，所以系统不稳定。

【例 4-9】 设系统的开环传递函数为 $G(s)H(s)=\frac{K(T_1s+1)}{s^2(T_2s+1)}$，试用奈奎斯特稳定判据判断系统的稳定性。

解　开环传递函数中没有不稳定极点，故 $P=0$。

当 $T_1<T_2$ 时，修正后的系统奈氏图如图 4-28(a) 所示。$\omega=0^+$ 时的相角略小于 −180°，曲线包围了（−1，j0）点，所以系统是不稳定的。

当 $T_1>T_2$ 时，修正后的系统奈氏图如图 4-28(b) 所示。$\omega=0^+$ 时的相角略大于 −180°，曲线不包围（−1，j0）点，所以系统是稳定的。

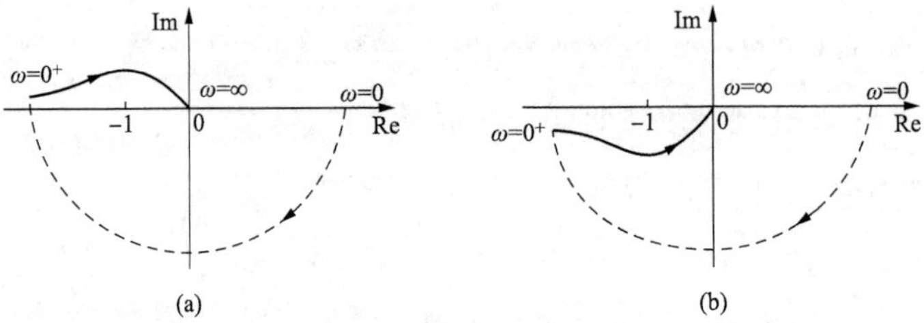

图 4-28　例 4-9 系统的奈氏图

(a) $T_1<T_2$；(b) $T_1>T_2$

三、对数频率稳定判据

奈奎斯特稳定判据是在奈氏图的基础上进行的，而作奈氏图一般都比较麻烦，所以在工程上一般都采用系统的开环对数频率特性来判别闭环系统的稳定性，这就是对数频率稳定判据。它实质上是奈氏稳定性判据在伯德图上的表示形式。若系统的开环频率特性按逆时针方向包围（−1，j0）点一周，则 $G(j\omega)H(j\omega)$ 必然由上而下穿越负实轴（−1，−∞）线段一次，这种穿越伴随相角增加称为正穿越。反之，若按顺时针方向包围（−1，j0）点

一周，则 $G(j\omega)H(j\omega)$ 必然由下而上穿越负实轴（-1，$-\infty$）线段一次，这种穿越伴随相角减少称为负穿越。如图 4-29(a) 所示。

上述正、负穿越在伯德图上反映为：在 $L(\omega)>0$ 的频段内，随着频率 ω 的增加，相频特性 $\varphi(\omega)$ 由上而下穿越 $-180°$ 线为负穿越。反之，$\varphi(\omega)$ 由下而上穿过 $-180°$ 线为正穿越，如图 4-29(b) 所示。

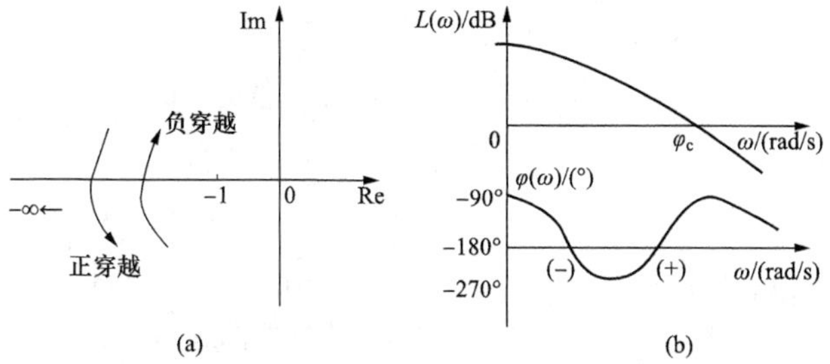

图 4-29 奈氏图与伯德图的对应关系

(a) 奈氏图；(b) 伯德图

奈氏图上的负实轴对应于伯德图上的 $\varphi(\omega)=-180°$ 线。这样，奈氏图上的（-1，$j0$）点便和伯德图上的 0dB 线及 $-180°$ 线对应了起来。通过上述的正、负穿越，奈奎斯特稳定判据可表述如下：

闭环系统稳定的充要条件是，当频率 ω 由 $0\to+\infty$ 时，开环频率特性 $G(j\omega)H(j\omega)(0\leqslant\omega\leqslant+\infty)$ 曲线对负实轴上（-1，$-\infty$）段正、负穿越次数之差为 $P/2$，这里 P 为位于 s 平面右半部的开环极点数。否则，闭环系统不稳定。

应该指出，在上述判据中 ω 是由 $0\to+\infty$，而不是从 $-\infty\to+\infty$，因此正、负穿越次数之差为 $P/2$，而不是 P。

对数频率稳定判据：闭环系统稳定的充要条件是，当频率 ω 由 $0\to+\infty$ 时，在开环对数幅频特性 $L(\omega)\geqslant0$ 的频段内，相频特性 $\varphi(\omega)$ 穿越 $-180°$ 线正、负穿越次数之差为 $P/2$，这里 P 为位于 s 平面右半部的开环极点数。否则，闭环系统不稳定。

【例 4-10】 试用对数频率稳定判据判断例［4-5］中系统在闭环情况时的稳定性。

解 此系统的伯德图参见图 4-22 所示。

由于该系统的传递函数在 s 平面右半部无极点，即 $P=0$。而在 $L(\omega)\geqslant0$ 的频段内，相频特性 $\varphi(\omega)$ 不穿越 $-180°$ 线，故系统在闭环时必然稳定。

【例 4-11】 设系统的开环传递函数为 $G(s)H(s)=\dfrac{100}{s(1+0.02s)(1+0.2s)}$，试用对数频率稳定判据判断相应闭环系统的稳定性。

解 该系统由一个比例环节、一个积分环节、两个惯性环节组成。转折频率 $\omega_1=5$，$\omega_2=50$。系统的伯德图如图 4-30 所示。

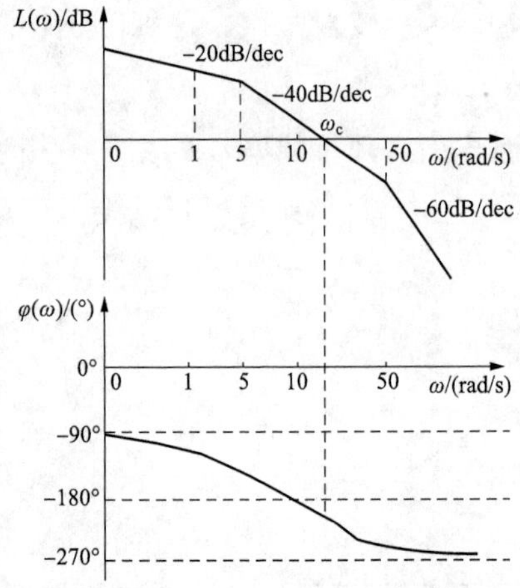

图 4-30　例 4-11 系统的伯德图

求穿越频率 ω_c：在特性曲线频率 ω 为 1～5rad/s，由于渐近线特性的特点，其斜率为 −20dB/dec，有

$$\frac{20\lg K' - 20\lg 100}{\lg 5 - \lg 1} = -20(\text{dB/dec})$$

求得 $K' = 20$。

同理，在特性曲线 ω 为 5rad/s～ω_c，其斜率为 −40dB/dec，有

$$\frac{0 - 20\lg 20}{\lg\omega_c - \lg 5} = -40(\text{dB/dec})$$

求得 $\omega_c = 22.36\text{rad/s}$，$\varphi(\omega_c) = -191.5°$。

当频率 ω 由 0→+∞时，在开环对数幅频特性 $L(\omega) \geqslant 0$ 即 $0 < \omega_1 \leqslant \omega_c$ 的频段内，相频特性 $\varphi(\omega)$ 与 −180°线有一个交点，即负穿越一次。根据对数频率稳定判据可知，该闭环系统是不稳定的。

四、控制系统的相对稳定性

在设计控制系统时，要求系统必须稳定，这是控制系统能够正常工作的必要条件。除此之外，还要控制系统必须具有适当的相对稳定性，即具有适当的稳定程度。

从对奈奎斯特稳定判据的讨论知道，当系统的开环传递函数 $G(s)H(s)$ 在 s 平面的右半部无极点时，若开环频率特性 $G(j\omega)H(j\omega)$ 通过（−1，j0）点，则闭环系统处于稳定的临界状态，这时控制系统处于稳定的边缘。在这种情况下，如果系统的某些参数稍有波动，便有可能使控制系统的开环频率特性 $G(j\omega)H(j\omega)$ 包围（−1，j0）点，从而使系统变成不稳定。因此，控制系统的开环频率特性 $G(j\omega)H(j\omega)$ 与（−1，j0）点的靠近程度就直接表征了闭环系统的稳定程度。即 $G(j\omega)H(j\omega)$ 离（−1，j0）点越远，其对应的闭环系统的稳定程度越高；反之，$G(j\omega)H(j\omega)$ 离（−1，j0）点越近，则闭环系统的稳定程度便越低。在控制系统稳定的基础上，进一步用来表征其稳定程度高低的概念，便是通常所谓的控制系统的相对稳定性。

控制系统的相对稳定性是通过相角裕量和幅值裕量两个性能指标来衡量。

1. 相角裕量

在控制系统的穿越频率 $\omega_c(\omega_c > 0)$ 处，使系统达到临界稳定状态所要附加的相角滞后量，称为控制系统的相角裕量，用 γ 表示。

相角裕量实际上就是在 $G(j\omega)H(j\omega)$ 曲线上，幅值为 1 的矢量与负实轴之间的夹角，如图 4-31 所示。

由图 4-31 可知

$$\gamma = \varphi(\omega_c) + 180° \tag{4-44}$$

若$\gamma>0$，则表明$G(j\omega)H(j\omega)$未包围（-1，j0）点，系统是稳定的。γ越大，则表示系统离稳定边界“距离”越远，系统的相对稳定性越好，工作越可靠。在工程中，通常要求γ在30～60°。若$\gamma=0$，则$G(j\omega)H(j\omega)$穿过（-1，j0）点，系统处于稳定边界。若$\gamma<0$，则表明$G(j\omega)H(j\omega)$已包围了（-1，j0）点，系统是不稳定的。

从对数频率特性曲线上看，相角裕量相当于$20\lg|G(j\omega_c)H(j\omega_c)|=0$处，相频特性曲线$\varphi(\omega_c)$与$-180°$的相角差，如图4-32所示。

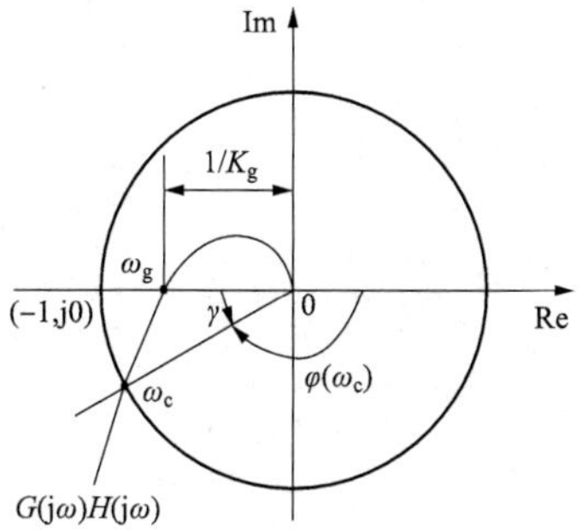

图4-31 奈氏图中的相角裕量和幅值裕量

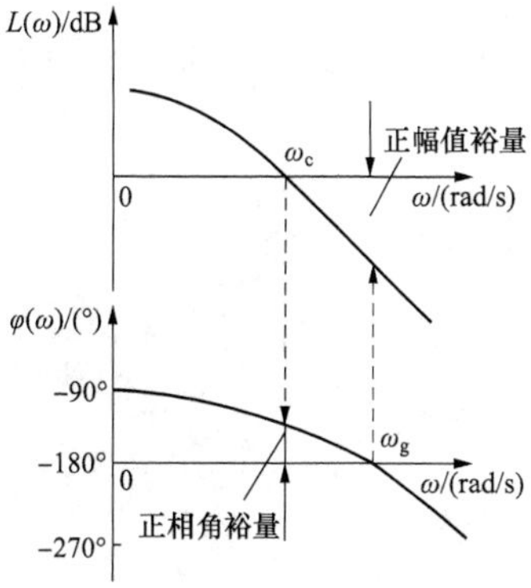

图4-32 伯德图中的相角裕量和幅值裕量

2. 幅值裕量

在开环频率特性的相角$\varphi(\omega_g)=-180°$的频率ω_g（$\omega_g>0$）处，开环幅频特性$|G(j\omega_g)H(j\omega_g)|$的倒数，称为控制系统的幅值裕量，用$K_g$表示。$\omega_g$称为相角交界频率。即

$$K_g=\frac{1}{|G(j\omega_g)H(j\omega_g)|}=\frac{1}{A(\omega_g)} \tag{4-45}$$

由图4-31可知，对于最小相位系统，其闭环稳定的充要条件是$G(j\omega)H(j\omega)$曲线不包围（-1，j0）点，则$|G(j\omega_g)H(j\omega_g)|<1$，对应的幅值裕量$K_g>1$。一般地$K_g$值越大，说明系统的相对稳定性越好。反之，当$K_g<1$时，对应的闭环系统不稳定。当$K_g=1$时，系统处于临界稳定。

若以分贝表示幅值裕量时，有

$$20\lg K_g=-20\lg A(\omega_g) \tag{4-46}$$

根据式（4-46）可知，当$K_g>1$时，以分贝表示幅值裕量为正；当$K_g<1$时，以分贝表示幅值裕量为负。因此，对于最小相位系统来说，正的幅值裕量表明闭环系统是稳定的，而负的幅值裕量表明闭环系统是不稳定的，如图4-32所示。在工程中，一般要求幅值裕量大于6dB。

从以上讨论可知，相角裕量和幅值裕量不仅表征了系统是否稳定，还表征了系统的稳定程度，即表征了系统的相对稳定性。以后在讨论系统性能时，通常所讲的“系统稳定性”

大多指系统的相对稳定性。对于最小相位系统来说，只有当相角裕量和幅值裕量均为正值时，其对应的闭环系统才是稳定的。反之，若相角裕量和幅值裕量均为负值时，闭环系统是不稳定的。

应特别指出，一般来说，仅应用相角裕量或仅应用幅值裕量，都不足以充分说明控制系统的相对稳定性。为了确定闭环系统的相对稳定性，必须同时考虑相角裕量和幅值裕量。在实际工程计算中，通常只要求考虑相角裕量，在要求较高的自动控制系统中，则还要求同时考虑幅值裕量。

【例 4-12】 已知系统的开环传递函数为 $G(s)H(s)=\dfrac{1}{s(s+1)(0.1s+1)}$，试求闭环系统的幅值裕量和相角裕量。

解 系统开环频率特性为

$$
\begin{aligned}
G(\mathrm{j}\omega)H(\mathrm{j}\omega)&=\frac{1}{\mathrm{j}\omega(\mathrm{j}\omega+1)(0.1\mathrm{j}\omega+1)}\\
&=\frac{10}{\mathrm{j}\omega(\mathrm{j}\omega+1)(\mathrm{j}\omega+10)}\\
&=\frac{10}{\mathrm{j}\omega(10+\mathrm{j}11\omega-\omega^2)}\\
&=\frac{10\mathrm{j}(10-\omega^2-\mathrm{j}11\omega)}{\mathrm{j}\omega(10-\omega^2+\mathrm{j}11\omega)\mathrm{j}(10-\omega^2-\mathrm{j}11\omega)}\\
&=\frac{-110\omega-\mathrm{j}10(10-\omega^2)}{\omega[(10-\omega^2)^2-(\mathrm{j}11\omega)^2]}\\
&=\frac{-110}{\omega^4+101\omega^2+100}-\mathrm{j}\frac{10(10-\omega^2)}{\omega(\omega^4+101\omega^2+100)}\\
&=P(\omega)+\mathrm{j}Q(\omega)
\end{aligned}
$$

令 $Q(\omega)=0$，得 $\omega_g=\sqrt{10}=3.16$，将 ω_g 的值代入式 $P(\omega)$ 中，可得幅值裕量为

$$K_g=\frac{1}{|P(\omega_g)|}=\left|\frac{(3.16)^4+101(3.16)^2+100}{-110}\right|=11$$

另外，求穿越频率，令

$$|G(\mathrm{j}\omega)H(\mathrm{j}\omega)|=\frac{10}{\omega\sqrt{1+\omega^2}\sqrt{10^2+\omega^2}}=1$$

可得穿越频率为 $\omega_c=0.784$。

故相角裕量为

$$\gamma=\varphi(\omega_c)+180^\circ=(-90^\circ-\arctan\omega_c-\arctan0.1\omega_c)+180^\circ=47.4^\circ$$

第五节　控制系统开环频率特性与时域指标的关系

频率法的主要特点之一，是根据系统的开环频率特性分析闭环系统的性能。通常，将

开环频率特性分成低频段、中频段和高频段三个频段，如图 4-33 所示。

为了分析方便，又不失一般性，在本节的讨论中均以单位负反馈系统作为讨论对象。

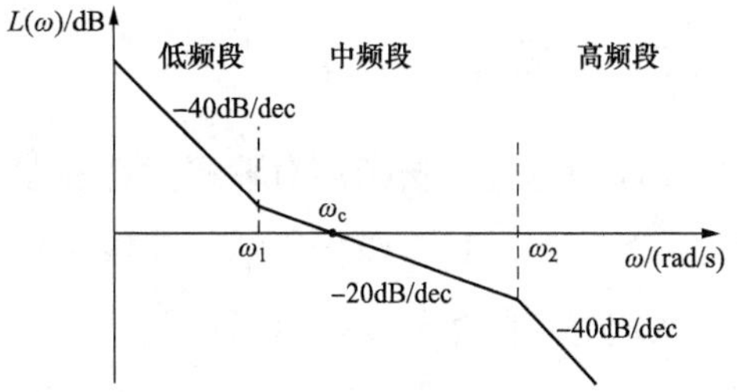

图 4-33 系统开环频率特性

一、低频段

低频段通常是指开环对数幅频特性曲线 $L(\omega)=20\lg A(\omega)$ 的渐近线在第一个转折频率以前的区段，这一段特性主要由积分环节和比例环节来决定。积分环节的个数（型别）决定低频段的斜率，开环增益决定曲线的高度。而系统的型别及开环增益又与系统的稳态误差有关，所以低频段反映了系统的稳态性能。

设低频段对应的传递函数为

$$G(s)=\frac{K}{s^v} \tag{4-47}$$

式中：K 为比例环节的放大倍数，也叫开环增益；v 为积分环节的个数。

频率特性为

$$G(j\omega)=\frac{K}{(j\omega)^v} \tag{4-48}$$

对数幅频特性为

$$L(\omega)=20\lg A(\omega)=20\lg\frac{K}{\omega^v}=20\lg K-20v\lg\omega \tag{4-49}$$

v 值不同时，低频段对数幅频特性的渐近线形状分别如图 4-34 所示，为斜率不等的一些直线，斜率为 $-20v$dB/dec。

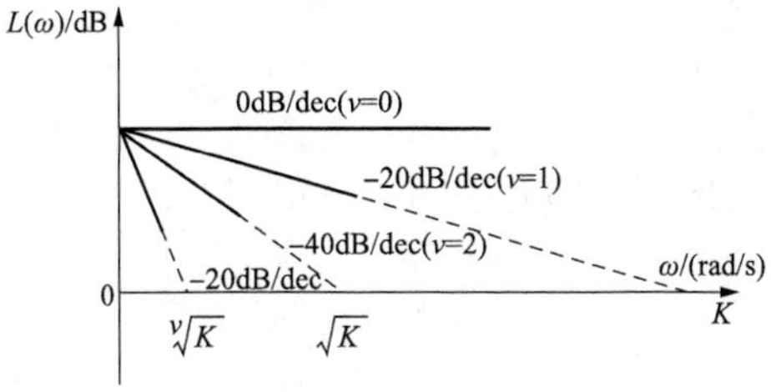

图 4-34 低频段对数幅频特性曲线

开环增益 K 和低频段高度的关系可以用多种方法确定。例如，将低频段对数幅频特性曲线的延长线交于 0dB 线，则由式（4-49）得

$$20\lg K=20v\lg\omega$$

故

$$K=\omega^v \text{ 或 } \omega=\sqrt[v]{K} \tag{4-50}$$

若 $v=1$（Ⅰ型系统），则与 0dB 线交点的频率为 K。故在 0dB 线上找数值为 K 的 ω 点，过此点作 -20dB/dec 斜率的直线，即为Ⅰ型系统的低频段特性。

若 $v=2$（Ⅱ型系统），低频段斜率为 -40dB/dec，其延长线与 0dB 线的交点频率为 $\sqrt{K}$。

可以看出，对数幅频特性曲线的低频渐近线斜率越负，说明积分环节的数目越多；位置越高，说明开环增益 K 越大。故闭环系统在满足稳定的条件下，其稳态误差越小，动态响应的最终精度越高。

二、中频段

中频段通常是指开环对数幅频特性曲线 $L(\omega)=20\lg A(\omega)$ 在穿越频率 ω_c 附近（或 0dB 附近）的区段，这一段特性集中反映了闭环系统动态响应的平稳性和快速性。下面在假定闭环系统稳定的条件下，对两种极端情况进行分析。

1. 中频段斜率为 −20dB/dec，且占据的频率区间较宽

若只从平稳性和快速性来考虑，可近似地认为整个曲线是一条斜率为 −20dB/dec 的直线，如图 4-35(a) 所示。

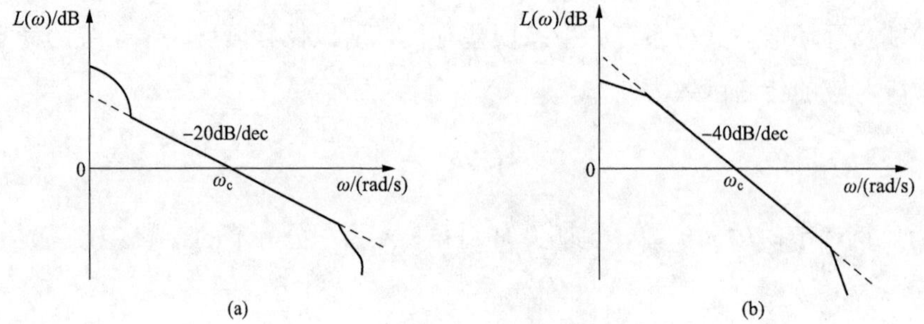

图 4-35　中频段对数幅频特性曲线

(a) 中频段斜率为 −20dB/dec；(b) 中频段斜率为 −40dB/dec

对于单位负反馈系统，其对应的开环传递函数为

$$G(s)\approx\frac{K}{s}=\frac{\omega_c}{s} \tag{4-51}$$

闭环传递函数为

$$\Phi(s)=\frac{G(s)}{1+G(s)}\approx\frac{\omega_c/s}{1+\omega_c/s}=\frac{1}{\dfrac{1}{\omega_c}s+1} \tag{4-52}$$

这相当于一阶系统。其阶跃响应按指数规律变化，无振荡，即有较高的稳定程度。

调节时间为

$$t_s\approx 3T=\frac{3}{\omega_c} \tag{4-53}$$

由式（4-53）可见，穿越频率越大，调节时间越短，系统响应也就越快。所以，穿越频率 ω_c 反映了系统响应的快速性。

2. 中频段斜率为 −40dB/dec，且占据的频率区间较宽

若只从平稳性和快速性来考虑，可近似地认为整个曲线是一条斜率为 −40dB/dec 的直线，如图 4-35(b) 所示。

对于单位负反馈系统，其对应的开环传递函数为

$$G(s)\approx\frac{K}{s^2}=\frac{\omega_c^2}{s^2} \tag{4-54}$$

闭环传递函数为

$$\Phi(s)=\frac{G(s)}{1+G(s)}\approx\frac{\omega_c^2/s^2}{1+\omega_c^2/s^2}=\frac{\omega_c^2}{s^2+\omega_c^2} \tag{4-55}$$

由式（4-55）可见，相当于无阻尼（$\xi=0$）二阶系统，系统处于临界稳定状态，动态过程持续振荡。所以，如果中频段斜率为-40dB/dec，则所占频率区间不能过宽，否则，系统的平稳性将难以满足要求。如果中频段的斜率更负，闭环系统将难以稳定。通常，取中频段的斜率为-20dB/dec，以期得到良好的平稳性，而以提高穿越频率 ω_c 来保证快速性要求。

三、高频段

高频段通常是指开环对数幅频特性曲线 $L(\omega)=20\lg A(\omega)$ 在中频段以后的区段，这部分特性是由系统中时间常数很小频带很高的部件决定的。由于远离穿越频率 ω_c，一般分贝值又较低，故对系统的动态响应影响不大，近似分析时可以只保留一两个部件特性的作用，而将其他高频部件当作放大环节处理。

另外，从系统抗干扰的角度来看，高频段特性是有其意义的。一般

$$L(\omega)=20\lg A(\omega)=20\lg|G(j\omega)|\ll 0$$

即$|G(j\omega)|\ll 1$，故有

$$|\Phi(j\omega)|=\frac{|G(j\omega)|}{|1+G(j\omega)|}\approx|G(j\omega)| \tag{4-56}$$

由式（4-56）可见，闭环幅频特性与开环幅频特性近似相等，相当于反馈不起作用。

因此，系统开环对数幅频特性在高频段的幅值直接反映了系统抗高频干扰的能力。高频段的分贝值越低，表明系统抗干扰能力越强。

三个频段的划分并没有很严格的确定性准则，但是三个频段的概念为直接运用开环频率特性判别稳定的闭环系统的动态性能，指出了原则和方向。

综上所述，对于最小相位系统（开环系统无右极点），系统的开环对数幅频特性直接反映了系统的动态和稳态性能。三频段的概念，为设计一个合理的控制系统提出了如下要求。

（1）低频段的斜率要陡，增益要大，则系统的稳态精度高。如系统要达到二阶无稳态误差，则 $L(\omega)$ 线低频段斜率应为-40dB/dec。

（2）中频段以斜率-20dB/dec 穿越 0dB 线，且具有一定中频带宽，则系统动态性能好。

（3）要提高系统的快速性，则应提高穿越频率 ω_c。

（4）高频段的斜率要比低频段的斜率还要陡，且 $L(\omega)\ll 0$，以保证系统抑制高频干扰的能力。

四、二阶系统开环频率特性与动态性能的关系

典型二阶系统的开环传递函数为

$$G(s)=\frac{\omega_n^2}{s(s+2\xi\omega_n)} \tag{4-57}$$

开环频率特性为

$$G(j\omega)=\frac{\omega_n^2}{j\omega(j\omega+2\xi\omega_n)} \tag{4-58}$$

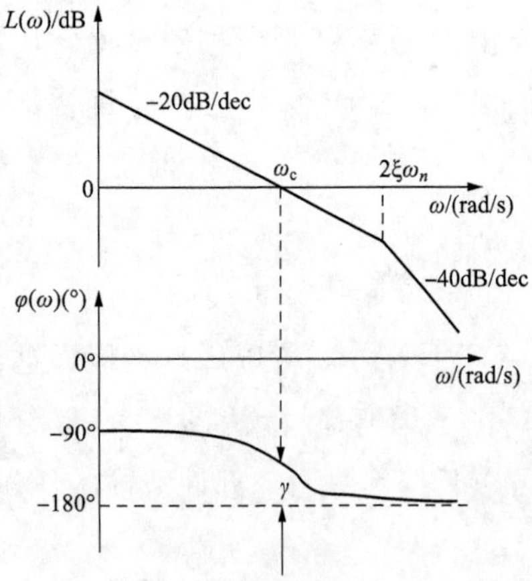

图 4-36　二阶系统的开环对数频率特性曲线

幅频特性为

$$A(\omega)=\frac{\omega_n^2}{\omega\sqrt{\omega^2+(2\xi\omega_n)^2}} \tag{4-59}$$

相频特性为

$$\varphi(\omega)=-90^\circ-\arctan\frac{\omega}{2\xi\omega_n} \tag{4-60}$$

二阶系统的开环对数频率特性如图 4-36 所示。

1. 相角裕量 γ 和阻尼比 ξ 之间的关系

由于 $A(\omega_c)=1$，则

$$A(\omega_c)=\frac{\omega_n^2}{\omega_c\sqrt{\omega_c^2+(2\xi\omega_n)^2}}=1$$

求解上述方程，并取正值得

$$\frac{\omega_c}{\omega_n}=\sqrt{\sqrt{4\xi^4+1}-2\xi^2} \tag{4-61}$$

相角裕量为

$$\gamma=180^\circ+\varphi(\omega_c)=180^\circ-90^\circ-\arctan\frac{\omega_c}{2\xi\omega_n}=\arctan\frac{2\xi\omega_n}{\omega_c}$$

将式（4-61）代入上式，最后得

$$\gamma=\arctan\frac{2\xi}{\sqrt{\sqrt{4\xi^4+1}-2\xi^2}} \tag{4-62}$$

式（4-62）表明，二阶系统的相角裕量 γ 和阻尼比 ξ 之间存在一一对应关系，它们之间的关系曲线如图 4-37 所示。从曲线可知，ξ 越大，γ 就越大，系统的稳定性就越好。反之，ξ 越小，γ 就越小。当 $0<\xi<0.707$ 时，可近似地认为 ξ 每增加 0.1，γ 就增加 10°，即有

$$\gamma=100\xi \tag{4-63}$$

2. 相角裕量 γ 和超调量 $\sigma\%$ 之间的关系

在时域分析中，超调量 $\sigma\%$ 和阻尼比 ξ 之间的关系是

$$\sigma\%=e^{-\xi\pi/\sqrt{1-\xi^2}}\times100\% \tag{4-64}$$

可将 ξ 和 $\sigma\%$ 之间的关系用曲线表示，如图 4-37 所示。从

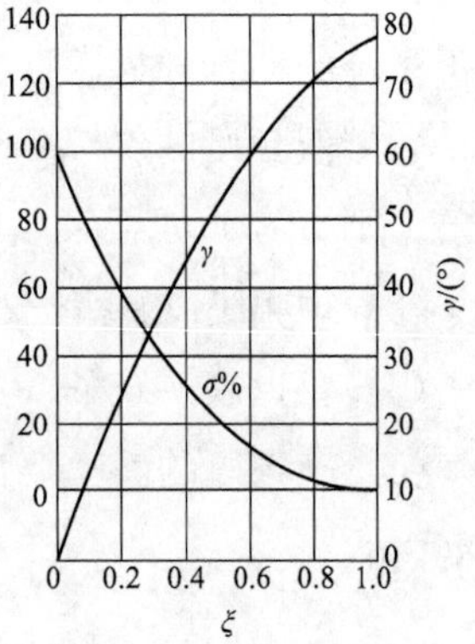

图 4-37　γ 与 ξ 之间、ξ 与 $\sigma\%$ 之间的关系曲线

曲线可知，γ 越大，$\sigma\%$越小。反之亦然。

3. **相角裕量 γ 和调节时间 t_s 之间的关系**

在时域分析中，

$$t_s=\frac{3}{\xi\omega_n}$$

将式（4-61）代入上式，可得

$$t_s\omega_c=\frac{3\sqrt{\sqrt{4\xi^4+1}-2\xi^2}}{\xi} \tag{4-65}$$

将式（4-62）代入式（4-65）中，可得

$$t_s\omega_c=\frac{6}{\tan\gamma} \tag{4-66}$$

由以上分析可知，在 γ 不变时，穿越频率 ω_c 越大，调节时间 t_s 越短。

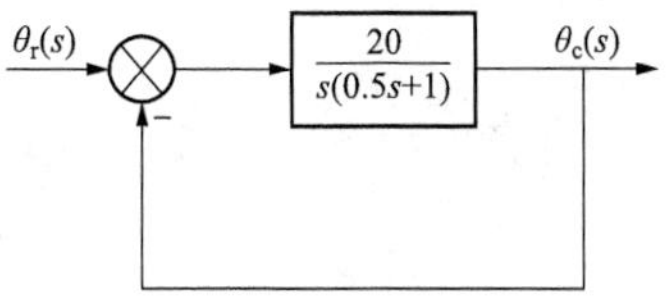

图 4-38 随动系统的动态结构图

【例 4-13】 某随动系统的动态结构图如图 4-38 所示，试采用频率法分析其性能，并求出系统的频域指标 ω_c、γ 和时域指标 $\sigma\%$、t_s。

解 （1）该随动系统的开环对数频率特性曲线如图 4-39 所示。

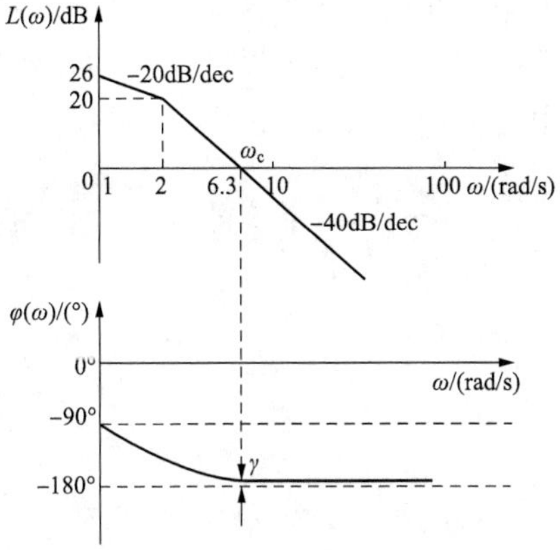

图 4-39 例 4-13 系统的开环对数频率特性曲线

由幅值近似算式 $\frac{20}{0.5\omega_c^2}\approx1$，得 $\omega_c\approx6.3\text{rad/s}$

相角裕量为

$$\begin{aligned}\gamma&=180°+\varphi(\omega_c)\\&=180°-90°-\arctan(0.5\times6.3)\\&=90°-72.38°\\&=17.62°\end{aligned}$$

根据式（4-63），得 $\xi=\frac{\gamma}{100}=0.176$

根据式（4-61），得

$$\omega_n=\frac{\omega_c}{\sqrt{\sqrt{4\xi^4+1}-2\xi^2}}=6.5(\text{rad/s})$$

根据式（4-64），得

$$\sigma\%=e^{-\xi\pi/\sqrt{1-\xi^2}}\times100\%=57\%$$

根据式（4-66），得 $t_s=\frac{6}{\omega_c\tan\gamma}=3(\text{s})$

（2）在系统前向通道中加入比例微分环节，如图 4-40 所示。

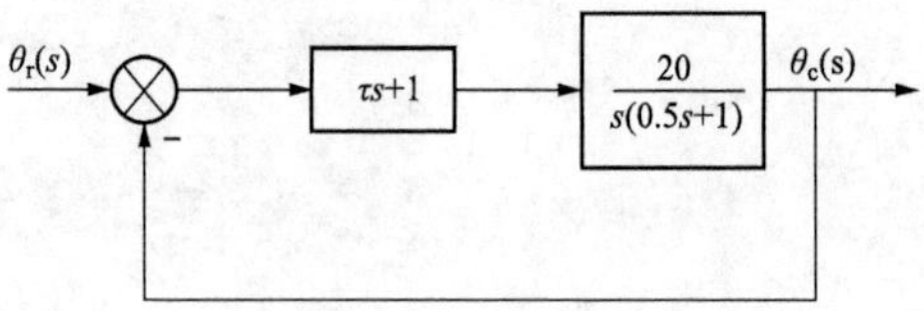

图 4-40　加入比例微分环节后的动态结构图

1）当 $\tau=0.01$ 时，系统的开环传递函数为 $G(s)=\dfrac{20(0.01s+1)}{s(0.5s+1)}$，系统的开环对数频率特性曲线如图 4-41 所示。

由幅值近似算式

$$\frac{20}{0.5\omega_c^2}\approx 1，得\ \omega_c\approx 6.3\text{rad/s}$$

相角裕量为

$$\begin{aligned}\gamma&=180^\circ+\varphi(\omega_c)=180^\circ-90^\circ-\arctan(0.5\times 6.3)+\arctan(0.01\times 6.3)\\&=90^\circ-72.38^\circ+3.6^\circ=21.22^\circ\end{aligned}$$

根据式（4-63），得 $\xi=\dfrac{\gamma}{100}=0.21$

根据式（4-61），得 $\omega_n=\dfrac{\omega_c}{\sqrt{\sqrt{4\xi^4+1}-2\xi^2}}=6.59(\text{rad/s})$

根据式（4-64），得 $\sigma\%=e^{-\xi\pi/\sqrt{1-\xi^2}}\times 100\%=51\%$

根据式（4-66），得 $t_s=\dfrac{6}{\omega_c\tan\gamma}=2.45(\text{s})$

从时域指标可见，加入比例微分环节后，系统的调整时间有所缩短，超调量减小。而从对应的频域指标来看，相角裕量增加，但穿越频率变化不大。总的来说，由于加入的比例微分环节的转折频率远大于穿越频率，故对系统性能影响不太明显。

2）当 $\tau=0.2$ 时，系统的开环传递函数为 $G(s)=\dfrac{20(0.2s+1)}{s(0.5s+1)}$，系统的开环对数频率特性曲线如图 4-42 所示。

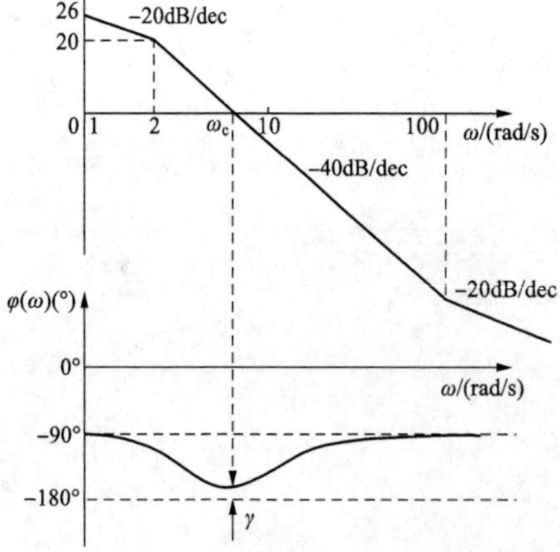

图 4-41　加入比例微分环节后的开环对数频率特性曲线

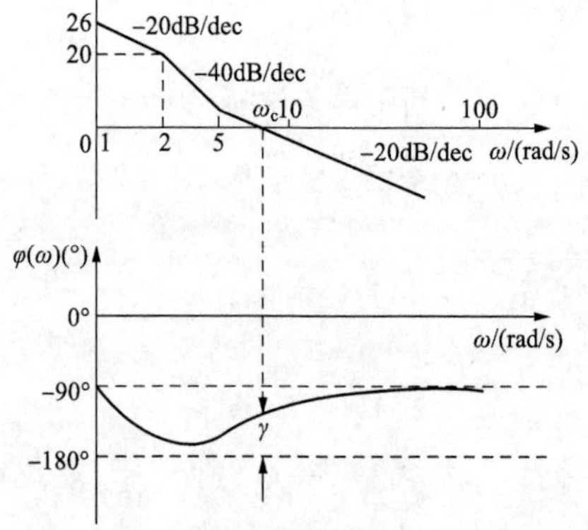

图 4-42　修改微分常数后的开环对数频率特性曲线

由幅值近似算式

$$\frac{20\times0.2\omega_c}{0.5\omega_c^2}\approx1，得\ \omega_c\approx8\text{rad/s}$$

相角裕量为

$$\begin{aligned}\gamma&=180^\circ+\varphi(\omega_c)=180^\circ-90^\circ-\arctan(0.5\times8)+\arctan(0.2\times8)\\&=90^\circ-75.96^\circ+58^\circ=72^\circ\end{aligned}$$

由于$\gamma>70^\circ$，即$\xi>0.7$，不符合式（4-63）的使用条件，应通过闭环传递函数来求性能指标。

闭环传递函数为

$$\Phi(s)=\frac{40(0.2s+1)}{s^2+10s+40}$$

对应振荡环节的标准式，可知$\omega_n^2=40$，$2\xi\omega_n=10$。则$\omega_n=6.3\text{rad/s}$，$\xi=0.79$

根据式（4-64），得$\sigma\%=e^{-\xi\pi/\sqrt{1-\xi^2}}\times100\%=1.7\%$

根据式（4-66），得$t_s=\dfrac{6}{\omega_c\tan\gamma}=0.54(\text{s})$

由于修改微分常数后，比例微分环节的转折频率低于原系统的穿越频率，幅频特性曲线斜率的改变，对系统的穿越频率产生影响，其结果是穿越频率增加，系统的响应加快。由于超调量减小，相角裕量增加，所以系统的平稳性增强。

第六节　MATLAB 用于控制系统频域分析

MATLAB 既能绘制系统精确的频率特性曲线，还能方便地获得系统精确的稳定裕量等参数，这对于系统的分析和设计是很有帮助的。

一、频率特性曲线的绘制

系统频率特性曲线一般包括伯德图和奈氏图两种。

1. 伯德图

使用命令 bode 可以绘制系统的伯德图。一般可用命令

```
bode(num,den)
```

来绘制伯德图。执行该命令，能在同一屏幕中的上、下两部分分别生成系统的对数幅频特性曲线和对数相频特性曲线。该命令未给出频率 ω 的范围，MATLAB 会自动地根据模型的变化情况，选择一个比较合适的频率范围。

若要规定频率 ω 的范围，可用命令

```
w = logspace(m,n,npts);bode(num,den,w)
```

来绘制伯德图。其中，w 表示频率 ω；logspace(m,n,npts) 用来产生频率自变量的采样点，即在十进制数 10^m 和 10^n 之间，产生 npts 个用十进制对数分度的等距离采样点，npts 由用户自行确定。

若要生成系统的幅值和相角，可用命令

```
[mag,phase,w] = bode(num,den)
```

或

```
[mag,phase] = bode(num,den,w)
```

生成的幅值 mag 和相角值 phase 均为列矢量，相角以（°）为单位。但幅值的单位不是 dB，需通过以下命令处理

```
magdB = 20 * log10(mag)
```

式中：magdB 为以 dB 为单位的幅值。

无论采用生成系统的幅值和相角值命令中的哪种形式，都不能得到伯德图，必须依靠绘图命令才能获得。可采用如下命令

```
subplot(211),semilogx(w,magdB);
subplot(212),semilogx(w,phase)
```

来绘制伯德图。第一行命令把屏幕分成两个部分，并把系统对数幅频特性曲线放在屏幕的上半部分，幅值的单位为 dB；第二行命令将系统对数相频特性曲线放在屏幕的下半部分。

【例 4-14】 振荡环节的传递函数为 $G(s)=\dfrac{\omega_n^2}{s^2+2\xi\omega_n s+\omega_n^2}$，试在同一屏幕下绘制当 $\omega_n=1$，ξ 分别取 0、0.2、0.4、0.6、0.8、1 时该环节的伯德图。

解 在 MATLAB 命令行输入以下程序：

```
num = [1];
zeta1 = 0;den1 = [1 2 * zeta1 1];
zeta2 = 0.2;den2 = [1 2 * zeta2 1];
zeta3 = 0.4;den3 = [1 2 * zeta3 1];
zeta4 = 0.6;den4 = [1 2 * zeta4 1];
zeta5 = 0.8;den5 = [1 2 * zeta5 1];
zeta6 = 1;den6 = [1 2 * zeta6 1];
[mag1,phase1,w1] = bode(num,den1);
[mag2,phase2,w2] = bode(num,den2);
[mag3,phase3,w3] = bode(num,den3);
[mag4,phase4,w4] = bode(num,den4);
[mag5,phase5,w5] = bode(num,den5);
[mag6,phase6,w6] = bode(num,den6);
subplot(211);
```

```
semilogx(w1,20 * log10(mag1),w2,20 * log10(mag2),w3,20 * log10(mag3),w4,
20 * log10(mag4),w5,20 * log10(mag5),w6,20 * log10(mag6));
gtext('zeta = 0')
gtext('zeta = 1')
grid
subplot(212);
semilogx(w1,phase1,w2,phase2,w3,phase3,w4,phase4,w5,phase5,w6,phase6);
gtext('zeta = 0')
gtext('zeta = 1')
grid
```

按回车运行结果如图 4-43 所示。

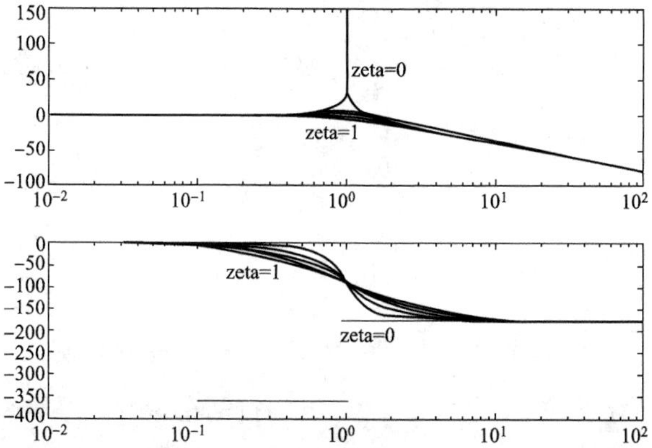

图 4-43 例 4-14 振荡环节的伯德图

2. 奈氏图

绘制奈氏图可用命令

nyquist(num,den)

或 w = logspace(m,n,npts);nyquist(num,den,w)

与伯德图类似，还有另外两种命令形式

[re,im,w] = nyquist(num,den)

或 [re,im] = nyquist(num,den,w)

这两种形式只能获得 $G(j\omega)$ 的实部和虚部。要想得到奈氏图，还需执行如下命令

plot(re,im)

【例 4-15】 绘制例 4-14 中振荡环节当 ξ=0.3、0.5、0.7 时的奈氏图。

解 在 MATLAB 命令行输入以下程序：

```
num = [1];
```

```
zeta1 = 0.3;den1 = [1 2 * zeta1 1];
zeta2 = 0.5;den2 = [1 2 * zeta2 1];
zeta3 = 0.7;den3 = [1 2 * zeta3 1];
[re1,im1] = nyquist(num,den1);
[re2,im2] = nyquist(num,den2);
[re3,im3] = nyquist(num,den3);
plot(re1,im1,re2,im2,re3,im3)
gtext('zeta = 0.3')
gtext('zeta = 0.5')
gtext('zeta = 0.7')
```

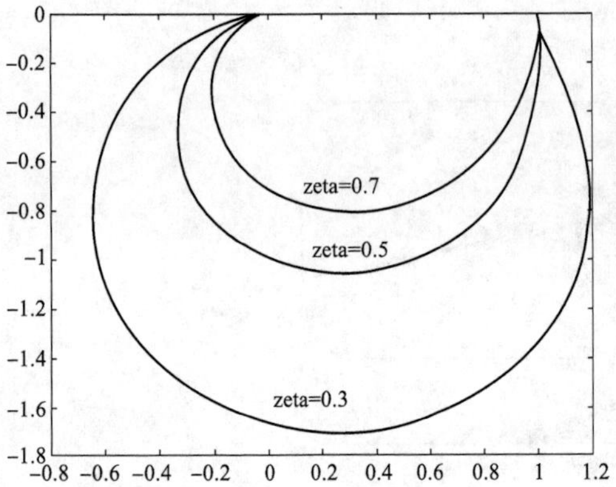

图 4-44　例 4-15 振荡环节的奈氏图

按回车运行结果如图 4-44 所示。

【例 4-16】 已知某惯性环节的传递函数为 $G(s)=\dfrac{1}{2s+1}$，试绘制该环节的伯德图和奈氏图。

解　在MATLAB 命令行输入以下程序：

```
num = [1];
den = [2 1];
bode(num,den);
```

按回车运行可得伯德图，如图 4-45 所示。

继续输入 nyquist(num,den);

按回车运行可得奈氏图，如图 4-46 所示。

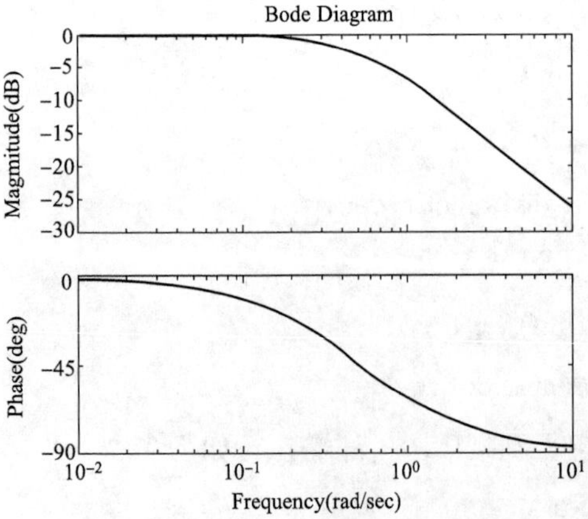

图 4-45　例 4-16 惯性环节的伯德图

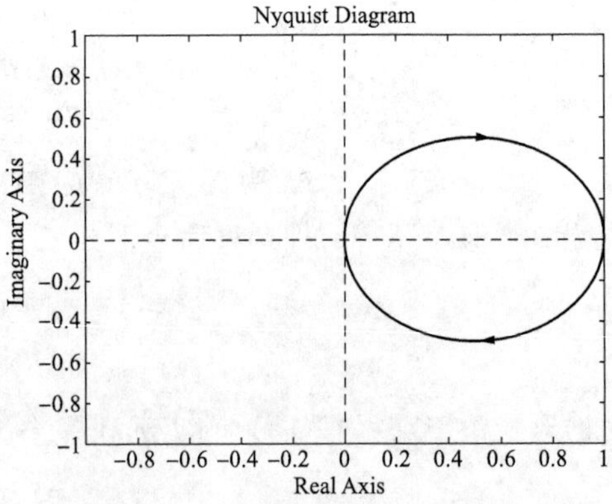

图 4-46　例 4-16 惯性环节的奈氏图

二、求取幅值裕量和相角裕量

在分析系统频率特性时，需要分析系统的相对稳定性，即求取系统的稳定裕量。在

MATLAB 中使用 margin 命令可以方便地获得系统精确的稳定裕量。命令格式为

```
[gm,pm,wcg,wcp] = margin(mag,phase,w)
```

或

```
margin(mag,phase,w)
```

第一个命令的输入参数值为幅值（mag，不是以 dB 为单位）、相角（phase）与频率矢量（w），它们是由 bode 命令得到的。输出参数是幅值裕量（gm，不是以 dB 为单位）、相角裕量（pm，以（°）为单位）和它们所对应的频率（即相角为$-180°$处的频率 wcg 和幅值为 0dB 处的频率 wcp）。第二个命令格式中没有输出参数，但执行此命令可以生成带有裕量标记（垂直线）的伯德图，且在曲线上方给出稳定裕量以及所对应的频率。

【例 4-17】 已知单位负反馈系统开环传递函数为$G(s)=\dfrac{1}{s^3+3s^2+2s}$，试绘制系统开环伯德图，并求取系统的稳定裕量。

解 在MATLAB 命令行输入以下程序：

```
num = [1];
den = [1 3 2 0];
[mag,phase,w] = bode(num,den);
subplot(211);
semilogx(w,20 * log10(mag));
grid
subplot(212);
semilogx(w,phase);
grid
[gm,pm,wcg,wcp] = margin(mag,phase,w)
```

按回车运行可得伯德图，如图 4-47 所示。同时在 MATLAB 命令窗口可得到以下参数：

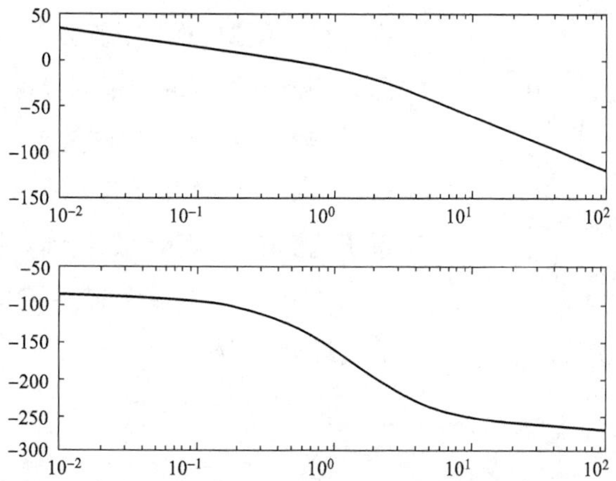

图 4-47 例 4-17 系统的开环伯德图

```
gm = 6.092（不是以 dB 为单位）
pm = 53.3867
wcg = 1.4142
wpc = 0.4455
```

若要生成带有裕量标记的伯德图，将上述程序第二行以后改为

```
margin(num,den)
```

即可得到带有裕量标记的伯德图，如图 4-48 所示。

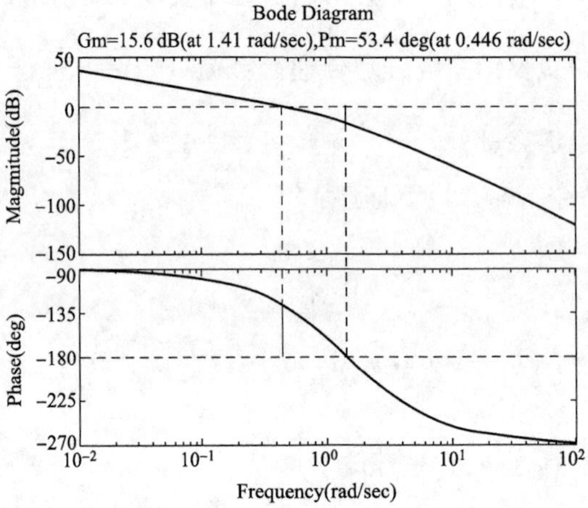

图 4-48　例 4-17 系统带有裕量标记的伯德图

第七节　循序渐进分析示例——磁盘驱动读取系统

现代磁盘在每厘米宽度内有多达 5000 个磁道，每个磁道的典型宽度仅为 1 μm，因此磁盘驱动读取系统对磁头的定位精确和磁头在磁道间移动的精确有严格的要求。本章在电动机—负载模型中引入弹性簧片的弹性项，以便研究磁盘驱动读取系统的频率响应特性。

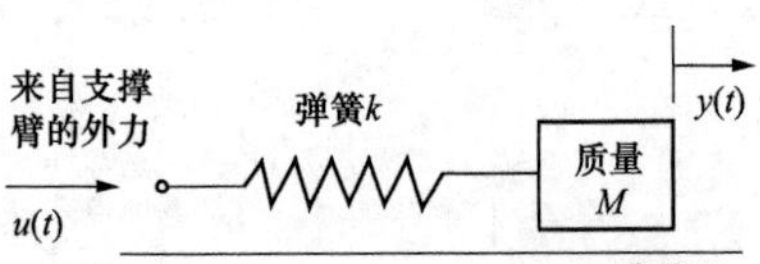

图 4-49　磁头与簧片的弹簧—质量—阻尼系统模型

考虑图 4-49 所示的磁头支架。为满足快速运动的需要，磁头支撑臂和簧片都非常轻，但必须考虑簧片对系统的影响。该簧片是由弹簧钢制成的很薄的支架。

图 4-49 给出的模型描述了挂有磁头的弹性簧片。从第二章可知，弹簧—质量—阻尼系统的传递函数为

$$\frac{Y(s)}{U(s)}=G_3(s)=\frac{\omega_n^2}{s^2+2\xi\omega_n s+\omega_n^2}=\frac{1}{1+\frac{2\xi s}{\omega_n}+\left(\frac{s}{\omega_n}\right)^2}$$

图 4-50 给出了磁头位置控制系统模型，其中注明了磁头与簧片的典型参数值，即$\xi=0.3$，

$f_n=3000\text{Hz}$（$\omega_n=18.85\times10^3\text{rad/s}$）。

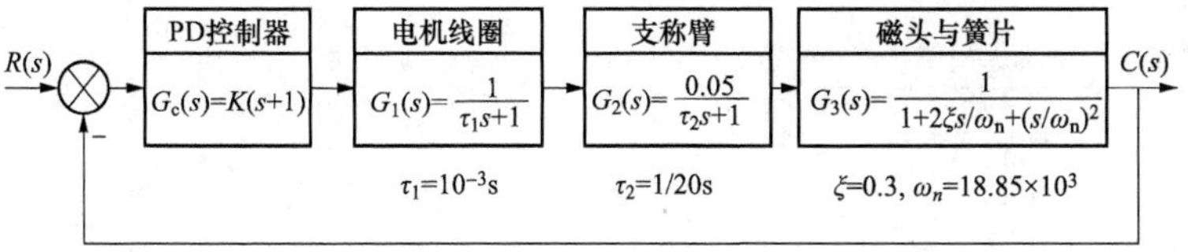

图 4-50　包括簧片的弹性性能的磁头位置控制系统模型

为了得到磁盘驱动读取系统的频率响应，取 $K=400$，并首先绘制开环幅频特性草图，包括幅频特性渐近线和近似曲线，如图 4-51 所示。在绘制幅频特性近似曲线时，根据定义式：

$$20\lg|K(j\omega+1)G_1(j\omega)G_2(j\omega)G_3(j\omega)|$$

在选定的频率点上，计算了系统的对数幅值增益。从图 4-51 可以看出，在谐振频率 ω_n 附近，幅频特性近似曲线比渐近线高出约 10dB。由此可见，在使用幅频特性草图时尽量避开谐振频率。

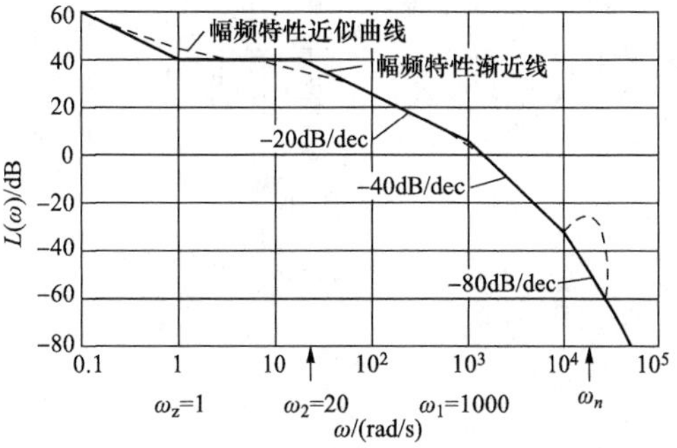

图 4-51　磁头位置控制系统的幅频特性草图

接下来，绘制磁盘确定读取系统的精确的伯德图，其开环和闭环幅频特性曲线如图 4-52 所示。从图中可以看出，闭环系统的宽带为 $\omega_B=2000\text{rad/s}$。当 $\xi\approx0.8$，$\omega_n\approx\omega_B$ 时，由近似公式 $t_s=\dfrac{4}{\xi\omega_n}$，可以估计得到闭环系统的调节时间为 $t_s=2.5\text{ms}$。此外，只要 $K\leqslant400$，谐振频率点就会超出带宽之外。

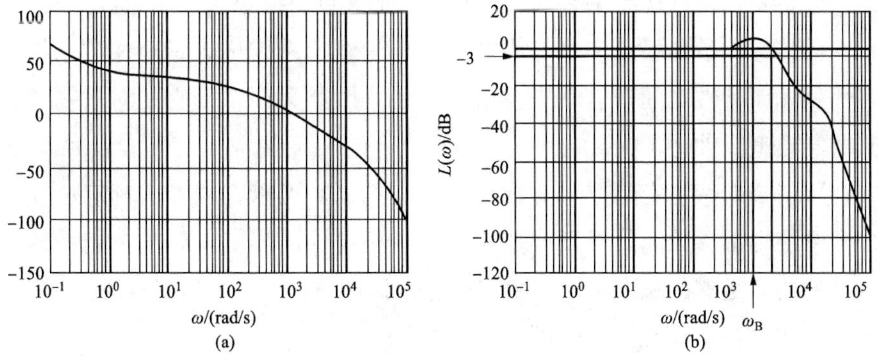

图 4-52　磁盘驱动读取系统的伯德图

(a) 开环幅频特性；(b) 闭环幅频特性

下面利用 MATLAB 求得 $K=400$ 时磁盘驱动读取系统的幅值裕量和相角裕量。

当 $K=400$ 时磁盘驱动读取系统的伯德图如图 4-53 所示，该系统的阶跃响应如图 4-54 所示。由图可见，系统的幅值裕量（增益裕度）为 22.89dB，相角裕量（相角裕度）为

37.18°，调节时间为 $t_s = 9.6\text{ms}$。

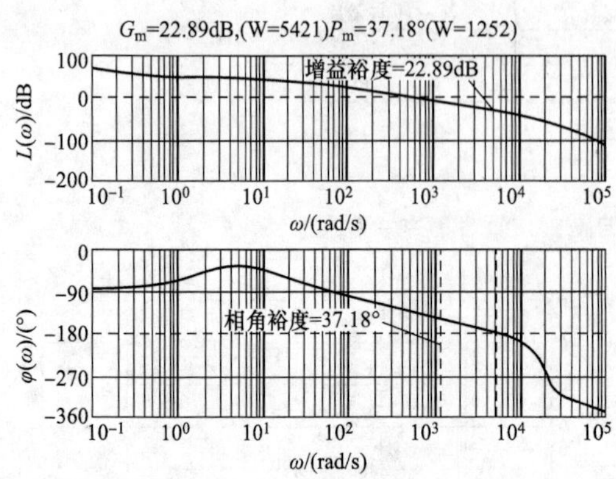

图 4-53　图 4-50 所示系统的伯德图

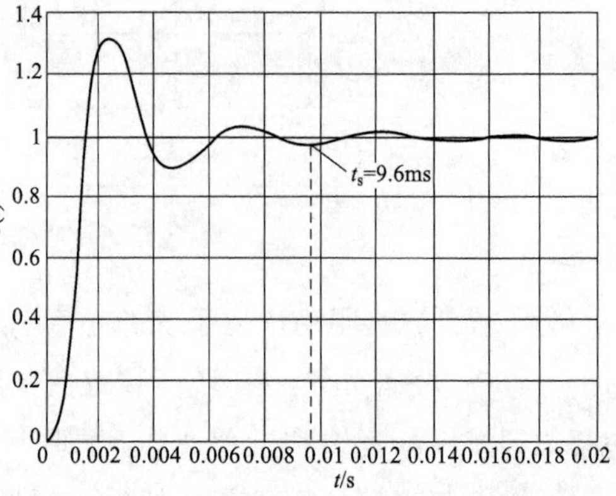

图 4-54　图 4-50 所示系统对阶跃输入的响应

小　　结

（1）线性定常系统在正弦信号作用下，其输出稳态值与输入量之比定义为频率特性。它是传递函数的一种特殊形式，即 $G(j\omega)=G(s)|_{s=j\omega}$，能反映系统动态过程的性能，故可视为动态数学模型。频率特性是经典控制理论最基本的概念之一。

（2）频率法是根据系统的开环频率特性曲线分析系统的闭环性能。频率特性曲线主要包括幅相频率特性曲线（又称奈氏图或极坐标图）和对数频率特性曲线（又称伯德图）。对数频率特性曲线由对数幅频特性曲线和对数相频特性曲线两部分组成。

（3）频率特性有着明确的物理意义，很多元部件的频率特性都可用实验方法确定，这对于难以从分析其物理规律着手来列写动态方程的元部件和系统，有很大的实际意义。

（4）开环传递函数的极点和零点均在 s 左半平面的系统称为最小相位系统。此类系统的幅频特性和相频特性之间有着唯一的对应关系，因此只要根据它的对数幅频特性曲线就能确定其数学模型及性能。

（5）利用奈奎斯特稳定判据和对数频率稳定判据，可以在频域内判定反馈系统的稳定性。考虑到系统内部参数和外界环境变化对系统稳定性的影响，要求控制系统不仅能够稳定地工作，还要有足够的稳定裕量。稳定裕量包括幅值裕量 K_g 和相角裕量 γ，在工程实际中，通常要求相角裕量 γ 在 30°～60°。

（6）为了方便地绘制对数频率特性曲线，常将开环频率特性分为低频段、中频段和高频段三个频段。由低频段可求出系统的型别 v 和开环增益 K，并分析系统的稳态性能。由中频段可求出穿越频率 ω_c 和相角裕量 γ，便可估算出闭环系统的动态性能，即系统动态响应的平稳性和快速性。高频段则反映了系统抗高频干扰的能力，高频段斜率越高，系统抗干扰的能力越强。

（7）二阶系统的开环频域指标 ω_c 和 γ 与时域指标 t_s、$\sigma\%$之间有着确定的关系。

术语和概念

频率特性（transfer function in the frequency domain）：当输入为正弦信号时，输出信号与输入信号的 Fourier 变换之比，常记为 $G(\mathrm{j}\omega)$。

闭环频率响应（closed-loop frequency response）：闭环传递函数 $\Phi(\mathrm{j}\omega)$ 的频率响应。

极坐标图（polar plot）：$G(\mathrm{j}\omega)$ 的实部与虚部的关系图。

对数幅值（logarithmic magnitude）：传递函数幅值的对数，即 $20\lg|G|$，其中 G 为频率特性函数。

分贝（decibel，dB）：对数增益的度量单位。

伯德图（Bode polt）：传递函数的对数幅值与对数频率 ω 之间的关系图以及传递函数的相角与对数频率 ω 之间的关系图。

转折频率（corner frequency）：由于零点和极点的影响，幅频响应渐近性的斜率发生变换时的对应频率。

最小相位系统（minimum phase sysytem）：传递函数的所有零点都在 s 左半平面。

非最小相位系统（nonminimum phase system）：传递函数有零点在 s 右半平面。

幅角定理（principle of the argument）：如果闭合曲线沿顺时针方向包围 $F(s)$ 的 Z 个零点和 P 个极点，则对应的 $F(s)$ 平面上的映射曲线将沿逆时针方向包围 $F(s)$ 平面的原点 $N=P-Z$ 次。

奈奎斯特稳定判据（nyquist stability criteroin）：如果 $G(s)$ 在 s 右半平面的极点数为零，那么反馈控制系统稳定的充要条件为 $G(s)$ 平面上的映射曲线不包围（-1，j0）点。如果 $G(s)$ 在 s 右半平面有 P 个极点，那么反馈控制系统稳定的充要条件是 $G(s)$ 平面上的映射曲线应逆时针方向包围（-1，j0）点 P 次。

相角裕量（phase margin）：$G(\mathrm{j}\omega)H(\mathrm{j}\omega)$ 平面上的 Nyquist 映射曲线绕原点旋转到使它的单位幅值点与（-1，j0）点重合，导致系统变为临界稳定时所需的相角移动量。

幅值裕量（magnitude margin）：使系统达到临界稳定所需的系统增益的放大倍数，此时，相角为$-180°$，Nyquist 曲线将通过（-1，j0）点。

习　题

4-1　计算机磁头驱动器要严格控制磁头的位置，磁头的位置控制系统的传递函数为 $G(s)=\dfrac{K}{(s+1)^2}$，试完成当 $K=4$ 时，绘制系统的奈氏图，并计算 $\omega=0.5$、1 和 2 时频率特性的幅值和相角。

4-2　试精确绘制下列传递函数的幅相频率特性曲线和开环对数频率特性曲线：

(1) $G(s)=\dfrac{10}{(2s+1)(8s+1)}$；(2) $G(s)=\dfrac{10(s+1)}{s^2}$。

4-3　试概略绘制下列传递函数的幅相频率特性曲线：

(1) $G(s)=10s^{-1}$；(2) $G(s)=10s^{-2}$；(3) $G(s)=10s^{-3}$。

4-4　系统的开环传递函数如下：

(1) $G(s)=\dfrac{1}{(1+0.5s)(1+2s)}$；(2) $G(s)=\dfrac{1+0.5s}{s^2}$；(3) $G(s)=\dfrac{4}{s(s+2)}$；

(4) $G(s)=\dfrac{750}{s(s+5)(s+15)}$；(5) $G(s)=\dfrac{200}{s^2(s+1)(10s+1)}$；(6) $G(s)=\dfrac{30(s+8)}{s(s+2)(s+4)}$；

(7) $G(s)=\dfrac{10s+1}{3s+1}$；(8) $G(s)=\dfrac{25(0.2s+1)}{s^2+2s+1}$；(9) $G(s)=\dfrac{1000(s+1)}{s(s^2+8s+100)}$；

(10) $G(s)=\dfrac{500}{s(s^2+s+100)}$；(11) $G(s)=\dfrac{50}{s^2+11s+10}$。

试绘制各系统的开环幅相频率特性曲线和开环对数频率特性曲线。

4-5　已知系统的开环幅相频率特性曲线如图 4-55 所示，P 为开环传递函数右半平面的极点数。试根据奈奎斯特稳定判据，判断对应闭环系统的稳定性。

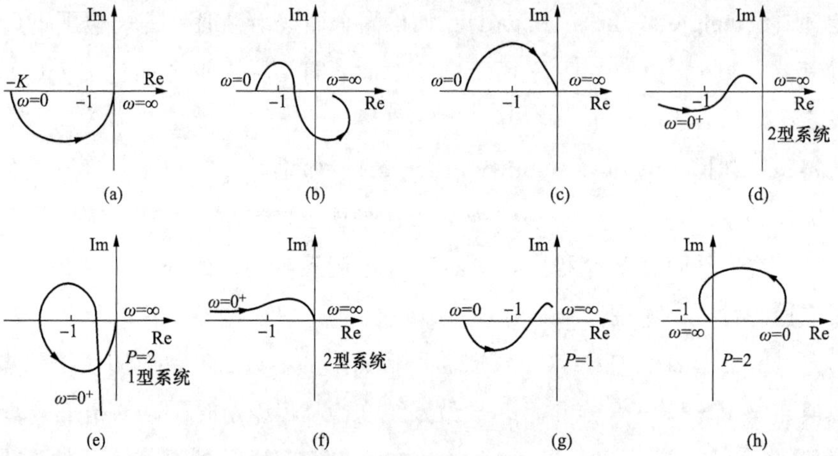

图 4-55　习题 4-5 系统的幅相频率特性曲线

4-6　已知最小相位系统的开环对数幅频特性渐近线如图 4-56 所示。试写出它们的传递函数，并概略画出各传递函数所对应的对数相频特性曲线。

4-7　各单位反馈系统的开环传递函数如下：

(1) $G(s)=\dfrac{100}{s(0.2s+1)}$；(2) $G(s)=\dfrac{6}{s(0.25s+1)(0.06s+1)}$；

(3) $G(s)=\dfrac{75(0.2s+1)}{s^2(0.025s+1)(0.006s+1)}$；(4) $G(s)=\dfrac{10}{s(0.1s+1)(0.5s+1)}$；

(5) $G(s)=\dfrac{10}{(0.2s+1)(s+0.5)(s+2)}$；(6) $G(s)=\dfrac{1}{s(s+1)^2(0.25s+1)}$；

(7) $G(s)=\dfrac{10}{s(0.2s+1)(s-1)}$。

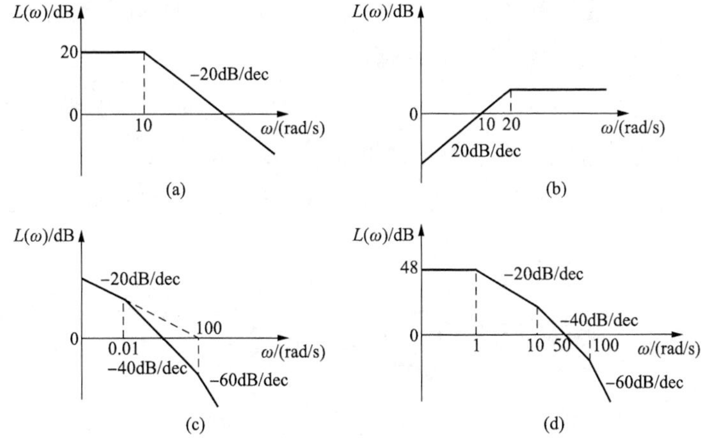

图 4-56 习题 4-6 图

试绘制各系统的开环对数频率特性曲线，求相角裕量及幅值裕量，并判断闭环系统的稳定性。

4-8 已知系统的开环传递函数为 $G(s)=\dfrac{K}{s(s+1)(3s+1)}$，采用奈奎斯特稳定判据确定系统稳定 K 值范围。

4-9 单位负反馈系统的开环传递函数为 $G(s)=\dfrac{7}{s(0.087s+1)}$，试用频域和时域关系求系统的超调量 $\sigma\%$ 及调节时间 t_s。

4-10 设单位反馈控制系统的开环传递函数为 $G(s)=\dfrac{as+1}{s^2}$，试确定相角裕量为 45°时的 a 值。

4-11 某单位反馈系统的开环传递函数为 $G(s)=\dfrac{K}{s(s+1)(s+2)}$，试完成：

(1) 当 $K=4$ 时，验证系统的幅值裕量为 3.5dB；

(2) 当 $K=3$ 时，确定系统的相角裕量；

(3) 如果希望幅值裕量为 16dB，求出对应的 K 值。

4-12 某系统的动态结构图如图 4-57 所示，试求此系统的相角裕量和幅值裕量。

4-13 某系统的动态结构图如图 4-58 所示，试确定相角裕量 γ 和转折频率 ω_c，并估算闭环系统的阶跃响应性能指标 $\sigma\%$ 及 t_s。

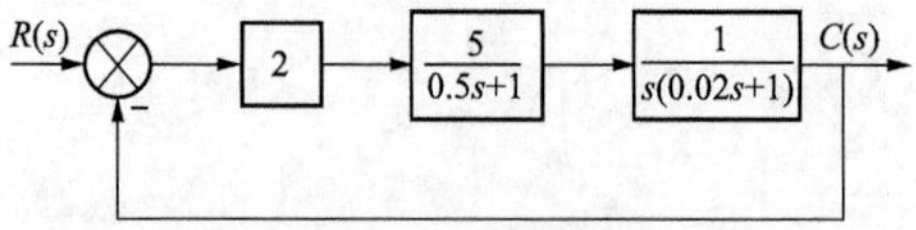

图 4-57　习题 4-12 图

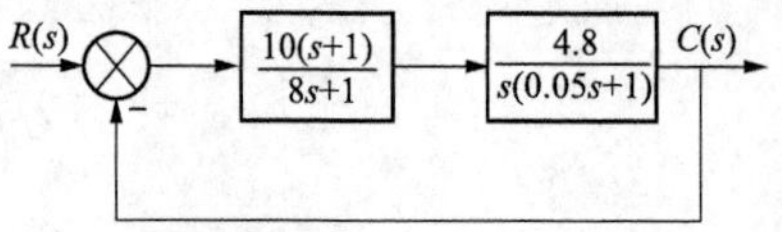

图 4-58　习题 4-13 图

4-14　汽油发动机速度控制系统的结构图如图 4-59 所示。由于汽化器和减压管的能力受限，系统中存在有 $\tau_t=1\text{s}$ 的延时。试完成：

(1) 若发动机的时间常数为 $\tau_e=J/b=3(\text{s})$，速度计的时间常数为 $\tau_m=0.4\text{s}$，确定 K 的取值，使系统速度的稳态误差小于参考速度的 10%；

(2) 利用求出的 K 值，采用奈奎斯特稳定判据判断系统的稳定性，并计算系统的幅值裕量和相角裕量。

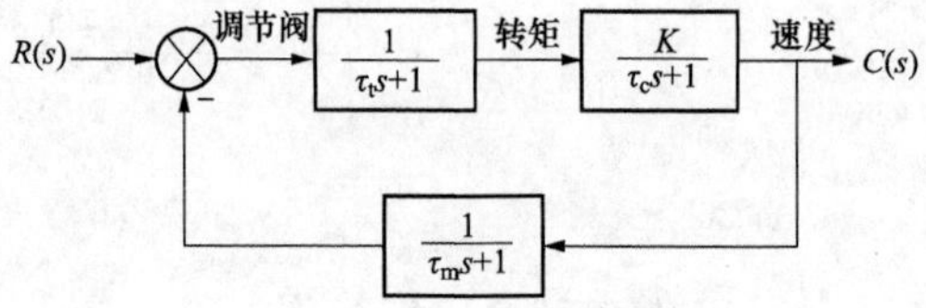

图 4-59　习题 4-14 图

4-15　图 4-60 为垃圾收集系统的示意图，采用遥控机械手来收集垃圾袋。若遥控机械手的开环传递函数为 $G(s)H(s)=\dfrac{0.5}{s(5s+1)(s+2)}$，试计算该系统的幅值裕量和相角裕量。

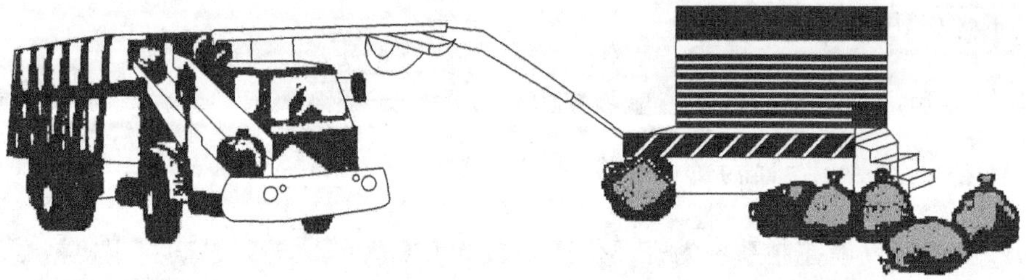

图 4-60　习题 4-15 图

第五章　控制系统的校正

前面几章介绍了控制系统的两种基本分析方法，即时域法和频率法。主要用来分析判断控制系统稳定性的方法，并且通过求解系统暂态性能指标及稳态误差，来评价系统性能的好坏。本章着重介绍有关控制系统设计中的一个重要问题，即控制系统的校正。首先介绍校正装置在系统中的几种连接方式，接着分析三种串联校正装置的校正原理，然后重点介绍串联校正的设计方法，最后定性分析反馈校正和复合校正的原理及特点。

第一节　控制系统的设计与校正

所谓校正，是指当系统的性能指标不能满足控制要求时，通过给系统附加某些新的元件或环节，依靠这些元件或环节的配置来改善原系统的控制性能，从而使系统性能达到控制要求的过程。这些附加的元件或环节称为校正装置。

在研究系统校正装置时，为了方便，将系统中除了校正装置以外的部分，包括被控对象及控制器的基本组成部分一起称为“固有部分”（亦称原有部分或不可变部分）。因此，控制系统的校正，就是按给定的固有部分的性能指标和控制要求，设计校正装置。

一、性能指标

一些控制系统之所以需要校正，是因为系统的性能指标不符合控制要求。在工程上，根据不同的工作环境、工作条件以及生产要求，对控制系统的性能要求也相应地有所不同。例如，调速系统对平稳性和稳态精度要求严格，而随动系统则对快速性期望很高。一般来说，评价控制系统优劣的性能指标有时域指标和频域指标两种体系。

1. 时域指标

时域指标有超调量 $\sigma\%$、调节时间 t_s、阻尼比 ξ、稳态误差 e_{ss}、静态位置误差系数 K_p、静态速度误差系数 K_v 和静态加速度误差系数 K_a 等。

2. 频域指标

频域指标有穿越频率 ω_c、相角裕量 γ 和幅值裕量 K_g 等。

利用系统给定的固有部分和上述部分性能指标，就可以设计出系统的校正装置，使系统满足设计要求。

二、校正方式

按照校正装置在系统中的连接方式，控制系统的校正方式可分为串联校正、反馈校正、前馈校正和复合校正四种。

1. 串联校正

串联校正是校正装置串联在系统前向通道中的校正方式，如图 5-1 所示。其中，$G_o(s)$ 为系统的固有部分，$G_c(s)$ 为串联校正装置。该校正方式的特点是设计和计算比较简单。比较常用的串联校正装置有超前校正装置、滞后校正装置、滞后—超前校正装置等。

2. 反馈校正

反馈校正是指校正装置接在系统局部反馈通道中的校正方式，如图 5-2 所示。反馈校正的设计和计算比串联校正复杂，但是可以获得较特殊的校正效果。

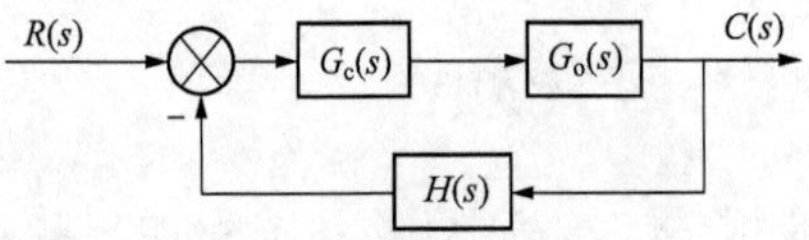

图 5-1　串联校正动态结构图

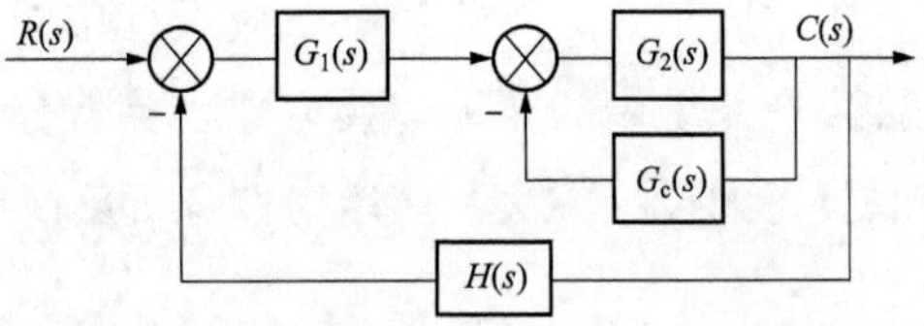

图 5-2　反馈校正动态结构图

$G_1(s)$，$G_2(s)$—原系统前向通道传递函数；

$H(s)$—原系统反馈通道传递函数；$G(s)$—反馈校正装置

3. 前馈校正

前馈校正又称前置校正，是指校正装置处于系统主反馈回路之外的校正方式，如图 5-3 所示。

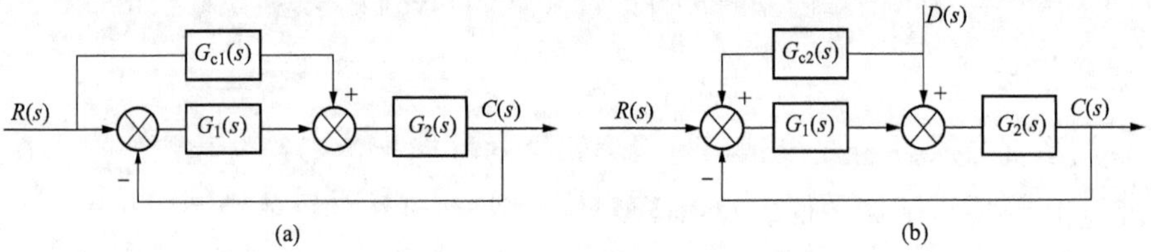

图 5-3　前馈校正动态结构图

前馈校正的作用通常有两种。一种是对参考输入信号的前馈校正，可以提高测量值跟踪给定值的能力，如图 5-3 中（a）图的 $G_{c1}(s)$；另一种作用是对扰动信号进行测量、转换后接入系统，形成一条附加的对扰动影响进行补偿的通道，如图 5-3 图（b）中的 $G_{c2}(s)$。

4. 复合校正

复合校正是在系统中同时采用串联校正、反馈校正和前馈校正中两种或三种的一种校正方式。

第二节　控制系统串联校正

在串联校正中，根据校正装置对系统性能的影响，可分为超前校正、滞后校正和滞后-超前校正三种。

一、超前校正

超前校正是利用超前校正网络的相角超前特性去增大系统的相角裕量，以改善系统的暂态响应。

1. 超前校正装置的结构

图 5-4 为 *RC* 无源超前校正装置的电路图，其传递函数为

$$G_c(s)=\frac{U_c(s)}{U_r(s)}=\frac{R_2}{R_1+R_2}\cdot\frac{R_1Cs+1}{\dfrac{R_2}{R_1+R_2}R_1Cs+1} \tag{5-1}$$

设 $R_1C=T_1$，$\dfrac{R_2}{R_1+R_2}=\alpha<1$ 则，

$$G_c(s)=\alpha\frac{T_1s+1}{\alpha T_1s+1} \tag{5-2}$$

此校正装置的伯德图如图 5-5 所示，其对数渐近幅频曲线具有正斜率段，相频曲线具有正相移，表明在正弦信号作用下的稳态输出电压，在相位上超前于输入，故称为超前校正装置。装置的转折频率分别为 $\omega_1=\dfrac{1}{T_1}$ 和 $\omega_2=\dfrac{1}{\alpha T_1}$。

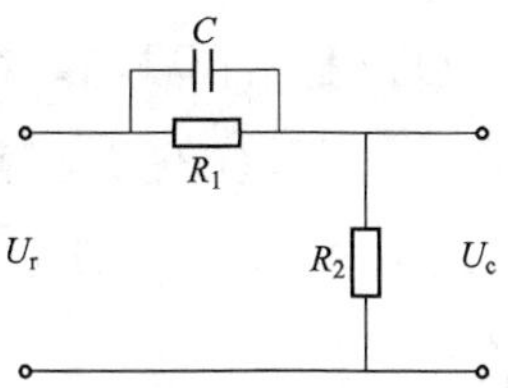

图 5-4 RC 无源超前校正装置的电路图

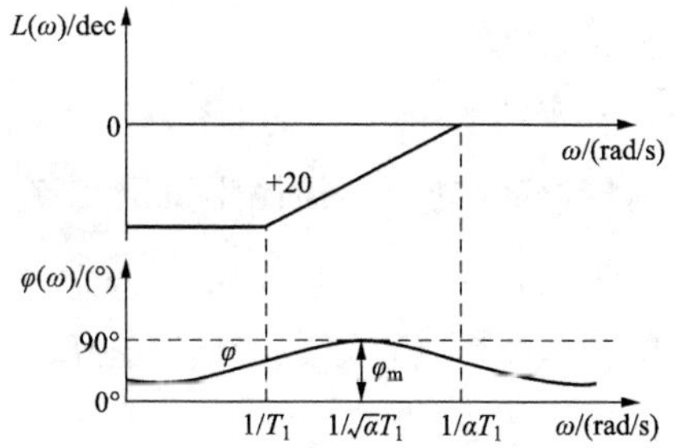

图 5-5 超前校正装置的伯德图

对数幅频特性

$$A(\omega)=\alpha\sqrt{\frac{(\omega T_1)^2+1}{(\alpha\omega T_1)^2+1}} \tag{5-3}$$

对数相频特性

$$\varphi(\omega)=\arctan(\omega T_1)-\arctan(\alpha\omega T_1) \tag{5-4}$$

令 $\dfrac{d\varphi(\omega)}{d\omega}=0$，可得超前校正装置的最大超前角为

$$\varphi_m(\omega)=\arcsin\frac{1-\alpha}{1+\alpha} \tag{5-5}$$

且最大超前角频率位于两个转折频率的几何中心，即

$$\omega_m = \frac{1}{\sqrt{\alpha} T_1} \tag{5-6}$$

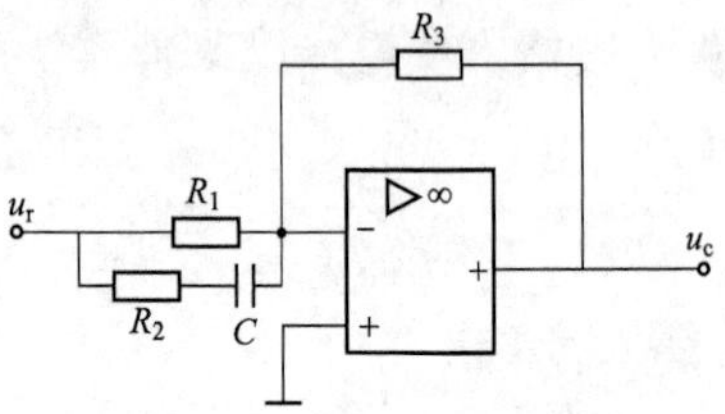

图 5-6　由运算放大器组成的超前校正装置的电路图

图 5-6 为由运算放大器组成的有源超前校正装置电路图。由图可见

$$\frac{U_c(s)}{U_r(s)} = -\frac{z_2}{z_1} \tag{5-7}$$

$$z_1 = \frac{R_1\left(R_2 + \frac{1}{Cs}\right)}{R_1 + \left(R_2 + \frac{1}{Cs}\right)} = \frac{R_1(1 + R_2Cs)}{1 + (R_1 + R_2)Cs}$$

$$z_2 = R_3$$

因此，该有源超前校正装置的传递函数为

$$G_c(s) = \frac{-U_c(s)}{U_r(s)} = \frac{R_3[1 + (R_1 + R_2)Cs]}{R_1(1 + R_2Cs)} = K_c \frac{1 + \tau s}{1 + Ts} \tag{5-8}$$

式中：$K_c = \frac{R_3}{R_1}$；$T = R_2C$；$\tau = (R_1 + R_2)C$。

取 $\alpha = \frac{T}{\tau} < 1$，所以图 5-6 是一个有源超前校正装置，其伯德图与图 5-5 相似。

2. 超前校正装置的作用

超前校正装置的作用可以通过图 5-7 说明。

设单位负反馈系统原有的伯德图如图 5-7 中曲线 1 所示。可以看出幅频曲线在中频段穿越频率 ω_{c1} 附近斜率为 -40dB/dec，并且所占频率范围较宽，因此系统的动态响应振荡强烈，平稳性差。从相频特性可以看出，在 $L(\omega) > 0$ 范围内，$\varphi(\omega)$ 对 $-180°$ 线负穿越一次，系统不稳定。

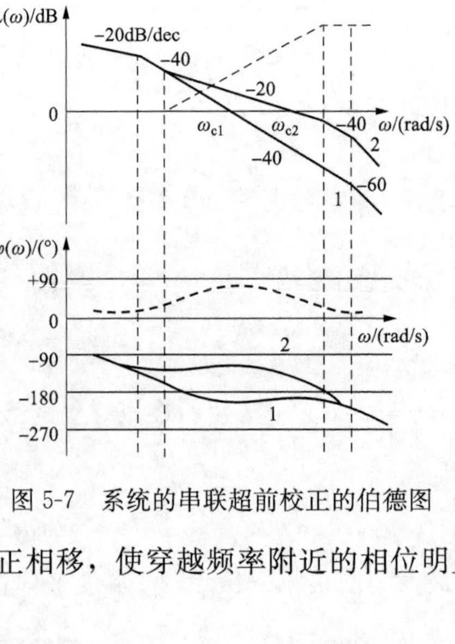

图 5-7　系统的串联超前校正的伯德图

图 5-7 中的虚线表示超前校正装置的伯德图。由于 $\alpha < 1$，系统串联超前校正后会有增益损失，不利于系统的稳态精度。但可以通过提高开环增益给予补偿。图中的虚线就是经补偿以后得到的曲线。

图 5-7 中的曲线 2 表示系统串联超前校正装置后的伯德图。由于超前校正装置的对数幅频特性在 $\frac{1}{T} \sim \frac{1}{\alpha T}$ 具有正斜率，所以原系统中频段的斜率由 -40dB/dec 变成 -20dB/dec，平稳性增加；同时，此正斜率使系统的中频段后移，穿越频率增大到 ω_{c2}，频带变宽，系统快速性增加；由于超前网络具有正相移，使穿越频率附近的相位明显

上移，系统由不稳定变为稳定，并且具有较大的稳定裕量。

从以上分析可以看出，由于超前校正装置具有正相移和正幅值斜率，因此通过超前校正装置可以改善原系统中频段的斜率，提供超前角以增加相角裕量，从而提高系统的稳定性，同时转折频率增大又可以加快系统的调节速度。

从超前校正装置的伯德图可以看出，超前校正装置很难改善原系统的低频段特性，且会削弱系统抗高频干扰的能力。如果采用增大开环增益的办法，使低频段上移，则会使原系统的平稳性下降；同时，如果幅频过分上移，还会进一步降低系统抗高频干扰的能力。因此，超前校正装置的缺点就是使系统抗高频干扰的能力下降，对提高系统稳态精度无作用。

3. 超前校正装置的设计

在设计超前校正装置时，首先考虑的是系统的稳定性，使系统的相角裕度 γ 增加，满足设计要求。具体的设计步骤如下。

（1）确定满足系统稳态精度要求的开环增益 K 和积分环节个数 ν。

（2）将 K 和 ν 代入原系统固有部分传递函数 $G_0(s)$ 中，绘制伯德图 $L_0(\omega)$ 和 $\varphi_0(\omega)$，并计算其相角裕度 γ。

（3）由下式确定校正装置的最大超前相角 φ_m

$$\varphi_m = \gamma' - \gamma + \Delta \tag{5-9}$$

式中：Δ 是用来补偿因超前校正装置的引入，使系统的穿越频率增大而引起的系统固有部分的相角滞后量。一般，如果 $L_0(\omega)$ 在穿越频率 ω_c 处的斜率为 -40dB/dec，Δ 可取 5°～12°；如果 $L_0(\omega)$ 在穿越频率 ω_c 处的斜率为 -60dB/dec，Δ 可取 15°～20°；

（4）根据 φ_m，由式（5-5）计算出 α 值。

（5）在 $L_0(\omega)$ 上找到幅频值为 $-10\lg\alpha$ 的点，其对应的频率值为超前校正装置的 ω_m，该频率值也是校正后系统的穿越频率 ω_c'。

（6）由 ω_m 确定校正装置的转折频率，并画出校正装置的伯德图。

$$\omega_1 = \frac{1}{T_1} = \omega_m\sqrt{\alpha} \text{ 和 } \omega_2 = \frac{1}{\alpha T_1} = \frac{\omega_m}{\sqrt{\alpha}} \tag{5-10}$$

（7）画出校正后系统的伯德图，并校验校正后系统的相位裕量 γ' 是否满足要求。若不满足要求，则增大 Δ 值，并从步骤（3）开始重新计算，直到满足要求为止。

【例 5-1】 系统的动态结构图如图 5-8 所示，要求系统的速度误差系数 $K_\nu \geqslant 20$，相角稳定裕度 $\gamma' \geqslant 50°$，试设计超前校正装置的参数使系统性能指标满足要求。

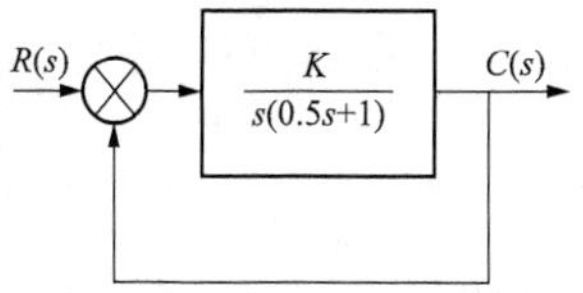

图 5-8 例 5-1 系统的动态结构图

解：

（1）根据系统稳态指标的要求确定开环增益 K。积分环节个数为 1 已确定。

$$K = K_v = 20$$

（2）求出未校正系统的开环传递函数为

$$G_0(s) = \frac{20}{s(0.5s+1)}$$

画出其伯德图，如图 5-9 中 $L_0(\omega)$ 和 $\varphi_0(\omega)$ 所示。计算得到该系统的穿越频率 $\omega_c = 6.2\text{rad/s}$，相角裕度 $\gamma = 17°$，不满足要求。

（3）确定校正装置最大超前相角 φ_m

$$\varphi_m = \gamma' - \gamma + \Delta = 50° - 17° + 5° = 38°$$

（4）由式（5-5），有

$$\alpha = \frac{1+\sin\varphi_m}{1-\sin\varphi_m} = 4.2$$

（5）由 $L_0(\omega) = -10\lg\alpha$ 得 $\omega = 9\text{rad/s}$，该频率为 ω_m，即校正后系统的穿越频率 ω'_c。

（6）计算校正装置的转折频率

$$\omega_1 = \frac{1}{T_1} = \omega_m\sqrt{\alpha} = 4.41$$

$$\omega_2 = \frac{1}{\alpha T_1} = \frac{\omega_m}{\sqrt{\alpha}} = 18.4$$

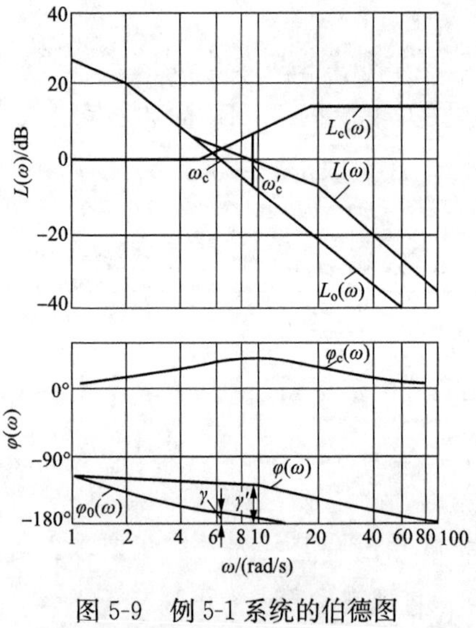

图 5-9　例 5-1 系统的伯德图

有 $T = 0.054$，$\alpha T = 0.227$，校正装置的传递函数为

$$G_c(s) = \frac{1+0.227s}{1+0.054s}$$

超前校正装置的伯德图如图 5-9 中 $L_c(\omega)$ 和 $\varphi_c(\omega)$ 所示。

（7）校正后系统的开环传递函数为

$$G(s) = G_0(s)G_c(s) = \frac{20(0.227s+1)}{s(0.5s+1)(0.054s+1)}$$

校正后系统的伯德图如图 5-9 中 $L(\omega)$ 和 $\varphi(\omega)$ 所示。计算校正后系统的相位裕量 $\gamma' = 50°$，满足设计要求。

二、滞后校正

1. 滞后校正装置的结构

图 5-10 为 RC 无源滞后校正装置的电路图，其传递函数为

$$G_c(s) = \frac{U_c(s)}{U_r(s)} = \frac{R_2Cs+1}{\frac{R_1+R_2}{R_2}R_2Cs+1} \tag{5-11}$$

令$\frac{R_1+R_2}{R_2}=\beta>1$，$R_2C=T_1$，则

$$G_c(s)=\frac{T_1s+1}{\beta T_1s+1} \tag{5-12}$$

滞后校正装置的伯德图如图 5-11 所示。其对数幅频特性曲线具有负的斜率段，相频特性曲线具有负相移。负的相移说明校正装置在正弦信号作用下的稳态响应，在相位上落后于输入信号，故称为滞后校正装置。装置的转折频率分别为 $\omega_1=\frac{1}{\beta T_1}$和 $\omega_2=\frac{1}{T_1}$。

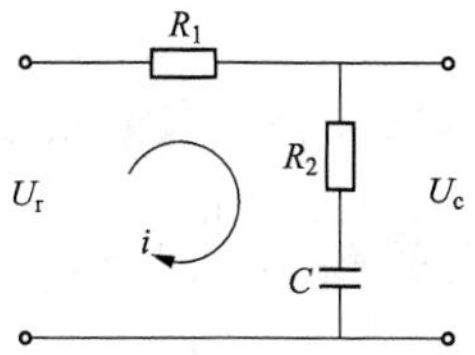

图 5-10 RC 无源滞后校正装置的电路图

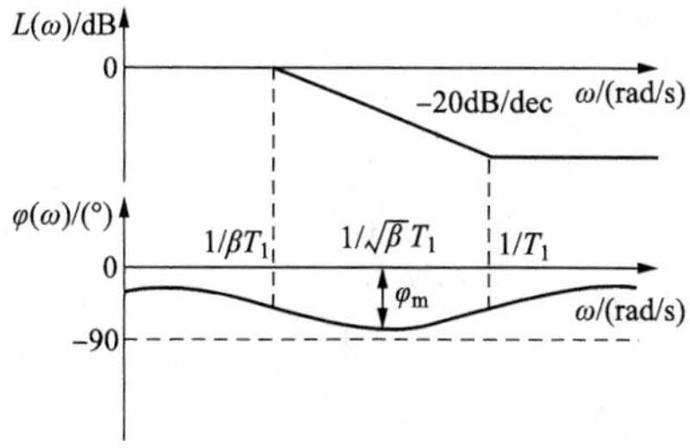

图 5-11 滞后校正装置的伯德图

对数幅频特性

$$A(\omega)=\sqrt{\frac{(\omega T_1)^2+1}{(\beta\omega T_1)^2+1}} \tag{5-13}$$

对数相频特性

$$\varphi(\omega)=\arctan(\omega T_1)-\arctan(\beta\omega T_1) \tag{5-14}$$

令 $d\varphi(\omega)/d\omega=0$，可得滞后校正装置的最大滞后角为

$$\varphi_m(\omega)=\arcsin\frac{1-\beta}{1+\beta} \tag{5-15}$$

且最大滞后角频率位于两个转折频率的几何中心，即

$$\omega_m=\frac{1}{\sqrt{\beta}T_1} \tag{5-16}$$

图 5-12 为由运算放大器组成的有源滞后校正装置。由图可见

$$\frac{U_c(s)}{U_r(s)}=-\frac{z_2}{z_1} \tag{5-17}$$

$$z_1=R_1$$

$$z_2=\frac{R_3\left(R_2+\frac{1}{Cs}\right)}{R_3+\left(R_2+\frac{1}{Cs}\right)}=\frac{R_3(R_2Cs+1)}{(R_2+R_3)Cs+1}$$

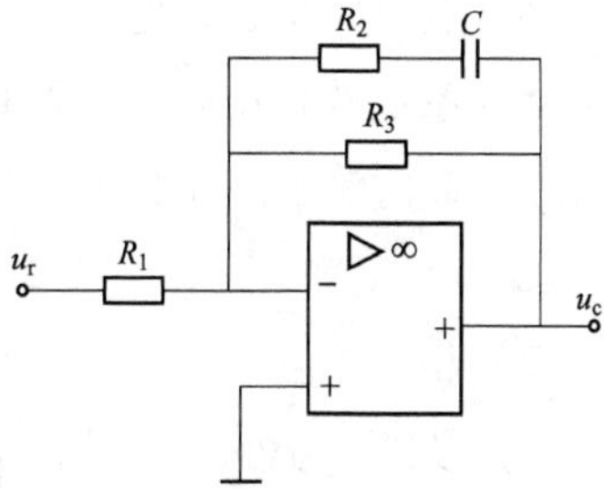

图 5-12 由运算放大器组成的滞后校正装置的电路图

因此，该有源滞后校正装置的传递函数为

$$G_c(s)=-\frac{U_c(s)}{U_r(s)}=\frac{R_3}{R_1}\cdot\frac{R_2Cs+1}{(R_2+R_3)Cs+1}=K_c\cdot\frac{T_1s+1}{\beta T_1s+1} \tag{5-18}$$

式中：$K_c=\frac{R_3}{R_1}$；$T_1=R_2C$；$\beta=\frac{R_2+R_3}{R_2}>1$。

2. 滞后校正装置的作用

滞后校正的作用可以通过图 5-13 说明。

单位负反馈系统原有的伯德图如图 5-13 中曲线 1 所示。可以看出，幅频特性曲线在中频段穿越频率 ω_{c1} 附近斜率为 -60dB/dec，因此系统的平稳性很差。从相频特性曲线可以看出，系统接近临界稳定。

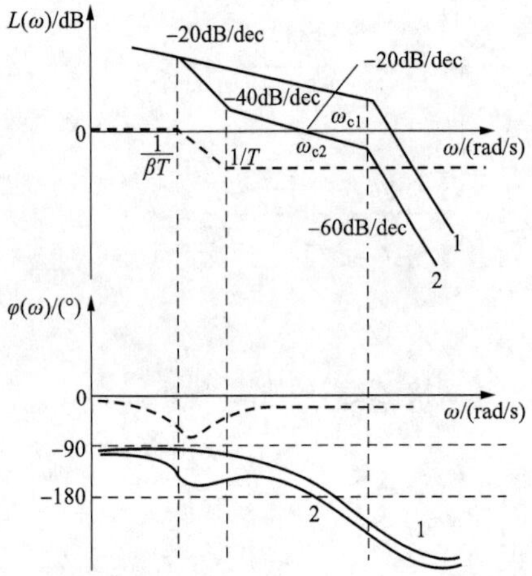

图 5-13　系统的串联滞后校正的伯德图

图 5-13 中的虚线表示滞后校正装置的伯德图。一般将校正环节的转折频率 $\frac{1}{\beta T}$ 和 $\frac{1}{T}$ 均设置在远离 ω_{c1} 且斜率为 -20dB/dec 的低频段，以减小负的相移对系统稳定性的影响。图中的曲线 2 表示系统经校正以后的伯德图。由于滞后校正装置的负斜率的作用，使系统的中频段前移，显著减小了频宽，并使系统在新的穿越频率 ω_{c2} 附近具有 -20dB/dec 的斜率，因此滞后校正的最大特点是以牺牲快速性换取了系统的稳定性。从相频曲线看，滞后校正虽然带来负相移，但是处于频率较低的部分，对系统的稳定裕量不会产生很大的影响。另外，串入滞后校正并没有改变原系统最低频段的特性，对系统的稳态精度不起破坏作用。相反，往往还允许适当提高开环增益，进一步改善系统的稳态性能。

3. 滞后校正装置的设计

滞后校正装置不是利用校正装置的相位滞后特性，而是利用其幅频特性曲线的负斜率段对系统进行校正的。它使得系统幅频特性曲线的中频段和高频段降低，穿越频率减小，从而增加系统的相位裕量，但是快速性变差。具体的设计步骤如下。

(1) 确定满足系统稳态精度要求的开环增益 K 和积分环节个数 v。

(2) 将 K 和 v 代入原系统固有部分传递函数 $G_0(s)$ 中，绘制伯德图 $L_0(\omega)$ 和 $\varphi_0(\omega)$，并计算其相角裕度 γ。

(3) 从原系统的相频特性曲线上找到一点，该点处相角满足

$$\varphi=-180°+\gamma'+\Delta \tag{5-19}$$

该点对应的频率为校正后系统的穿越频率 ω_c'。上式中：γ' 为系统所要求的相位裕量，Δ 是用来补偿由于滞后校正装置的引入所带来的系统相角滞后量。一般 Δ 可取 5°～15°。

(4) 由 $L_0(\omega_c')=-20\lg\beta$ 解出 β 值。

(5) 为避免 φ_m 出现在 ω_c' 附近而影响系统的相位裕量，应使校正装置的转折频率远小于 ω_c'。一般取转折频率

$$\omega_2=\frac{1}{\beta T}=\left(\frac{1}{5}\sim\frac{1}{10}\right)\omega_c',\ \omega_1=\frac{1}{T} \tag{5-20}$$

(6) 画出校正后系统的伯德图，并校验校正后系统的相位裕量 γ' 是否满足要求。若不满足要求，则增大 Δ 值，并从步骤 (3) 开始重新计算，直到满足要求为止。

【例 5-2】 系统的动态结构图如图 5-14 所示。要求系统的速度误差系数 $K_v\geqslant 5$，相位裕量 $\gamma\geqslant 40°$，试设计滞后校正装置。

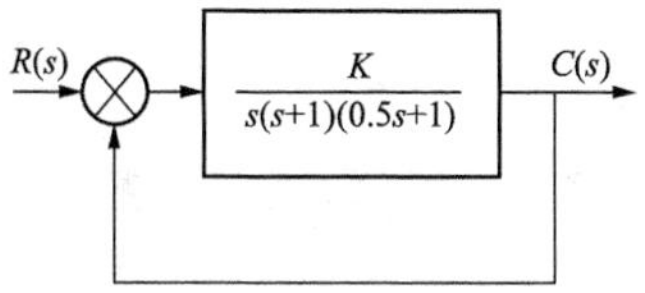

图 5-14 例 5-2 系统的动态结构图

解: (1) 由题意可知 $K=K_v\geqslant 5$，可取 $K=5$ 计算。

(2) 画出未校正系统的伯德图，如图 5-15 中 $L_0(\omega)$ 和 $\varphi_0(\omega)$ 所示。计算为校正系统的相位裕量 $\gamma=-20°$，表明该系统不稳定，需要设计校正装置。

(3) 根据相位裕量 $\gamma\geqslant 40°$ 的要求，并考虑一定的余量 Δ，取

$$\varphi=-180°+\gamma'+\Delta=-180°+40°+12°=-128°$$

在原系统相频特性曲线上找到相位为 $\varphi=-128°$ 的点，该点对应的角频率为 $\omega_c=0.5$，此角频率即为校正后系统的穿越频率 $\omega_c'=0.5$。

(4) 令 $L_0(\omega_c')=-20\lg\beta$，得 $\beta=0.1$

(5) 取 $\omega_2=\dfrac{1}{\beta T}=\dfrac{1}{5}\omega_c'=0.1$，$\omega_1=\dfrac{1}{T}=0.01$，则校正装置的传递函数为

$$G_c(s)=\frac{10s+1}{100s+1}$$

校正装置的伯德图如图 5-15 中 $L_c(\omega)$ 和 $\varphi_c(\omega)$ 所示。

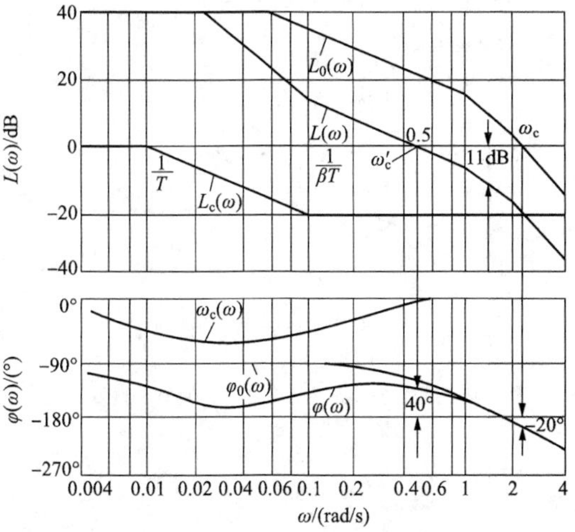

图 5-15 例 5-2 系统的伯德图

(6) 校正后系统的开环传递函数为

$$G(s)=G_0(s)G_c(s)=\frac{5(10s+1)}{s(s+1)(0.5s+1)(100s+1)}$$

校正后系统的伯德图如图 5-15 中 $L_c(\omega)$ 和 $\varphi_c(\omega)$ 所示。计算校正后系统的相位裕量 $\gamma=40°$，满足设计要求。

三、滞后—超前校正

单纯采用超前校正或滞后校正只能改善系统暂态或稳态某一方面的性能。如果

对校正后的系统要求较高时，可以采用滞后—超前校正，利用校正装置中超前部分改善系统的暂态性能，滞后部分则可以提高系统的稳态精度。

图 5-16 为 RC 无源滞后—超前校正装置的电路图，其传递函数为

$$G_c(s)=\frac{U_c(s)}{U_r(s)}=\frac{(R_1C_1s+1)(R_2C_2s+1)}{(R_1C_1s+1)(R_2C_2s+1)+R_1C_2s} \tag{5-21}$$

令 $R_1C_1=\tau_1$、$R_2C_2=\tau_2$，设式（5-21）的分母多项式具有两个不等的负实根，则可将式（5-21）写成

$$G_c(s)=\frac{(\tau_1s+1)(\tau_2s+1)}{(T_1s+1)(T_2s+1)} \tag{5-22}$$

通过参数选择，可使 $T_1>\tau_1>\tau_2>T_2$，并且满足

$$\frac{T_1}{\tau_1}=\frac{\tau_2}{T_2}=\beta>1 \tag{5-23}$$

则式（5-22）可改写为

$$G_c(s)=\frac{\tau_1s+1}{\beta\tau_1s+1}\cdot\frac{\tau_2s+1}{\frac{\tau_2}{\beta}s+1} \tag{5-24}$$

式中：$\frac{\tau_1s+1}{\beta\tau_1s+1}$部分起滞后校正作用；$\frac{\tau_2s+1}{\frac{\tau_2}{\beta}s+1}$部分起超前校正作用。

其伯德图如图 5-17 所示。曲线的低频段具有负斜率和负相移，起滞后校正作用；后一段具有正斜率和正相移，起超前校正作用。一般地，将滞后校正设置在低频段，超前校正设置在中频段，以发挥滞后校正和超前校正的优势，从而全面提高系统的动态性能和稳态精度。

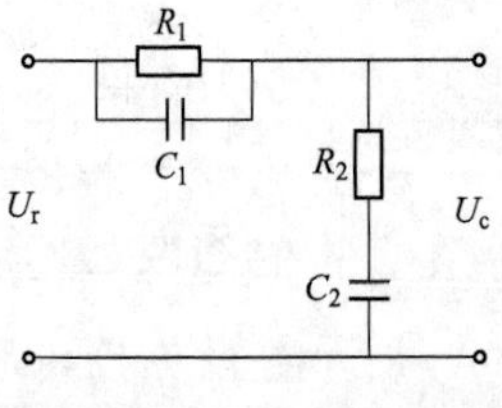

图 5-16　RC 无源滞后—超前校正装置的电路图

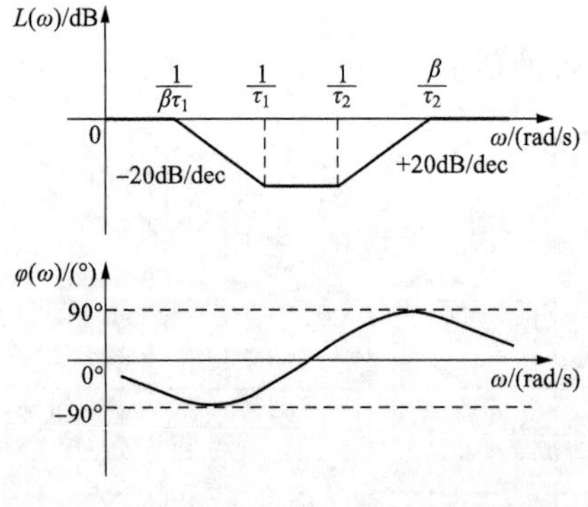

图 5-17　滞后—超前校正装置的伯德图

另外，也可以采用由运算放大器组成有源滞后—超前校正装置，如图 5-18 所示。

四、调节器

在工业自动化控制系统中，常采用由比例、积分、微分单元构成的组合型校正装置作

为系统的调节器。这些调节器是串接在系统前向通道中的，因而起着串联校正的作用。以上对串联校正装置的介绍主要是根据其相频特性的超前或滞后来划分的，而以下对调节器的划分则主要是从其数学模型的构成来考虑的，通过下面的分析可以看到，二者之间是有内在联系的。

具有调节器的控制系统的动态结构如图 5-19 所示。

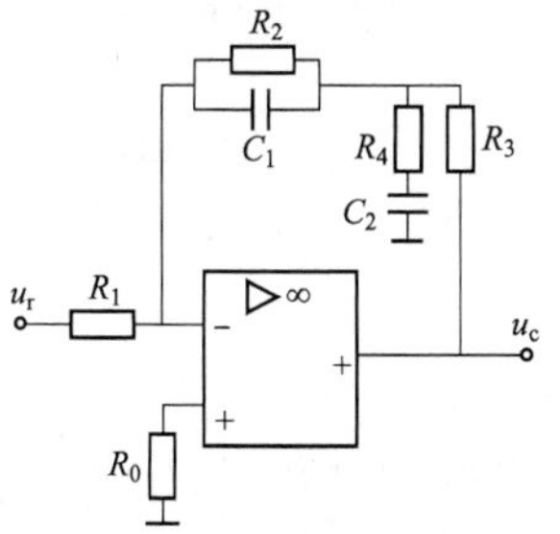

图 5-18 有源滞后—超前校正装置的电路图

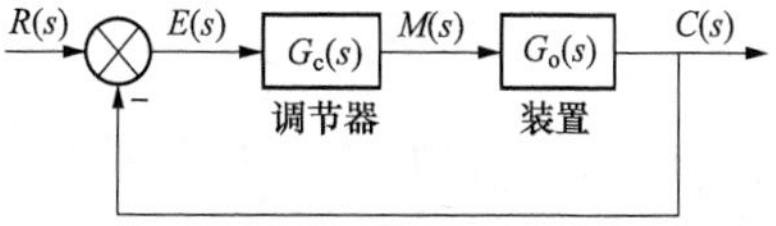

图 5-19 具有调节器系统的动态结构图

$G_c(s)$—调节器传递函数；

$G_o(s)$—系统（装置）固有部分传递函数

1. 比例（P）调节器

若调节器由比例放大器构成，其传递函数为

$$G_c(s)=K_c \tag{5-25}$$

则称该调节器为比例调节器，简称 P 调节器。调整 P 调节器的放大系数，可以改变系统的开环增益，以改善系统的性能。

P 调节器实际上相当于一个放大器，其作用是调整系统的开环比例系数，K_c 增加可以减小系统的稳态误差，提高系统的快速性，但是它会影响系统的稳定性，一般会导致系统的稳定性下降。因此，在实际的工业控制过程中通常并不单独使用 P 调节器来校正系统的性能。

2. 比例－微分（PD）调节器

比例一微分调节器简称 PD 调节器。图 5-20 为由运算放大器电路构成 PD 调节器，其传递函数为

$$G_c(s)=\frac{-U_c(s)}{U_r(s)}=K(\tau s+1) \tag{5-26}$$

式中：$K=R_2/R_1$；$\tau=R_1C$。PD 调节器的伯德图如图 5-21 所示。

由图 5-21 可以看出，PD 调节器的作用实际上相当于超前校正，具有超前校正装置的特点，即它可以提高系统的稳定性，加快系统的响应速度。对稳态精度无影响，但使系统抗高频干扰的能力下降。

3. 比例－积分（PI）调节器

比例一积分调节器简称 PI 调节器。图 5-22 为由运算放大器电路构成的 PI 调节器，其

传递函数为

$$G_c(s)=K\frac{\tau_1 s+1}{\tau_1 s} \tag{5-27}$$

式中：$K=R_2/R_1$；$\tau_1=R_2C$。

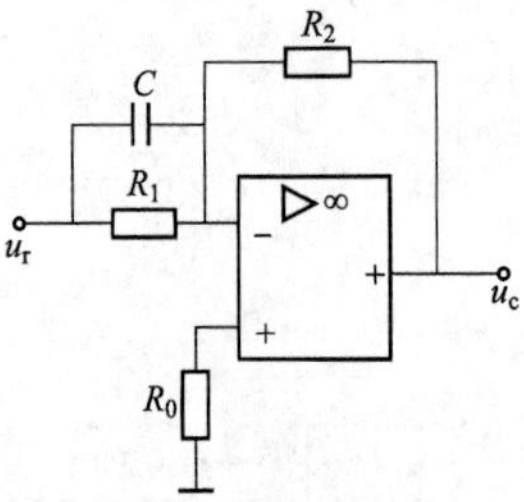

图 5-20　PD 调节器的电路图

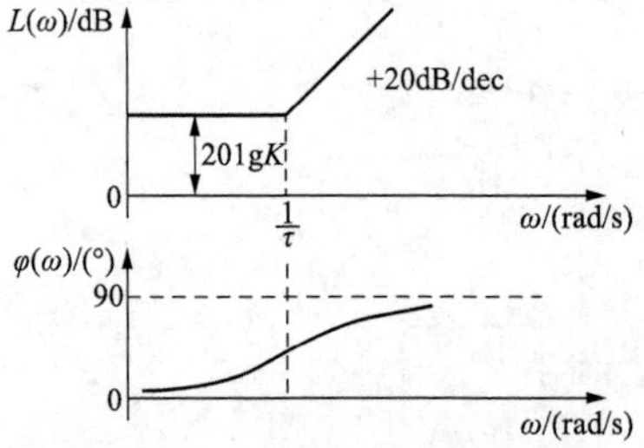

图 5-21　PD 调节器的伯德图

其伯德图如图 5-23 所示。

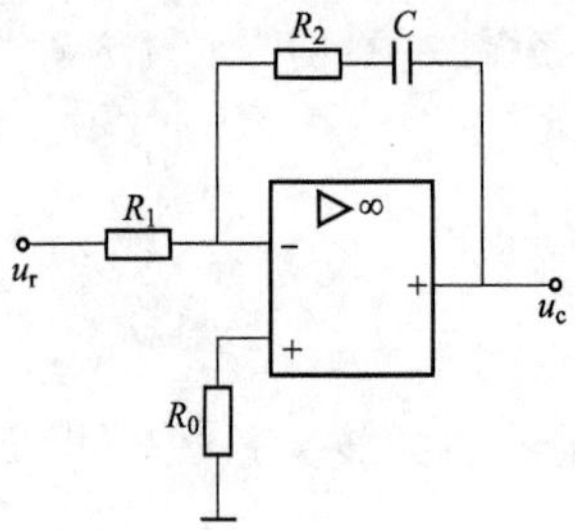

图 5-22　PI 调节器的电路图

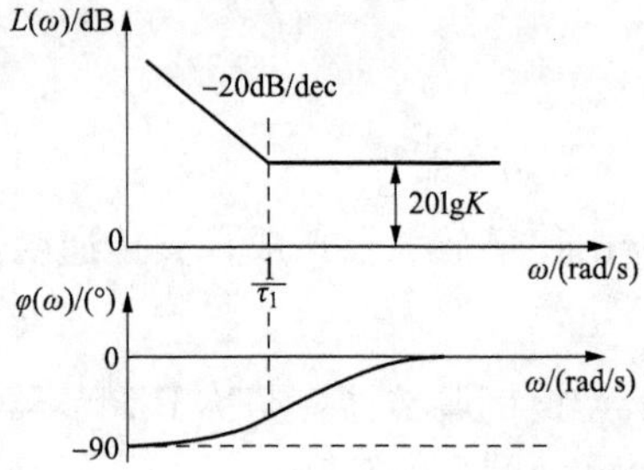

图 5-23　PI 调节器的伯德图

由图 5-23 可以看出，PI 调节器的幅频特性引进了负的斜率，其相频特性具有负的相移，所以相当于一种滞后校正装置。但是，由于积分环节的引入，使得系统的型别增加，从而使稳态精度大为改善；另外，积分环节将引起$-90°$的相移，对系统的稳定性不利。但是，$G_c(s)$ 中的比例微分环节又会使系统的稳定性和快速性朝好的方向变化，如果适当选择参数 K 和 τ_1，就可使系统的稳定性和动态性能满足要求。

4. 比例－积分－微分（PID）调节器

比例一积分一微分调节器简称 PID 调节器，它在实际工程中得到了广泛的应用。图 5-24 为由运算放大器电路构成的 PID 调节器，其传递函数为

$$G_c(s)=K_c\frac{(\tau_1 s+1)(\tau_2 s+1)}{\tau_1 s}=K_P\left(1+T_D s+\frac{1}{T_1 s}\right) \tag{5-28}$$

式中：$\tau_1=R_1C_1$；$\tau_2=R_2C_2$；$K_c=\dfrac{R_1}{R_2}$；$K_P=\dfrac{R_1C_1+R_2C_2}{R_1C_2}$；$T_1=R_1C_1+R_2C_2$；

$T_D=\dfrac{R_1C_1R_2C_2}{R_1C_1+R_2C_2}$。

其伯德图如图 5-25 所示。

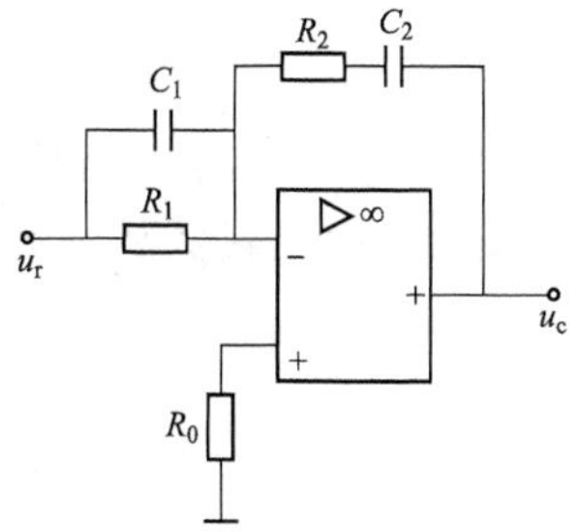

图 5-24 PID 调节器的电路图

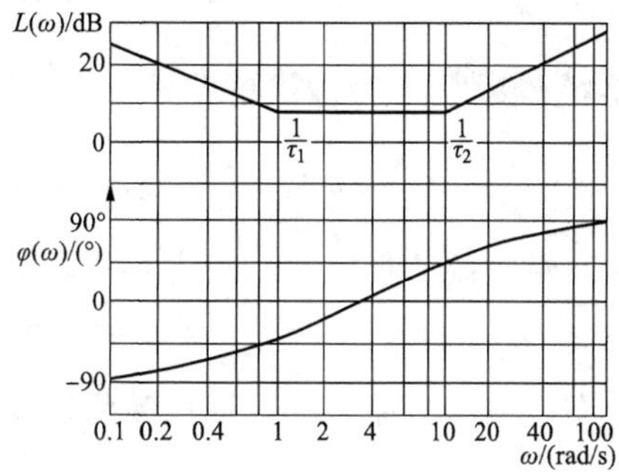

图 5-25 PID 调节器的伯德图

由图 5-25 可以看出，PID 调节器综合了 PI 调节器和 PD 调节器的特点，相当于一种滞后一超前校正装置。曲线的低频段具有负斜率和负相移，起滞后校正作用，改善了系统的稳态性能；超前校正设置在中频段，具有正斜率和正相移，使系统的相角裕量增加，也使系统的穿越频率增加，以改善系统的动态性能。但是在高频段，由于 PID 调节器的校正作用，使系统的高频幅值增加，抗干扰能力降低，可以采用修正调节器的方法来克服这一缺点。

第三节 控制系统工程设计方法

在受控对象、基本控制元件和控制方案均已确定的情况下，理论设计工作实际上就是计算和选择校正装置，确定一种既能使系统符合性能指标要求又比较简单的校正模型。工程上常用的校正设计方法有根轨迹法和频率法。而在工业控制系统的校正设计中，频率法应用得更普遍。

由于一般系统的数学模型和性能指标的定量关系很难建立，因此一般预先规定某些反馈系统的参考模型（如Ⅰ型、Ⅱ型、低阶或高阶），模型的特性参数和性能指标的关系可经计算机计算确定，并制成公式和图表。在系统进行校正设计时，首先确定校正后的系统相当于某种参考模型，则满足性能指标的系统应有的结构和参数可由公式和图表立即得到，然后再换算出校正装置的数学模型。

下面介绍应用频率法对系统进行串联校正的设计步骤和方法。

一、检验系统固有部分的性能指标

在分析和设计自动控制系统之前，首先必须建立固有系统的数学模型，即建立系统动态结构图，求出系统的传递函数。实际系统的数学模型往往比较复杂，给分析和设计带来不便。因此，可以对固有部分的数学模型进行适当的简化处理（如线性化处理、高阶系统的降阶处理等），然后得到模型的特性参数和伯德图，进而检验系统固有部分的性能指标，如果诸项指标均不符合要求，就需要对系统进行校正。

二、系统预期频率特性的确定

由第三章时域分析法可知，0 型系统的稳态精度较差，而Ⅲ型以上的系统又很难稳定。因此，为了兼顾系统的稳定性和稳态精度的要求，一般应根据对控制系统的性能要求，将系统设计成典型Ⅰ型或典型Ⅱ型系统。这里我们主要介绍典型Ⅰ型系统。

典型Ⅰ型（二阶）系统的开环传递函数为

$$G(s)H(s)=\frac{K}{s(Ts+1)}=\frac{\omega_n^2}{s(s+2\xi\omega_n)} \tag{5-29}$$

式中：$\omega_n=\sqrt{\frac{K}{T}}$；$\xi\omega_n=\frac{1}{2T}$；$\xi=\frac{1}{2\sqrt{KT}}$。

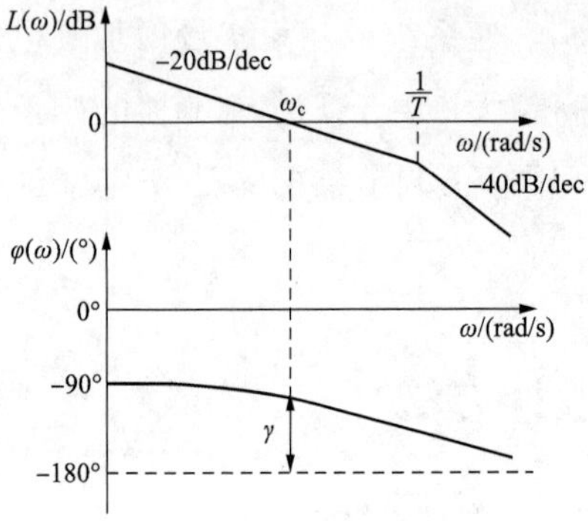

图 5-26　典型Ⅰ型系统伯德图

典型Ⅰ型系统的伯德图如图 5-26 所示，其转折频率为

$$\omega_1=\frac{1}{T}=2\xi\omega_n \tag{5-30}$$

穿越频率为

$$\omega_c=K=\frac{\omega_n}{2\xi} \tag{5-31}$$

另外，相角裕量 γ 和 ξ 的关系也可以由开环频率特性求出，即

$$\gamma=\arctan\frac{2\xi}{\sqrt{\sqrt{1+4\xi^2}-2\xi^2}} \tag{5-32}$$

当 ξ 取最佳阻尼比 0.707 时，Ⅰ型系统的各项性能指标为：$\sigma\%=4.3\%$，$\omega_c\approx0.707\omega_n$，$t_s\approx3/\omega_n$，$\omega_1=1.414\omega_n=2\omega_c$，$\gamma=65.5°$。

此时，系统的平稳性和快速性都比较好，称为“二阶最佳模型”。

典型Ⅰ型系统的性能指标和结构参数的关系比较简单，在系统的校正设计中得到了广泛的应用。选择参数时，如果主要要求动态响应快，可取 $\xi=0.5\sim0.6$；如果主要要求超调量小，可取 $\xi=0.8\sim1.0$；无特殊要求时，可以按二阶最佳模型（$\xi=0.707$）设计。

三、校正装置的设计

校正装置的设计的思路为：根据系统固有部分的数学模型与预期典型数学模型的对照，选择校正装置的结构和部分参数，配合固有部分的数学模型，使系统成为预期的典型系统。然后，进一步选择校正装置的参数，以满足动态性能指标的要求。同时，由校正后系统的对数频率特性，得到相应的性能指标，以此来判断设计是否满足要求。

【例 5-3】 已知系统的固有传递函数为 $G_0(s)=\dfrac{35}{s\ (0.2s+1)\ (0.01s+1)}$，试将系统校正成典型Ⅰ型系统。

解 系统的动态结构图如图 5-27 所示。校正前固有部分的伯德图如图 5-28 中的 $L_0(\omega)$ 及 $\varphi_0(\omega)$ 所示。由系统的伯德图可知，校正前系统的穿越频率为 $\omega_c=13.5\text{rad/s}$，相角裕量为 $\gamma=12.6°$，系统的响应速度和稳定性需要改善。

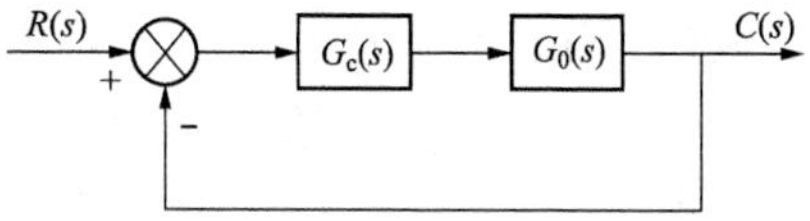

图 5-27 例 5-3 系统的动态结构图

为了将系统校正成典型Ⅰ型系统，可选择比例微分环节作为串联校正装置，即

$$G_c(s)=\tau s+1$$

取 $\tau=0.2\text{s}$，便可消去 $G_0(s)$ 中大时间常数的惯性环节。校正后系统的开环传递函数为

$$G(s)H(s)=\frac{35}{s(0.2s+1)(0.01s+1)}(\tau s+1)=\frac{35}{s(0.01s+1)}$$

在图 5-28 中，$L_c(\omega)$ 及 $\varphi_c(\omega)$ 为校正装置的伯德图，$L(\omega)$ 及 $\varphi(\omega)$ 为校正后系统的伯德图。由图可见，校正后系统的穿越频率提高到 $\omega_c'=35\text{rad/s}$，改善了系统的响应速度；相角裕量为 $\gamma'=70.7°$，系统的稳定性也得到了改善。

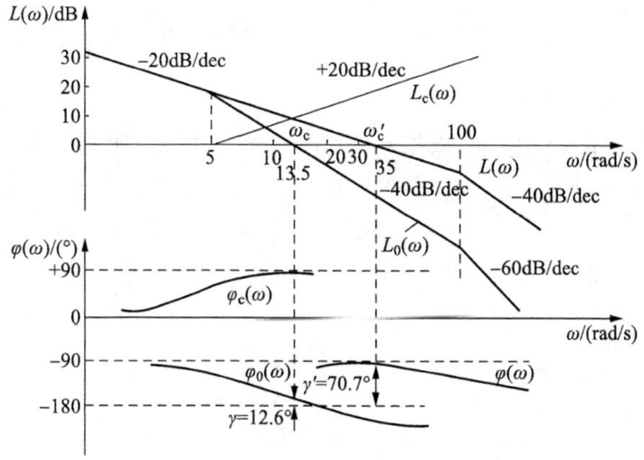

图 5-28 例 5-3 系统的伯德图

【例 5-4】 已知单位负反馈系统固有部分的开环传递函数为 $G_0(s)=\dfrac{4}{s(s+2)}$，要求闭环系统的性能指标为超调量 $\sigma\%<5\%$、调节时间 $t_s\leqslant1.45\text{s}$、静态速度误差系数为 $K_v=20\text{s}^{-1}$，试计算和选择串联校正装置的数学模型。

解 （1）检验原系统固有部分的性能指标。原系统的闭环传递函数为

$$\Phi_0(s)=\frac{G_0(s)}{1+G_0(s)}=\frac{4}{s^2+2s+4}$$

与二阶系统标准式 $\Phi(s)=\dfrac{\omega_n^2}{s^2+2\xi\omega_n s+\omega_n^2}$ 对照，可得 $\xi=0.5$ 和 $\omega_n=2\text{rad/s}$。

则系统的性能指标经计算应为 $\sigma\%=16.5\%$，$t_s=3\text{s}$，$K_v=20\text{s}^{-1}$。可见，各项指标不符合要求，需要进行校正。

将原系统的开环传递函数表示为典型环节的标准形式，则

$$G_0(s)=\frac{2}{s(0.5s+1)}$$

对应的开环对数幅频特性曲线如图 5-29 中的 $L_0(\omega)$ 所示。

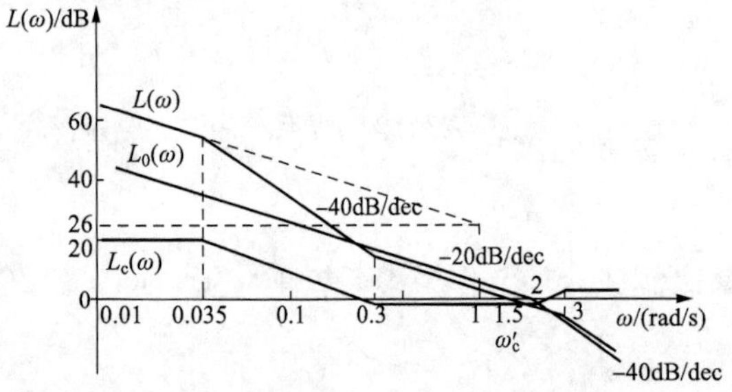

图 5-29 例 5-4 系统的开环对数幅频特性图

（2）确定系统应有的开环增益 K。由原系统的开环传递函数可知，系统属于Ⅰ型系统，静态速度误差系数等于系统的开环增益。因此，校正后的系统开环增益应为

$$K=K_v=20$$

（3）确定满足系统性能指标的预期伯德图。

1）低频段。低频段的期望幅频由开环增益 K 和积分环节决定，因为 $\dfrac{K}{s}=\dfrac{20}{s}$，所以对数幅频曲线为一条在 $\omega=1\text{rad/s}$ 处经过 26dB、斜率为 -20dB/dec 的直线，如图 5-29 中的 $L(\omega)$ 的低频段所示。

2）中频段。要求闭环系统的性能指标满足 $t_s\leqslant 1.45\text{s}$，因此中频段可以按二阶最佳模型（$\xi=0.707$）设计，则

$$\xi=0.707,\ \omega_n=\frac{3}{t_s}=\frac{3}{1.45}=2.1(\text{rad/s})$$

穿越频率

$$\omega_c'\approx 0.707\omega_n\approx 1.5(\text{rad/s})$$

转折频率

$$\omega_1=2\omega_c'=3(\text{rad/s})$$

过 ω_c' 作斜率为 -20dB/dec 的直线，延长至 ω_1 转为斜率为 -40dB/dec 的直线，如图 5-29$L(\omega)$ 的中频段所示。

3）低、中频段的连接。低频段和中频段的连接原则，一方面期望中频段 -20dB/dec 斜率线要保持足够的宽度；另一方面，连接段的斜率和低、中频段的斜率相差不要过大。这样，既不破坏由中频段特性决定的系统的动态性能，又可使校正装置的数学模型简单一些。

通常，连接段与中频段的交点频率可按 $(0.1\sim 0.2)\omega_c'$ 选取，图中取为 0.3rad/s。连接段的斜率取 -40dB/dec，其与低频段的交点频率为 0.035rad/s。

4）高频段。原系统高频段斜率为 -40dB/dec，校正后的特性无其他要求，可以不必改

变斜率，仍然取－40dB/dec，以使校正装置尽量简单。

如果系统指令输入中有高频干扰，则可降低高频段斜率，以增加系统抗干扰能力。

预期的对数幅频特性曲线如图 5-29 的 $L(\omega)$ 所示。

（4）确定串联校正装置的传递函数。由于校正后的系统开环传递函数为

$$G(s)=G_0(s)G_c(s)$$

则

$$20\lg|G|=20\lg|G_0|+20\lg|G_c|$$

或

$$20\lg|G_c|=20\lg|G|-20\lg|G_0|$$

即预期的对数幅频特性曲线与原系统固有部分的对数幅频特性曲线之差，为校正装置的对数幅频特性曲线，如图 5-29 的 $L_c(\omega)$ 所示，属于一个滞后－超前校正。因此，可得校正装置的传递函数为

$$G_c(s)=\frac{10\left(\frac{1}{0.3}s+1\right)(0.5s+1)}{\left(\frac{1}{0.035}s+1\right)\left(\frac{1}{3}s+1\right)}$$

第四节 反 馈 校 正

在自动控制系统中，为了改善控制系统的性能，除了采用串联校正外，反馈校正也是常采用的校正方式之一。反馈校正在系统中的位置如图 5-30 所示。

在随动系统和调速系统中，转速、加速度、电枢电流等，都可以作为反馈信号，而具体的反馈元件实际就是一些传感器，如测速发电机、电压加速度传感器、电流互感器等。

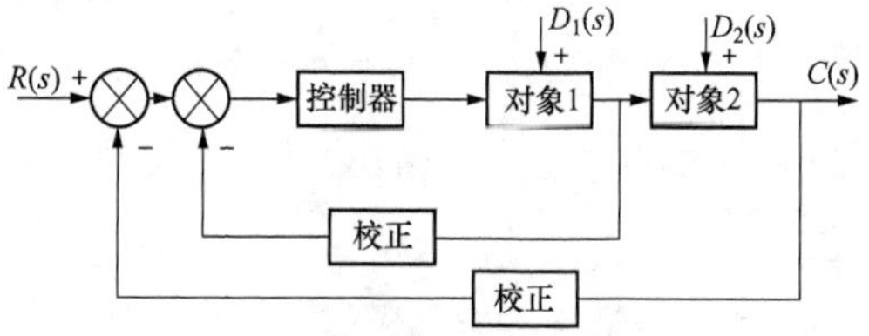

图 5-30 反馈校正的联结方式

控制系统采用反馈校正后，除了能收到与串联校正相同的效果外，还能消除系统不可变部分中为反馈所包围部分的参数波动对系统控制性能的影响。基于这个特点，当所设计的系统随着工作条件的改变，其中一些参数可能变动的幅度较大，而且如果在系统中能够取出适当的反馈信号，从而有条件采用反馈校正时，一般而言，在系统中采用反馈校正是恰当的。从控制的观点来看，反馈校正能等效地改变被包围环节的动态结构、参数。另外，在一定的条件下，反馈校正甚至能完全取代被包围环节，从而可以大大减弱这部分环节由于特性参数变化及各种干扰给系统带来的不利影响。

一、利用局部反馈校正改变局部结构和参数

1. 比例反馈包围积分环节

图 5-31(a) 为积分环节被比例（放大）环节所包围，校正后回路的传递函数为

$$G(s)=\frac{\frac{K}{s}}{1+\frac{KK_{\mathrm{H}}}{s}}=\frac{\frac{1}{K_{\mathrm{H}}}}{\frac{s}{KK_{\mathrm{H}}}+1} \tag{5-33}$$

可见，反馈校正后把积分环节转变成了惯性环节。这将降低系统的精度，但有可能提高系统的稳定性。

2. 比例反馈包围惯性环节

图 5-31(b) 为惯性环节被比例环节所包围，校正后回路的传递函数为

$$G(s)=\frac{\frac{K}{Ts+1}}{1+\frac{KK_{\mathrm{H}}}{Ts+1}}=\frac{\frac{K}{1+KK_{\mathrm{H}}}}{\frac{Ts}{1+KK_{\mathrm{H}}}+1} \tag{5-34}$$

可见，反馈校正后系统仍为惯性环节，但时间常数减小了，系统的快速性变好。

3. 微分反馈包围惯性环节

图 5-31(c) 为惯性环节被微分环节所包围，校正后回路的传递函数为

$$G(s)=\frac{\frac{K}{Ts+1}}{1+\frac{KK_{\mathrm{t}}s}{Ts+1}}=\frac{K}{(T+KK_{\mathrm{t}})s+1} \tag{5-35}$$

可见，反馈校正后系统仍为惯性环节，但时间常数增大了（反馈系数 K_{t} 越大，时间常数越大）。因此，利用局部反馈可以使原系统中各环节的时间常数拉开，从而改善系统的平稳性。

4. 微分反馈包围振荡环节

图 5-31(d) 为振荡环节被微分环节所包围，校正后回路的传递函数整理为

$$G(s)=\frac{K}{T^2s^2+(2\xi T+KK_{\mathrm{t}})s+1} \tag{5-36}$$

可见，反馈校正后系统仍为振荡环节，但阻尼比显著增加，从而有效地减弱小阻尼环节对系统的不利影响。

微分反馈是将被包围环节输出量的速度信号反馈到输入端，因此称为速度反馈（如果反馈环节的传递函数为 $K_{\mathrm{t}}s^2$，则称加速度反馈）。速度反馈在随动系统中应用极为广泛，加入速度反馈后，可以在具有较高的快速性的同时，保证系统具有良好的平稳性。实际中理想的微分环节很难实现，往往用其他环节来近似，只要参数取得合适，效果还是比较好的。

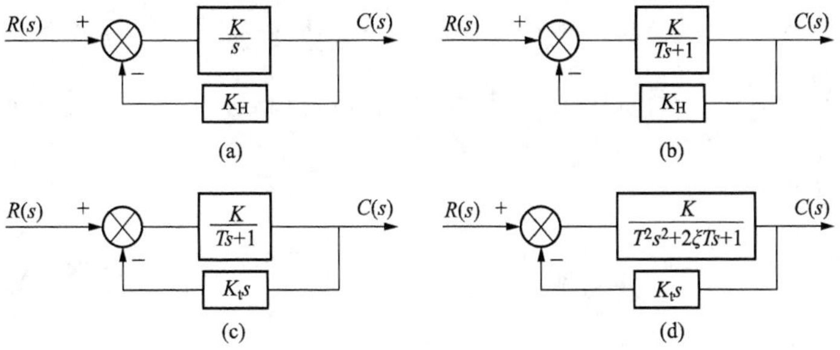

图 5-31 局部反馈回路

(a) 比例反馈包围积分环节；(b) 比例反馈包围惯性环节；

(c) 微分反馈包围惯性环节；(d) 微分反馈包围振荡环节

二、利用反馈校正取代局部结构

图 5-32 所示的系统中，$G_1(s)$ 为被包围的传递函数，$H_1(s)$ 为反馈校正环节的传递函数，则校正后系统的传递函数为

$$G(s)=\frac{G_1(s)}{1+G_1(s)H_1(s)} \tag{5-37}$$

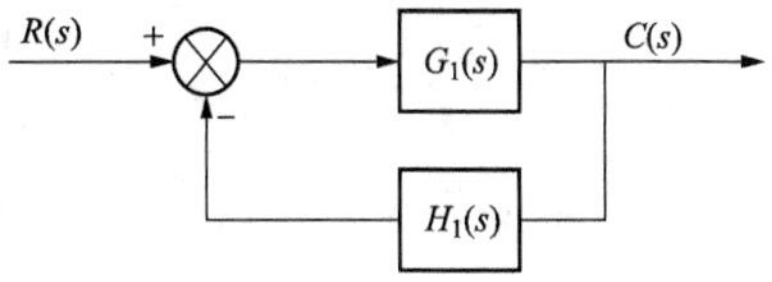

图 5-32 局部反馈回路的动态结构图

其频率特性为

$$G(\mathrm{j}\omega)=\frac{G_1(\mathrm{j}\omega)}{1+G_1(\mathrm{j}\omega)H_1(\mathrm{j}\omega)} \tag{5-38}$$

在一定的频率范围内，如果能选择结构参数，使 $|G_1(\mathrm{j}\omega)H_1(\mathrm{j}\omega)|\gg 1$，则式 (5-37) 可以近似表示为

$$G(\mathrm{j}\omega)=\frac{1}{H_1(\mathrm{j}\omega)} \tag{5-39}$$

校正后系统的传递函数近似为

$$G(s)=\frac{1}{H_1(s)} \tag{5-40}$$

此时，系统的特性几乎与被包围环节 $G_1(s)$ 完全无关，只取决于反馈校正环节，即达到了利用反馈校正取代局部环节的效果。利用反馈校正的这种性质，可以抑制被包围部分 $G_1(s)$ 内部参数变化（包括非线性因素）和外部作用于 $G_1(s)$ 上的干扰（包括高频噪声）的影响，因而得到广泛的应用。

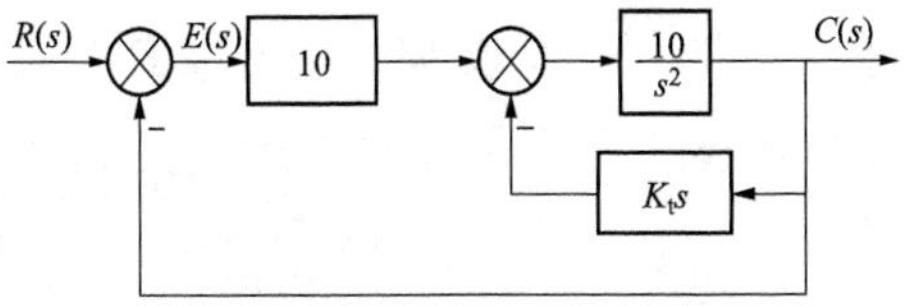

图 5-33 例 5-5 系统的动态结构图

【例 5-5】 一种灵敏绘图仪的动态结构图如图 5-33 所示，试分析：

(1) $K_t=0$ 时系统的性能；

(2) 当 $K_t\neq 0$ 时，随着 K_t 的增加，系统动态性能的变化趋势；

(3) 当 $K_t \neq 0$ 时，随着 K_t 的增加，在 $r(t)=t$ 作用下系统稳态误差 e_{ss} 的变化趋势。

解 (1) 当 $K_t=0$ 时，系统的开环传递函数为 $G_1(s)=\frac{100}{s^2}$，因此开环增益 $K_1=100$；$v=2$，系统为Ⅱ型系统。

闭环传递函数为 $\Phi_1(s)=\frac{100}{s^2+100}$，由于系统的闭环特征方程缺项，故系统不稳定。

(2) 当 $K_t \neq 0$ 时，校正后系统的开环传递函数为

$$G_2(s)=10\times\frac{\frac{10}{s^2}}{1+\frac{10K_t}{s}}=\frac{100}{s(s+10K_t)}=\frac{\frac{10}{K_t}}{s\left(\frac{1}{10K_t}s+1\right)}$$

因此开环增益 $K_2=10/K_t$；$v=1$，系统变为Ⅰ型。

校正后系统的闭环传递函数为 $\Phi_2(s)=\frac{100}{s^2+10K_t s+100}$，与二阶系统的标准式对比，得 $\omega_n=\sqrt{100}=10$ (rad/s)，$\xi=\frac{10K_t}{2\times 10}=\frac{K_t}{2}$。由此可得：

1) 只要满足 $K_t>0$，系统稳定。

2) 随着 K_t 的增加，系统的阻尼比 ξ 逐渐增加，系统的超调量 $\sigma\%=e^{-\pi\xi/\sqrt{1-\xi^2}}\times 100\%$ 变小，平稳性变好。

3) 当 $0<K_t<2$ 时，系统在欠阻尼状态下，随着 K_t 的增加，调节时间 $t_s=\frac{3}{\xi\omega_n}$ 变小，系统快速性变好；当 $K_t\geqslant 2$ 时，系统在过阻尼状态下，随着 K_t 的增加，$t_s=\frac{1}{\omega_n}(6.45\xi-1.7)$ 变大，系统的响应越慢，快速性变差。

(3) 当 $K_t\neq 0$ 时，系统稳态误差为 $e_{ss}=\frac{1}{K_2}=\frac{K_t}{10}$。随着 K_t 的增加，e_{ss} 变大，稳态精度变差。因此，通过反馈校正，牺牲了系统的稳态精度，提高了其他动态性能。

第五节 复 合 校 正

串联校正和反馈校正在一定程度上可以使已校正系统满足给定的性能指标要求。但是，如果控制系统中存在强扰动（特别是低频强扰动），或系统的稳态精度和响应速度要求很高时，一般的反馈校正难以满足要求。目前在工程实践中，还广泛采用一种把前馈控制和反馈控制有机结合起来的校正方法，即复合控制校正。

为了减小或消除在特定输入作用下的稳态误差，可以提高系统的开环增益，或采用高型别系统。但是，这两种方法都会影响系统的稳定性，降低系统的动态性能，甚至使系统

失去稳定性。此外，通过适当选择系统带宽的方法，可以抑制高频干扰，但对低频干扰却无能为力；采用比例一积分反馈控制，虽然可以抑制来自系统输入端的扰动，但反馈校正装置的设计比较困难。如果在系统的反馈控制回路中加入前馈通道，组成一个前馈控制和反馈控制相结合的系统，只要参数选择得当，不但可以保持系统稳定，极大地减小甚至消除稳态误差，而且可以抑制可测量扰动（包括低频扰动）。这种控制方式称为复合控制。将复合控制的思想应用于系统的校正，就是复合校正。具有复合校正的控制系统称为复合控制系统。

复合校正中的前馈校正装置可分为按输入补偿的前馈校正和按扰动补偿的前馈校正两种方式。

一、按输入补偿的复合校正

按输入补偿的复合校正控制系统动态结构图如图 5-34 所示。图中，$G(s)$ 为反馈系统的开环传递函数，$G_r(s)$ 为前馈补偿装置的传递函数。由图可见，系统的输出量为

$$C(s)=\frac{[1+G_r(s)]G(s)}{1+G(s)}R(s) \qquad (5\text{-}41)$$

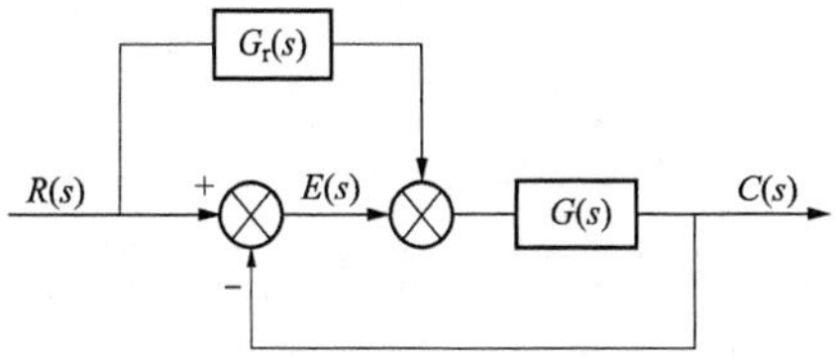

图 5-34 按输入补偿的复合校正控制系统的动态结构图

如果选择前馈补偿装置的传递函数为

$$G_r(s)=\frac{1}{G(s)} \qquad (5\text{-}42)$$

则

$$C(s)=R(s)$$

这说明，在式（5-42）成立的条件下，系统的输出量在任何时刻都可以完全无误地复现输入量，具有理想的时间响应特性。此时，系统的误差为

$$E(s)=\frac{1-G_r(s)G(s)}{1+G(s)}R(s) \qquad (5\text{-}43)$$

在式（5-42）成立的条件下，恒有 $E(s)=0$。前馈补偿装置的存在，相当于在系统中增加了一个输入信号 $G_r(s)R(s)$，其产生的误差信号与原输入信号 $R(s)$ 产生的误差信号大小相等而方向相反。因此，式（5-42）称为对输入信号的误差全补偿条件。

由于 $G(s)$ 一般均具有比较复杂的形式，故全补偿实现比较困难。在工程实践中，大多采用满足跟踪精度要求的部分补偿条件，或者在对系统性能起主要影响的频段内实现近似全补偿，以使 $G_r(s)$ 的形式简单并易于物理实现。

二、按扰动补偿的复合校正

按扰动补偿的复合校正控制系统如图 5-35 所示。图中，$D(s)$ 为扰动输入信号，$G_1(s)$ 和 $G_2(s)$ 为反馈部分的前向通道传递函数，$G_n(s)$ 为前馈补偿装置的传递函数。这种校正方式的目的是恰当选择 $G_n(s)$，使扰动 $D(s)$ 经过 $G_n(s)$ 对系统的输出产生补偿作用，以

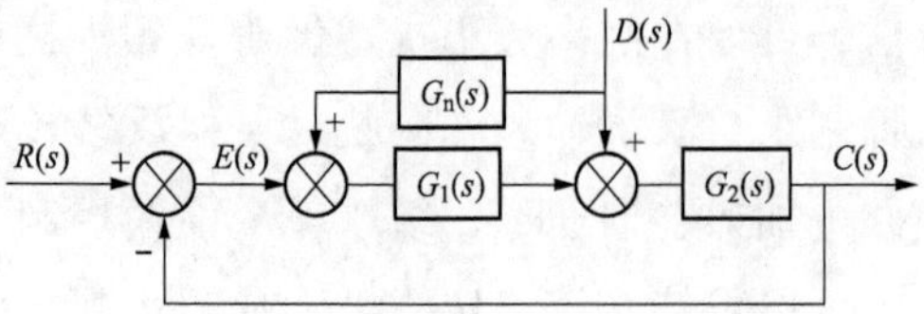

图 5-35　按扰动补偿的复合校正控制系统的动态结构图

抵消扰动 $D(s)$ 经过 $G_2(s)$ 对系统的输出的影响。由图 5-35 可知，扰动作用下系统的输出量为

$$C(s)=\frac{[1+G_1(s)G_n(s)]G_2(s)}{1+G_1(s)G_2(s)}D(s) \tag{5-44}$$

扰动作用下系统的误差为

$$E(s)=-C(s)=-\frac{[1+G_1(s)G_n(s)]G_2(s)}{1+G_1(s)G_2(s)}D(s) \tag{5-45}$$

令扰动引起的误差为 0，则有

$$1+G_1(s)G_n(s)=0$$

事实上，这种系统存在着来自扰动信号 $D(s)$ 的两条并联通道，即双通道。配置扰动补偿装置，使两条通道的传递函数相同、输出的极性相反，则扰动 $D(s)$ 对系统的影响可以完全补偿，从而实现系统对扰动具有不变性。因此，双通道相消，是实现系统对扰动具有不变性的充要条件。

在实际系统中，经常有多种干扰存在，如温飘、负载变动、能源波动等，都进行补偿将使系统过于复杂，而且有些干扰也难以测量，因此只对主要干扰进行补偿。

【例 5-6】 复合控制系统的动态结构图如图 5-36 所示，试选择干扰补偿装置，使干扰对系统的影响得到全补偿。

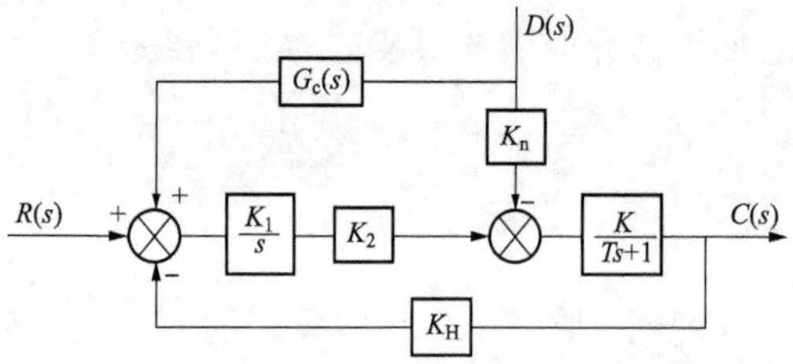

图 5-36　例 5-6 系统的动态结构图

解　根据双通道条件，取

$$G_c(s)\frac{K_1K_2}{s}-K_n=0$$

即

$$G_c(s)=\frac{K_n}{K_1K_2}s=K_cs$$

其中

$$K_c=\frac{K_n}{K_1K_2}$$

因此，$G_c(s)$ 为一理想微分环节，可以通过测量扰动的传感器和微分校正器综合实现。

第六节　MATLAB 用于控制系统的校正

串联超前校正、串联滞后校正及串联滞后-超前校正装置在实际工程中应用广泛，下面通过实例简单介绍几种校正装置的 MATLAB 语言设计方法。

一、串联超前校正装置的设计

【例 5-7】 已知单位负反馈系统开环传递函数为 $G(s)=\dfrac{20}{s(0.5s+1)}$，若要求系统相位

稳定裕量 $\gamma'\geqslant 50^{\circ}$，试设计串联超前校正装置的参数。

解 在MATLAB命令行输入以下程序：

```
num0 = [20];
den0 = [0.5 1 0];
[mag0,phase0,w0] = bode(num0,den0);
[gm0,pm0,wcg0,wcp0] = margin(num0,den0);    % 校正前系统的相位裕量 pm0
dpm = 50 - pm0 + 5;
phi = dpm * pi/180;
a = (1 + sin(phi))/(1-sin(phi));
mm = - 10 * log10(a);
mag0dB = 20 * log10(mag0);
wc = spline(mag0dB,w,mm);                   % 找到幅值为 mm 处的频率
T = 1/(wc * sqrt(a));
tao = a * T;
numc = [tao,1];
denc = [T,1];
Gc = tf(numc,denc)                          % 校正装置的传递函数
```

按回车键，在命令窗口得到校正装置的传递函数为

```
0.2268s + 1
------------
0.0563s + 1
```

再输入如下命令：

```
G0 = tf(num0,den0);                        % 原系统的传递函数
G = Go * Gc;                               % 校正后系统的传递函数
[mag,phase,w] = bode(G);
[gm,pm,wgc,wpc] = margin(G)
```

按回车键，在命令窗口得到校正后系统的相位裕量为

```
pm = 49.7706
```

继续输入命令：

```
[magc,phasec,w_c] = bode(numc,denc);         % 画 bode 图
subplot(211);
semilogx(w0,20 * log10(mag0),w_c,20 * log10(magc),w,20 * log10(mag));
grid;
subplot(212);
```

```
semilogx(w0,phase0,wc,phasec,w,phase);
grid;
```

按回车键，运行结果如图 5-37 所示。

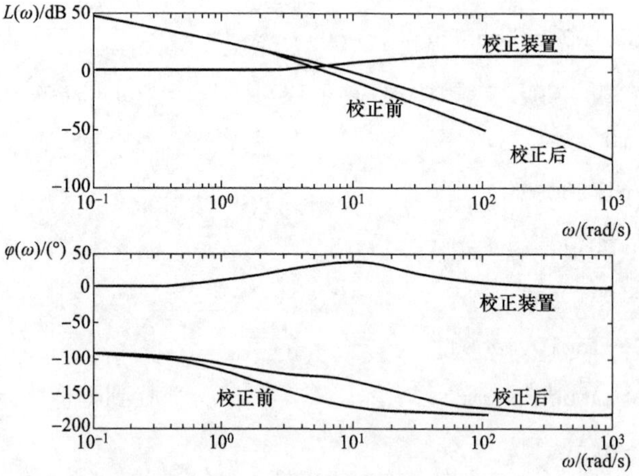

图 5-37　例 5-7 系统的伯德图

二、串联滞后校正装置的设计

【例 5-8】 已知单位负反馈系统开环传递函数为 $G(s)=\dfrac{5}{s(s+1)(0.5s+1)}$，若要求系统相位稳定裕量 $\gamma'\geqslant 40°$，试设计串联滞后校正装置的参数。

解 在 MATLAB 命令行输入以下程序：

```
num0 = [5];
den0 = [0.5 1.5 1 0];
[gm,pm,wgc,wpc] = margin(num,den);      %求校正前系统的相位裕量
dpm = -180 + 40 + 12;                   %求φ
[mag0,phase0,w0] = bode(num0,den0);
wc = spline(phase0,w0,dpm);             %在校正前曲线上找到与φ对应的频率ωc
mag0dB = 20 * log10(mag0);
mag_wc = spline(w0,mag0dB,wc);
beta = 10^(-mag_wc/20);
w2 = 0.2 * wc;                          %求校正装置的转折频率ω2
T = 1/(beta * w2);
numc = [beta * T 1];denc = [T 1];       %求校正装置的分子、分母多项式系数
Gc = tf(numc,denc)                      %求校正装置的传递函数
```

按回车在命令窗口得到校正装置的传递函数为

```
10.76s+1
-----------
102.3s+1
```

再输入命令：

```
G0 = tf(num0,den0);
G = G0 * Gc;
[gm,pm,wgc,wpc] = margin(G)
```

按回车在命令窗口得到校正后系统的相位裕量为

```
pm = 49.7706
```

继续输入命令：

```
[mag,phase,w] = bode(G]);
[magc,phasec,w_c] = bode(numc,denc);
subplot(211);
semilogx(w0,20 * log10(mag0),w_c,20 * log10(magc),w,20 * log10(mag));
grid;
subplot(212);
semilogx(w0,phase0,w_c,phasec,w,phase);
grid;
```

按回车运行结果如图 5-38 所示。

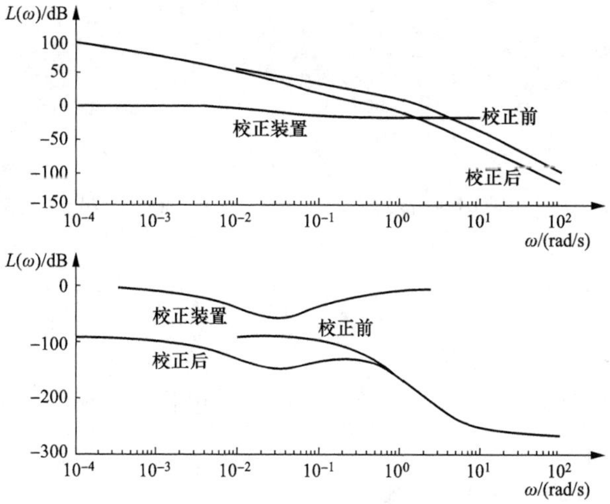

图 5-38 例 5-8 系统的伯德图

三、串联滞后-超前校正装置的设计

【例 5-9】 已知单位负反馈系统开环传递函数为 $G(s)=\dfrac{10}{s(s+1)(0.5s+1)}$，若要求系统相位稳定裕量 $\gamma'=40°$，幅值裕量 $20\lg K_g \geqslant 10\text{dB}$，试设计串联滞后-超前校正装置的参数。

解 在 MATLAB 命令行输入以下程序：

```
num0 = [10];
den0 = [0.5 1.5 1 0];
G0 = tf(num0,den0)
[mag0,phase0,w0] = bode(num0,den0);
[mag0,phase0,wgc0,wpc0] = margin(num0,den0)   %求校正前系统的裕量及对应频率
```

按回车在命令窗口得到：

```
mag0 = 0.3000
phase0 = -28.0814
wgc0 = 1.4142
wpc0 = 2.4253                             %可见系统不稳定
```

再输入命令：

```
wgc = wgc0;                 %选相位为-180°对应的频率为校正后系统的ωc
T1 = 10/wgc;                %滞后校正部分的时间常数(取α = 10)
numc1 = [T1 1];
denc1 = [10 * T1 1];
Gc1 = tf(numc1,denc1)       %滞后校正部分的传递函数
```

按回车键，在命令窗口得到：

```
7.071s + 1
-----------
70.71s + 1
```

继续输入命令：

```
W1 = (20 * wgc0-20 * log10(mag0))/20      %超前校正部分的第一个转折频率
T1 = 1/w1
numc2 = [T1 1];
denc2 = [T2/10 1];                        %取α = 10
Gc2 = tf(numc2,denc2)                     %超前校正部分的传递函数
```

按回车在命令窗口得到：

```
0.5162s + 1
-------------
0.05162s + 1
```

继续输入命令：

```
Gc = Gc1 * Gc2                            %校正装置的传递函数
```

按回车键,在命令窗口得到：

```
3. 65 s^2 + 7. 587s + 1
----------------------
3. 65 s^2 + 70. 76s + 1
```

继续输入命令：

```
G = G0 * Gc                              % 校正后系统的传递函数
```

按回车键，在命令窗口得到：

```
          36. 5 s^2 + 75. 87s + 10
------------------------------------------------------
1. 825 s^5 + 40. 86 s^4 + 110. 3 s^3 + 72. 26 s^2 + s]
```

继续输入命令：

```
[magc,phasec,w_c] = bode([3. 65 7. 587 1],[3. 65 70. 76 1]);
[mag,phase w] = bode([36. 5 75. 87 10],[1. 825 40. 86 110. 3 72. 26 1 0]);
bode([3. 65 7. 587 1],[3. 65 70. 76 1]);
subplot(211);
semilogx(w0,20 * log10(mag0),w_c,20 * log10(magc),w,20 * log10(mag));
[mag0,phase0,w0] = bode(num0,den0);
semilogx(w0,20 * log10(mag0),w_c,20 * log10(magc),w,20 * log10(mag));
grid;
subplot(212);
semilogx(w0,phase0,w_c,phasec,w,phase);
grid;
[mag,phase,wgc,wpc] = margin(G)
```

按回车键，运行结果如图 5-39 所示。

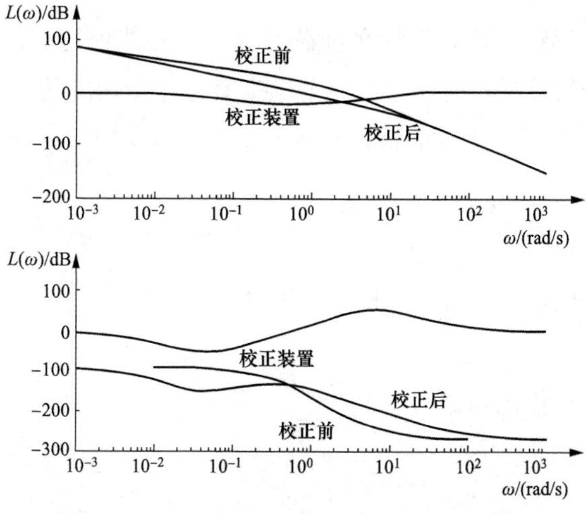

图 5-39 例 5-9 系统的伯德图

且在命令窗口得到：

```
mag = 18.2582
phase = 40.6816
wgc = 4.2226
wpc = 0.7970
```

第七节　循序渐进分析示例——磁盘驱动读取系统

本章将为磁盘驱动读取系统设计一个合适的PD控制器，使得系统能够满足对单位阶跃响应的设计要求。给定的设计要求见表5-1，闭环系统的结构图如图5-40所示。由图可见，闭环系统配置有前置滤波器，其目的在于消除零点因式（$s+z$）对闭环传递函数的不利影响。

表 5-1　　磁盘驱动器控制系统的设计要求与实际性能

性能指标	预期值	实际值
超调量/%	<5	0.1
调节时间/ms	<50	40
对单位阶跃干扰的最大响应	$<5\times10^{-3}$	6.9×10^{-5}

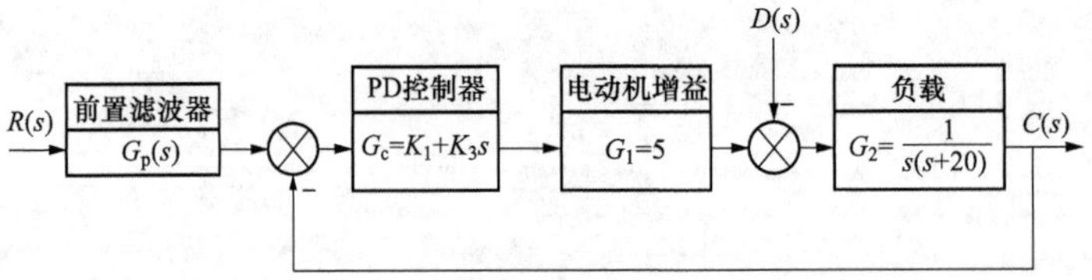

图 5-40　带有PD控制器的磁盘驱动器控制系统（2阶系统模型）的结构示意图

一个好的控制系统应该具有快速的阶跃响应，并具有最小的超调量。最小节拍响应是指以最小的超调量快速达到稳态响应的允许波动范围，并能保持在该波动范围内的时间响应。当系统输入为阶跃信号时，若允许波动范围定义为稳态响应的±2%误差带，于是，其阶跃响应能快速地在 t_s 时刻进入该允许波动带，并且不再超出该波动带。具体而言，最小节拍响应应具有如下特征：

（1）$e_{ss}=0$；

（2）具有快速的响应，即具有最小的上升时间和调节时间；

（3）$0.1\%\leqslant\sigma\%\leqslant2\%$。

以3阶系统为例，其传递函数的标准式为

$$\Phi(s)=\frac{\omega_n^3}{s^3+\alpha\omega_n s^2+\beta\omega_n^2 s+\omega_n^3}=\frac{1}{\dfrac{s^3}{\omega_n^3}+\alpha\dfrac{s^2}{\omega_n^2}+\beta\dfrac{s}{\omega_n}+1} \tag{5-46}$$

式（5-46）为标准化的 3 阶闭环传递函数。采用同样的方法，可以得到更高阶系统的标准化传递函数。在标准化传递函数的基础上，根据最小节拍响应的要求，可以确定系数 α、β、γ 等的典型取值。表 5-2 列出了具有最小节拍响应的 2～6 阶系统的标准化传递函数的系数取值以及主要响应性能。

表 5-2　　最小节拍系统的标准化传递函数的典型系数和响应性能指标

系统阶数	系数					超调量	90%上升时间/s	100%上升时间/s	调节时间/s
	α	β	γ	δ	ε				
2	1.82					0.10%	3.47	6.59	4.82
3	1.90	2.20				1.65%	3.48	4.32	4.04
4	2.20	3.50	2.80			0.89%	4.16	5.29	4.81
5	2.70	4.90	5.40	3.40		1.29%	4.84	5.73	5.43
6	3.15	6.50	8.70	7.55	4.05	1.63%	5.49	6.31	6.04

为了得到具有最小节拍响应的系统，针对图 5-40 给出的 2 阶模型，将预期的闭环传递函数取为

$$\Phi(s)=\frac{\omega_n^2}{s^2+\alpha\omega_n s+\omega_n^2} \tag{5-47}$$

由表 5-2 可知，对应的标准化传递函数的系数应为 $\alpha=1.82$，标准化调节时间应为 $\omega_n t_s=4.82\text{s}$。而实际系统对调节时间的设计要求为 $t_s\leqslant 50\text{ms}$，可取 $\omega_n=120$。在这种情况下，调节时间的预期值为 $t_s=40\text{ms}$，符合设计要求。于是式（5-47）的分母则为

$$s^2+218.4s+14400 \tag{5-48}$$

而图 5-40 闭环系统的特征方程为

$$s^2+(20+5K_3)s+5K_1=0 \tag{5-49}$$

比较式（5-48）和式（5-49）的系数，有

$$20+5K_3=218.4，\ 5K_1=14400$$

解之可得

$$K_1=2880，\ K_3=39.68$$

因此，PD 控制器为

$$G_c(s)=2880+39.68s=39.68(s+72.58)$$

将前置滤波器取为

$$G_p(s)=\frac{72.58}{s+72.58} \tag{5-50}$$

就能进一步对消引入 PD 控制器新增的闭环零点。

本章的模型忽略了电机磁场的影响，但所得的设计仍然是很准确的。表 5-1 也给出了系统的实际响应，从中可以看出，系统的所有指标都满足了设计要求。

小　结

（1）当系统的性能指标不能满足控制要求时，就需要对系统进行校正。按照校正装置在系统中的连接方式，控制系统的校正可以分为串联校正、反馈校正、前馈校正和复合校正四种。

（2）在串联校正中，根据校正装置对系统性能的影响，可分为超前校正、滞后校正和滞后一超前校正。应用频率法对系统进行串联校正的设计步骤和方法是：首先检验系统固有部分的性能指标，接着确定系统的预期频率特性，最后设计校正装置。

（3）反馈校正能有效地改变被包围环节的动态结构、参数。另外，在一定的条件下，反馈校正甚至能完全取代被包围环节，从而可以大大减弱这些环节由于特性参数变化及各种干扰给系统带来的不利影响。

（4）复合校正是指在系统中同时采用串联校正、反馈校正和前馈校正中两种或三种的一种校正方式。复合校正中的前馈校正装置可分为按输入补偿和按干扰补偿的前馈校正两种方式。只要参数选择得当，复合校正不但可以保持系统稳定，极大地减小甚至消除稳态误差，而且可以抑制可测量扰动（包括低频扰动）。

术语和概念

校正（compensation）：用于改变或调节控制系统，使之能获得满意的性能。

串联校正网络（series compensation network）：以串联的方式接入系统的校正网络。

串联校正（series compensation）：是指校正装置串联在系统前向通道中的校正方式。

反馈校正（feedback compensation）：是指校正装置接在系统局部反馈通道中的校正方式。

前馈校正（front feed compensation）：是指校正装置处于系统主反馈回路之外的校正方式。

复合校正（compound compensation）：是在系统中同时采用串联校正、反馈校正和前馈校正中两种或三种的一种校正方式。

习　题

5-1　试回答下列问题：

（1）什么是系统校正？系统校正有哪些类型？

（2）进行校正的目的是什么？为什么不能用改变系统开环增益的办法来实现？

（3）串联超前校正为什么可以改善系统的暂态性能？

（4）在什么情况下进行串联滞后校正可以改善系统的相对稳定性？

（5）试比较相位超前校正、滞后校正和滞后-超前校正的特点，并说明如何选用。

（6）采用按输入补偿（或按干扰补偿）的前馈校正能否减少系统启动时的最大超调量？为什么？

5-2　试求图 5-41 所示无源网络的传递函数，并绘制其伯德图。

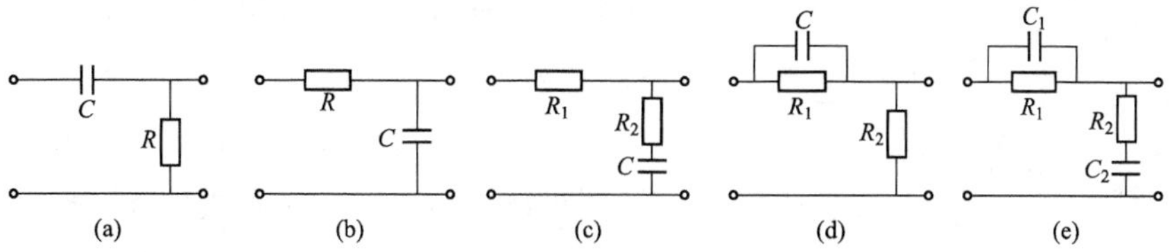

图 5-41　习题 5-2 的图

5-3　在自动控制系统中，若串联校正装置的传递函数为 $G_c(s)=\frac{0.02s+1}{0.01s+1}$，这属于哪一类校正？试定性分析其对系统性能的影响。

5-4　单位反馈控制系统原有的开环传递函数 $G_0(s)$ 和两种串联校正装置 $G_c(s)$ 的对数幅频特性曲线如图 5-42 所示。

（1）试写出每种方案校正后的系统开环传递函数表达式；

（2）比较两种校正效果的优、缺点。

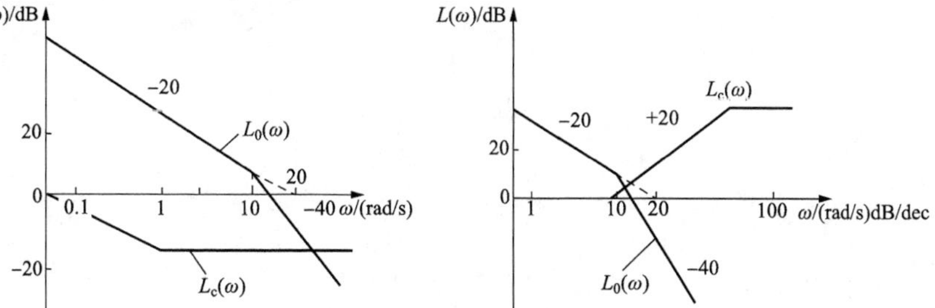

图 5-42　习题 5-4 系统的对数幅频特性曲线

5-5　三种串联校正装置的对数幅频特性曲线如图 5-43 所示，若原系统为单位反馈系统，其开环传递函数为 $G(s)=\frac{400}{s^2(0.01s+1)}$。

（1）在这些校正装置中，哪种校正使系统的稳定裕量最好？

（2）为了将 12Hz 的正弦噪声衰减至 1.2Hz 左右，应该采用哪种校正装置？

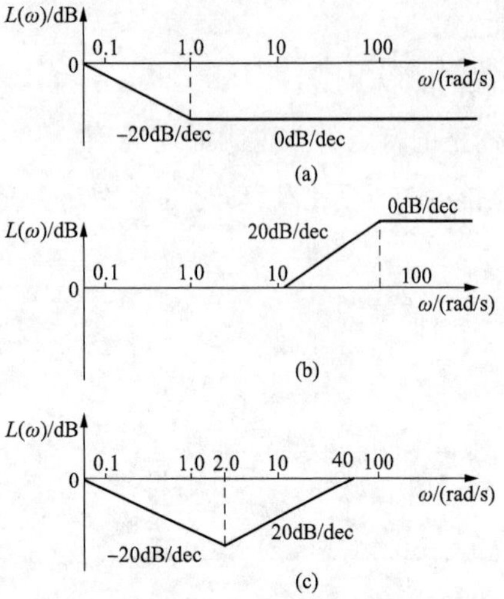

图 5-43 习题 5-5 的图

5-6 控制系统的开环传递函数为 $G(s)=\dfrac{10}{s(0.5s+1)(0.1s+1)}$，试完成：

(1) 绘制系统的伯德图，并求相角裕量。

(2) 如采用传递函数为 $G_c(s)=\dfrac{0.37s+1}{0.049s+1}$ 的串联超前校正装置，绘制校正后系统的伯德图，求出校正后的相角裕量，并讨论校正后系统的性能有何改进。

5-7 图 5-44 为某单位负反馈系统校正前、后的开环对数幅频特性（渐近线）。试完成：

(1) 写出系统校正前、后的开环传递函数 $G_1(s)$ 和 $G_2(s)$；

(2) 求出串联校正装置的传递函数 $G_c(s)$，并设计此调节器的线路及其参数；

(3) 求出校正前、后系统的相角裕量 γ_1 和 γ_2；

(4) 分析校正对系统动态、稳态性能（$\sigma\%$、t_s、e_{ss} 等）的影响。

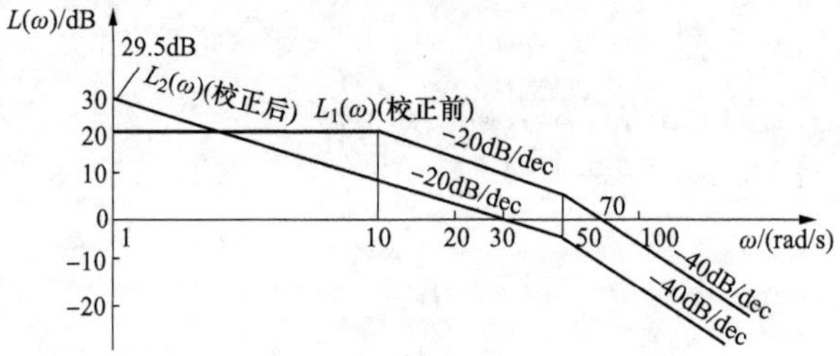

图 5-44 习题 5-7 的图

5-8 已知单位反馈系统的开环传递函数为 $G(s)=\dfrac{200}{s(0.1s+1)}$，试设计一串联校正装置，使系统的相角裕量 $\gamma'\geqslant 45°$，$\omega_c'\geqslant 50\text{rad/s}$。

5-9 图 5-45 中，曲线Ⅰ为某随动系统的固有部分的开环对数幅频特性（设该系统为单位负反馈系统），曲线Ⅱ为串联校正装置的对数幅频特性。试完成：

(1) 写出系统固有部分的开环传递函数 $G_0(s)$ 和校正环节的传递函数 $G_c(s)$；

(2) 绘制校正后系统的开环对数幅频特性；

(3) 确定系统校正前、后的穿越频率；

(4) 确定系统校正前、后的相角裕量；

(5) 分析此校正环节对系统动、稳态性能的影响。

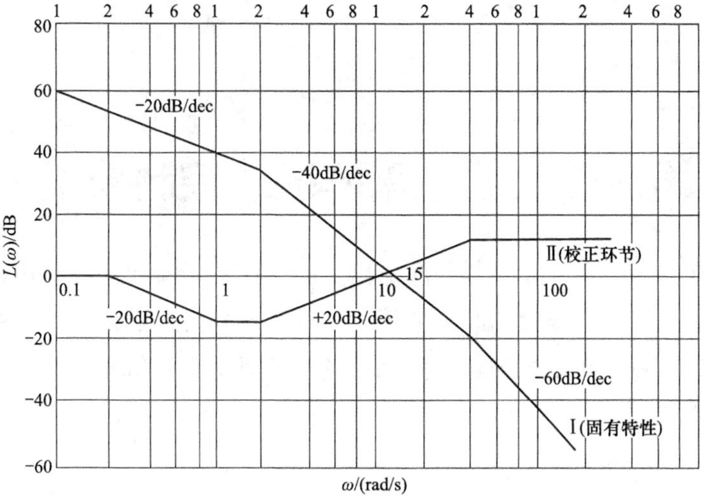

图 5-45　习题 5-9 图

5-10　若对图 5-46 所示的系统中的一个大惯性环节采用微分负反馈校正，试分析它对系统性能的影响。设图中 $K_1=0.2$，$K_2=1000$，$K_3=0.4$，$T=0.8\mathrm{s}$，$\beta=0.01$。试求：

(1) 未设反馈校正时系统的动态、稳态性能。

(2) 增设反馈校正后系统的动态、稳态性能。

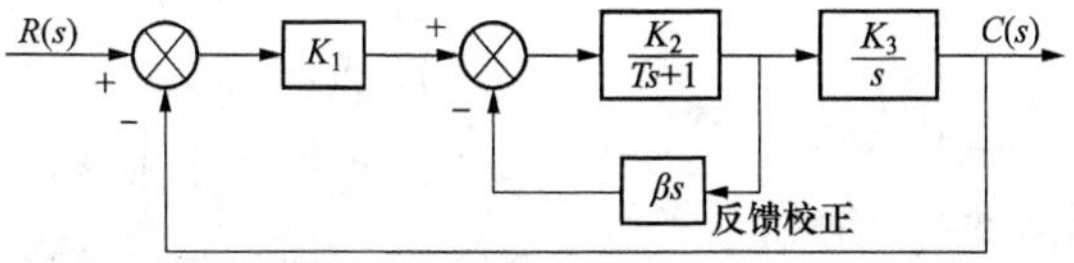

图 5-46　习题 5-10 的图

5-11　系统如图 5-47 所示，试确定：

(1) $G_c(s)$，使扰动 $d(t)$ 对系统输出 $c(t)$ 无影响；

(2) 使系统在满足 (1) 的条件下具有最佳阻尼比的 K_2 值。

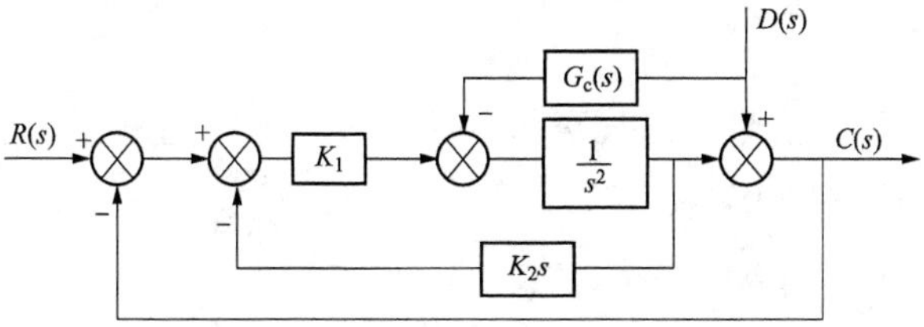

图 5-47　习题 5-11 的图

第六章　线性采样系统控制技术

控制系统中的信号分为连续信号和离散信号。当信号是时间的连续函数时，则称该信号为连续信号；当信号只在确定的时刻取值，则称该信号为离散信号。若系统中的所有信号均为连续信号时，则称该系统为连续控制系统；若系统中的信号包含离散信号时，则称该系统为离散控制系统，又称采样控制系统。

第一节　采样控制系统的基本概念

一、采样控制系统的基本结构

采样控制系统基本结构如图 6-1 所示。在该系统中：偏差信号 $e(t)$ 为连续信号，经采样开关后变为离散信号；数字控制器与连续控制系统中的调节器的功能一样，是为改善系统性能而加入的数字调节器；一般控制对象为模拟装置，而数字调节器输出的为数字量，保持器则在数字控制器与控制对象之间完成数字量到模拟量间的转换；反馈环节的作用与连续控制系统中的作用相同。

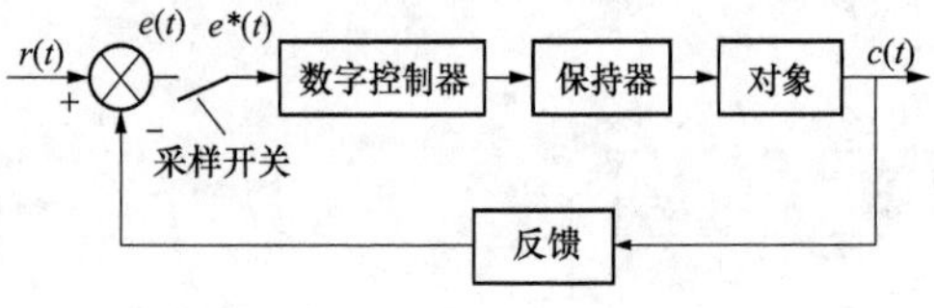

图 6-1　采样控制系统基本结构

在实际应用过程中，若系统中的给定量、反馈量、控制对象的参数均为离散量，则称该系统为全数字控制系统。数字控制器可以是专门的数字调节器，也可以是计算机控制系统。

二、采样过程

把连续信号转换为离散信号的过程称为采样过程，采样过程可看作连续信号被采样函数进行调制。信号采样原理如图 6-2 所示。

$\delta_T(t)$ 为理想单位脉冲序列，其数学表达式为

$$\delta_T(t)=\sum_{k=0}^{\infty}\delta(t-kT) \tag{6-1}$$

式中：T 为采样周期；k 为整数。

图 6-2　信号采样原理图

$e(t)$ 为连续信号，$e^*(t)$ 是经过调制的离散信号，即采样信号。采样信号可表示为

$$e^*(t)=e(t)\delta_T(t)=e(t)\sum_{k=0}^{\infty}\delta(t-kT)=\sum_{k=0}^{\infty}e(kT)\delta(t-kT) \tag{6-2}$$

在实际应用中，通常采用理想单位脉冲序列控制采样开关，将连续信号 $e(t)$ 加到开关的输入端，采样开关闭合的周期为 T，这样在开关的输出端得到脉冲序列 $e^*(t)$。连续信号的采样过程如图 6-3 所示。

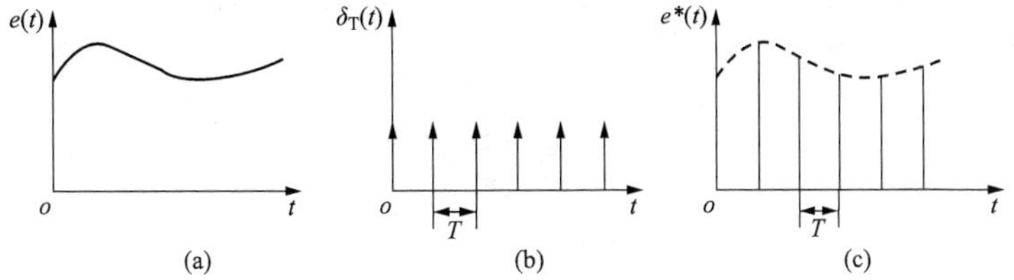

图 6-3 连续信号采样过程图

(a) 连续信号；(b) 单位脉冲信号；(c) 采样后信号

【例 6-1】 已知 $e(t)=1(t)$，求 $e^*(t)$。

解 根据采样表达式，单位阶跃信号的采样信号为一个周期为 T 的脉冲列，其数学表达式为

$$\begin{aligned}e^*(t)&=e(t)\delta_T(t)\\&=\sum_{k=0}^{\infty}e(kT)\delta(t-kT)=\sum_{k=0}^{\infty}1(t)\delta(t-kT)\end{aligned}$$

其采样过程图形表示如图 6-4 所示。

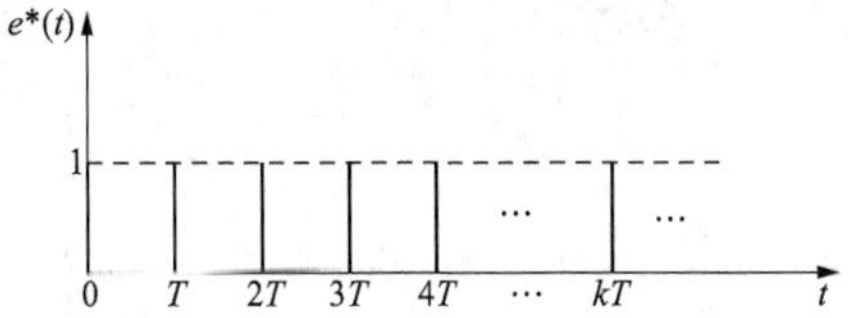

图 6-4 单位阶跃信号的采样过程

从采样过程看，$e(t)$ 是连续信号，经过采样后 $e^*(t)$ 变为离散信号，即 $e^*(t)$ 只在采样点上有值，在采样点间没有数值。经过采样后的离散信号 $e^*(t)$ 必然丢失 $e(t)$ 部分信息。显然，采样周期 T 的值越大，采样后所包含 $e(t)$ 的信息量就越少，丢失的信息就越多；采样周期 T 的值越小，单位时间内得到的采样值越多，所包含 $e(t)$ 的信息也就越多。为了采样后的离散信号能够不失真地代表原来连续信号，对采样周期应当有一定要求。

三、采样定理与采样信号的复现

为了使采样后的离散信号能够保留原信号的重要信息，体现原信号的变化规律，采样信号的角频率 $\omega_s=\dfrac{2\pi}{T}$ 与原信号 $e(t)$ 的最高角频率 ω_{max} 间应当保持一定的关系，这个关系就是采样定理，又称香农定理。对于离散信号经过外延和滤波处理才能不失真地恢复为原连续信号，这就是信号的复现。

1. **采样定理**

要使采样后的信号 $e^*(t)$ 能够完全复现原信号 $e(t)$，采样角频率 $\omega_s=\frac{2\pi}{T}$ 与原信号的最高角频率 $\omega_{\max}$ 间应当满足如下关系

$$\omega_s \geqslant 2\omega_{\max} \tag{6-3}$$

式（6-3）即采样定理。该定理可通过以下公式进行推导说明。将采样函数（理想单位脉冲序列）展开为傅里叶级数形式

$$\delta_T(t)=\sum_{k=-\infty}^{\infty} c_k e^{jk\omega_s t}$$

采样角频率为

$$\omega_s=\frac{2\pi}{T}$$

傅里叶级数系数为

$$c_k=\frac{1}{T}\int_{-\frac{T}{2}}^{\frac{T}{2}}\delta_T(t)e^{-jk\omega_s t}\mathrm{d}t=\frac{1}{T}\int_{0^-}^{0^+}\delta(t)e^{-jk\omega_s\times 0}\mathrm{d}t=\frac{1}{T}\int_{0^-}^{0^+}\delta(t)\cdot 1\mathrm{d}t=\frac{1}{T}$$

因此

$$\delta_T(t)=\frac{1}{T}\sum_{k=-\infty}^{\infty} e^{jk\omega_s t} \tag{6-4}$$

将式（6-4）代入式（6-2），可得

$$e^*(t)=e(t)\delta_T(t)=\frac{1}{T}e(t)\sum_{k=-\infty}^{\infty} e^{jk\omega_s t}=\frac{1}{T}\sum_{k=-\infty}^{\infty} e(t)e^{jk\omega_s t} \tag{6-5}$$

对上式进行拉氏变换可得

$$L[e^*(t)]=E^*(s)=L\left[\frac{1}{T}\sum_{k=-\infty}^{\infty} e(t)e^{jk\omega_s t}\right]=\frac{1}{T}\sum_{k=-\infty}^{\infty} E(s+jk\omega_s) \tag{6-6}$$

在式（6-6）中，如果 $E^*(s)$ 没有 s 右半平面的极点，则可令 $s=j\omega$，得到采样信号 $e^*(t)$ 的傅里叶变换为

$$E^*(j\omega)=\frac{1}{T}\sum_{k=-\infty}^{\infty} E[j(\omega+k\omega_s)] \tag{6-7}$$

式中：$E(j\omega)$ 为连续信号 $e(t)$ 的傅里叶变换。

由式（6-7）可以看出，采样函数 $e^*(t)$ 的频谱是由多个以 $k\omega_s$ 为中心的周期频谱。$k=0$ 时的频谱称为离散函数的主频谱，主频谱与连续函数 $e(t)$ 的频谱相同，为了不产生频率混迭，采样角频率 ω_s 的下限至少是原函数的最高频率的 2 倍。只有这样离散后的信号经过有限带宽 ω_s 的低通滤波器才能复现原信号。其频谱图关系如图 6-5 所示。

2. **信号的复现**

由前面的分析可知，在满足采样定理的条件下，离散信号能够完全代表原信号，离散信号的主频谱就是原信号的频谱。为了能够把离散信号复现为原信号，就必须保留离散信号的主频谱，将其他频谱滤除掉。为了滤除主频谱以外的其他频谱，可采用如图 6-6 所示的理想滤波器。

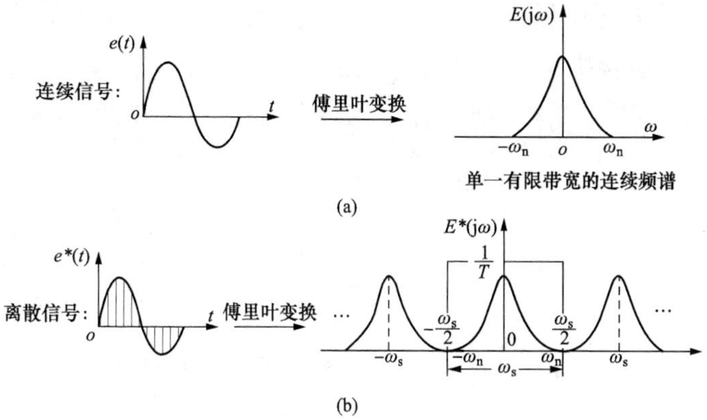

图 6-5　连续函数与采样函数的频谱关系

(a) 连续函数的频谱；(b) 采样函数的频谱

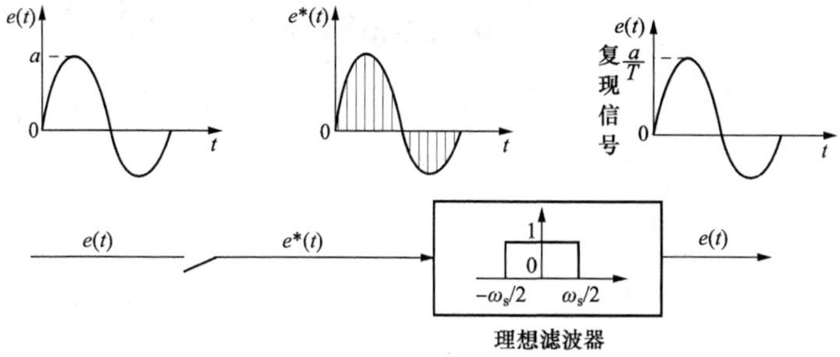

图 6-6　理想滤波器及滤波效果

理想滤波器在实际应用中是无法实现的，在实际工程中经常采用近似的低通滤波器，如零阶保持器、一阶保持器和二阶保持器等。

最常用的是零阶保持器，其复现原信号是采用恒值外推原理，它把前一时刻 kT 的采样值 $e(kT)$ 一直保持到下一个采样时刻 $(k+1)T$，从而使采样信号 $e^*(t)$ 变为阶梯信号 $e_h(t)$，在 $kT \leqslant t \leqslant (k+1)T$ 期间，$e_h(t)=e(kT)$。$e_h(t)$ 可用下列数学公式描述

$$e_h(t)=\sum_{k=-\infty}^{\infty} e(kT)[1(t-kT)-1(t-kT-T)] \tag{6-8}$$

采用零阶保持复现原信号的效果如图 6-7 所示。

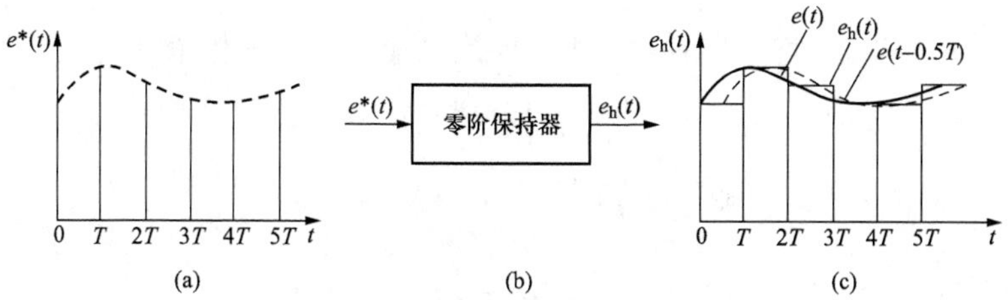

图 6-7　零阶保持器复现信号图

(a) 离散信号；(b) 零阶保持器；(c) 经零阶保持器后的复现信号

由图 6-7 可见，经过零阶保持器后，$e_h(t)$ 的平均响应为 $e(t-0.5T)$，则复现的信号滞后原信号 $0.5T$，零阶保持器具有相位滞后特性。

为了得到零阶保持器的频率特性，对式（6-8）取拉氏变换可得

$$\begin{aligned} E_h(s) &= \sum_{k=0}^{\infty} e(kT)\left[\frac{e^{-kTs}}{s} - \frac{e^{-(k+1)Ts}}{s}\right] \\ &= \sum_{k=0}^{\infty} e(kT)e^{-kTs}\left[\frac{1}{s} - \frac{e^{-Ts}}{s}\right] \\ &= E^*(s)\frac{1-e^{-Ts}}{s} \end{aligned} \tag{6-9}$$

零阶保持器的传递函数为

$$G_h(s) = \frac{1-e^{-Ts}}{s} \tag{6-10}$$

令 $s=\mathrm{j}\omega$，并代入式（6-10）中，可得零阶保持器的频率特性为

$$G_h(\mathrm{j}\omega) = \frac{1-\mathrm{e}^{-\mathrm{j}\omega T}}{\mathrm{j}\omega} = \frac{e^{-\frac{\mathrm{j}\omega T}{2}}\left(e^{\frac{\mathrm{j}\omega T}{2}} - e^{-\frac{\mathrm{j}\omega T}{2}}\right)}{\mathrm{j}\omega} = T\frac{\sin(\omega T/2)}{\omega T/2}e^{-\mathrm{j}\omega T/2}$$

把 $T=\dfrac{2\pi}{\omega_s}$代入上式，可得：

频率特性为

$$G_h(\mathrm{j}\omega) = \frac{2\pi}{\omega_s}\frac{\sin(\pi\omega/\omega_s)}{\pi\omega/\omega_s}e^{-\mathrm{j}\pi\omega/\omega_s} = \frac{2\pi}{\omega_s}sa(\pi\omega/\omega_s)e^{-\mathrm{j}\pi\omega/\omega_s} \tag{6-11}$$

幅频特性为

$$|G_h(\mathrm{j}\omega)| = \frac{2\pi}{\omega_s}|sa(\pi\omega/\omega_s)| \tag{6-12}$$

相频特性为

$$\angle G_h(\mathrm{j}\omega) = -\frac{\pi\omega}{\omega_s} + \angle sa(\pi\omega/\omega_s) \tag{6-13}$$

上三式中，$\angle sa(\pi\omega/\omega_s) = \begin{cases} 0, & 2n\omega_s < \omega < (2n+1)\omega_s \\ \pi, & (2n+1)\omega_s < \omega < 2(n+1)\omega_s \end{cases} \quad (n=1,2,3,\cdots)$。

从频率特性可以看出，零阶保持器的频率特性与理想滤波器的频率特性不同，不能实现完全复现原信号。从相频特性可以看出，零阶保持器有一个$-\dfrac{\pi\omega}{\omega_s}$相角延迟，对系统性能不利。

第二节　Z　变　换

Z 变换是离散函数的数学变换，用于差分方程的求解运算，其作用与拉氏变换在连续控制系统中的作用一样，Z 变换实际上是拉氏变换中的一个特例，可由拉氏变换直接导出。

一、 Z 变换定义

对离散函数进行拉氏变换，即

$$E^*(s)=L[e^*(t)]=\sum_{k=0}^{\infty}e(kT)L[\delta(t-kT)]=\sum_{k=0}^{\infty}e(kT)e^{-kTs} \tag{6-14}$$

$E^*(s)$ 为离散函数 $e^*(t)$ 的拉氏变换，由于 $E^*(s)$ 中含有指数函数 e^{-Ts}，不便于计算，因此引入新的变量 z，令

$$z=e^{Ts} \tag{6-15}$$

或

$$s=\frac{1}{T}\ln z \tag{6-16}$$

将式（6-15）代入式（6-14）中，并用 $E(z)$ 代替 $E^*(s)$，可得

$$E(z)=Z[e^*(t)]=E^*(s)\Big|_{s=\frac{1}{T}\ln z}=\sum_{k=0}^{\infty}e(kT)z^{-k} \tag{6-17}$$

式（6-17）被定义为离散函数 $e^*(t)$ 的 Z 变换。它和式（6-14）是互为补充的两种变换形式，前者表示 z 平面上的函数关系，后者表示 s 平面上的函数关系。

常用的求 Z 变换的方法有级数求和法和部分分式法。函数的 Z 变换除由定义式得到之外，还可通过查表的方法获得，附录一列出了部分常用函数的 Z 变换。下面通过实例加以说明。

【例 6-2】 求单位阶跃函数 $1(t)$ 的 Z 变换。

解 单位阶跃函数经采样后在采样点的值始终为 1，即

$$e(kT)=1(kT)=1 \quad (k=0,1,2,\cdots)$$

根据式（6-17），可得 Z 变换为

$$E(z)=\sum_{k=0}^{\infty}e(kT)z^{-k}=\sum_{k=0}^{\infty}1(kT)z^{-k}$$

$$=1+z^{-1}+z^{-2}+z^{-3}+\cdots=\frac{1}{1-z^{-1}}=\frac{z}{z-1}(|z^{-1}|<1)$$

【例 6-3】 求单位理想脉冲序列 $e(t)=\delta_T(t)=\sum_{k=0}^{\infty}\delta(t-kT)$ 的 Z 变换。

解 根据式（6-17），可得单位理想脉冲序列的 Z 变换为

$$E(z)=1+z^{-1}+z^{-2}+\cdots+z^{-n}+\cdots=\frac{1}{1-z^{-1}}=\frac{z}{z-1}$$

从以上两个例子可以看出，不同的函数只要它们在采样点的值相同，则它们有相同的 Z 变换。换句话说，有了原函数可唯一求得该原函数的 Z 变换，但有了 Z 变换只能求得对应的离散点的值。

【例 6-4】 求 $e(t)=e^{-at}$ 的 Z 变换。

解 $e(t)=e^{-at}$ 经采样后的离散函数为 $e(kT)=e^{-akT}$，根据式（6-17）可得 Z 变换为

$$E(z)=1+e^{-aT}z^{-1}+e^{-2aT}z^{-2}+\cdots+e^{-kaT}z^{-k}+\cdots$$
$$=\frac{1}{1-e^{-aT}z^{-1}}=\frac{z}{z-e^{-aT}}$$

【例 6-5】 已知 $E(s)=\frac{1}{s(s+1)}$，求原函数 $e(t)$ 的 Z 变换。

解 将 $E(s)$ 展开为部分分式

$$E(s)=\frac{1}{s(s+1)}=\frac{1}{s}-\frac{1}{s+1}$$

查附录一，可得 Z 变换为

$$E(z)=\frac{z}{z-1}-\frac{z}{z-e^{-T}}=\frac{z(1-e^{-T})}{(z-1)(z-e^{-T})}$$

二、 Z 变换的基本定理

与拉氏变换一样，Z 变换也有一些基本定理，可以使 Z 变换运算变得简单和方便。

1. 线性定理

若函数 $e_1(t)$ 和 $e_2(t)$ 的 Z 变换存在，分别为 $E_1(z)$ 和 $E_2(z)$，且 a、b 为常数，则有

$$Z[ae_1(t)\pm be_2(t)]=aE_1(z)\pm bE_2(z) \tag{6-18}$$

线性定理表明，函数的线性组合的 Z 变换等于各部分函数 Z 变换的线性组合。

2. 实数位移定理

位移定理有两个，一个是延迟位移定理，另一个是超前位移定理。

（1）延迟位移定理：若函数 $e(t)$ 的 Z 变换存在且为 $Z[e(t)]=E(z)$，则 $e(t-mT)$ 的 Z 变换存在且为

$$Z[e(t-mT)]=z^{-m}E(z) \tag{6-19}$$

（2）超前位移定理：若函数 $e(t)$ 的 Z 变换存在且为 $Z[e(t)]=E(z)$，则 $e(t+mT)$ 的 Z 变换存在且为

$$Z[e(t+mT)]=z^{m}\left[E(z)-\sum_{k=0}^{m-1}e(kT)z^{-k}\right] \tag{6-20}$$

位移定理表明，当原函数在实域中延迟或超前 m 个采样周期，其 Z 变换等于 z^{-m}（z^{m}）与原函数的 Z 变换的乘积。

【例 6-6】 求 $e(t)=t-T$ 的 Z 变换。

解 利用斜坡函数的 Z 变换 $Z[t]=\frac{Tz}{(z-1)^2}$ 以及延迟位移定理可得

$$Z[e(t)]=Z[t-T]$$
$$=z^{-1}Z[t]$$
$$=z^{-1}\frac{Tz}{(z-1)^2}=\frac{T}{(z-1)^2}$$

【例 6-7】 求 $e(t)=t+2T$ 的 Z 变换。

解 利用斜坡函数的 Z 变换 $Z[t]=\frac{Tz}{(z-1)^2}$ 以及超前位移定理可得

$$E(z)=z^2\left[\frac{Tz}{(z-1)^2}-\sum_{k=0}^{1}kTz^{-k}\right]=z^2\left[\frac{Tz}{(z-1)^2}-0-Tz^{-1}\right]=\frac{Tz^3}{(z-1)^2}-Tz$$

3. **复数位移定理**

若 $E(z)=Z[e(t)]$，则

$$Z[e(t)e^{\mp at}]=E(ze^{\pm aT}) \tag{6-21}$$

【例 6-8】 求 $e(t)=te^{-at}$ 的 Z 变换。

解 利用斜坡函数的 Z 变换 $Z[t]=\frac{Tz}{(z-1)^2}$ 以及复数位移定理可得

$$Z[e(t)]=Z[te^{-at}]=\frac{Tze^{aT}}{(ze^{aT}-1)^2}=\frac{Tze^{-aT}}{(z-e^{-aT})^2}$$

4. **初值定理**

若 $E(z)=Z[e(t)]$ 且当 z 趋于无穷时 $E(z)$ 的极限存在，则有

$$\lim_{n\to 0}e(nT)=\lim_{z\to\infty}E(z) \tag{6-22}$$

5. **终值定理**

若 $E(z)=Z[e(t)]$ 且 $e(t)$ 的终值存在，则有

$$\lim_{n\to\infty}e(nT)=\lim_{z\to 1}\frac{z-1}{z}E(z)=\lim_{z\to 1}(z-1)E(z) \tag{6-23}$$

【例 6-9】 若 $E(z)=\frac{0.792z^2}{(z-1)(z^2-0.416z+0.208)}$，求 $e(0)$ 及 $e(\infty)$。

解 根据初值定理和终值定理可得

$$e(0)=\lim_{z\to\infty}E(z)=0$$

$$e(\infty)=\lim_{z\to 1}\frac{z-1}{z}\cdot\frac{0.792z^2}{(z-1)(z^2-0.416z+0.208)}=\frac{0.792}{1-0.416+0.208}=1$$

6. ***z* 域微分定理**

若 $E(z)=Z[e(t)]$，则

$$Z[te(t)]=-zT\frac{\mathrm{d}}{\mathrm{d}z}E(z) \tag{6-24}$$

根据 z 域微分定理，若已知 $e(t)$ 的 Z 变换，可求得 t、$t^2e(t)$ 等函数的 Z 变换。例如，已知 1 (t) 的 Z 变换为 $Z[1(t)]=\frac{z}{z-1}$，根据 z 域微分定理可得

$$Z[t]=-zT\frac{\mathrm{d}Z[1(t)]}{\mathrm{d}z}=-zT\frac{\mathrm{d}\frac{z}{z-1}}{\mathrm{d}z}=\frac{zT}{(z-1)^2}$$

$$Z[t^2]=Z[t\cdot t]=-zT\frac{\mathrm{d}}{\mathrm{d}z}Z[t]=-zT\frac{\mathrm{d}}{\mathrm{d}z}\frac{zT}{(z-1)^2}$$

$$=-zT^2\frac{(z-1)^2-z\cdot 2(z-1)}{(z-1)^4}=-zT^2\frac{z-1-2z}{(z-1)^3}=\frac{zT^2(1+z)}{(z-1)^3}$$

7. z 域尺度定理

若 $E(z)=Z[e(t)]$，a 为不为零的常数，则

$$Z[a^t e(t)]=E\left(\frac{z}{a^{\mathrm{T}}}\right) \tag{6-25}$$

【例 6-10】 求 $e(t)=\beta^t\cos\omega t$ 的 Z 变换。

解 根据附录一可知

$$Z[\cos\omega t]=\frac{z(z-\cos\omega T)}{z^2-2z\cos\omega T+1}$$

根据 z 域尺度定理

$$Z[\beta^t\cos\omega t]=\frac{\frac{z}{\beta^T}\left[\frac{z}{\beta^T}-\cos\omega T\right]}{\left(\frac{z}{\beta^T}\right)^2-2\frac{z}{\beta^T}\cos\omega T+1}=\frac{1-\beta^T z^{-1}\cos\omega T}{1-2\beta^T z^{-1}\cos\omega T+\beta^{T2}z^{-2}}$$

8. 卷积定理

若 $E(z)=Z[e^*(t)]$，$G(z)=Z[g^*(t)]$，函数

$u^*(t)=e^*(t)\cdot g^*(t)=\sum\limits_{k=0}^{\infty}e(kT)g[(n-k)T]$，则

$$U(z)=E(z)G(z) \tag{6-26}$$

三、Z 反变换

从 z 域函数 $E(z)$ 求时域函数 $e^*(t)$，叫作 Z 反变换。记作

$$e^*(t)=Z^{-1}[E(z)] \tag{6-27}$$

它只能给出采样信号 $e^*(t)$，而不能提供连续信号 $e(t)$。求 Z 反变换的常用方法有长除法和部分分式法。

1. 长除法

长除法是把 Z 变换 $E(z)$ 展开成 z^{-1} 的升幂级数，根据 Z 变换的定义求得离散函数 $e^*(t)$ 的表达式。$E(z)$ 的一般表达式为

$$E(z)=\frac{b_m z^m+b_{m-1}z^{m-1}+\cdots+b_1 z+b_0}{a_n z^n+a_{n-1}z^{n-1}+\cdots+a_1 z+a_0} \tag{6-28}$$

通常 $m\leqslant n$，用分母除分子并按 z^{-1} 的升幂级数排列可得

$$E(z)=c_0+c_1 z^{-1}+c_2 z^{-2}+\cdots=\sum_{k=0}^{\infty}c_k z^{-k} \tag{6-29}$$

此法在实际中应用较为方便，通常计算有限几项就够了。

由于 $Z^{-1}[z^{-k}]=\delta(t-kT)$，则 $E(z)$ 的反变换为

$$e^*(t)=c_0\delta(t)+c_1\delta(t-T)+c_2\delta(t-2T)+\cdots=\sum_{k=0}^{\infty}c_k\delta(t-kT) \tag{6-30}$$

【例 6-11】 利用长除法求 $E(z)=\dfrac{10z}{(z-1)(z-2)}$ 的 Z 反变换。

解
$$E(z)=\frac{10z}{(z-1)(z-2)}=\frac{10z}{z^2-3z+2}$$

用长除法可得

$$\begin{array}{r l}
 & z^{-1}+3z^{-2}+7z^{-3}+15z^{-4}+31z^{-5}+\cdots \\
z^2-3z+2 \,\big) & z+0z^0+0z^{-1}+0z^{-2}+0z^{-3}+0z^{-4} \\
 & z-3+2z^{-1} \\ \hline
 & 3-2z^{-1}+0z^{-2} \\
 & 3-9z^{-1}+6z^{-2} \\ \hline
 & 7z^{-1}-6z^{-2}+0z^{-3} \\
 & 7z^{-1}-21z^{-2}+14z^{-3} \\ \hline
 & 15z^{-2}-14z^{-3}+0z^{-4} \\
 & 15z^{-2}-45z^{-3}+30z^{-4} \\ \hline
 & 31z^{-3}-30z^{-4} \\
 & \vdots
\end{array}$$

$$E(z)=10(z^{-1}+3z^{-2}+7z^{-3}+15z^{-4}+31z^{-5}+\cdots)$$

$$e^*(t)=10[\delta(t-T)+3\delta(t-2T)+7\delta(t-3T)+15\delta(t-4T)+31\delta(t-5T)+\cdots]$$

$$=10\sum_{k=0}^{\infty}(2^k-1)\delta(t-kT)$$

显然

$$e(kT)=10(2^k-1)$$

2. 部分分式法

所谓的部分分式法实际上类似于拉氏变换的部分分式法。所不同的是，在做 Z 变换的部分分式法时，是先对 $\dfrac{E(z)}{z}$ 求部分分式，然后再写成 $E(z)$ 的部分分式形式，通过查表得到 $e^*(t)$ 的表达式。在使用部分分式法时，$E(z)$ 表达式的分母一定是能够因式分解的，但当分母阶次比较高时，应用起来比较困难。

【例 6-12】 利用部分分式法求 $E(z)=\dfrac{10z}{(z-1)(z-2)}$ 的 Z 反变换。

解 $E(z)$ 的部分分式表达式为

$$E(z)=10\left[\frac{z}{z-2}-\frac{z}{z-1}\right]$$

查表可得

$$e(kT)=10Z^{-1}\left[\frac{z}{z-2}-\frac{z}{z-1}\right]=10(2^k-1)$$

因此

$$e^*(t)=\sum_{k=0}^{\infty}e(kT)\delta(t-kT)=10\sum_{k=0}^{\infty}(2^k-1)\delta(t-kT)$$

结果与【例 6-11】用长除法所得的结果完全一致。

第三节　采样控制系统的数学模型

系统的数学模型是分析和设计采样控制系统的基础。类似于连续系统的数学模型是建立在微分方程的基础上，采样控制系统的数学模型是建立在差分方程的基础上的。

一、差分方程

1. 差分的定义

由于 $e^*(t)$ 只在采样点上取值，因此在不至于混淆的情况下，为了方便将 $e(kT)$ 记为 $e(k)$，定义如下

一阶前向差分　$$\Delta e(k)=e(k+1)-e(k) \tag{6-31}$$

二阶前向差分　$$\begin{aligned}\Delta^2 e(k)&=\Delta e(k+1)-\Delta e(k)\\&=e(k+2)-2e(k+1)+e(k)\end{aligned} \tag{6-32}$$

n 阶前向差分　$$\Delta^n e(k)=\Delta^{n-1}e(k+1)-\Delta^{n-1}e(k) \tag{6-33}$$

一阶后向差分　$$\nabla e(k)=e(k)-e(k-1) \tag{6-34}$$

二阶后向差分　$$\begin{aligned}\nabla^2 e(k)&=\nabla e(k)-\nabla e(k-1)\\&=e(k)-2e(k-1)+e(k-2)\end{aligned} \tag{6-35}$$

n 阶后向差分　$$\nabla^n e(k)=\nabla^{n-1}e(k)-\nabla^{n-1}e(k-1) \tag{6-36}$$

2. 差分方程

由变量及其各阶差分构成的等式，称为差分方程。差分方程是反应离散系统输入、输出之间动态关系的方程，是离散系统的一种数学模型。根据差分关系，有前向差分方程和后向差分方程。在差分方程中，若变量及变量的各阶差分都是一次的，则称该方程为线性差分方程。若线性差分方程中的各项系数均为常数，则称为线性定常差分方程。

采用前向差分的 n 阶线性定常差分方程可表示为

$$\Delta^n x_c(k)+c_1\Delta^{n-1}x_c(k)+\cdots+c_{n-1}\Delta x_c(k)+c_n x_c(k)$$

$$=d_0\Delta^m x_r(k)+d_1\Delta^{m-1}x_r(k)+\cdots+d_{m-1}\Delta x_r(k)+d_m x_r(k) \tag{6-37}$$

式中：$x_c(k)$ 表示系统的第 k 次输出；$x_r(k)$ 表示系统的第 k 次输入；n、m 为系统的阶次。

若将各阶差分表示成各采样时刻的采样值，则上述方程可表示为

$$x_c(k+n)+a_1x_c(k+n-1)+\cdots+a_{n-1}x_c(k+1)+a_nx_c(k)$$
$$=b_0x_r(k+m)+b_1x_r(k+m-1)+\cdots+b_{m-1}x_r(k+1)+b_mx_r(k) \tag{6-38}$$

式中：$a_1,\cdots,a_n$ 及 $b_0,\cdots,b_m$ 为差分方程的系数。

一般采用式（6-38）作为差分方程的标准形式。

3. 差分方程的解法

差分方程的解法有迭代法和 Z 变换法，下面通过例子进行说明。

【例 6-13】 已知离散系统差分方程为 $\Delta^2e(k)-4\Delta e(k)+3e(k)=1(k)$，当 $k\leqslant 0$ 时，$e(k)=0$。试采用迭代法求差分方程的解。

解 将差分方程转换为标准形式为

$$\Delta^2e(k)-4\Delta e(k)+3e(k)$$
$$=e(k+2)-2e(k+1)+e(k)-4[e(k+1)-e(k)]+3e(k)=1(k)$$

整理可得

$$\begin{cases}e(k+2)-6e(k+1)+8e(k)=1(k)\\ e(k)=0(k\leqslant 0)\end{cases}$$

写成迭代递推形式为

$$e(k)=6e(k-1)-8e(k-2)+1(k-2)$$

令 $k=1$、2、3、…，可获得解如下

$$e(1)=6e(0)-8e(-1)+1(-1)=0$$
$$e(2)=6e(1)-8e(0)+1(0)=1$$
$$e(3)=6e(2)-8e(1)+1(1)=7$$
$$e(4)=6e(3)-8e(2)+1(2)=35$$
$$\cdots$$

通过【例 6-13】可以看出，迭代法的实质是在已知输入序列和输出序列初值的基础上，按着递推关系对差分方程求解，从而得到各采样点的值。该方法的优点是便于计算机求解运算，缺点是很难得到数学解析式，不利于对系统进行分析。

【例 6-14】 已知差分方程为 $e(k+2)+3e(k+1)+2e(k)=r(k)$，用 Z 变换的方法求解在初始条件为零时单位阶跃序列响应。

解 对差分方程进行 Z 变换可得

$$z^2E(z)+3zE(z)+2E(z)=\frac{z}{z-1}$$

对上式进行整理得

$$E(z)=\frac{z}{(z-1)(z^2+3z+2)}$$

采用部分分式法可得

$$E(z)=\frac{z}{(z-1)(z+1)(z+2)}=\frac{\frac{1}{6}z}{z-1}-\frac{\frac{1}{2}z}{z+1}+\frac{\frac{1}{3}z}{z+2}$$

对上式进行 Z 反变换可得

$$e(k)=\frac{1}{6}-\frac{1}{2}(-1)^k+\frac{1}{3}(-2)^k$$

使用 Z 变换对差分方程进行求解，类似于采用拉氏变换对微分方程的求解。先对差分方程进行 Z 变换，得到 Z 变量的代数方程，通过 Z 反变换求得输出序列 $e(k)$ 的解。该方法的优点是能够得到输出序列的解析表达式，缺点是对高阶系统进行部分分式分解比较困难。

二、脉冲传递函数

脉冲传递函数是线性定常离散系统的数学模型之一，反映了系统或环节的输入与输出间的关系。其作用类似于传递函数在连续系统分析设计中的作用。

1. 脉冲传递函数的定义

设线性定常系统的结构图如图 6-8 所示。$r(t)$ 为系统的连续输入信号，$r^*(t)$ 为经过采样开关 K1 的离散输入量；$c(t)$ 为系统的输出量，$c^*(t)$ 为经过开关 K2 的离散输出量。

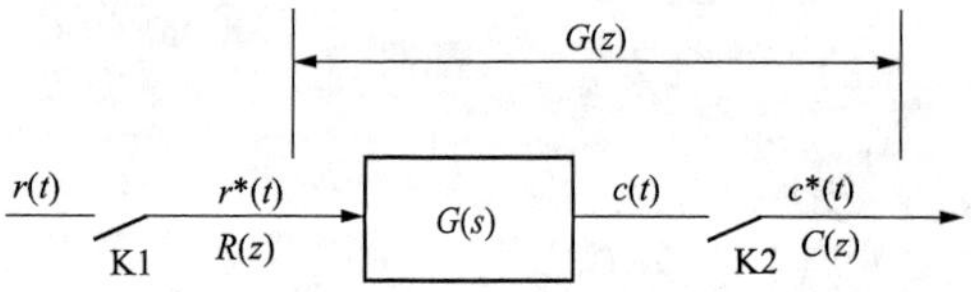

图 6-8 线性定常采样控制系统的 Z 变换图

脉冲传递函数的定义为：在零初始条件下，线性定常离散系统输出脉冲序列的 Z 变换 $C(z)$ 与输入脉冲序列的 Z 变换 $R(z)$ 之比，称为脉冲传递函数，或称 z 传递函数，即

$$G(z)=\frac{C(z)}{R(z)} \tag{6-39}$$

关于脉冲传递函数，应注意以下性质：

(1) 脉冲传递函数只适用于线性定常离散系统。

(2) 虽然脉冲传递函数是通过零初始条件下输出、输入的 Z 变换之比得到的，但脉冲传递函数只取决于系统或元件的结构和参数，而与外施信号的大小和形式无关。因此，它表示了系统的固有特性，是一种描述离散系统的数学模型。

(3) 当系统输出是连续信号时，可虚设一个输出采样开关 K2，如图 6-9 中虚线所示，它与输入采样开关同步工作，并且具有相同的采样周期。此时的输出用 $c^*(t)$ 表示，系统

的脉冲传递函数用 $G(z)=\dfrac{Z[c^*(t)]}{R(z)}$ 表示。

（4）$G(z)$ 是复变量 z 的有理分式，可写成 $G(z)=\dfrac{b_m z^m+b_{m-1}z^{m-1}+\cdots+b_1 z+b_0}{a_n z^n+a_{n-1}z^{n-1}+\cdots+a_1 z+a_0}$。

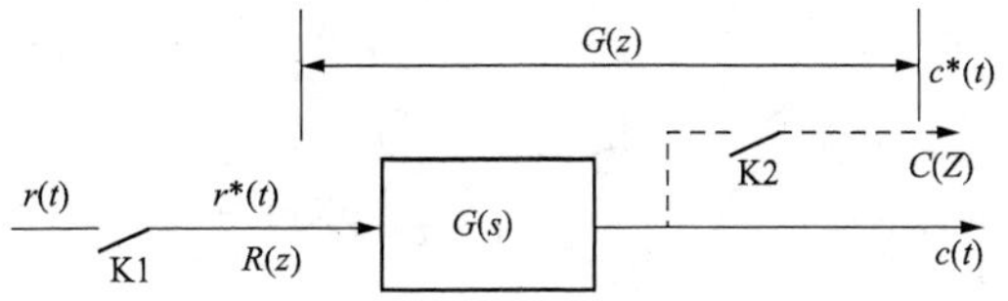

图 6-9　连续输出的采样系统的 Z 变换

（5）由于差分方程和传递函数均是离散系统的模型，因此传递函数与相应的系统差分方程有直接联系，传递函数是差分方程的 Z 变换。

（6）脉冲传递函数是离散系统输入为 $\delta(t)$ 的脉冲响应序列的 Z 变换 $K(z)$，即 $G(z)=K(z)$。

2. 开环脉冲传递函数

开环控制系统相当于多个环节串联组成，在连续系统中系统的传递函数等于各环节传递函数的乘积，而离散系统的脉冲传递函数则与各环节间的连接方式有关。

（1）串联环节之间有采样开关。在两个串联连续环节 $G_1(s)$ 和 $G_2(s)$ 之间，由理想采样开关隔开，如图 6-10(a) 所示。

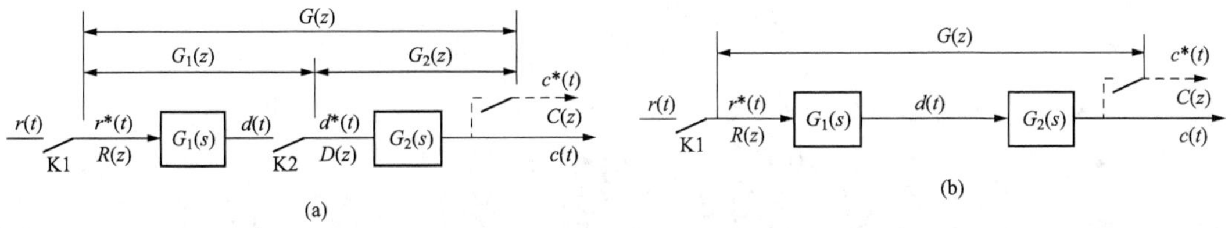

图 6-10　串联环节间的连接方式

（a）串联环节间由采样开关连接；（b）串联环节间直接连接

根据脉冲传递函数定义可得

$$D(z)=G_1(z)R(z),\quad C(z)=G_2(z)D(z)$$

系统的输入、输出间的关系为

$$C(z)=G_2(z)D(z)=G_1(z)G_2(z)R(z)=G(z)R(z)$$

因此，开环系统的脉冲传递函数为

$$G(z)=G_1(z)G_2(z) \tag{6-40}$$

式（6-40）表明，当环节间由采样开关连接时，系统的脉冲传递函数等于两个环节的脉冲传递函数之积。上述结论可以推广到由采样开关隔离的 n 个环节串联的情况，即

$$G(z)=\prod_{i=1}^{n}G_i(z) \tag{6-41}$$

（2）串联环节之间直接相连。在两个串联连续环节 $G_1(s)$ 和 $G_2(s)$ 之间直接相连，没有理想采样开关隔开，如图 6-10(b) 所示。则

$$G(s)=G_1(s)G_2(s)$$

系统的脉冲传递函数为

$$G(z)=Z[G(s)]=Z[G_1(s)G_2(s)]=G_1G_2(z) \tag{6-42}$$

式（6-42）表明，当环节间无采样开关时，系统的脉冲传递函数等于各环节的传递函数之积的 Z 变换。

上述结论也可推广到无采样开关隔离的 n 个环节串联的情况，即

$$G(z)=G_1G_2\cdots G_n(z) \tag{6-43}$$

通常

$$G_1G_2(z)=Z[G_1(s)G_2(s)]\neq G_1(z)G_2(z)=Z[G_1(s)]Z[G_2(s)]$$

【例 6-15】 设在图 6-10 中 $G_1(s)=\dfrac{K}{s}$，$G_2(s)=\dfrac{1}{0.1s+1}$，求系统的开环脉冲传递函数。

解 图 6-10(a) 所示系统的开环脉冲传递函数为

$$G(z)=G_1(z)G_2(z)=Z\left[\frac{K}{s}\right]\cdot Z\left[\frac{10}{s+10}\right]$$

$$=\frac{Kz}{z-1}\cdot\frac{10z}{z-\mathrm{e}^{-10T}}=\frac{10Kz^2}{(z-1)(z-\mathrm{e}^{-10T})}$$

图 6-10(b) 所示系统的开环脉冲传递函数为

$$G(z)=Z\left[\frac{10K}{s(s+10)}\right]=KZ\left[\frac{1}{s}-\frac{1}{s+10}\right]$$

$$=K\left(\frac{z}{z-1}-\frac{z}{z-\mathrm{e}^{-10T}}\right)=Kz\,\frac{1-\mathrm{e}^{-10T}}{(z-1)(z-\mathrm{e}^{-10T})}$$

由此可见，环节间有无采样开关，系统的脉冲传递函数是不一样的。

在实际工程应用中，在模拟环节前常常有保持器，此时的系统脉冲传递函数相当于保持器传递函数与环节传递函数直接相连，即相当于两个环节直接串联。

【例 6-16】 含有零阶保持器的采样系统结构如图 6-11(a) 所示，求系统的脉冲传递函数。

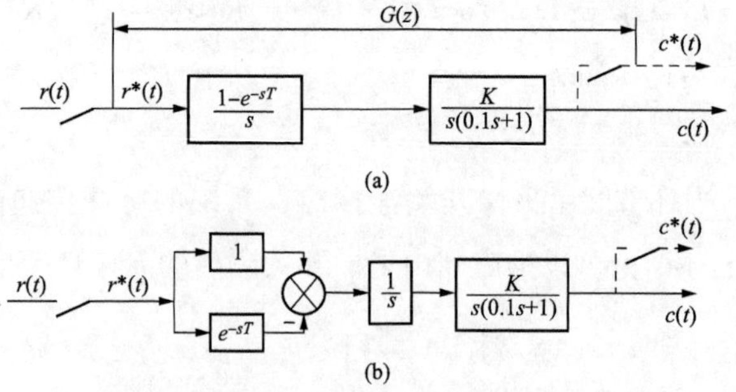

图 6-11 含有零阶保持器的采样系统的动态结构图

(a) 变换前；(b) 变换后

解 由于零阶保持器的传递函数不是 s 的有理式函数，不便于用式（6-42）求出开环系统脉冲传递函数。如果将图 6-11(a) 变换为图 6-11(b) 所示的等效开环系统，则有零阶保持器时的开环系统脉冲传递函数的推导将是比较简单的。由图 6-11(b) 可得

$$G(z)=Z\left[(1-e^{-sT})\frac{10K}{s^2(s+10)}\right]=K(1-z^{-1})Z\left[\frac{10}{s^2(s+10)}\right]$$

而

$$Z\left[\frac{10}{s^2(s+10)}\right]=Z\left[\frac{1}{s^2}-\frac{1}{10s}+\frac{1}{10(s+10)}\right]$$

$$=\frac{Tz}{(z-1)^2}-\frac{z}{10(z-1)}+\frac{z}{10(z-\mathrm{e}^{-10T})}$$

$$=\frac{Tz}{(z-1)^2}-\frac{(1-\mathrm{e}^{-10T})z}{10(z-1)(z-\mathrm{e}^{-10T})}$$

则系统的脉冲传递函数为

$$G(z)=\frac{K}{10}\left[\frac{(10T-1+\mathrm{e}^{-10T})z+(1-\mathrm{e}^{-10T}-10T\mathrm{e}^{-10T})}{(z-1)(z-\mathrm{e}^{-10T})}\right]$$

3. **闭环脉冲传递函数**

采样控制系统的闭环脉冲传递函数定义为闭环离散系统的输出 Z 变换与输入 Z 变换之比。与连续控制系统不同，闭环脉冲传递函数与系统中的采样开关位置有关，采样开关在闭环离散系统中有多种配置方式，因此求系统的闭环脉冲传递函数 $\Phi(z)$ 时，没有类似于梅逊公式的通用方法求传递函数，需要根据闭环结构特点，用代数方法或动态结构图变换方法逐步导出系统的闭环脉冲传递函数 $\Phi(z)$ 或输出表达式。

【例 6-17】 求图 6-12 所示系统的闭环脉冲传递函数 $\Phi(z)=\dfrac{C(z)}{R(z)}$。

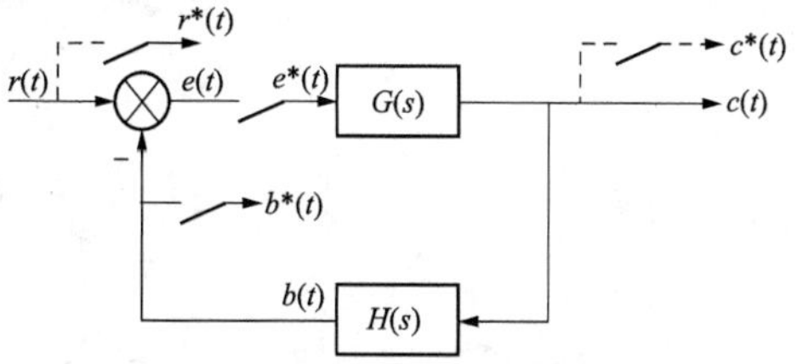

图 6-12 闭环采样系统的动态结构图

解 由于 $E(s)=R(s)-B(s)$，$B(s)=G(s)H(s)E^*(s)$。

对以上两式取 Z 变换可得 $E(z)=R(z)-B(z)$，$B(z)=GH(z)E(z)$，即

$$E(z)=R(z)-GH(z)E(z)$$

因此

$$E(z)=\frac{R(z)}{1+GH(z)} \tag{6-44}$$

系统输出为 $C(s)=G(s)E^*(s)$，取 Z 变换得

$$C(z)=G(z)E(z) \tag{6-45}$$

将式（6-44）代入式（6-45）中，可得系统的闭环脉冲传递函数为

$$\Phi(z)=\frac{C(z)}{R(z)}=\frac{G(z)}{1+GH(z)} \tag{6-46}$$

由式（6-44）可得，系统的误差脉冲传递函数为

$$\frac{E(z)}{R(z)}=\frac{1}{1+GH(z)} \tag{6-47}$$

对于单位负反馈系统 $H(s)=1$，则有

$$\Phi(z)=\frac{C(z)}{R(z)}=\frac{G(z)}{1+G(z)} \tag{6-48}$$

与单位负反馈系统的传递函数有类似的形式。

【例 6-18】 求图 6-13 所示闭环离散系统的脉冲传递函数，图中 ZOH 为零阶保持器。

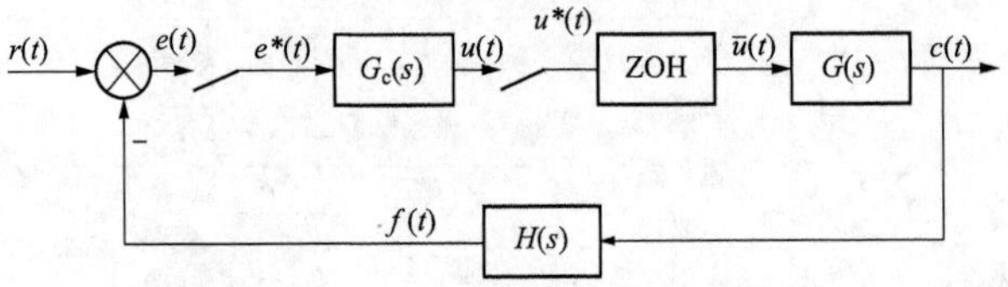

图 6-13　含有数字调节器和采样保持器的闭环离散控制系统

解　利用【例 6-16】的结果，数字调节器的传递函数为

$$G_c(z)=Z[G_c(s)]$$

采样保持与控制对象的 Z 变换为

$$G_1(z)=Z\left[\frac{1-e^{-Ts}}{s}G(s)\right]=(1-z^{-1})Z\left[\frac{G(s)}{s}\right]$$

系统的闭环脉冲传递函数为

$$\Phi(z)=\frac{G_C(z)G_1(z)}{1+G_C(z)G_1H(z)}$$

第四节　采样控制系统分析

采样控制系统分析包括系统的稳定性、稳态误差和系统动态特性。

一、采样控制系统的稳定性

系统的稳定性是指一个处于平衡状态的线性定常系统，在扰动作用下偏离了原平衡状态，当扰动消失后，若系统仍能回到原来的平衡状态或在新的状态下达到平衡，则称该系统是稳定的。否则，系统为不稳定。稳定性是去除扰动作用后系统本身的一种恢复能力，所以是系统的一种固有特性，它只取决于系统的结构与参数，与外作用及初始条件无关。

1. 系统稳定条件

设闭环离散系统的脉冲传递函数为

$$\Phi(z)=\frac{M(z)}{N(z)}=\frac{M(z)}{\prod_{i=1}^{n}(z-p_i)}=\sum_{i=1}^{n}\frac{A_iz}{(z-p_i)} \tag{6-49}$$

式中：p_i 为系统的特征根。

当系统受到扰动 $r(t)=\delta(t)$时，$R(z)=1$，系统输出信号的 Z 变换为

$$C(z)=\Phi(z)R(z)=\Phi(z)=\sum_{i=1}^{n}\frac{A_iz}{z-p_i} \tag{6-50}$$

对 $C(z)$ 进行 Z 反变换，可得

$$c(kT)=\sum_{i=1}^{n}A_ip_i^k \tag{6-51}$$

若所有的闭环特征根$|p_i|<1$，则$\lim\limits_{k\to\infty}p_i^k=0$，因此

$$\lim_{k\to\infty}c(kT)=\lim_{k\to\infty}\sum_{i=1}^{n}A_ip_i^k=0$$

上式表明，随着时间增加，系统能够回到原平衡位置，系统是稳定。

若闭环特征根中有一个或多个根$|p_i|>1$，则$\lim\limits_{k\to\infty}p_i^k=\infty$，即系统是不稳定的。

采样系统稳定的充要条件是：采样系统的特征根全部位于 z 平面的单位圆内。

该稳定条件也可从连续系统的稳定条件中得到。

由于 $s=\sigma+\mathrm{j}\omega$，根据 s 域到 z 域的映射变换 $z=\mathrm{e}^{Ts}=\mathrm{e}^{\sigma T}\cdot\mathrm{e}^{\mathrm{j}T\omega}$，写成模和幅角形式有 $|z|=\mathrm{e}^{\sigma T}$，$\theta=\angle z=T\omega$。在 s 平面，$\sigma>0$ 对应于系统特征根在 s 平面的右半平面，系统不稳定，映射到 z 平面则$|z|>1$，特征根位于单位圆外；$\sigma=0$ 对应于系统特征根在 s 平面的虚轴，系统临界稳定，映射到 z 平面则$|z|=1$，特征根位于单位圆上；$\sigma<0$ 对应于系统特征根在 s 平面的左半平面，系统稳定，映射到 z 平面则$|z|<1$，特征根位于单位圆内。因此，特征根在单位圆内系统是稳定的，在单位圆上是临界稳定的，在单位圆外是不稳定的。

2. 劳斯稳定判据

求得特征方程的根，再根据稳定的充分必要条件，就可判定系统的稳定性。但对于高阶系统，求解方程的根比较困难，这时可根据连续系统的劳斯稳定判据判别系统的稳定性。要使用劳斯判据就要将特征根映射到 s 平面，但如果用 $z=\mathrm{e}^{Ts}$ 将 z 平面映射到 s 平面，特征方程中将包含超越函数 e^{Ts}，无法用劳斯判据进行判断系统的稳定性。为了使用劳斯判据需要找到相应的线性变换，将 z 平面的单位圆内映射到该平面的左半平面，将单位圆上映射成虚轴，将单位圆外部映射到该平面的右半平面，这样就可使用劳斯判据判定系统的稳定性。

定义

$$z=\frac{w+1}{w-1}\quad 或\quad w=\frac{z+1}{z-1} \tag{6-52}$$

此变换称为双线性变换，该变换能将 z 平面的单位圆内映射到 w 平面的左半平面，将

z 平面的单位圆映射成 w 平面的虚轴，将 z 平面的单位圆外部映射到 w 平面的右半平面。

对于双线性变换做如下说明。

设复数变量 $z=x+jy$，$w=u+jv$，根据双线性变换有

$$w=\frac{z+1}{z-1}=\frac{x+\mathrm{j}y+1}{x+\mathrm{j}y-1}=\frac{(x+1+\mathrm{j}y)(x-1-\mathrm{j}y)}{(x-1+\mathrm{j}y)(x-1-\mathrm{j}y)}$$

$$=\frac{x^2+y^2-1}{(x-1)^2+y^2}-\mathrm{j}\frac{2y}{(x-1)^2+y^2}=u+\mathrm{j}v$$

因此
$$u=\frac{x^2+y^2-1}{(x-1)^2+y^2}$$

当 $x^2+y^2=1$ 时，在 z 平面位于单位圆上，对于 w 平面相当于 $u=0$ 为虚轴；当 $x^2+y^2>1$ 时，在 z 平面位于单位圆外，对于 w 平面相当于 $u>0$ 为 w 平面的右半平面；当 $x^2+y^2<1$ 时，在 z 平面位于单位圆内，对于 w 平面相当于 $u<0$ 为 w 平面的左半平面。因此通过双线性变换，将 z 平面的单位圆内映射到 w 平面的左半平面，将 z 平面的单位圆映射成 w 平面的虚轴，将 z 平面的单位圆外部映射到 w 平面的右半平面。

采用劳斯稳定判据判断离散系统稳定的方法是：先将 z 域的特征方程 $D(z)=0$ 经过 $z=\frac{w+1}{w-1}$进行线性变换，转换成 w 域的特征方程 $D'(w)=0$，然后对变换结果利用劳斯稳定判据进行判定。

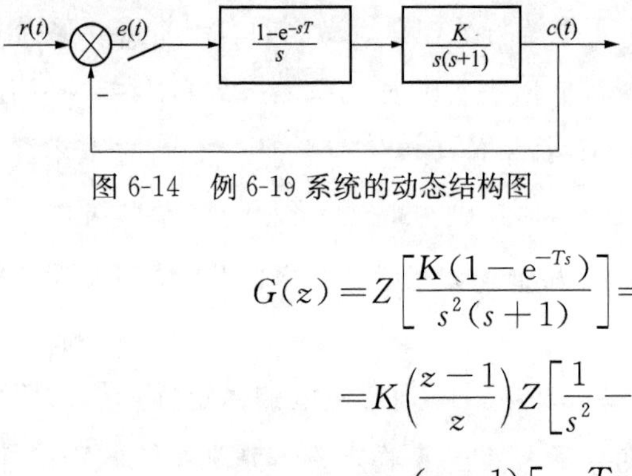

图 6-14　例 6-19 系统的动态结构图

【例 6-19】 系统动态结构图如图 6-14 所示。设 $T=1\mathrm{s}$、$K=1$，试判定系统的稳定性，并求当 $T=1\mathrm{s}$ 时 K 的稳定范围。

解　先求系统的开环脉冲传递函数

$$G(z)=Z\left[\frac{K(1-\mathrm{e}^{-Ts})}{s^2(s+1)}\right]=K(1-z^{-1})Z\left[\frac{1}{s^2(s+1)}\right]$$

$$=K\left(\frac{z-1}{z}\right)Z\left[\frac{1}{s^2}-\frac{1}{s}+\frac{1}{s+1}\right]$$

$$G(z)=K\frac{(z-1)}{z}\left[\frac{Tz}{(z-1)^2}-\frac{z}{z-1}+\frac{z}{z-\mathrm{e}^{-T}}\right]$$

$$=\frac{K[(T-1+\mathrm{e}^{-T})z+(1-\mathrm{e}^{-T}-T\mathrm{e}^{-T})]}{(z-1)(z-\mathrm{e}^{-T})}$$

系统的闭环脉冲传递函数为

$$\Phi(z)=\frac{G(z)}{1+G(z)}$$

$$=\frac{K[(T-1+\mathrm{e}^{-T})z+(1-\mathrm{e}^{-T}-T\mathrm{e}^{-T})]}{(z-1)(z-\mathrm{e}^{-T})+K[(T-1+\mathrm{e}^{-T})z+(1-\mathrm{e}^{-T}-T\mathrm{e}^{-T})]}$$

$$=\frac{K[(T-1+\mathrm{e}^{-T})z+(1-\mathrm{e}^{-T}-T\mathrm{e}^{-T})]}{z^2+[K(T-1+\mathrm{e}^{-T})-(1+\mathrm{e}^{-T})]z+[K(1-\mathrm{e}^{-T}-T\mathrm{e}^{-T})+\mathrm{e}^{-T}]}$$

将 $T=1$ 代入上式，可得系统的特征方程为

$$\begin{aligned}D(z)&=z^2+[e^{-1}K-(1+e^{-1})]z+[(1-2e^{-1})K+e^{-1}]\\&=z^2+(0.368K-1.368)z+(0.264K+0.368)=0\end{aligned}$$

将 $z=\dfrac{w+1}{w-1}$ 代入上式，可得 w 域的特征方程为

$$D'(w)=\left(\frac{w+1}{w-1}\right)^2+(0.368K-1.368)\left(\frac{w+1}{w-1}\right)+(0.264K+0.368)=0$$

整理可得

$$D'(w)=0.632Kw^2+(1.264-0.528K)w+(2.736-0.104K)=0$$

列劳斯表为

w^2	$0.632K$	$2.736-0.104K$	$\rightarrow K>0$
w^1	$1.264-0.528K$	0	$\rightarrow 1.264>0.528K$
w^0	$2.736-0.104K$		$\rightarrow 2.736>0.104K$

即要求

$$K>0 \text{ 且 } K<\frac{1.264}{0.528}=2.4,\ K<\frac{2.736}{0.104}=26.3$$

当 $T=1\text{s}$ 时，K 的稳定范围为 $0<K<2.4$。故当 $T=1\text{s}$、$K=1$ 时，系统是稳定的。

二、采样控制系统的稳态误差

计算稳态误差的一般方法是，先判别系统的稳定性，然后求误差传递函数，再根据终值定理计算稳态误差。

设单位负反馈采样控制系统的开环传递函数为 $G(z)$，由式（6-47）可得

$$E(z)=\frac{1}{1+G(z)}R(z)$$

设闭环系统稳定，根据 Z 变换的终值定理，可求出在输入信号作用下采样系统的稳态误差终值为

$$e(\infty)=\lim_{z\to 1}(z-1)E(z)=\lim_{z\to 1}\frac{(z-1)R(z)}{1+G(z)} \tag{6-53}$$

【例 6-20】 系统的动态结构图如图 6-15 所示，已知 $K=10$，$T=0.2$。求当 $r(t)=1(t)$、$r(t)=t$ 和 $r(t)=\dfrac{1}{2}t^2$ 时系统的稳态误差。

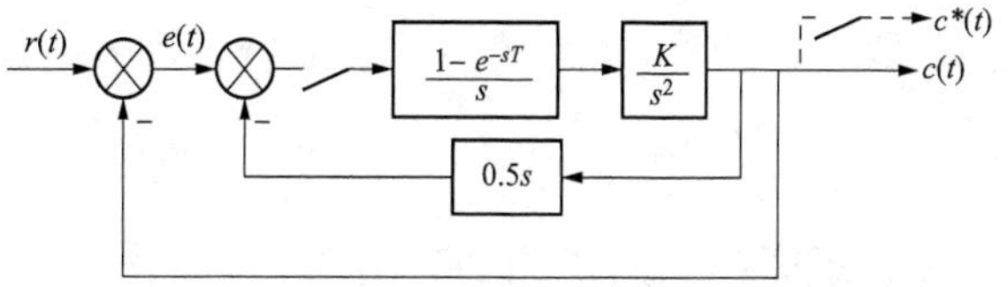

图 6-15 例 6-20 系统的动态结构图

解 系统的开环传递函数为

$$G(z)=\frac{C^*(z)}{E^*(z)}=\frac{Z\left[\frac{(1-e^{-sT})K}{s^3}\right]}{1+Z\left[\frac{0.5Ks(1-e^{-sT})}{s^3}\right]}=\frac{K(1-z^{-1})Z\left[\frac{1}{s^3}\right]}{1+0.5K(1-z^{-1})Z\left[\frac{1}{s^2}\right]}$$

$$=\frac{K\left(\frac{z-1}{z}\right)\frac{T^2z(z+1)}{2(z-1)^3}}{1+0.5K\left(\frac{z-1}{z}\right)\frac{Tz}{(z-1)^2}}=\frac{\frac{1}{2}KT^2(z+1)}{(z-1)[z-1+0.5TK]}$$

当 $K=10$、$T=0.2$ 时，系统的开环传递函数为

$$G(z)=\frac{0.2(z+1)}{z(z-1)}$$

系统的误差脉冲传递函数为

$$\Phi_e(z)=1-\Phi(z)=\frac{1}{1+G(z)}=\frac{1}{1+\frac{0.2(z+1)}{z(z-1)}}=\frac{z(z-1)}{z^2-0.8z+0.2}$$

特征方程为 $$D(z)=z^2-0.8z+0.2=0$$

这是一个二阶代数方程，可直接求取系统的特征根为

$$z_{1,2}=\frac{0.8\pm\sqrt{0.8^2-4\times0.2}}{2}=0.4\pm j0.2$$

可见，特征根的模为 $|z_{1,2}|=\sqrt{0.4^2+0.2^2}=0.447<1$，故系统稳定。

当 $r(t)=1(t)$ 时，系统的稳态误差为

$$e(\infty)=\lim_{z\to1}(z-1)\Phi_e(z)R(z)=\lim_{z\to1}\Phi_e(z)=\left.\frac{z(z-1)}{z^2-0.8z+0.2}\right|_{z=1}=0$$

当 $r(t)=t$ 时，系统的稳态误差为

$$e(\infty)=\lim_{z\to1}(z-1)\Phi_e(z)\frac{Tz}{(z-1)^2}=\lim_{z\to1}\frac{Tz}{z^2-0.8z+0.2}=\frac{T}{0.4}=\frac{0.2}{0.4}=\frac{1}{2}$$

当 $r(t)=\frac{1}{2}t^2$ 时，系统的稳态误差为

$$e(\infty)=\lim_{z\to1}(z-1)\Phi_e(z)\frac{T^2z(z+1)}{2(z-1)^3}=\lim_{z\to1}\frac{T^2z^2(z+1)}{2(z-1)(z^2-0.8z+0.2)}=\infty$$

由此可见，系统的稳态误差与系统的误差传递函数有关，也与系统的输入信号的形式有关。

三、采样控制系统的动态特性

设系统闭环脉冲传递函数为

$$\Phi(z)=\frac{b_0z^m+b_1z^{m-1}+\cdots+b_{m-1}z+b_m}{a_0z^n+a_1z^{n-1}+\cdots+a_{n-1}z+a_n}\quad n\geqslant m \tag{6-54}$$

则输出的 Z 变换为

$$C(z)=\Phi(z)R(z)=\frac{b_0z^m+b_1z^{m-1}+\cdots+b_{m-1}z+b_m}{a_0z^n+a_1z^{n-1}+\cdots+a_{n-1}z+a_n}R(z)$$

设输入信号为单位脉冲序列，即 $R(z)=\frac{z}{z-1}$，代入上式，有

$$C(z)=\frac{A_0z}{z-1}+\sum_{i=1}^{n}\frac{A_iz}{(z-p_i)} \tag{6-55}$$

对式（6-55）取 Z 反变换，求得输出响应为

$$c(kT)=A_0 1(kT)+\sum_{i=1}^{n}A_ip_i^k \tag{6-56}$$

式中：$c_s(kT)=A_0 1(kT)$ 为输出响应的稳态分量；$c_z(kT)=\sum_{i=1}^{n}A_ip_i^k$ 为输出响应的暂态分量，暂态分量的性质与系统的闭环极点 p_i 的取值相关。

1. 闭环极点为实数极点

若 p_i 为实数根，则 $c_{zi}(kT)=A_ip_i^k$，分下面几种情况讨论。

（1）当 $0<p_i<1$ 时，闭环极点位于 z 平面单位圆内的正实轴上，暂态分量为按指数规律衰减的脉冲序列，且 p_i 越靠近原点衰减越快。

（2）当 $p_i=1$ 时，闭环极点位于右半 z 平面单位圆周上，$c_{zi}(kT)=A_i$，暂态分量为恒值脉冲序列，暂态分量不随采样时间的变化而变化。

（3）当 $p_i>1$ 时，闭环极点位于 z 平面单位圆外的正实轴上，暂态分量为按指数规律单调发散的脉冲序列，系统不稳定。

（4）当 $-1<p_i<0$ 时，闭环极点位于 z 平面单位圆内的负实轴上，$c_{zi}(kT)=(-1)^kA_i|p_i|^k$。可见，当 k 为偶数时，$c_{zi}(kT)>0$；当 k 为奇数时，$c_{zi}(kT)<0$。由于 $-1<p_i<0$，$0<|p_i|^k<1$，因此，系统的暂态分量为交替变号的衰减脉冲序列，且 p_i 越靠近原点衰减越快。

（5）当 $p_i=-1$ 时，闭环极点位于左半 z 平面的单位圆周上，$c_{zi}(kT)=(-1)^kA_i$，暂态分量为交替变号的等幅脉冲序列。

（6）当 $p_i<-1$ 时，闭环极点位于 z 平面单位圆外的负实轴上，$c_{zi}(kT)=(-1)^kA_i|p_i|^k$，由于 $|p_i|^k>1$，暂态分量为交替变号的发散脉冲序列。

2. 闭环极点为复数极点

若 p_i 为一对共轭复数极点，即 $p_{i1}=\sigma+j\omega_i$，$p_{i2}=\sigma-j\omega_i$，此时

$$c_{zi}(kT)=2A_i|p_i|^k\cos(kT\omega_i+\varphi_i) \tag{6-57}$$

式中：φ_i 为共轭复数极点的相角，从 z 平面上的正实轴起算，逆时针为正。

下面分几种情况讨论：

（1）当 p_i 位于单位圆内时，由于 $\lim_{k\to\infty}|p_i|^k=0$，则暂态分量为按指数规律振荡衰减的

脉冲序列，ω_i 越大暂态分量的振荡频率越高。

(2) 当 p_i 位于单位圆上时，$|p_i|^k=1$，暂态分量为等幅振荡的脉冲序列。

(3) 当 p_i 位于单位圆外时，$|p_i|^k>1$，暂态分量为按指数规律振荡发散的脉冲序列。

系统的闭环极点与暂态响应分量的关系如图 6-16 所示。

从以上分析可知，当系统的闭环极点越靠近 z 平面的原点，系统的暂态分量衰减越快，振荡频率越低，暂态分量对输出的影响越小；系统闭环极点越靠近单位圆，暂态分量衰减越慢，暂态分量对输出的影响越大。类似于连续系统的根轨迹分析，定义靠近单位圆的闭环极点称为主导极点，主导极点对系统的影响较大。

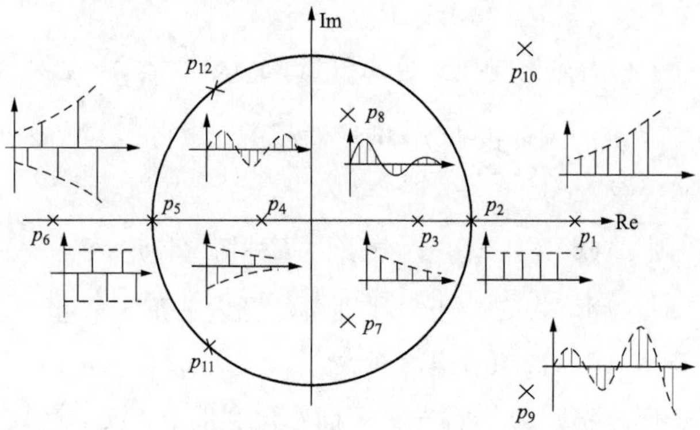

图 6-16 闭环极点位置与系统暂态响应分量间的关系

闭环极点的位置如图 6-17 所示。当闭环极点在同一圆上时，由于 $|p_i|^k=r^k$ (r 为圆的半径)，因此振荡收敛（发散）的速度是相同的。当闭环极点在同一射线上时，由于 ω_i 是相同的，射线与正实轴的夹角为 $\theta_i=T\omega_i$，暂态分量的振荡频率是相同的。

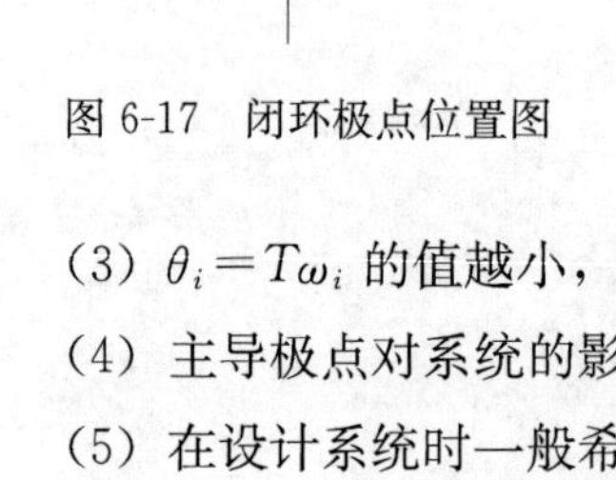

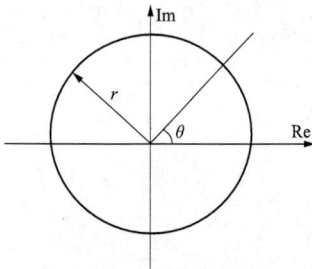

图 6-17 闭环极点位置图

以上分析可得出以下结论：

(1) 闭环极点在单位圆内系统稳定，在单位圆外系统不稳定，在单位圆上系统临界稳定；

(2) 系统的特征根越靠近原点，即 $|p_i|$ 的值越小，暂态分量衰减得越快；

(3) $\theta_i=T\omega_i$ 的值越小，暂态分量振荡频率越低；

(4) 主导极点对系统的影响大；

(5) 在设计系统时一般希望闭环极点靠近实轴并靠近原点。

【例 6-21】 离散控制系统动态结构图如图 6-18 所示。已知 $K=1$，采样频率 $T=1\text{s}$。求系统的单位脉冲序列响应。

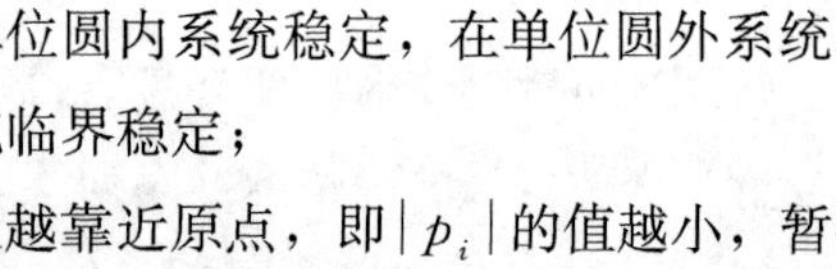

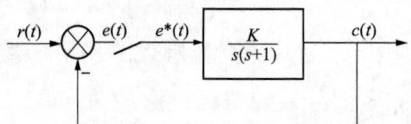

图 6-18 例 6-21 系统的动态结构图

解 系统的开环脉冲传递函数为

$$G(z)=Z\left[\frac{K}{s(s+1)}\right]=\frac{K(1-e^{-T})z}{(z-1)(z-e^{-T})}$$

将 $K=1$ 和 $T=1s$ 代入上式，可得

$$G(z)=\frac{0.632z}{(z-1)(z-0.368)}$$

系统的闭环传递函数为

$$\Phi(z)=\frac{G(z)}{1+G(z)}=\frac{0.632z}{z^2-0.736z+0.368}$$

$$C(z)=\Phi(z)R(z)=\Phi(z)\frac{z}{z-1}=\frac{0.632z^2}{z^3-1.736z^2+1.104z-0.368}$$

采用长除法，可得

$$\begin{aligned}C(z)=&0.632z^{-1}+1.097z^{-2}+1.207z^{-3}+1.117z^{-4}+1.014z^{-5}+0.964z^{-6}+0.97z^{-7}\\&+0.991z^{-8}+1.004z^{-9}+1.007z^{-10}+1.003z^{-11}+1.00z^{-12}+1.00z^{-13}+\cdots\end{aligned}$$

对上式进行 Z 反变换，可得系统的输出响应为

$$\begin{aligned}c(kT)=&0.632\delta(t-T)+1.097\delta(t-2T)+1.207\delta(t-3T)+1.117\delta(t-4T)\\&+1.014\delta(t-5T)+0.964\delta(t-6T)+0.97\delta(t-7T)+0.991\delta(t-8T)\\&+1.004\delta(t-9T)+1.007\delta(t-10T)+1.003\delta(t-11T)\\&+1.00\delta(t-12T)+1.00\delta(t-13T)+\cdots\end{aligned}$$

从该输出序列可以看出，系统在 $3T(t_P=3T=3s)$ 时取得最大值，在 $5T(t_S=5T=5s)$ 后进入 5%误差带，在 $12T$（12s）后系统的输出达到期望值。

若该系统的 $T=0.5s$ 和 $K=1$ 时，同样可得

$$G(z)=Z\left[\frac{K}{s(s+1)}\right]=\frac{K(1-e^{-T})z}{(z-1)(z-e^{-T})}$$

将 $K=1$ 和 $T=0.5s$ 代入上式，可得

$$G(z)=\frac{0.4z}{(z-1)(z-0.6)}$$

系统的闭环传递函数为

$$\Phi(z)=\frac{G(z)}{1+G(z)}=\frac{0.4z}{z^2-1.2z+0.6}$$

$$C(z)=\Phi(z)R(z)=\Phi(z)\frac{z}{z-1}=\frac{0.4z^2}{z^3-2.2z^2+1.8z-0.6}$$

采用长除法，可得

$$\begin{aligned}C(z)=&0.4z^{-1}+0.88z^{-2}+1.2z^{-3}+1.3z^{-4}+1.32z^{-5}+1.28z^{-6}+1.16z^{-7}\\&+1.04z^{-8}+0.968z^{-9}+0.97z^{-10}+0.99z^{-11}+1.04z^{-12}+1.07z^{-13}\\&+1.05z^{-14}+1.04z^{-15}+1.03z^{-16}+1.02z^{-17}+1.01z^{-18}+1.00z^{-19}+\cdots\end{aligned}$$

对上式进行 Z 反变换

$$c(kT)=0.4\delta(t-T)+0.88\delta(t-2T)+1.2\delta(t-3T)+1.3\delta(t-4T)$$
$$+1.32\delta(t-5T)+1.28\delta(t-6T)+1.16\delta(t-7T)+1.04\delta(t-8T)$$
$$+0.968\delta(t-9T)+0.97\delta(t-10T)+0.99\delta(t-11T)+1.04\delta(t-12T)$$
$$+1.07\delta(t-13T)+1.05\delta(t-14T)+1.04\delta(t-15T)+1.03\delta(t-16T)$$
$$+1.02\delta(t-17T)+1.01\delta(t-18T)+1.00\delta(t-19T)+\cdots$$

从该输出序列可以看出，系统在 $5T(t_P=5T=2.5s)$ 时取得最大值，在 $8T(t_S=8T=4s)$ 后进入 5%误差带，在 $19T(9.5s)$ 后系统的输出达到期望值。当 T 减小，即采样速度增加时，系统的快速性变好，但超调量增加。适当选择采样周期可使系统性能得到改善。

【例 6-22】 离散控制系统动态结构图同例 6-19（见图 6-14）。已知 $K=1$，采样频率 $T=1s$。求系统的单位脉冲序列响应。

解 将 $T=1s$，$K=1$ 代入例 6-19 求出的 $G(z)$ 和 $\Phi(z)$ 的表达式中，可得系统的开环脉冲传递函数为

$$G(z)=(1-z^{-1})Z\left[\frac{K}{s^2(s+1)}\right]=\frac{0.368z+0.264}{(z-1)(z-0.368)}$$

系统的闭环传递函数为

$$\Phi(z)=\frac{G(z)}{1+G(z)}=\frac{0.368z+0.264}{z^2-z+0.632}$$

系统的输出为

$$C(z)=\Phi(z)\frac{z}{z-1}=\frac{0.368z^2+0.264z}{(z-1)(z^2-z+0.632)}=\frac{z}{z-1}-\frac{z^2-0.368z}{z^2-z+0.632}$$

对上式进行 Z 反变换，可得

$$c(kT)=\sum 1(t)\delta(t-kT)-e^{-\frac{k}{2}}\cos\left(k\frac{\pi}{3}\right)$$

上式为振荡衰减的脉冲序列。

第五节 MATLAB 用于采样控制系统分析

与可用于连续系统分析的命令对应，MATLAB 还提供了用于采样控制系统分析的命令。在连续控制系统中的大部分 MATLAB 命令，在采样控制系统一般都有对应的命令。采样控制系统中的命令格式一般都以字母“d”开头，例如 dstep、dbode 和 dnyquist 等，但与连续系统的数学模型处理及输入信号的表示方法不同。另外，还可以用 SIMULINK 对采样控制系统进行仿真分析。

一、Z 变换和 Z 反变换

在 MATLAB 中，Z 变换和 Z 反变换可分别由命令 ztrans 和 iztrans 实现。求函数 f 的

Z 变换可用 F=ztrans(f)，求表达式 F 的 Z 反变换可用 f=iztrans(F)。

【例 6-23】 求单位斜坡函数 $f(t)=t$ 的 Z 变换。

解 在MATLAB 命令窗口键入：

```
syms t T;
f = t;
F = ztrans(f * T)
```

按回车运行结果为

```
F = T * z/(z - 1)^2
```

二、模型转换

模型的转换包括将连续控制系统模型转换成离散控制系统模型以及将离散控制系统模型转换为连续控制系统模型。其命令格式为

```
sysd = c2d(sys,T,method)
```

和

```
sys = d2c(sysd,T,method)
```

第一个命令中 c2d 表示将连续控制系统模型转换成离散控制系统模型。T 为采样周期，单位为 s。Method 用来定义采用的运算方法，可以为以下字符串之一：

'zoh'—采用零阶保持器；

'foh'—采用一阶保持器；

'tustin'—采用双线性逼近(tustin)方法；

'prewarp'—采用改进的 tustin 方法；

'matched'—采用零极点匹配法。

默认的方法为采用零阶保持器。

第二个命令中 d2c 表示将离散控制系统模型转换成连续控制系统模型。

【例 6-24】 试用零阶保持器将 $G(s)=\dfrac{10}{(s+2)(s+5)}$ 转换为 $G(z)$，采样周期 T=0.1s。

解 在MATLAB 命令窗口键入：

```
num = 10;
den = [1 7 10];
T = 0.1;
sys = tf(num,den);
sysd = c2d(sys,T)
```

按回车运行结果为

```
Transfer function:

           0.0398 z + 0.03152
        -------------------------
          z^2 - 1.425 z + 0.4966

Sampling time:0.1
```

三、输入信号的表示

在 MATLAB 中，采样控制系统其输入信号的表示与连续控制系统的有所不同，下面就几种常见的输入信号做简单的对比，见表 6-1。

表 6-1 连续控制系统和离散控制系统常见的输入信号的表示方法

连续信号	MATLAB 表示	离散信号	MATLAB 表示（设 $k=100$）
单位脉冲	由 impulse( )实现	单位脉冲 $u(0)=1$ $u(k)=0$ $(k=1,2,3,\cdots)$	u=[1 zeros(1,100)] 也可由 dimpulse( )实现
单位阶跃	由 step( )实现	单位阶跃 $u(k)=1$ $(k=0,1,2,\cdots)$	u=[1,ones(1,100)] 或 u=ones(1,101) 也可由 dstep( )实现
单位斜坡	t	单位斜坡 $u(k)=kT$ $(k=0,1,2,\cdots)$	k=0:100; u=k*T
单位加速度	$\frac{1}{2}at^2$	单位加速度 $u(k)=\frac{1}{2}(kT)^2$ $(k=0,1,2,\cdots)$	k=0:100; u=[0.5*(k*T)^2]

四、采样控制系统动态响应

设采样控制系统的输入信号为 r，系统的动态响应可由下面的命令来实现

```
y = filter(num,den,r)
```

在该命令中，num、den 分别表示系统传递函数的分子、分母多项式。

另外，求动态响应还可用类似连续控制系统的命令来实现。

求单位阶跃响应用命令

```
[y,x] = dstep(num,den,n)
```

求单位脉冲响应用命令

```
[y,x] = dimpulse(num,den,n)
```

求任意指定函数响应用命令

```
[y,x] = dlsim(num,den,u)
```

命令中：y 为系统输出；x 为状态值；n 为采样点数（可选）；u 为系统输入。

【例 6-25】 某采样控制系统动态结构图如图 6-19 所示。已知采样周期 $T=1\text{s}$，单位阶跃输入 $u(k)=1$，$k=0$、1、2、…、100，求系统的动态响应。

解 在 MATLAB 命令行输入以下程序：

```
r = ones(1,101);
k = 0:100;
sys = tf([1],[1 1 0]);
sysd = c2d(sys,1);                    % 用零阶保持器离散化
csysd = sysd/(1 + sysd);
csysd1 = minreal(csysd);              % 约掉传递函数公因子
[numd,dend] = tfdata(csysd1,'v');
y = filter(numd,dend,r);
plot(k,y)
grid
xlabel('k');
ylabel('y(k)')
```

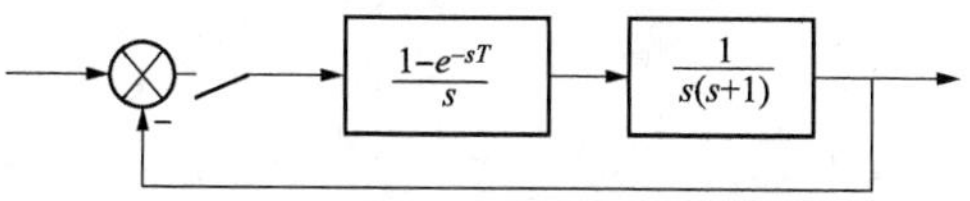

图 6-19 例 6-25 采样控制系统的动态结构图

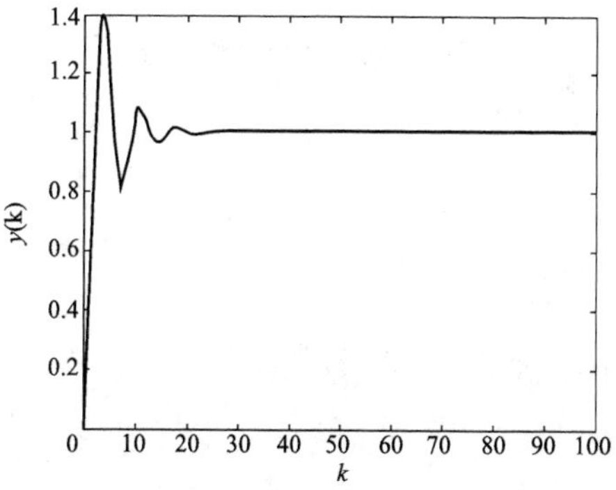

图 6-20 例 6-25 系统的动态响应

按回车键，运行结果系统的动态响应图如图 6-20 所示。

可以把上述程序第八行命令改为[y,x] = dstep(num,den,101)；按回车键，运行结果一样。

五、采样控制系统稳定性判断

采样控制系统稳定性判断方法是：系统的特征根是否在 z 平面的单位圆内。利用 MATLAB 来判断采样控制系统的稳定性时，只需在 z 平面上绘制单位圆，再求出特征根，并把特征根也绘制在 z 平面上，观察图形即可判断采样控制系统的稳定性。

【例 6-26】 已知采样控制系统的闭环特征方程为 $45z^3-115z^2+100z-35=0$，试用 MATLAB 判断系统稳定性。

解 在 MATLAB 命令行输入以下程序：

```
p = [45, - 125,100, - 35];
r = roots(p);                         % 求特征方程根
x = [ - 1:0.001:1];
y = sqrt(1 - x.^2);
plot(x,y,'b', - y,'b');               % 以蓝色线条绘制单位圆
hold,plot(r','x');                    % 绘制特征根并以红色的'x'表示
```

按回车键，运行结果如图 6-21 所示。

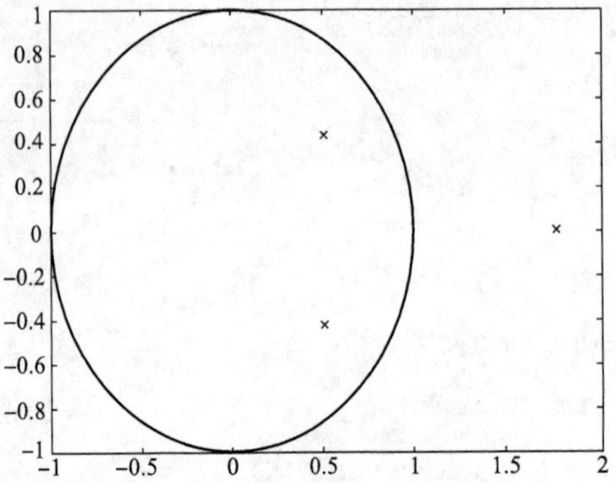

图 6-21 例 6-26 采样控制系统的 z 平面单位圆与系统特征根

由图 6-21 可见，有一个特征根在 z 平面单位圆外，故对应的采样控制系统闭环不稳定。

六、SIMULINK 在采样控制系统中的应用

在 SIMULINK 环境下，利用 discrete（离散元件）库，建立采样控制系统的动态结构图，就可以对采样控制系统进行仿真分析。

【例 6-27】 已知单位负反馈采样控制系统的开环传递函数为 $G(z)=\dfrac{1.5z+1}{z^2-2.5z+1.5}$，试利用 SIMULINK 对该系统进行仿真。

解 进入 SIMULINK 环境，建立系统动态结构图，如图 6-22 所示。

运行 SIMULINK，仿真结果如图 6-23 所示。

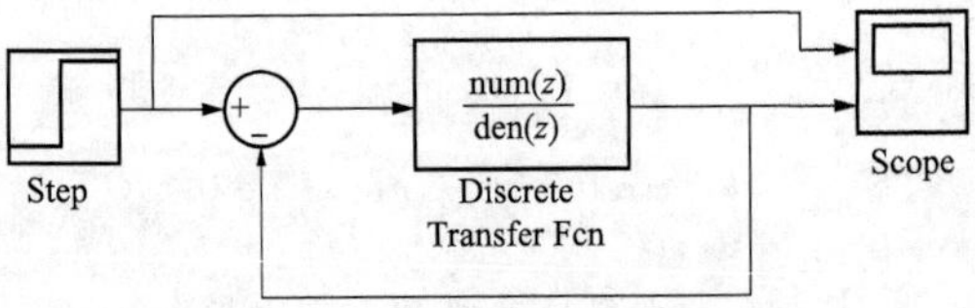

图 6-22 例 6-27 系统的动态结构图

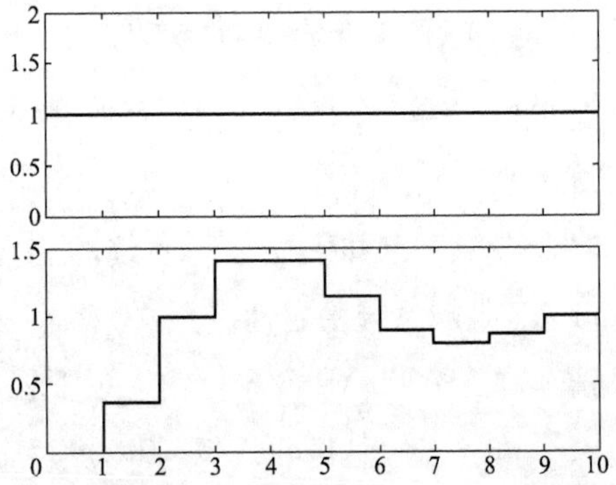

图 6-23 例 6-27 系统的单位阶跃输入和响应仿真结果图

第六节 循序渐进分析示例——磁盘驱动读取系统

本节将为磁盘驱动读取系统设计一个合适的数字控制器。当磁盘旋转时，每读一组存

储数据，磁头就会提取位置偏差信息。由于磁头匀速转动，磁头将以恒定的时间间隔逐次读取格式信息，从而定期提取位置偏差。通常，偏差信号的采样周期介于 100μs～1ms。

为了获得满意的系统响应，可使用图 6-24 所示的带有数字控制器的反馈控制系统。下面将对基本的数字控制器 $D(z)$ 进行设计。

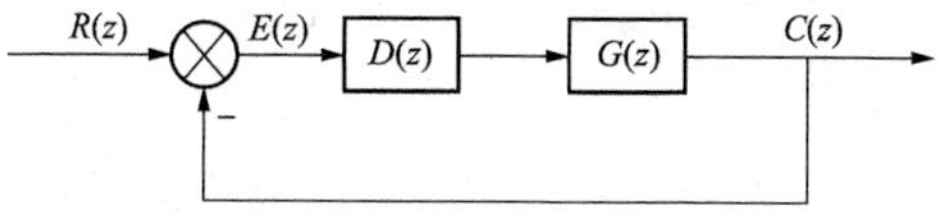

图 6-24 带有数字控制器的反馈控制系统

首先，确定 $G(z)$。这里采用在数字控制系统中最简单、应用最广泛的零阶保持器，则

$$G(z)=Z[G_h(s)G_p(s)]$$

零阶保持器的传递函数为

$$G_h(s)=\frac{1-e^{-Ts}}{s} \tag{6-58}$$

受控对象的传递函数为

$$G_p(s)=\frac{5}{s(s+20)} \tag{6-59}$$

故有

$$G_h(s)G_p(s)=\left(\frac{1-e^{-Ts}}{s}\right)\frac{5}{s(s+20)}$$

当 $a=20$、$T=1ms$ 时，$e^{-aT}=0.98$。因此，式（6-59）中的极点 $s=-20$ 不会对系统响应产生显著影响。因此 $G_p(s)$ 可以近似表示为

$$G_p(s)\approx\frac{0.25}{s}$$

由此可得开环系统的脉冲传递函数为

$$G(z)=Z\left[\left(\frac{1-e^{-Ts}}{s}\right)\frac{0.25}{s}\right]=(1-z^{-1})\times0.25Z\left[\frac{1}{s^2}\right]$$

$$=0.25(1-z^{-1})\left[\frac{Tz}{(z-1)^2}\right]=\frac{0.25T}{z-1}=\frac{0.25\times10^{-3}}{z-1}$$

若取控制器 $D(z)=K$，则有

$$D(z)G(z)=\frac{0.25\times10^{-3}K}{z-1}$$

该系统的根轨迹如图 6-25 所示。作为一个特例，当 $K=4000$ 时，有

$$D(z)G(z)=\frac{1}{z-1}$$

对应的闭环脉冲传递函数为

$$\Phi(z)=\frac{D(z)G(z)}{1+D(z)G(z)}=\frac{1}{z}$$

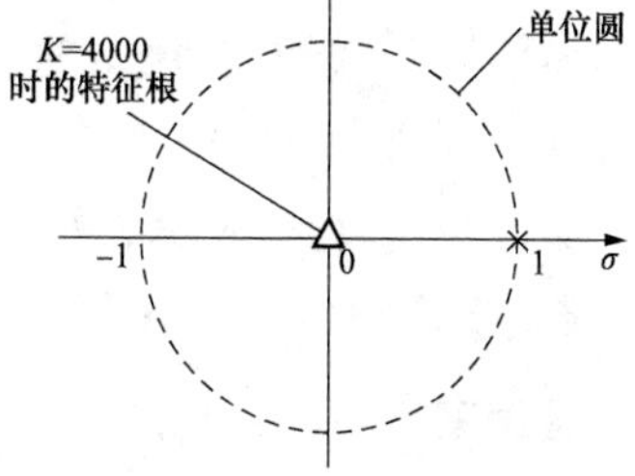

图 6-25 根轨迹

利用 MATLAB 仿真验证后可知，这时系统有稳定且

快速的响应，其阶跃响应的超调量为 0%，调节时间为 2ms。

小　结

（1）含有离散变量的系统称为采样控制系统，采样控制系统由离散部分和连续部分两部分组成。

（2）连续信号经采样开关采样后转换成离散信号，二者之间的关系为

$$e^*(t)=e(t)\delta_T(t)=e(t)\sum_{k=0}^{\infty}\delta(t-kT)=\sum_{k=0}^{\infty}e(kT)\delta(t-kT)$$

（3）若使经采样开关采样后转换成离散信号不失真地恢复到原来的连续函数，必须满足采样定理，即采样频率与信号的最高频率间应满足 $\omega_s \geqslant 2\omega_{max}$。采样系统中设置保持器的目的是使离散信号复现为相应的连续信号，以控制受控对象。实际应用中一般采用零阶保持器。

（4）描述采样控制系统运动规律的数学模型为差分方程。Z 变换是分析离散控制系统的数学基础，Z 变换定义为 $E(z)=Z[e^*(t)]=\sum_{k=0}^{\infty}e(kT)z^{-k}$，Z 变换的求法有级数求和法、部分分式法及运用 Z 变换的基本定理求取。Z 反变换方法有长除法和部分分式法。

（5）对线性定常采样控制系统，主要的数学模型是差分方程、脉冲传递函数等。

（6）采样控制系统时域分析同样分为稳定性分析、暂态分析和稳态误差分析三大部分。采样系统稳定条件是要求系统闭环脉冲传递函数的全部极点在单位圆内，一般判断系统稳定的方法有：①直接求闭环特征方程的根判断；②利用劳斯稳定判据判断。

（7）系统闭环脉冲传递函数零、极点分布情况，决定了系统暂态性能的优劣。

（8）系统的稳态误差在判断系统稳定的基础上可以利用终值定理计算，也可以利用误差系数计算。

术 语 和 概 念

数字控制系统（digital control system）：常用数字信号和数字计算机来调节受控对象的控制系统。

采样周期（sampling period）：计算机总是在相同、固定的周期接受或输出数据，这个周期 T 称为采样周期。所有的采样变量在采样周期在采样周期内保持不变。

采样数据（sampled data）：仅在离散时间点上获得的系统变量的数据。通常每个采样周期获得一个数据。

数据采样系统的稳定性（stability of a sampled-data system）：当闭环 z 传递函数 $\Phi(z)$ 的所有极点都处于 z 平面的单位圆内时，数据采样系统就是稳定的。

z 平面（z-plane）：其水平轴为 z 的实部、垂直轴为 z 的虚部的复平面。

Z 变换（Z-transform）： 由关系式 $z=e^{sT}$ 定义的从 s 平面到 z 平面的保角映射称为 Z 变换。它是从 s 域到 z 域的变换。

习　　题

6-1　什么是采样控制系统？采样控制系统与连续控制系统的主要差别是什么？

6-2　采样控制系统中为什么通常都要设置保持器？

6-3　在采样控制系统分析中，引入 Z 变换的目的是什么？

6-4　求下列函数的 Z 变换 $E(z)$。

(1) $e(t)=\cos\omega t$；(2) $e(t)=t^2$；

(3) $e(t)=1-e^{-at}$；(4) $e(t)=te^{-at}$；

(5) $e(t)=t\sin\omega t$。

6-5　求下列拉普拉斯变换式的 Z 变换 $E(z)$。

(1) $E(s)=\dfrac{1}{s(s+1)(s+2)}$；(2) $E(s)=\dfrac{s+1}{s^2(s+4)}$；

(3) $E(s)=\dfrac{1}{s^2+2s+12}$；(4) $E(s)=\dfrac{1-e^{sT}}{s}$。

6-6　试求下列脉冲传递函数的 Z 反变换。

(1) $E(z)=\dfrac{10z}{(z-1)(z-2)}$；(2) $E(z)=\dfrac{z^2}{(z-0.8)(z-0.1)}$；

(3) $E(z)=\dfrac{z}{z^2-z+2}$；(4) $E(z)=\dfrac{z}{(z-1)^2(z-2)}$。

6-7　用 Z 变换方法求解下列差分方程。

(1) $c(k+2)-3c(k+1)+2c(k)=r(k)$，$c(0)=0, c(1)=0, r(k)=1$；

(2) $c(k+2)-6c(k+1)+8c(k)=r(k)$，$c(0)=0, c(1)=0, r(k)=k$。

6-8　求图 6-26 所示的系统输出 $C(z)$。

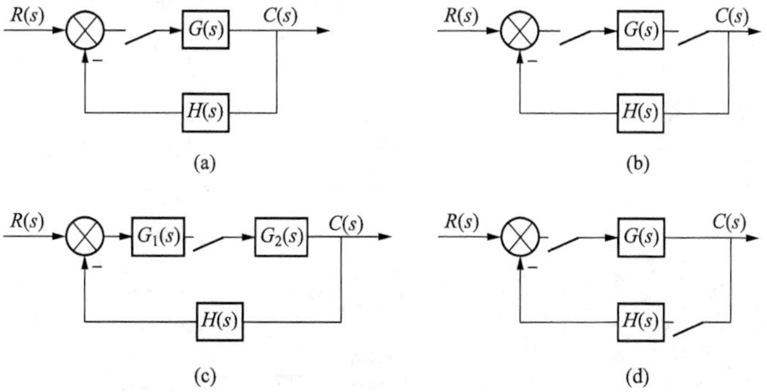

图 6-26　习题 6-8 的图

6-9　已知单位负反馈系统的开环传递函数为 $G(z)=\dfrac{0.368z+0.264}{z^2-1.36z+0.368}$，试判断系统的稳定性。

6-10　已知系统的特征方程为 $D(z)=z^3+3.5z^2-3.5z+1=0$，试判断系统的稳定性。

6-11　已知系统的动态结构图如图 6-27 所示，系统输入为 $r(t)=1(t)$，采样周期为 $T=1\mathrm{s}$，试求其稳态误差。

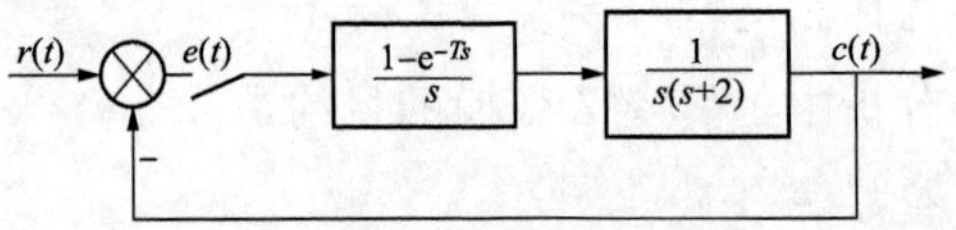

图 6-27　习题 6-11 的图

第七章 直流调速控制系统

晶闸管直流调速控制系统具有调速范围大、精度高、动态性能好，效率高、易控制等优点，且技术成熟，在轧钢机及其辅助机械、矿井卷扬机、大型起重机、金属切屑机床、造纸机、纺织机等领域中应用广泛。

本章主要以他励直流电动机的调压调速为主，介绍直流调速系统。

第一节 直流调速系统基础知识

一、直流调速系统的性能指标

任何一台需要电力拖动的设备，其生产工艺对控制系统的性能都有一定的要求。各种生产工艺要求，经过一定的折算，可以转化成调速系统的性能指标，作为设计系统的依据。衡量一个调速系统的性能高低、质量好坏，必须从调速系统的稳态指标和动态指标两个方面考虑，分解调速系统的性能。

1. 稳态指标

调速系统稳定运行时的性能指标称为稳态指标。主要有调速范围 D、静差率 s、调速系统与负载配合能力等。

（1）调速范围 D。生产机械要求电动机能提供的最高转速 n_{max} 与最低转速 n_{min} 之比，称为调速范围，用 D 表示，即

$$D=\frac{n_{max}}{n_{min}} \tag{7-1}$$

式中：n_{max} 和 n_{min} 一般指电动机在额定负载下的最高转速和最低转速。

（2）静差率 s。当系统在某一转速下运行时，负载由理想空载增加到额定负载时的转速降落 Δn_N（又称静态速降）与理想空载转速 n_0 之比，称为静差率，用 s 表示，即

$$s=\frac{n_0-n_N}{n_0}=\frac{\Delta n_N}{n_0} \tag{7-2}$$

或用百分数来表示

$$s=\frac{\Delta n_N}{n_0}\times 100\% \tag{7-3}$$

静差率 s 反映了当负载变化时电动机转速的稳定度，它和机械特性的硬度有关，特性

越硬，静差率越小。生产机械对静差率的要求是针对最低转速而言的。

（3）调速系统与负载配合能力。各种生产机械在调速过程中，电动机输出转矩与输出功率以及负载转矩与消耗功率，随转速变化的规律是各不相同的。

例如起重机、卷扬机等机械，在调速时，电动机轴上承受的负载转矩不变，其输出功率与转速呈正比变化，这种调速称为恒转矩调速。另一类生产机械，例如金属切削机床的主轴调速，电动机轴上的负载随转速的增大而减小，其输出功率基本维持不变，这种调速称为恒功率调速。

还有一类生产机械，如轧钢机，在其整个调速过程中，一部分要求恒功率调速，一部分要求恒转矩调速，这种调速可称为混合调速。而风机、离心泵等负载，在调速时，负载转矩随转速的变化的平方关系成正比，轴上输出功率随转矩的立方成正比。

一般来说，调速方案的选择应充分考虑到拖动负载的性质，以保证拖动要求的实现，且充分发挥电动机的作用，否则，电动机容量不能充分利用而造成电能的浪费。

2. 动态指标

调速系统的动态指标是表示调速系统在速度变化过程中的技术指标。动态指标分为跟随性能指标和抗扰性能指标两类。

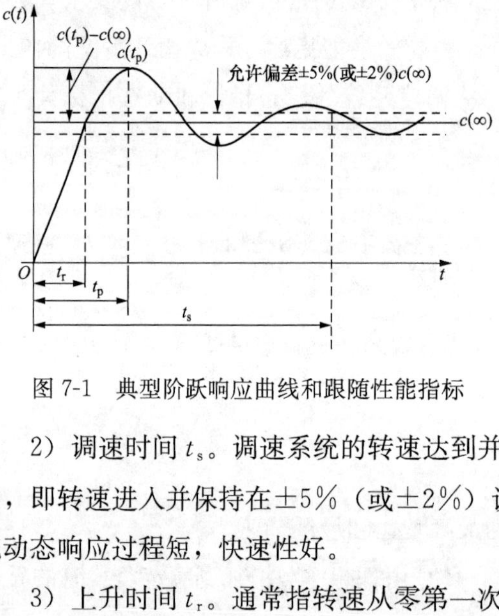

图 7-1　典型阶跃响应曲线和跟随性能指标

（1）跟随性能指标。在给定信号变化作用下，系统输出量的变化情况用跟随性能指标来描述。如图 7-1 所示。

1）超调量 σ。超调量是指调速系统在外来突变信号的作用下，系统达到的最大转速超出稳态转速部分和稳态转速之比，用百分数表示，即

$$\sigma\% = \frac{c(t_p) - c(\infty)}{c(\infty)} \times 100\% \qquad (7\text{-}4)$$

2）调速时间 t_s。调速系统的转速达到并保持在稳态转速的±5%（或±2%）误差范围内，即转速进入并保持在±5%（或±2%）误差带 Δ 之内所需的时间。t_s 小，表示调速系统动态响应过程短，快速性好。

3）上升时间 t_r。通常指转速从零第一次上升到稳态转速所需的时间。

（2）抗扰性能指标。

1）动态速降 Δn_{max}。是指调速系统的一项抗干扰指标，即在稳定运行中，系统突加一个负载转矩所引起的最大速降。

2）恢复时间 t_f。从扰动量作用开始，到被调量开始进入并保持在新的稳定转速允许偏差区为止的一段时间。t_f 越小，说明系统的抗干扰能力越强。

实际系统中对于各种动态指标的要求各有不同，要根据生产机械的具体要求而定。一

般来说，调速系统的动态指标以抗扰性能为主。

二、直流电动机调速方法

图 7-2 为直流电动机电枢回路等效电路图，各参数间关系为

$$U = IR + E \tag{7-5}$$

$$T_e = c_T \phi I \tag{7-6}$$

$$E = C_e \phi n \tag{7-7}$$

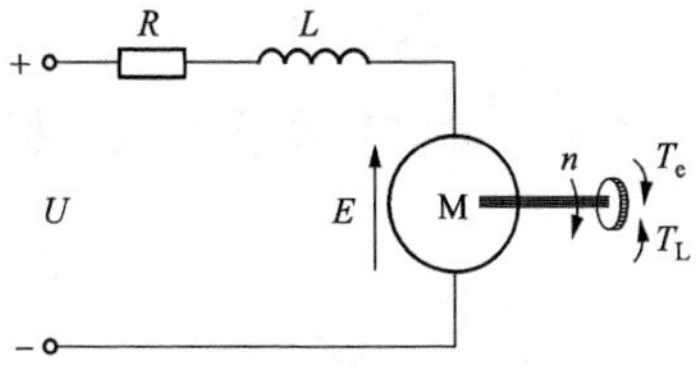

图 7-2 直流电动机电枢回路等效电路图

由式（7-5）～式（7-7），可得直流电动机的机械特性方程式为

$$n = \frac{E}{C_e \phi} = \frac{U - IR}{C_e \varphi} = \frac{U - T_e R/(C_T \phi)}{C_e \phi} = \frac{U}{C_e \phi} - \frac{T_e R}{C_e C_T \phi^2} \tag{7-8}$$

式中：U 为加在电枢回路上的电压；R 为电动机电枢电路总电阻；ϕ 为电动机励磁磁通；C_e 为电动势常数；C_T 为转矩常数；T_e 为电磁转矩。

对于给定的电动机来说，其 C_e、C_T 均为常数。由式（7-8）可知，通过改变电动机电枢回路总电阻 R、电动机励磁磁通 ϕ 和电枢回路的外加电压 U，可以调节电动机的转速 n。

1. 串电阻调速

一般采用在电动机电枢回路串联电阻的方法调速，这种调速方法会使得直流电动机的机械特性变软，如图 7-3 所示。系统转速受负载影响大，轻载时达不到调速的目的，重载时会产生堵转现象，且串联电阻运行损耗较大，经济性较差，因此在直流调速系统中已很少使用。

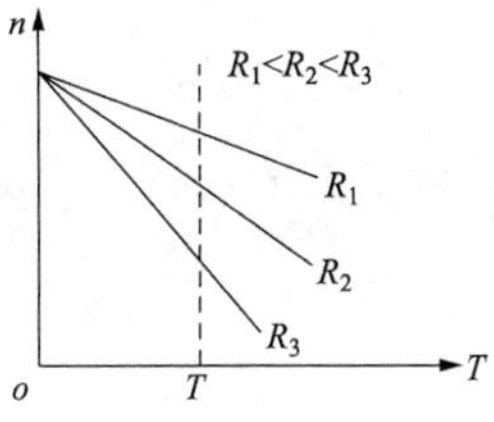

图 7-3 改变电枢回路电阻调速的调节特性

2. 弱磁调速

一般电机的励磁磁通处于饱和状态，因此，只能降低磁通以达到调速目的，故又称为弱磁调速。由式（7-8）可知，理想空载转速与磁通成反比，即减弱磁通使理想空载转速增加；机械特性斜率与磁通平方成正比，即随着磁通减弱，斜率急剧增加，如图 7-4 所示。因此，采用调节磁通进行调速时，在高速下由于电枢电流去磁作用增大，使转速特性变得不稳定，换相性能也会下降。所以采用改变磁通来调速的范围是有限的。

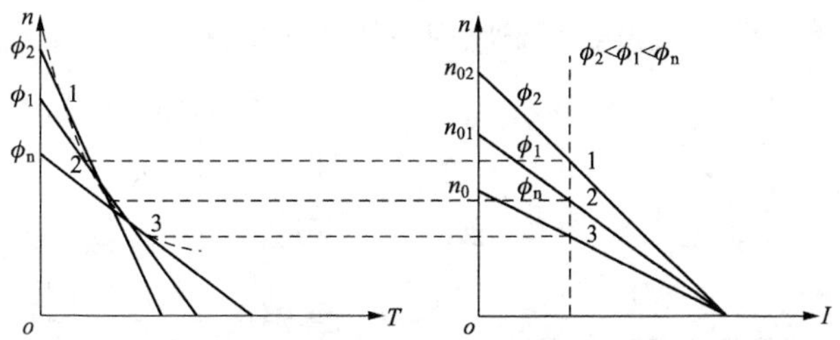

图 7-4 改变磁通调速时系统的调节特性和机械特性

3. 调压调速

由式（7-8）可知，当改变电枢电压 U 时，理想空载转速 n_0 也将改变，而机械特征的斜率不变，此时电动机的机械特性方程为

$$n=\frac{U'}{C_e\phi}-\frac{RT_e}{C_TC_e\phi^2}=n_0'-C_mT_e \tag{7-9}$$

式中：$C_m=\dfrac{R}{C_TC_e\phi^2}$。

电动机的机械特性曲线为一组以电枢电压 U 为参数的平行曲线，如图 7-5 所示。可见，在整个调速范围内电动机的机械特性有较大的硬度，在允许的转速变化范围内可以获得较低的稳定转速，故此种方法的调速范围较宽，应用广泛。

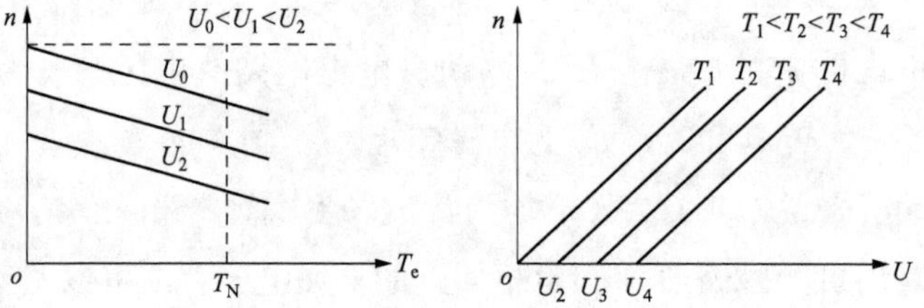

图 7-5　改变电枢电压调速时系统的调节特性和机械特性

改变电枢电压调速方法属于恒转矩调速，在空载或负载转矩变化时也可以得到稳定转速，通过电压正反向变化，使电动机能平滑地启动和工作在四个象限，能实现回馈制动，而且控制功率较小、效率较高，配上各种调节器可以组成性能较高的调速系统，因此在工业中得到广泛应用。

第二节　单闭环直流调速系统

一、开环调速系统

从式（7-8）可知，当电动机电枢电压可连续调节时，可实现直流电动机的平滑调速。由晶闸器组成的半导体变流装置，可将单相或三相交流电转换成可调输出电压的直流电，给直流电动机供电，其开环直流调速系统原理图如图 7-6 所示。

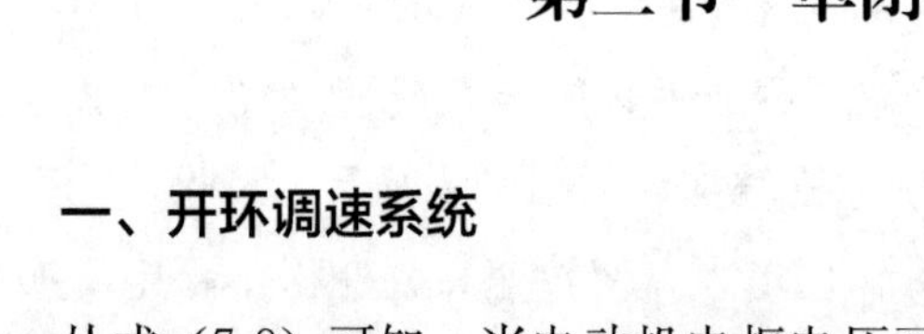

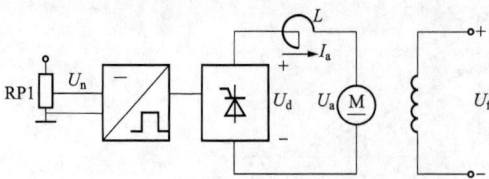

图 7-6　开环直流调速系统原理图

当电动机调速系统稳定运行时，不考虑电抗器的电阻，则

$$U_a=U_d \tag{7-10}$$

$$n=\frac{U_a-I_aR_a}{C_e\phi}=\frac{U_a}{C_e\phi}-\frac{R_aT_L}{C_TC_e\phi^2} \tag{7-11}$$

由式（7-11）可知，转速 n 与负载转矩

T_L 呈线性关系，由负载转矩 T_L 引起的转速变化为

$$\Delta n=\frac{T_L R_a}{C_T C_e \phi^2}\propto T_L \tag{7-12}$$

当 $T_L=0$，即理想空载的情况下，其转速为开环调速系统理想空载转速 n_0，$n_0=\frac{U_a}{C_e\phi}$，$n=n_0-\Delta n$。Δn 即为开环调速系统负载引起的转速降落。

【例 7-1】 如图 7-6 所示的直流电动机调速系统，电动机的参数为 $P_N=3\text{kW}$，$U_N=160\text{V}$，$I_N=16.5\text{A}$，$n_N=1500\text{r/min}$，$R_a=0.93\Omega$，$C_e\phi=0.096\text{V/(r/min)}$。试计算，在额定负载下电动机的转速降落为多少？

解 由式（7-8），在额定负载下，电动机的转速降落 $\Delta n=\frac{I_a R_a}{C_e\phi}=\frac{16.5\times0.93}{0.096}=160(\text{r/min})$。

由上例可知，负载引起的转速降会使电动机在 160r/min 以下的调速范围和调速精度都太差，且开环调速系统所无法解决该问题，为减小转速降落对调速系统的性能影响，可采用闭环调速系统。

二、闭环调速系统

闭环调速系统是在电动机轴上安装一台测速发电机从而把输出转速转换成与转速成正比的电压，反馈到系统输入端，与给定电压比较，得到偏差电压，经过放大器，产生触发装置的控制电压 U_c，用来控制晶闸管整流输出电压 U_d，从而控制电机转速，形成了反馈控制的闭环调速系统。带有转速负反馈的单闭环直流调速系统原理图如图 7-7 所示。

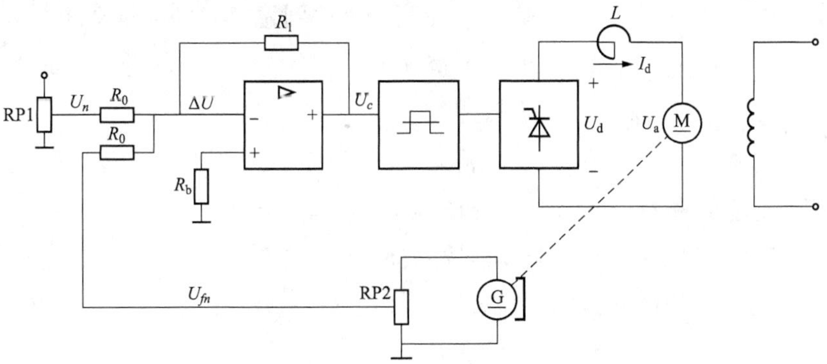

图 7-7 带有转速负反馈的单闭环直流调速系统原理图

1. 转速负反馈调速系统

从图 7-7 可以看出，检测的反馈信号 U_{fn} 与转速 n 成正比，则

$$U_{fn}=\alpha n \tag{7-13}$$

$$\Delta U=U_n-U_{fn} \tag{7-14}$$

$$U_c=K_P\Delta U \tag{7-15}$$

$$U_a = K_S U_c \tag{7-16}$$

$$n = \frac{U_a - I_d R_a}{C_e \phi} \tag{7-17}$$

式中：α 为测速反馈系数；ΔU 为偏差电压信号；K_P 为放大器的放大倍数；K_S 为整流装置的电压放大倍数；U_a 为整流输出理想空载电压（忽略直流装置的内阻抗）；R_a 为电枢回路总电阻；I_a 为电枢回路电流；$C_e\phi$ 为电动机电势常数。

由式（7-13）～式（7-17），消除中间变量，令 $K = \frac{K_P K_S \alpha}{K_e \phi}$，则

$$n = \left(\frac{K_P K_S U_n}{C_e \phi} - \frac{I_d R_a}{C_e \phi}\right) \cdot \frac{1}{1+K} = n_0' - \Delta n' \tag{7-18}$$

式中：n_0' 为闭环调速系统理想空载时（$I_d = 0$）的转速；$\Delta n'$ 为闭环调速系统负载引起的转速降落；K 称为开环增益系数。

由式（7-12）可得，开环调速系统的转速降落为

$$\Delta n' = \frac{1}{1+K} \frac{I_d R_a}{C_e \phi} = \frac{1}{1+K} \Delta n \tag{7-19}$$

由式（7-19）可知，调速系统增加了转速负反馈环节后，转速降落为开环时的 $\frac{1}{1+K}$ 倍，提高了系统的控制精度，更易于满足生产工艺状况的要求。

加入转速负反馈环节后的自动调节过程如图 7-8 所示（不考虑电动机内部自动调节过程）。当负载增加时，即转矩 T_L 增大，反馈电压 U_f 下降，偏差电压 ΔU 增加，整流装置输出电压 U_d 上升，电枢电压 U_a 上升，使得电机转速 n 增加，最终使转速达到稳定。同理，在机械负载转矩 T_L 减少的情况下，也会同样增加转速 n，最终达到一个稳定转速。

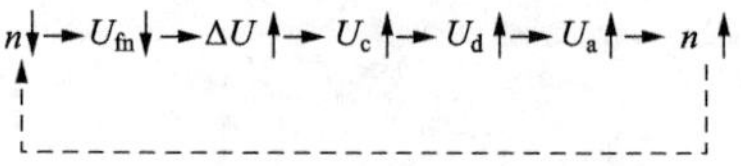

图 7-8　转速负反馈环节的直流调速系统的自动调节过程

将式（7-11）和式（7-18）对比，可得：

（1）闭环调速系统机械特性可以比开环系统机械特性硬得多；

（2）当理想空载转速相同时，闭环系统的静差率要小得多。

闭环系统和开环系统的静差率分别为

$$s' = \frac{\Delta n'}{n_0'} \text{ 和 } s = \frac{\Delta n}{n_0}$$

当 $n_0 = n_0'$ 时，有

$$s' = \frac{s}{1+K} \tag{7-20}$$

（3）当要求的静差率一定时，闭环系统可以大大提高调速范围。

当电动机的最高转速都是额定转速时，根据式（7-2）和式（7-20），则

$$D' = \frac{D}{1+K} \tag{7-21}$$

（4）闭环必须设置放大器，且放大倍数 K 越大，上述闭环系统的优势体现得越明显。

2. 转速负反馈调速系统的特点

转速负反馈调速系统是一个基本的反馈控制系统，又称为单闭环调速系统，它有以下四个特点。

（1）单闭环调速系统是有静差的（当控制器仅采用比例放大时）。这一点，从控制作用的性质上可以看出。晶闸管装置的控制电压 U_c 是和给定与反馈的偏差电压成正比的，当偏差电压为 0 是，$U_c=0$，电动机就会停转。实质上，这种系统正是依靠偏差来保证系统的运行的。

（2）转速跟随给定电压变化。在闭环调速控制系统中，给定电压若变化，转速就一定跟着变化，这是由反馈控制系统的特性决定的。

（3）闭环系统对在负反馈环内的一切前向通道上的扰动作用都能够有效地抑制。如交流电源电压的波动、电动机励磁的变换、放大器的温漂、负载的变换等这些前向通道中的扰动，最终都会影响到转速，通过反馈控制的作用，可以减小对稳态转速的影响。

（4）闭环系统对给定电压和检测装置的扰动是无法抑制的。如给定电压波动，转速也要跟随变化，此时，闭环系统无法鉴别是调节了给定值还是给定电压波动，因此，高精度的调速系统需要高精度的给定稳压源。另外，反馈环节（检测元件）的误差，即测速发电机的误差，当测速发电机的反馈电压发生变化时，系统的调节作用，会使电动机转速达到一个稳定值，但偏离了原来的值，造成误差。因此，高精度的控制系统还必须有高精度的检测元件作为保证。

【例 7-2】 如图 7-7 所示的带转速负反馈的单闭环直流调速控制系统。已知电动机 $P_N=10\text{kW}$，$U_N=220\text{V}$，$I_N-55\text{A}$，$n_N=1000\text{r/min}$，$R_a=0.5\Omega$，$K_S=44$，$C_e=0.1925$ V·min/r，电动机电枢回路总电阻 $R_\Sigma=1.0\Omega$，测速发电机，永磁式，ZYS231/110 型，$P_N=23.1\text{W}$，$U_N=110\text{V}$，$I_N=0.21\text{A}$，$n_N=1900\text{r/min}$，生产机械要求调速范围 $D=10$，静差率 $s<5\%$，试确定放大器的放大倍速。

解 （1）要满足 $D=10$，静差率 $s<5\%$，则额定负载时调速系统的转速降落为

$$\Delta n' = \frac{n_N s}{D(1-s)} < \frac{1000 \times 0.05}{10(1-0.05)} = 5.26(\text{r/min})$$

（2）系统的开环放大倍数为

$$K = \frac{I_N R_\Sigma}{C_e \Delta n'} - 1 > \frac{55 \times 1}{0.1925 \times 5.26} - 1 = 53.3$$

（3）测速反馈系数包含测速发电机的电势转速比 C_{esf} 和电位器的 RP2 的分压系数 α_2，即 $\alpha=\alpha_2 C_{esf}$。

根据测速发电机的参数可得 $C_{esf}=110/1900=0.0579(\text{V}\cdot\text{min/r})$。

取 $\alpha_2=0.2$，当测速发电机与电动机直接耦合，则在电动机最高转速 1000r/min 下，反馈电压为

$$U_{fn}=1000\times 0.0579\times 0.2=11.58(V)$$

响应的最大给定电压约需为 12V，系统的直流稳压电压为 15V，满足要求，则所取的值是可行的。因此

$$\alpha=\alpha_2 C_{esf}=0.01158(V\cdot min/r)$$

（4）运算放大器的放大倍数为

$$K_P=\frac{KC_e}{\alpha K_s}\geqslant 20.14$$

取 $K_P=21$，按运算放大器参数，可取 $R_0=40k\Omega$，$R_1=840k\Omega$。

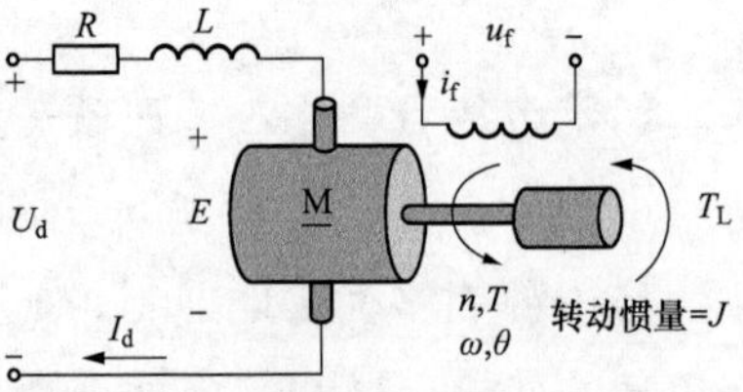

图 7-9　他励直流电动机的电路图

3. 单闭环调速系统的数学模型

（1）他励直流电动机。他励直流电动机的电路如图 7-9 所示，列出微分方程为

$$U_d=RI_d+L\frac{dI_d}{dt}+E \tag{7-22}$$

$$E=C_e\phi n \tag{7-23}$$

$$T-T_L=\frac{GD^2}{375}\cdot\frac{dn}{dt} \tag{7-24}$$

$$T=C_m\phi I_d \tag{7-25}$$

式中：GD^2 为电力拖动系统运动部分折算到电动机轴上的飞轮惯量，单位 $N\cdot m^2$；$C_m=\frac{30}{\pi}C_e$ 为电动机额定励磁下的转矩电流比。

由式（7-22）～式（7-25），可得

$$U_d-E=R\left(I_d+T_L\frac{dI_d}{dt}\right) \tag{7-26}$$

$$I_d-I_L=\frac{T_m}{R}\cdot\frac{dE}{dt} \tag{7-27}$$

式中：$T_L=L/R$ 为电枢回路电磁时间常数；$T_m=\frac{GD^2R}{375C_eC_m}$ 为他励直流电动机的机电时间常数。

他励直流电动机的动态结构图如图 7-10 所示。对其进行等效变换，可得到他励直流电动机的等效动态结构图，如图 7-11 所示。

（2）晶闸管触发和整流装置。此环节输入时触发电路的控制电压 U_c，输出是整流电压 U_d，若把他们之间的放大系数看成是常数，则晶闸管触发与整流装置可以看成是一个具有纯滞后的放大环节，其滞后作用是由晶闸管装置的失控时间 T_s 引起的。T_s 是随机的，一

般取最大失控时间。则晶闸管和整流装置的输入输出关系为

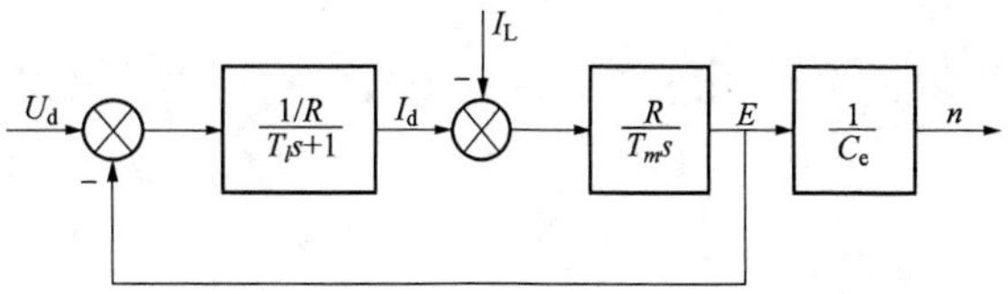

图 7-10　他励直流电动机的动态结构图

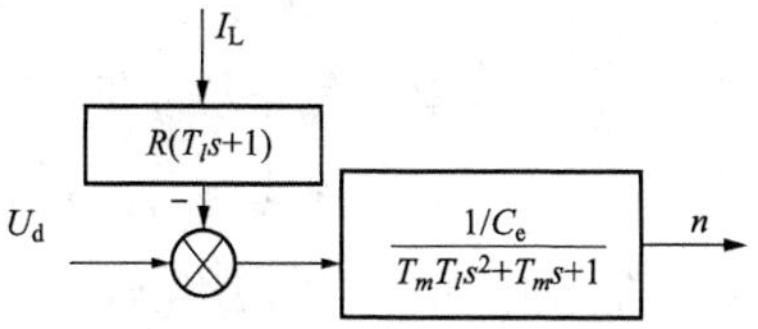

图 7-11　他励直流电动机的等效动态结构图

$$U_d = K_s U_c \cdot 1(t - T_s) \tag{7-28}$$

其传递函数为

$$G_s(s) = \frac{U_d(s)}{U_c(s)} = K_s e^{-T_s s} \tag{7-29}$$

（3）比例放大器。放大器响应较快，可认为是纯比例环节，其传递函数为

$$\frac{U_c(s)}{\Delta U(s)} = K_p \tag{7-30}$$

（4）测速发电机。测速发电机响应较快，可认为是纯比例环节，其传递函数为

$$\frac{U_{fn}(s)}{n(s)} = \alpha \tag{7-31}$$

（5）单闭环调速系统的数学模型。单闭环调速系统的动态结构图如图 7-12 所示，当空载时，其闭环传递函数为

$$\phi(s) = \frac{\dfrac{K_s K_p / C_e}{1+K}}{\dfrac{T_m T_1 T_s}{1+K}s^3 + \dfrac{T_m(T_1+T_s)}{1+K}s^2 + \dfrac{T_m+T_s}{1+K}s + 1} \tag{7-32}$$

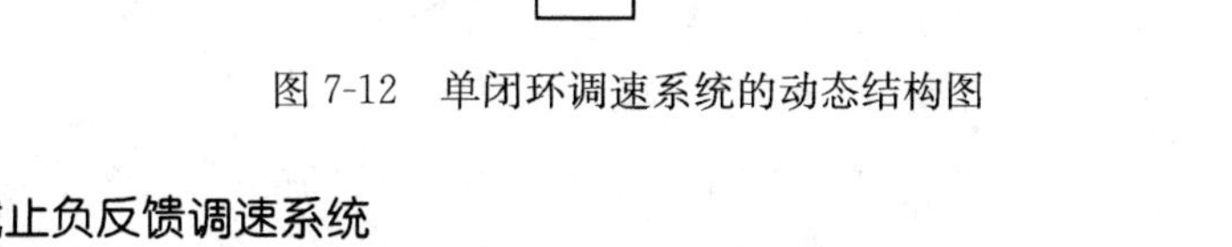

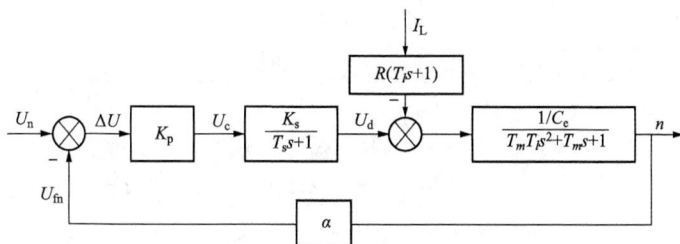

图 7-12　单闭环调速系统的动态结构图

4. 带电流截止负反馈调速系统

在实际生产过程中，若电动机在全压起动、堵转（或过载）时，将会使电枢回路的电流 I_a 增加很大，这样将会使整流器件和直流电动机经受很大的电流冲击，严重时将会烧毁整流器件和电动机。为了解决单闭环调速控制系统的启动和堵转时的电流过大问题，系统中必须有自动限制电枢电流的环节。根据反馈控制的思想，要稳定哪一个物理量时，就引入哪个物理量的负反馈。故引入电流负反馈，以保持电流基本不变，使它不超过允许值。

但是，这种负反馈的作用只能在启动或堵转时才有效，正常时应当取消，这种环节叫作电流截止负反馈，简称截流反馈。

图 7-13 是带电流截止负反馈的转速负反馈调速系统原理图。在电动机电枢电路中串入小阻值电阻 R_c，外部参考电源经电位器提供一个比较电压 U_0，电流反馈信号 I_dR_c 经二极管 VD 与比较电压 U_0 反向串联后，再加到放大器的输入端，即 $U_{fi}=I_dR_c-U_0$。当 $U_{fi}\leqslant 0$ 时，二极管 VD 截止，电流截止负反馈不起作用；当 $U_{fi}>0$ 时，二极管 VD 导通。此时，电流截止负反馈环节起作用，反馈信号电压 U_{fi} 将加到放大器的输入端，此时偏差电压差为：$\Delta U=U_n-U_{fi}-U_f$。当电枢电流增加时，U_{fi} 增大，ΔU 减小，U_d 将减小，从而限制电枢电流增加过大。此时，由于电枢电压 U_a 下降，而 I_dR_c 增大，由式 $n=\dfrac{U_a-I_aR_a}{C_e\phi}$ 可知转速将急剧下降，使机械特性出现很陡的下垂特性（又称挖土机特性）。整个系统的机械特性如图 7-14 所示，I_N 为电动机额定电流，I_b 为电动机截止电流，I_m 为电动机堵转电流。在 a 段，电流截止负反馈不起作用；而在 b 段，电流截止负反馈起作用，这样在电动机堵转（或全压起动）时，限制了电枢电流的过大增加。

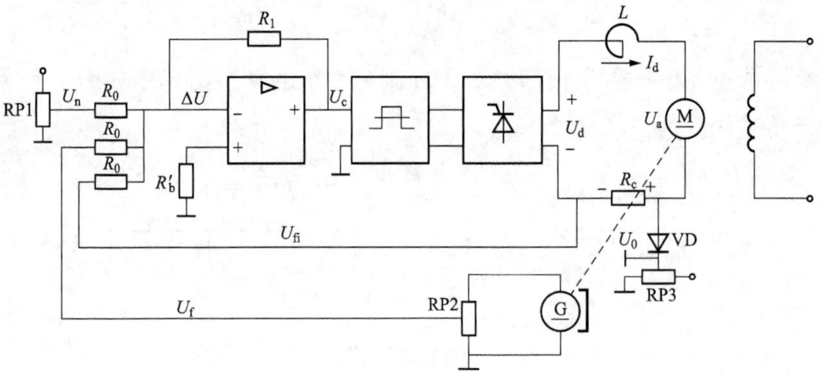

图 7-13　带电流截止负反馈的转速负反馈直流调速系统原理图

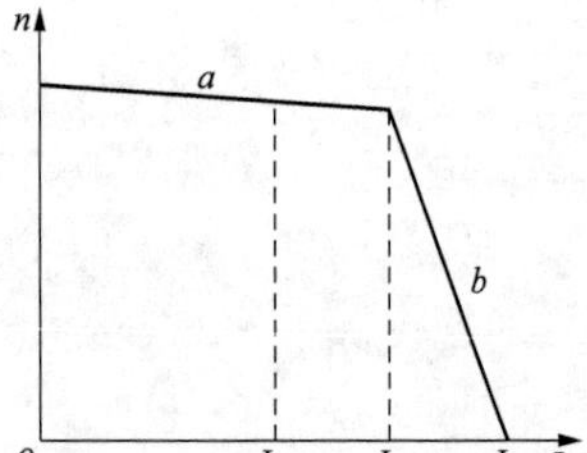

图 7-14　带电流截止负反馈的转速负反馈调速系统机械特性

由图 7-14 的下垂机械特性可以看出：

(1) 电流截止负反馈的作用相当于在电枢回路中串如了一个大电阻 $K_pK_sR_c$，因此稳态是转速降落很大，机械特性急剧下垂。

(2) 具有带电流截止负反馈的转速负反馈直流调速系统，具有较高的调速范围和静差率小的优点。但整个系统全部是属于被调量的负反馈，具有反馈控制规律，并且在采用比例放大器时是具有静差的。放大系数 K 值越大，则静差越小。因此，对于一些要求静差很小的场合，可以比例积分调节器的来消除静差。

第三节 双闭环直流调速系统

在上一节的直流调速系统中，由于电流截止负反馈环节限制了最大电流，使直流电动机反电动势随着转速的上升而增加，使电流达到最大值以后便迅速下降，这样，就会造成电动机的电磁转矩减小，使启动加速时间变慢，启动时间变长，如图 7-15(a)。这对于一般要求不太高的调速系统，基本上能够满足要求。但对于像可逆轧钢机、龙门刨床等经常正反转运行的调速系统，尽量缩短过渡过程时间，希望充分利用电动机允许的过载能力，最好是在过渡过程中一直保持电流为允许的最大值，使调速系统以可能的最大加（减）速启（制）动，达到稳态转速时，电流应立即降下来，使转矩与负载相平衡，从而转入稳速运行，理想快速启动过程如图 7-15(b) 所示。

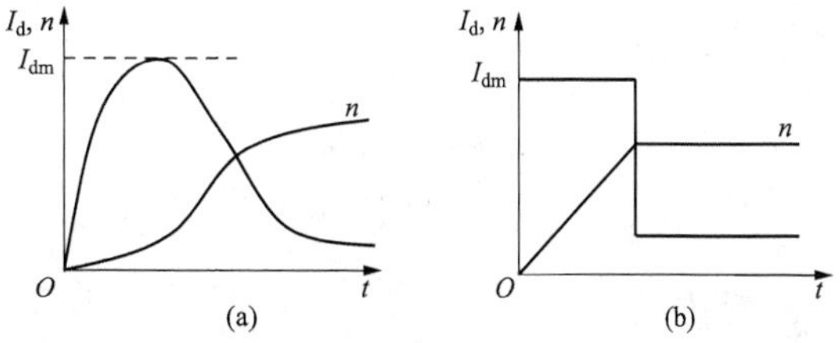

图 7-15　调速系统的启动过程

（a）带电流截止负反馈的调速系统启动过程；

（b）理想快速启动过程

从控制的角度看，可以引入电流负反馈，达到上述效果。为了避免转速反馈和电流反馈相互抑制，在系统中设置两个调节器，分别调节转速和电流，二者之间串级联接，使两种调节作用相互配合。从系统的结构上看，电流调节环在内，称为内环；转速调节环在外，称为外环。从而形成了转速、电流双闭环直流调速系统。

1. 双闭环直流调速系统的组成

转速、电流双闭环直流调速系统电路原理图如图 7-16 所示。为了获得较好的静、动态性能，转速环调节器 ASR、电流双调节器 ACR 一般均采用 PI 调节器。LM 表示两个调节器的输出都是带限幅的，转速环调节器 ASR 的输出饱和电压 U_{im} 决定了电流调节器的最大给定值，电流环调节器 ACR 的输出饱和电压 U_{cm} 限制了晶闸管装置输出电压的最大值。调节器限幅输出特性如图 7-17 所示。

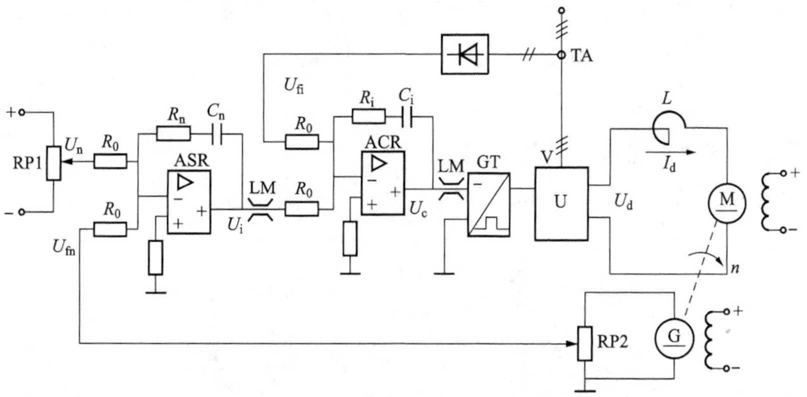

图 7-16　双闭环直流调速系统电路原理图

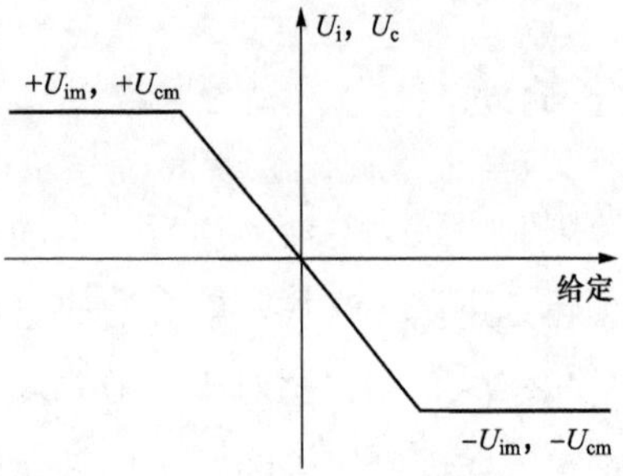

图 7-17　调节器限幅输出特性

2. 双闭环直流调速系统的静特性

由于 ASR 和 ACR 均采用 PI 调节器，且输出均带限幅。因此，ASR、ACR 的输出有两种情况：一是输出达到限幅值，即饱和。此时，输出为恒值，给定值不再影响输出的变化，即输入与输出的联系暂时被饱和调节器隔断，要退出饱和，需要给定值为负，即反向积分才能使调节器退饱和。二是输出未达到限幅值，即不饱和。

在实际应用中，电流环调节器 ACR 总是设计的不会出现饱和状态，而转速环调节器 ASR 两种状态均可能会出现。

（1）ASR 饱和。ASR 输出 U_c 达到饱和时 U_{cm}，即输出转速不随给定值变化而变化，转速环呈现开环状态。此时，系统转变为一个单闭环电流调节系统。在稳定状态下，则

$$U_{im}=U_{fi}=\beta I_d \tag{7-33}$$

$$I_{dm}=I_d=\frac{U_{im}}{\beta} \tag{7-34}$$

（2）ASR 未饱和。稳定状态下，ASR、ACR 的输入偏差电压均为 0，则

$$U_s=U_{fn}=\alpha n \tag{7-35}$$

$$n=\frac{U_s}{\alpha} \tag{7-36}$$

由式（7-34）和式（7-36）可得双闭环直流调速系统的静态特性，如图 7-18 所示。

由图 7-18 可知，在负载电流小于 I_{dm} 时，双闭环调速系统表现为转速无静差，当负载电流达到 I_{dm} 后变现为电流无静差，这正是 ASR、ACR 采用串级结构带来的效果。实际上运算放大器的开环放大倍数并不是无穷大，因此，静特性有很小的静差，如图 7-18 虚线 n_0-A'-B 所示。I_{dm} 一般大于电动机的额定电流 I_{dN}，其大小取决于电动机的容许过载能力和传动系统允许的最大加速度。

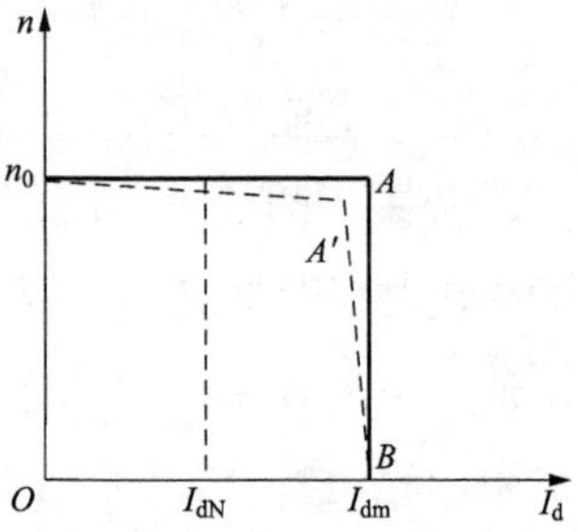

图 7-18　双闭环直流调速系统的静态特性

3. 双闭环直流调速系统的数学模型

在图 7-16 中，ASR 和 ACR 分别采用 PI 调节器，则

$$G_{ASR}(s)=K_n\frac{\tau_n s+1}{\tau_n s} \tag{7-37}$$

$$G_{ACR}(s)=K_i\frac{\tau_i s+1}{\tau_i s} \tag{7-38}$$

在图 7-12 所示的单闭环调速系统的动态结构图的基础上，可绘出转速、电流双闭环直

流调速系统的动态结构图，如图 7-19 所示。为了引出电流反馈，电动机动态结构部分必须把电流 I_d 显露出来。

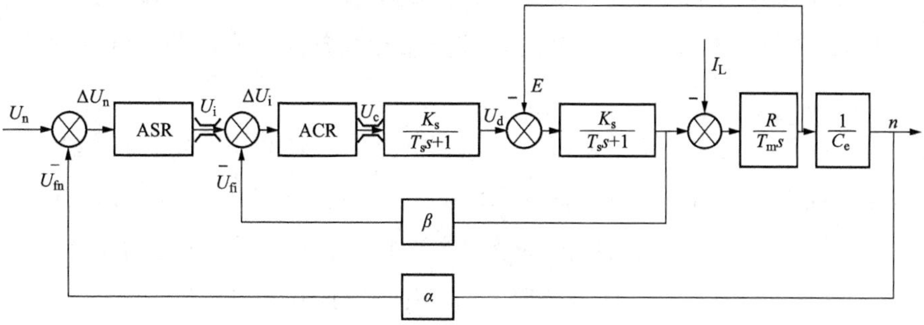

图 7-19 双闭环直流调速系统的动态结构图

4. 双闭环直流调速系统的启动过程

（1）双闭环直流调速系统的启动过程分析。转速、电流双闭环控制的目的之一就是要获得接近于理想的快速启动过程，如图 7-15（b）所示，因此需要研究双闭环直流调速系统的启动过程。双闭环直流调速系统突加给定电压 U_n 由静止状态启动时转速和电流的过渡过程如图 7-20 所示。

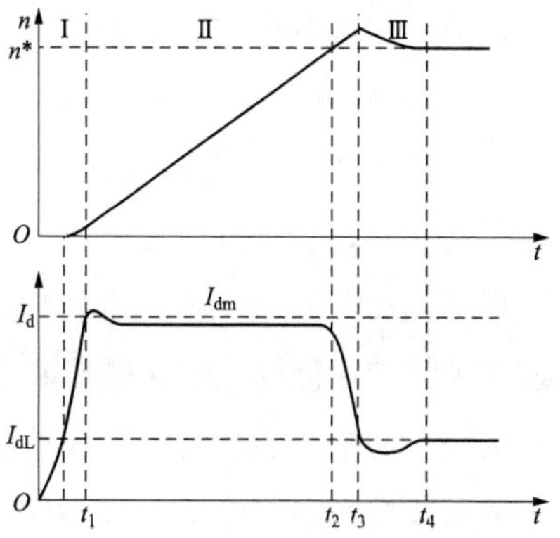

图 7-20 双闭环直流调速系统的起动过程

在起动过程中，转速调节器 ASR 经历了不饱和、饱和、退饱和三个阶段，整个过渡过程也分成了三段，在图中分别标以Ⅰ、Ⅱ和Ⅲ。

第Ⅰ阶段：$0\sim t_1$ 是电流上升的阶段。突加给定电压后，通过两个调节器的控制作用，当 $I_d \geqslant I_{dL}$ 后，电动机开始转动，转速 n 开始增加。由于机电惯性的作用，转速的增长需要一个过程，因此转速调节器 ASR 的输入偏差电压数值较大，ASR 的输出很快达到限幅值，强迫电流 I_d 迅速上升。当 $I_d \approx I_{dm}$ 时，$U_i \approx U_{im}$，电流调节器的作用使 I_d 不再迅猛增长，标志着这一阶段的结束。在这一阶段中，ASR 由不饱和很快达到饱和，而 ACR 一般应该不饱和，以保证电流环的调节作用。

第Ⅱ阶段：$t_1 \sim t_2$ 是恒流升速阶段。从电流升到最大值 I_{dm} 开始，到转速升到给定值为止，属于恒流升速阶段，是启动过程中的主要阶段。在这个阶段中，ASR 一直是饱和的，转速环相当于开环状态，系统表现为在恒值电流给定 U_{im} 作用下的单闭环电流调节系统，基本上保持电流 I_d 恒定（调节性能取决于电流调节器的结构和参数），因而拖动系统的加速度恒定，转速呈线性增长。与此同时，电动机的反电动势正也按线性增长。对电流调节系统来说，这个反电动势是一个线性渐增的扰动量，为了克服这个扰动，U_c 和 U_d 也必须基本上按线性增长，才能保持 I_d 恒定。由于电流调节器 ACR 是 PI 调节器，要使它的输出量按线性增长，其输入偏差电压必须维持一定的恒值，也就是说，I_d 应略低于 I_{dm}。此外还应指出，为了保证电流环的这种调节作用，在启动过程中电流调节器是不能饱和的，同时整流装置的最大电压 U_{dm} 也须留有余地，即晶闸管装置也不应饱和，这些都是在设计中必须注意的。

第Ⅲ阶段：t_2 以后是转速调节阶段。此阶段开始时，转速与给定转速相等，转速调节器的给定电压与反馈电压相等，调节器 ASR 的输入偏差电压为零，但 ASR 的输出由于积分作用还维持在限幅值，所以电动机仍在最大电流下加速，使得转速超过给定转速，此时，ASR 输入端出现负的偏差电压，使得 ASR 反向积分，退出饱和状态，其输出电压即 ACR 的给定电压 U_i 立即从限幅值降下来，主电流 I_d 也随之下降。初始阶段（t_2-t_3），由于 I_d 仍大于负载电流 I_{dL}，此时，转速仍继续上升。到 $I_d=I_{dL}$ 时，电动机电磁转矩 $T=T_L$，由式（7-24）有 $T-T_L=\frac{dn}{dt}=0$，转速 n 达到最大值。此后，电动机才开始在负载的阻力下减速，电流 I_d 也出现一段小于 I_{dL} 的过程，直到稳定。在这一阶段内，ASR 与 ACR 都不饱和，同时起调节作用。由于转速调节在外环，ASR 处于主导地位，而 ACR 的作用则是力图使 I_d 尽快地跟随 ASR 的输出量，或者说，电流内环是一个电流随动子系统。

（2）双闭环直流调速系统的启动过程特点。通过对双闭环直流调速系统的启动过程分析，不难发现，启动过程有如下三个特点：

1）转速调节器 ASR 的饱和非线性控制。当 ASR 饱和时，转速环相当于开环，调速系统表现为给定电流的单闭环电流调节系统；当 ASR 不饱和时，转速环起主导调节作用，电流环则表现为电流随动系统。在这两种情况下，系统均是线性系统，当整个启动过程不能简单地用线性控制理论来分析和设计，可以采用分段线性化的方法来处理。在具体分段分析过渡过程时，还必须注意各个阶段的初始状态（前一阶段的终了状态就是后一阶段的初始状态）。初始状态不同，即使控制系统的结构和参数都不变，过渡过程也是不一样的。

2）准时间控制最优化（最短时间控制）。由图 7-20 可以看出，调速系统启动过程的主要的阶段是第Ⅱ阶段，即恒流升速阶段。此阶段电流保持恒定，一般选择为允许的最大值，以便充分发挥电机的过载能力，尽可能缩短起动时间，属于电流受限制条件下的最短时间控制。但启动过程的Ⅰ、Ⅲ阶段电流不可能突变，因此，与理想快速启动过程［如图 7-15(b)］相比还有一些差距。但这两段很短暂，对调速系统性能影响有限，所以双闭环直流调速系统的起动过程又称为“准时间最优控制”过程。这种采用饱和非线性控制方法实现准时间最优控制是一种很有实用价值的控制策略，在各种多环控制系统及随动控制系统中得到普遍应用。

3）转速调节器 ASR 退饱和。启动过程结束进入第Ⅲ段即转速调节阶段后，必须使转速调节器退出饱和状态。而只有使转速超调，ASR 的输入偏差电压为负值，ASR 反向积分，才能使 ASR 退出饱和。即采用 PI 调节器的双闭环直流调速系统的转速必须有超调。

在一般情况下，转速略有超调对实际运行影响不大。

5. 双闭环直流调速系统的设计

首先设计电流环调节器，然后把整个电流环看作是一个环节进行转速环调节器的设计。由于转速、电流的反馈信号中常包含有交流分量，必须设置滤波环节，以抑制反馈信号中的交流分量，但滤波又带来了反馈信号的延迟。因此，在给定信号通道中可接入一个同样的滤波环节，让给定信号和反馈信号同步延迟，如图 7-21 所示。

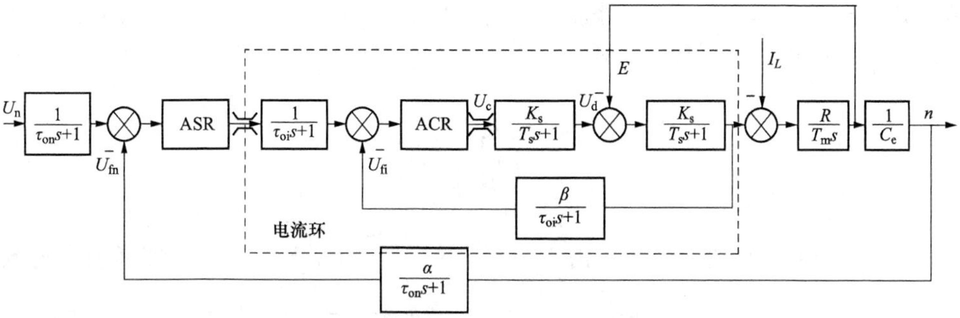

图 7-21　带滤波环节的双闭环直流调速系统的动态结构图

(1) 电流环调节器的设计。图 7-21 中虚线框内为电流环的结构图。将电流环单独拿出来进行设计。由于电磁时间常数远小于机电时间常数，即 $T_l \ll T_m$，电流的调节过程比转速的变化过程快得多，因此对于电流环中反电动势 E 的扰动可以看成是一个变换缓慢的扰动，设计电流环时不考虑 E 的影响。另外，T_s 和 τ_{oi} 都很小，可当作小惯性环节处理，即合成一个惯性环节，新的惯性环节的时间常数取 $T_{\Sigma i}=T_s+\tau_{oi}$。整理电流环得到电流环简化的动态结构图如图 7-22 所示。

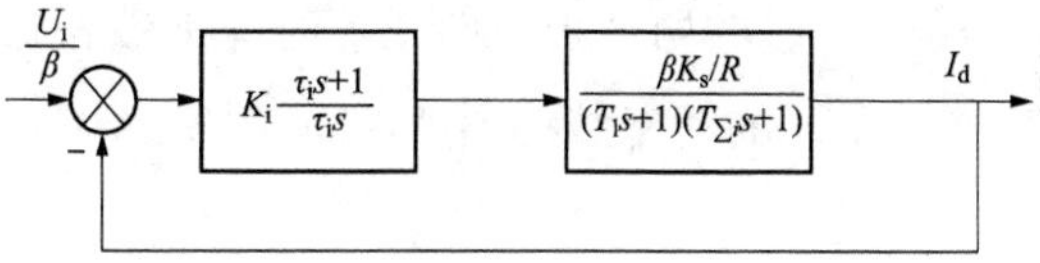

图 7-22　电流环简化的动态结构图

一般将电流环设计成典型Ⅰ型系统，因此，为了让调节器零点对消掉被控对象的大时间常数极点，选择

$$\tau_i = T_l \tag{7-39}$$

比例系数 K_i 取决于电流环所需的穿越频率 ω_{ci} 和动态性能指标。如要求电流环超调量 $\delta\%<5\%$，对于典型的Ⅰ型系统，可取 $\xi=0.707$，$K_I T_{\Sigma i}=0.5$。其中，K_I 为电流环的开环放大倍数。

$$K_I = \frac{K_i K_s \beta}{\tau_i R} \tag{7-40}$$

$$K_I = \omega_{ci} = \frac{1}{2T_{\Sigma i}} \tag{7-41}$$

由式 (7-39)、式 (7-40) 和式 (7-41)，可得

$$K_i = \frac{T_1 R}{2K_s \beta T_{\sum i}} \tag{7-42}$$

(2) 转速环调节器的设计。设计好的电流环简化后可作为转速环中的一个环节，由图 7-22 可知，此环节的传递函数为

$$\phi_i = \frac{I_d(s)}{U_i(s)/\beta} = \frac{1}{\frac{T_{\sum i}}{K_I}s^2 + \frac{1}{K_I}s + 1} \tag{7-43}$$

由于转速环的穿越频率 ω_{cn} 一般较小，因此可以忽略电流环传递函数的高次项，即式 (7-43) 可近似为

$$\phi_i \approx \frac{1}{\frac{1}{K_I}s + 1} \tag{7-44}$$

若要得到式 (7-44) 的近似式，需满足条件 $\omega_{cn} \leqslant \frac{1}{3}\sqrt{\frac{K_I}{T_{\Sigma i}}}$。接入转速环内，电流环等效环节的输入量应为 $U_i(s)$，因此电流环的传递函数在转速环中应等效为

$$\phi_i \approx \frac{1/\beta}{\frac{1}{K_I}s + 1} \tag{7-45}$$

用电流环的等效环节代替电流环后，整个转速控制系统的动态结构图如图 7-23 所示。把转速给定滤波和反馈滤波环节移到环内，同时将给定信号改成 $U_n(s)/\alpha$，再把时间常数为 $1/K_I$ 和 τ_{on} 的两个小惯性环节时间常数相加，近似成一个惯性环节 $T_{\Sigma n}$。转速环简化后直流调速系统的动态结构图如图 7-24 所示。

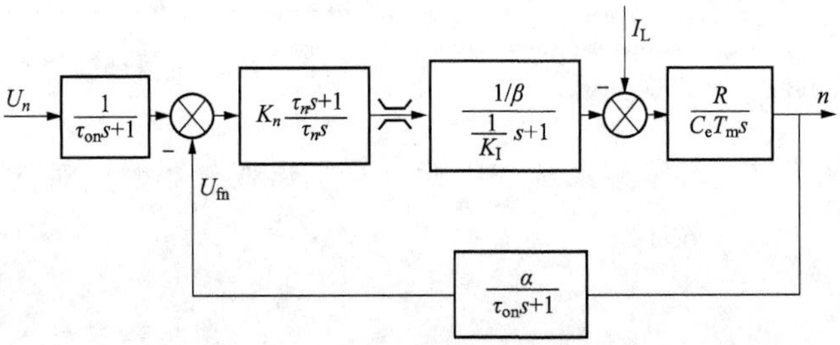

图 7-23　电流环等效后直流调速系统的动态结构图

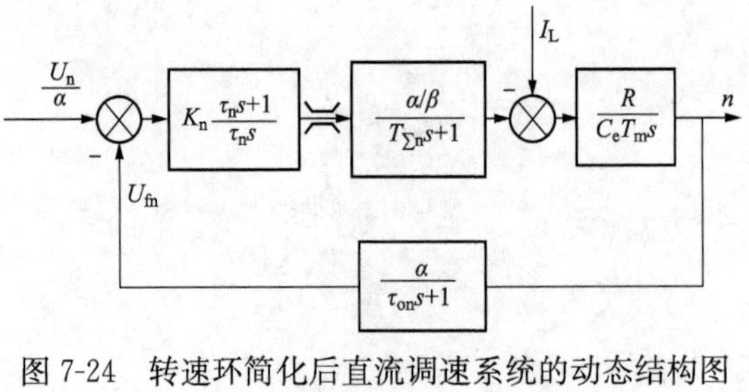

图 7-24　转速环简化后直流调速系统的动态结构图

由图 7-24 可知，直流调速系统的开环传递函数为

$$G_n(s)=\frac{K_n(\tau_n s+1)}{\tau_n s}\cdot\frac{\frac{\alpha R}{\beta}}{C_e T_m s(T_{\sum n} s+1)}=\frac{K_n\alpha R(\tau_n s+1)}{\tau_n\beta C_e T_m s^2(T_{\sum n} s+1)} \tag{7-46}$$

转速环开环增益为

$$K_N=\frac{K_n\alpha R}{\tau_n\beta C_e T_m} \tag{7-47}$$

将式（7-47）代入式（7-46），则直流调速系统的开环传递函数为

$$G_n(s)=\frac{K_N(\tau_n s+1)}{s^2(T_{\sum n} s+1)} \tag{7-48}$$

当不考虑负载扰动时，校正后直流调速系统的动态结构图如图 7-25 所示。

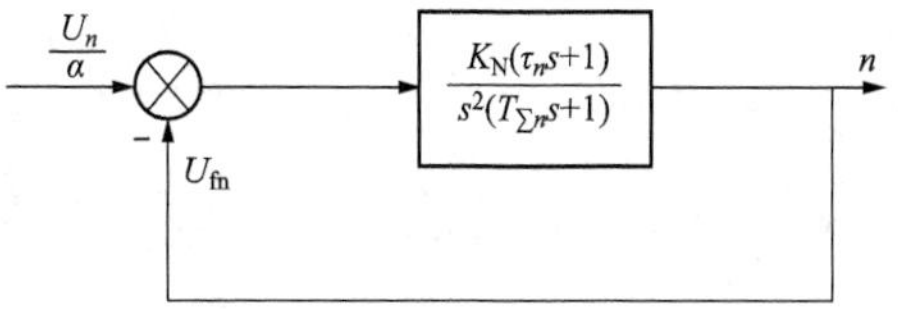

图 7-25　校正后直流调速系统的动态结构图

可见，ASR 采用 PI 调节器，校正后直流调速系统为典型Ⅱ型系统。

对于典型Ⅱ型系统，按跟随和抗扰性能都较好的原则，可取 $h=5$，则 ASR 的超前时间常数为

$$\tau_n=hT_{\sum n} \tag{7-49}$$

转速开环增益为

$$K_N=\frac{h+1}{2h^2T_{\sum n}^2} \tag{7-50}$$

ASR 的比例系数为

$$K_n=\frac{(h+1)\beta C_e T_m}{2h\alpha R T_{\sum n}} \tag{7-51}$$

第四节　MATLAB 用于直流调速系统

晶闸管供电的转速电流双闭环直流调速系统，整流装置采用三相桥式电路，其基本数据为：直流电动机 $U_N=750$V，$I_N=780$A，$n_N=375$r/min，$R_a=0.04$，电枢电路总电阻 $R=0.1\Omega$，电枢电路总电感 $L=3.0$mH，电流允许过载倍数 $\lambda=1.5$，折算到电动机轴的飞轮惯量 $GD^2=11094.4\text{N}\cdot\text{m}^2$。晶闸管整流装置放大倍数 $K_s=75$，滞后时间常数 $T_s=0.0017s$ 电流反馈系数 $\beta=0.01$V/A，电压反馈系数 $\alpha=0.032\text{V}\cdot\text{min/r}$，滤波时间常数 $T_{oi}=0.002$s，$T_{on}=0.02$s，$U_{nm}=U_{im}=U_{cm}=12$V；调节器输入电阻 $R_o=40\text{k}\Omega$。计算有：电动势系数 $C_e=\frac{U_N-R_a I_N}{n_N}=\frac{750-0.04\times780}{375}=1.9168(\text{V}\cdot\text{min/r})$，额定励磁下的电动机的转矩系数 $C_m=\frac{30}{\pi}C_e$，电磁时间常数 $T_l=\frac{L}{R}=\frac{0.003\text{H}}{0.1\Omega}=0.03$s 机电时间常数 $T_m=$

$$\frac{GD^2R}{375C_eC_m}=\frac{11094.4\times0.1}{375\times1.9168\times1.9168\times\frac{30}{\pi}}=0.0843(\mathrm{s})。$$

试设计转速环调节器和电流环调节器参数，并使系统性能达到如下要求：

(1) 稳态指标：无静差。

(2) 动态指标：电流超调量 $\sigma_i\leqslant5\%$，空载启动到额定转速时的转速超调量 $\sigma_n\leqslant10\%$。

采用第三节中的电流环和转速环设计方法，设计得到电流环和转速环调节器的传递函数分别为

$$G_{\mathrm{ASR}}(s)=11.057\frac{0.137s+1}{0.137s} \tag{7-52}$$

$$G_{\mathrm{ACR}}(s)=0.5404\frac{0.03s+1}{0.03s} \tag{7-53}$$

双闭环直流调速系统的仿真结构图如图 7-26 所示。

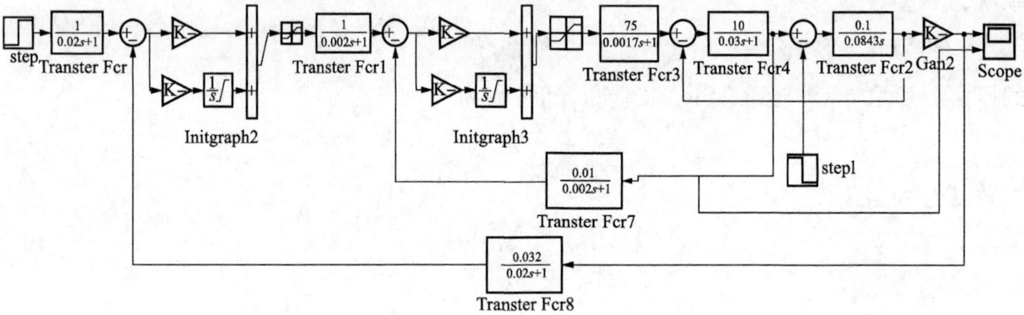

图 7-26　双闭环直流调速系统的仿真结构图

图 7-27 为空载启动时的启动调节过程。

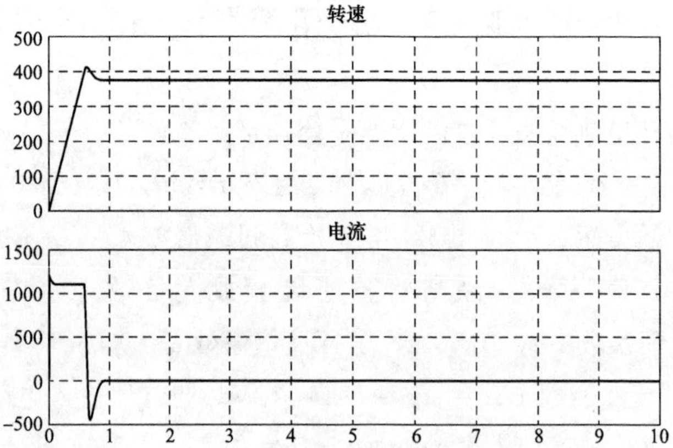

图 7-27　空载启动时的调节过程

图 7-28 为负载突然增加时的调节过程。

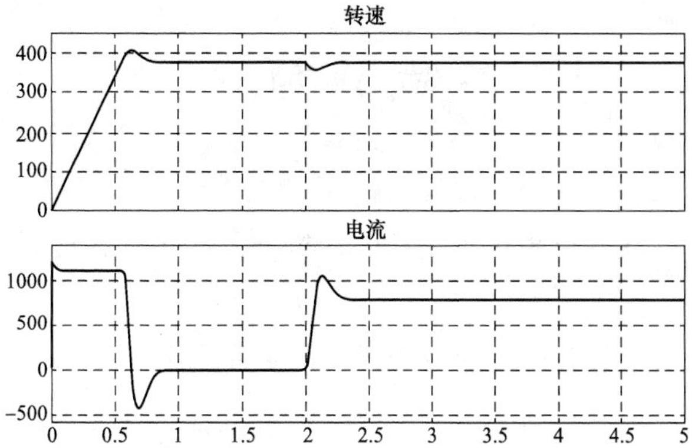

图 7-28 负载突然增加时的调节过程

图 7-29 为负载突然减小时的调节过程。

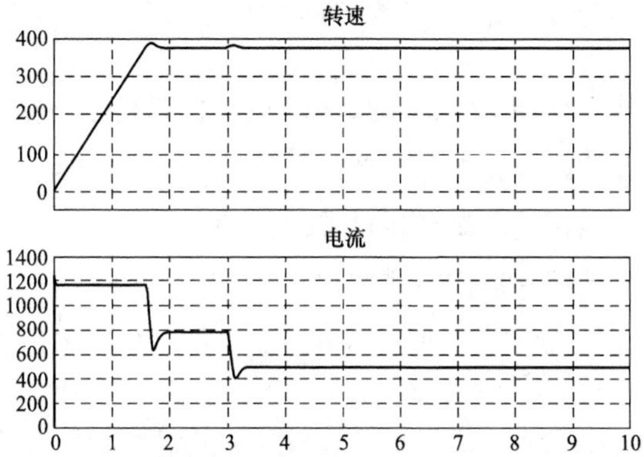

图 7-29 负载突然减小时的调节过程

从以上仿真结果可以看出：稳态时，转速无静差；电流超调量为 4.3%，空载启动时，转速超调量约为 6.7%，满足设计要求。

小　　结

（1）调速系统主要解决负载扰动对转速的影响，最直接的方法时采用转速负反馈控制，但需要限制转速变化过快。

（2）速度和电流双闭环调速系统由速度调节器和电流调节器分两环对系统转速进行控制，速度调速器在外环，电流调节器在内环。在调节过程中，电流调节器起稳定电流的作用，可限制最大电流，当电网电压波动时，电流调节器维持电流不变，转速几乎不产生影响，加快系统的调速过程；速度调节器起稳定转速的作用，消除负载变化引起的转速偏差，保持转速恒定。

术语和概念

调速系统（speed regulation system）：调节直流电动机的转速。

调速范围（range of speed regulation）：生产机械要求电动机能提供的最高转速与最低转速之比。

静差率（static slip）：负载由理想空载增加到额定负载时的转速降落与理想空载转速之比。

速度调节器（automatic speed regulator）：调节调速系统电动机转速。

电流调节器（automatic current regulator）：调节调速系统电动机电枢电流。

习　题

7-1　电动机的机械特性与调节特性有什么区别？它们是静态特性还是动态特性？

7-2　理想的机械特性和调节特性是怎样的？

7-3　直流电动机的机械特性和调节特性是怎样的？

7-4　晶闸管直流调速系统一般应有哪些保护？

7-5　单闭环直流调速系统中，若遇到如下情形，如何进行系统整定？

（1）系统振荡；

（2）系统启动电流过大；

（3）稳态精度不够。

7-6　双闭环直流调速系统中，若电流环振荡，该如何进行系统整定？

7-7　根据什么来判断系统是否有静差？

第八章　交流调速控制系统

交流调速控制系统具有容量大、转速高、维护方便、价格低廉、环境适应能力强、节能显著等优点，在冶金机械、电力牵引、数控机床、石油石化、船舶动力等领域中得到了广泛的应用。但交流电动机是一个多变量、强耦合的非线性被控对象，调速困难。20 世纪 70 年代后，新型大功率电力电子器件、现代控制理论和微型计算机控制技术相继取得突破，使交流调速控制系统迅速发展。

本章主要以异步电动机为研究对象，介绍常见交流调速控制系统的原理和实现。

第一节　交流调速系统分类

在电机学中，交流异步电动机的转速表达式为

$$n=\frac{60f_s}{p}(1-s)=n_0(1-s) \tag{8-1}$$

式中：n 为转速；f_s 为定子电源频率；p 为极对数；s 为转差率；n_0 为同步转速。

由式（8-1）可知，交流异步电动机有三种调速方法：变极对数 p 调速、变转差率 s 调速及变电源频率 f_s 调速。其中变转差率 s 的调速方法又可以通过改变定子电压、转子电阻、转子附加电动势（串级调速）及采用电磁转差离合器来实现，总体分类如下：

- 变极调速（用于笼型异步电动机）
- 变转差率调速
  - 调压调速
  - 转子串电阻调速（用于绕线式异步电动机）
  - 串级调速（用于绕线式异步电动机）
  - 电磁转差离合器调速（滑差电动机）
- 变频调速
  - 交—交变频调速
  - 交—直—交变频调速

在交流异步电动机中，从定子传递给转子的电磁功率可以分成两部分：一部分是拖动负载的有效功率；另一部分是转差功率（与转差率成正比）。从能量转换的角度上看，转差功率是否增大，是消耗掉还是得到回收，是评价调速系统效率高低的标志。从这点出发，又可以把异步电动机的调速系统分成以下三类。

(1) 转差功率消耗型调速系统。这种调速系统的转差功率全部转换成热能消耗在转子回路中，用增加转差功率的消耗来换取转速的降低，因而越到低速效率越低。调压调速、串电阻调速及电磁转差离合器调速都属于这一类。

(2) 转差功率回馈型调速系统。这种调速系统的大部分转差功率通过变流装置回馈给电网或者加以利用，转速越低回馈的功率越多，另外增设的装置也要多消耗一部分功率，串级调速就属于这一类。

(3) 转差功率不变型调速系统。这种调速系统不论转速高低，消耗的转差功率基本不变，因而效率最高，变极调速和变频调速都属于这一类。其中变极调速是有级的，应用场合有限，只有变频调速应用最广，可以构成高性能的交流调速系统。

第二节　笼型异步电动机变极调速系统

由式 (8-1) 可知，在电源频率 f_s 一定时，电动机的同步转速 n_0 与极对数 p 成反比。若改变异步电动机的极对数 p，也就改变了同步转速 n_0，从而达到调速的目的。变极调速仅适用于笼型异步电动机，这是因为笼型异步电动机的转子极对数能自动随定子极对数的变化而变化。

异步电动机的极对数是由定子绕组的联接方式来决定的，这样就有可能在电动机制造完成后，通过改换定子绕组的联接来改变其极对数。由于电动机三相绕组在接法上是相同的，这里只分析其中一相绕组，并以 4/2 极双速电动机 A 相为例，来说明变极调速的原理，如图 8-1 所示。

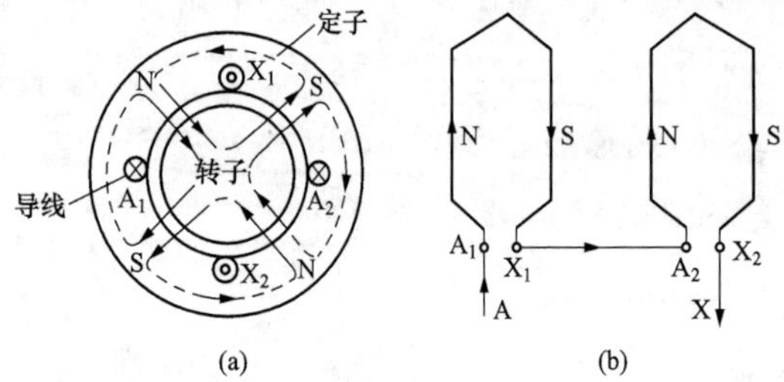

图 8-1　绕组变极调速原理图 ($2p=4$)

(a) 剖视原理图；(b) 展开图

在制造电动机时，将每相绕组分成两部分：A_1X_1 和 A_2X_2，称为半相绕组。当两个半相绕组正向串联时，定子相电流的流向为 $A_1 \to X_1 \to A_2 \to X_2$，此时产生四极磁场，即 $p=2$，如图 8-1 所示。若将这两个半相绕组反向串联或反向并联，电流的流向变为 $A_1 \to X_1 \to X_2 \to A_2$ 或 $A_1(X_2) \to X_1(A_2)$，此时所产生的磁场为两极，即 $p=1$，如图 8-2 所示。由此可见，只要使某相绕组中的一个半相绕组电流改变方向，就可以使极对数成倍地改变。根据这一原理，如果同时将三相绕组中每一相的一个半相绕组电流改变方向，就可以得到两个成倍数关系的极对数，从而获得 2∶1 两级转速。

为了保证变极调速后电动机的转向不变，当改变定子绕组的接线时，必须同时改变电源的相序，以保证变极调速时电机的转向始终一致，否则电动机将因反向转动而造成冲击。

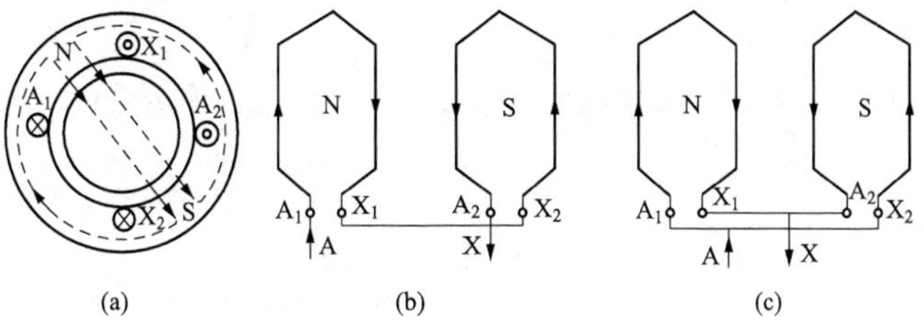

图 8-2 绕组变极调速原理图（$2p=2$）

（a）剖视原理图；（b）串联展开图；（c）并联展开图

异步电动机变极调速根据绕组星接或角接的不同，可以构成多种变换接线方法，如Y—YY、△—YY、Y—△△、△—△△等，并且不同的接线方式，可以有不同的特性。如Y—YY变极接法，在变极后，相电压不变，每相电流增大了一倍，极数减少了一半。由于电机的输出转矩与电压、电流成正比，而与转速成反比，这样在变极前后的输出转矩基本不变，是恒转矩调速；而△—YY变极接法时，在变极后，相电压减少为 $1/\sqrt{3}$，相电流增大一倍，转速增加一倍，结果是变极后输出转矩减少了将近 1/2，近似为恒功率调速，图 8-3 分别示出了这两种变极方式的机械特性。可以看出，当采用恒转矩调速联接时，高速下电动机的最大转矩和起动转矩均比低速时增大一倍，而采用恒功率调速联接方式时，高速下电动机的最大转矩和启动转矩均只有低速下的 2/3。

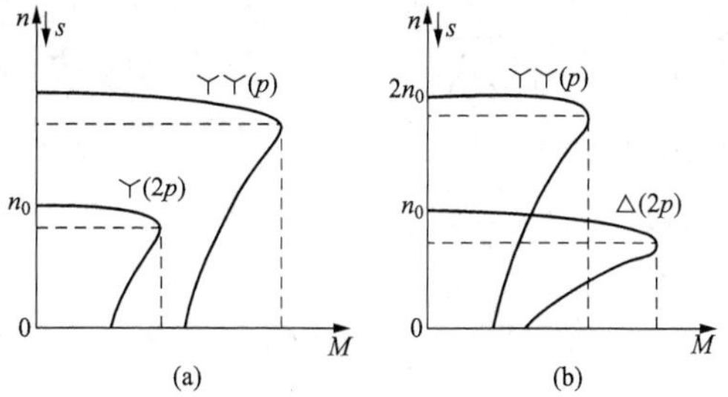

图 8-3 变极调速时的机械特性

（a）Y—YY变换；（b）△—YY变换

变极调速系统设备简单、操作方便、机械特性较硬、效率高。通过变极，不仅可以得到上述 2∶1 的调速，也可以得到 3∶2 或 4∶3 的调速。但不管有多少种极对数，都只能一级一级地改变，因此属于有级调速，级数有限，适用于不需要平滑调速的场合。

第三节 异步电动机变转差率调速系统

由式（8-1）可知，保持同步转速 n_0 不变，改变转差率 s，可以改变电动机转速 n。常见的变转差率调速方法主要有调压调速、电磁转差离合器调速、转子串电阻调速和串级调速四种。

一、调压调速系统

调压调速系统是通过改变异步电动机的定子电压来实现转速调节，它是一种典型的转差功率消耗型调速系统。

1. 调压调速的原理

由电机学可知，若①忽略空间和时间谐波；②忽略磁饱和；③忽略铁损，则异步电动机的机械特性方程为：

$$T_e = \frac{3pU_1^2 r_2'/s}{\omega_s[(r_1 + r_2'/s)^2 + \omega_s^2(L_1 + L_2')^2]} \tag{8-2}$$

式中：r_1，r_2' 为定子电阻及折算后的转子电阻；L_1、L_2' 为定子电感及折算后的转子电感；U_1 为定子相电压；ω_s 为定子电源角频率。

式（8-2）表明，当转差率 s 一定时，电磁转矩与定子电压的平方成正比。对于不同的定子电压，可以得到一组人为的机械特性曲线，如图 8-4 所示。可见，随着定子电压的降低，机械特性变软，而且最大转矩也减小很多，降低了其过载能力。当电动机带恒转矩负载 T_L 工作时，改变定子电压即可获得不同的交点（图中 A、B、C），即改变了电机的转速，但稳定运行区限制在 $0 \sim s_m$（s_m 为临界转差率）之间，调速范围很小，无法实现低速运行，没有太大的实际意义。而对风机类负载，$T_e \propto Kn^{\alpha}$（$\alpha > 1$），稳定运行区不受 s_m 限制，则相应的调速范围较大（图中 D、E、F），但在低速时功率因数低，电流大。

为了扩大恒转矩负载时的调速范围，应设法增大 s_m。将式（8-2）对 s 求导，并令其导数为零，即 $\mathrm{d}T_e/\mathrm{d}s = 0$，可得

$$s_m = \frac{r_2'}{\sqrt{r_1^2 + \omega_s^2(L_1 + L_2')^2}} \tag{8-3}$$

由式（8-3）可知，通过增大转子电阻可以增大 s_m，扩大拖动恒转矩负载时的调速范围，如用电阻率较大的黄铜条制作转子。图 8-5 为高转子电阻电动机调压时的机械特性，可见调速范围扩大了，但机械特性变得很软，负载变化时的静差率大，难以满足生产机械的要求，且低速时过载能力较低。由此可见，要获得较好的调速性能，应引入速度负反馈构成闭环系统。

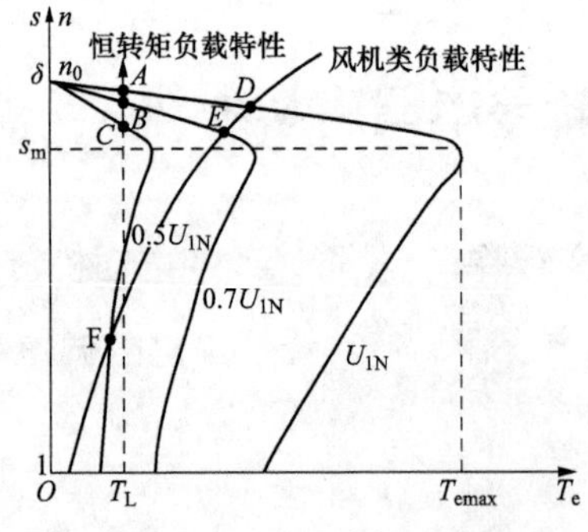

图 8-4　异步电动机调压时的机械特性

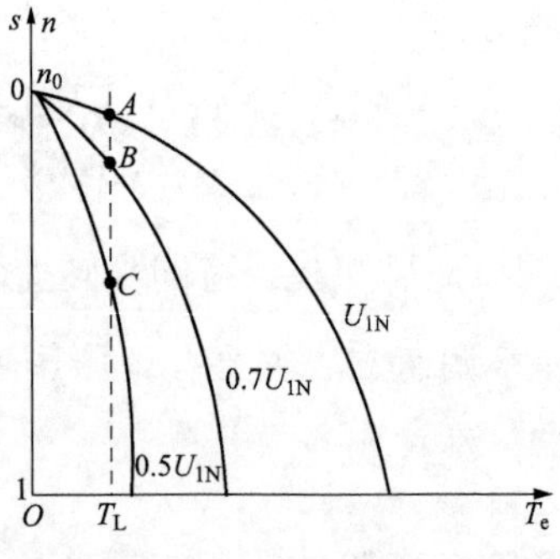

图 8-5　高转子电阻电动机调压时的机械特性

2. 调压调速的主要方法

交流调压调速是一种比较简便的调速方法，其供电电源大都直接取自工频交流电网，

为了获得可调电压，必须加上调压装置，如图 8-6 所示。

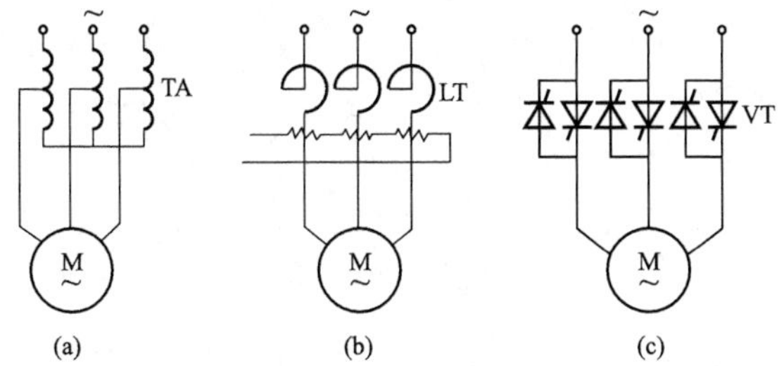

图 8-6 异步电动机调压调速方法

(a) 调压器调压；(b) 饱和电抗器调压；(c) 晶闸管交流调压

(1) 调压器调压。其原理如图 8-6(a) 所示，主要是利用自耦变压器 TA（小容量时）调压，它的调压原理简单，但缺点是设备笨重庞大。

(2) 饱和电抗器调压。其原理如图 8-6(b) 所示，饱和电抗器 LT 是带有直流励磁绕组的交流电抗器。改变直流励磁电流可以控制铁芯的磁饱和程度，从而改变其交流电抗值。铁芯饱和时，交流电抗很小，因而电动机定子所得电压高；铁芯不饱和时，交流电抗随直流励磁电流而变化，因而电动机定子电压也随其变化，从而实现调压调速缺点同样是设备笨重庞大。

(3) 晶闸管交流调压。晶闸管交流调压电路体积小、质量轻、惯性小、控制方便，目前已经取代了自耦变压器和饱和电抗器，其原理如图 8-6(c) 所示，采用三对反并联的晶闸管或三个双向晶闸管调节电动机定子电压。现以单相交流调压电路为例来说明晶闸管的控制方式，如图 8-7 所示，有相位控制方式和开关控制方式两种。

1) 相位控制方式。通过改变晶闸管的导通角来改变输出交流电压的有效值。晶闸管每个周期的导通角越小，加载负载上的电压有效值越小，从而起到调压的作用，电压输出波形如图 8-8 阴影部分所示，α 为晶闸管的触发角。相位控制方式输出电压较为精确，调速精度高，快速性好，低速时转速脉动较小，是晶闸管交流调压的主要方式。但由于相位控制的导通波形只是工频正弦波的一部分，含有成分复杂的谐波，易对电网造成谐波污染。注意，只有当晶闸管的触发角大于负载阻抗角时，输出交流电压有效值才具备调节功能。

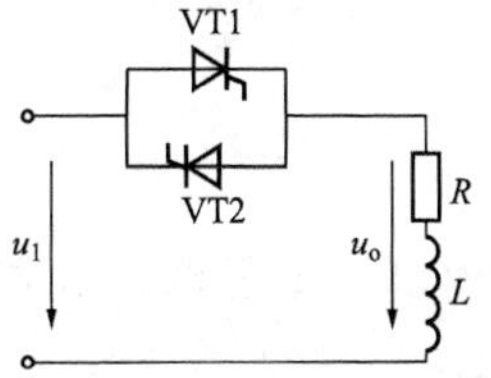

图 8-7 晶闸管单相交流调压电路

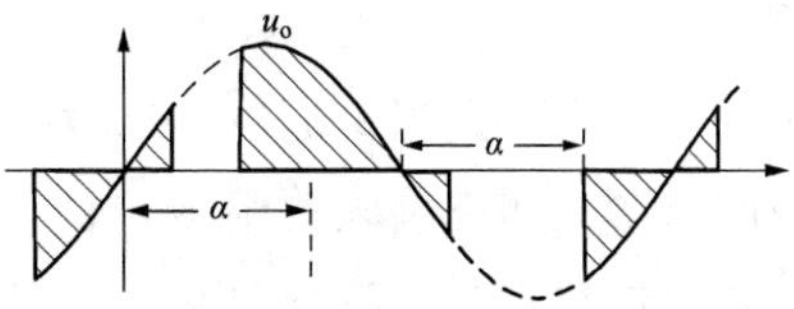

图 8-8 晶闸管相位控制方式下负载电压波形

三相交流调压电路相当于三个单相交流调压电路的组合，有Y型联结和△型联结两种结构。Y型联结又可分为带中线和不带中线两种情况，△型联结又可分为支路控制型和三角控制型两种情况，如图 8-9 所示。

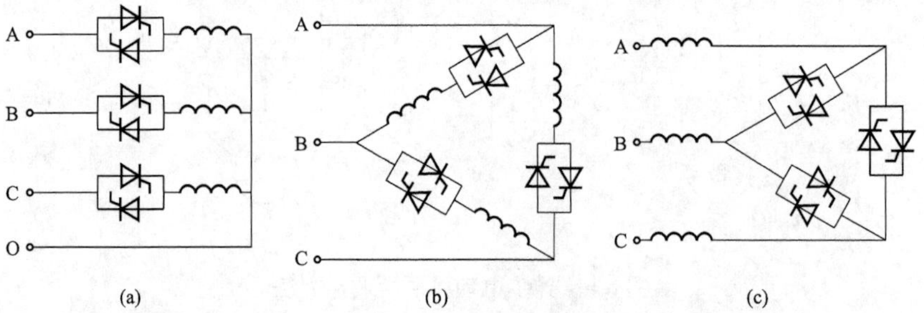

图 8-9　三相交流调压电路

(a) 带中线的Y型联结；(b) 支路控制型的△型联结；(c) 三角控制型的△型联结

2）开关控制方式。为了克服相位控制方式所产生的谐波影响，可采用开关控制方式，即把晶闸管作为开关，使其工作在全导通和全关断状态，将负载电路与电源完全接通几个周波，然后再完全断开几个周波。交流电压的大小靠改变通断时间比 t_p/t_o 来调节。这种控制方式下的单相输出电压波形如图 8-10 所示。

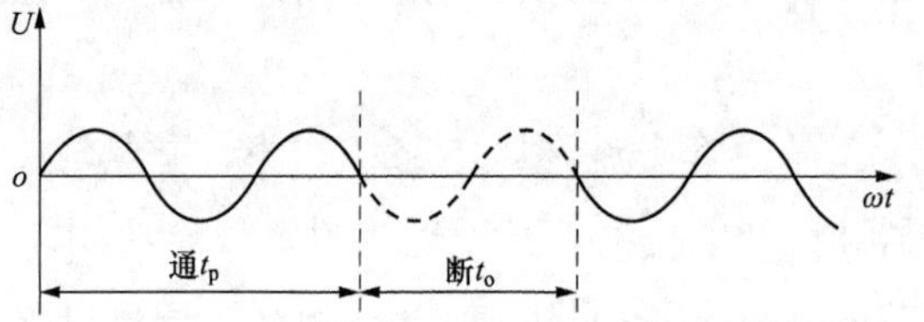

图 8-10　晶闸管开关控制方式下负载电压波形

开关控制由于采用了“过零”触发方式，谐波污染小。但在导通周期内电动机承受的电压为额定电压，而在关断周期内电动机承受的电压为零，故加在电动机上的电压变化剧烈，转速脉动较大，特别是在低速时，影响尤为严重，故开关控制方式常用于容量大、调速范围较小的场合。

在晶闸管交流调压电路中，晶闸管可借助负载电流过零而自行关断，不需要另加换流装置，故线路简单、调试容易、维修方便、成本低廉。但在低速时，电动机的转差功率增大，使电动机发热严重，效率亦随之降低，所以常用于一些短时工作制和短时重复工作制的调速系统中。

3. 转速闭环调压调速系统的组成及特性分析

（1）转速闭环调压调速系统的组成。由于交流异步电动机在低压时的机械特性很软，工作不稳定，负载稍有波动，就会引起转速的剧烈变化。为了提高调压调速系统机械特性的硬度及电动机转速的稳定性，常采用闭环控制系统。图 8-11(a) 为转速闭环调压调速系统的原理图，该系统由转速调节器 ASR、三相晶闸管交流调压装置 VVC、晶闸管触发装置

GT、速度反馈装置 TG 和异步电动机组成，改变给定电压 U_n^* 的大小就可以改变电动机的转速。图 8-11(b) 是该调速系统的静特性，由于具有一定的硬度，所以不但能保证电动机在低速下的稳定运行，而且提高了调速的精度，扩大了调速范围，一般可达到 10∶1。

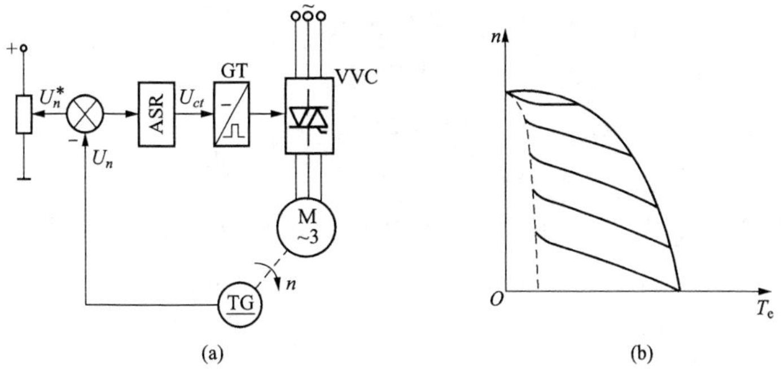

图 8-11　转速闭环调压调速系统

(a) 原理图；(b) 静特性

(2) 转速闭环调压调速系统的静态特性分析。根据图 8-11(a) 所示的系统原理图，可画出系统的静态结构图如图 8-12 所示。

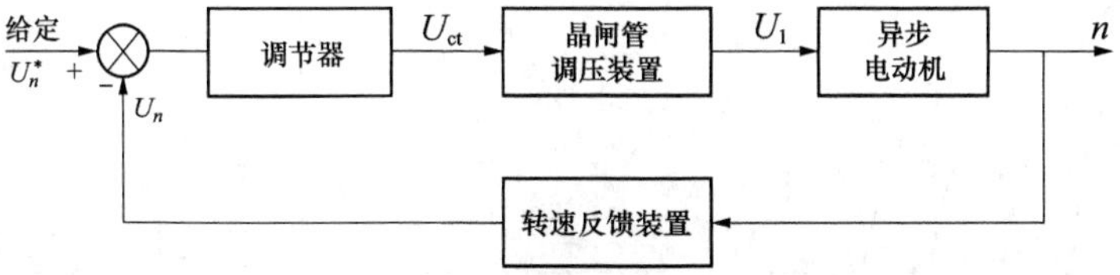

图 8-12　转速闭环调压调速系统的静态结构图

根据图 8-12，可写出各环节输出量与输入量之间的关系

$$\begin{cases} U_{ct} = K_n(U_n^* - U_n) \\ U_1 = K_s U_{ct} \\ U_n = \alpha n \end{cases} \tag{8-4}$$

式中：U_{ct} 为调节器输出电压；U_1 为调压装置输出电压；K_n 为速度调节器的静态放大倍数；K_s 为调压器（包括触发电路）的放大倍数；α 为转速负反馈系数。

组合式 (8-4)，可得

$$U_1 = K_n K_s (U_n^* - \alpha n) = K_n K_s [U_n^* - \alpha n_0 (1 - s)] \tag{8-5}$$

已知异步电动机机械特性的实用表达式为

$$T_e = \frac{2T_m}{s_m/s + s/s_m} \tag{8-6}$$

当电动机在额定负载以下运行时，转差率 s 很小，则 $s_m/s \gg s/s_m$，故式 (8-6) 可近似写成

$$T_e \approx \frac{2T_m}{s_m}s \tag{8-7}$$

在忽略定子电阻 r_1 的条件下，可得电动机的临界转矩为

$$T_m \approx 3pU_1^2/(2\omega_s X_K) \tag{8-8}$$

式中：3 为电动机定子相数；X_K 为异步电动机的短路电抗。

将式（8-5）和式（8-8）代入式（8-7），可得

$$T_e \approx 2\frac{3pU_1^2}{2\omega_s X_K}\frac{s}{s_m} = \frac{3pK_n^2K_s^2}{\omega_s X_K s_m}[U_n^* - \alpha n_0(1-s)]^2 s \tag{8-9}$$

在已知电动机参数和系统各环节放大系数后，由式（8-9）即可求得在不同给定电压 U_n^* 时的机械特性曲线，如图 8-13 所示。影响调速精度的主要因素是 α、K_n、K_s，它们的选择和直流调速系统是类似的。

从物理概念上分析，对转速闭环系统，设开始时给定电压为 U_{n1}^*，负载转矩为 T_L，系统工作在特性⑤的 a 点上，如图 8-13 所示。

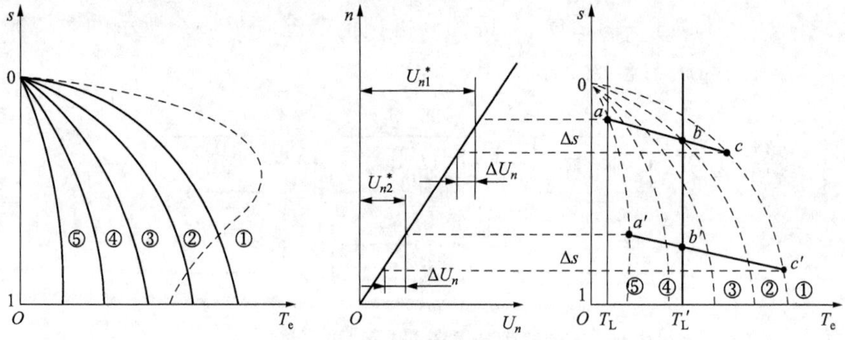

图 8-13　转速闭环调压调速系统的机械特性曲线

如果负载转矩突增至 T_L'，这时电动机的转速必然下降，速度负反馈电压 U_n 随之下降，放大器输入电压升高，使晶闸管的触发脉冲前移，调压电路的输出电压增高，使电动机过渡到较高电压的机械特性②上运行于 b 点。这时电动机的输出转矩增大，以平衡增大了的负载转矩 T_L'。

采用闭环控制后，当某种扰动使电动机的转速发生变化时，系统可以自动进行调节以维持转速的稳定。理论上，只要有偏差存在，闭环控制系统就会自动纠正偏差，使电动机的转速跟随给定变化。系统的闭环机械特性实际上是在不同电压对应的开环机械特性上各取一点，由此组成一条新的机械特性曲线，如图 8-13 中所示的直线 abc 或 $a'b'c'$，显然，引入转速负反馈使系统的机械特性硬度大大提高了。

（3）系统的动态特性分析。为研究系统的动态特性，首先要求出各环节的传递函数。由系统的静态结构图 8-12 可以直接得到动态结构图 8-14。

1）转速调节器。常用 PI 调节器以消除静差并改善静态性能，其传递函数为

$$W_{\mathrm{ASR}}(s)=K_n\frac{\tau_n s+1}{\tau_n s} \tag{8-10}$$

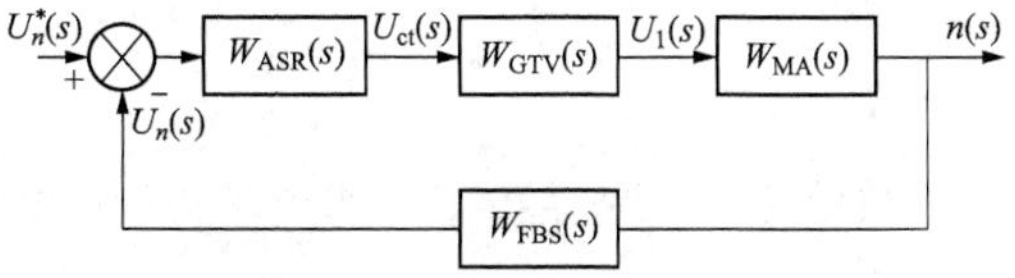

图 8-14 转速闭环调压调速系统的动态结构图

2）晶闸管交流调压电路及触发装置。假定其输入—输出关系是线性的，在动态中可近似成一阶惯性环节，其传递函数为

$$W_{\mathrm{GTV}}(s)=\frac{K_{\mathrm{s}}}{T_{\mathrm{s}}s+1} \tag{8-11}$$

3）测速反馈环节。考虑到反馈滤波作用，其传递函数为

$$W_{\mathrm{FBS}}(s)=\frac{\alpha}{T_{\mathrm{on}}s+1} \tag{8-12}$$

4）异步电动机。由于描述异步电动机动态过程的是一组非线性微分方程，要用一个传递函数来准确地表示异步电动机在整个调速范围内的输入-输出关系是不可能的。只有做出比较强的假定，并用稳态工作点附近微偏线性化的方法才能得到近似的传递函数。

稳态工作点可从机械特性方程式上求得，由式（8-2）可知，当转子电阻 r_2' 较大时，可认为 $r_1 \ll r'_2/s$ 且 $\omega_{\mathrm{s}}(L_1+L'_2)\ll r'_2/s$ ，后式相当于忽略异步电动机的漏感电磁惯性。在此条件下

$$T_{\mathrm{e}}\approx\frac{3p}{\omega_{\mathrm{s}}r_2'}U_1^2 s \tag{8-13}$$

这是在上述条件下的近似线性机械特性。

设 A 为近似线性机械特性上的一个稳态工作点，则

$$T_{\mathrm{eA}}\approx\frac{3p}{\omega_{\mathrm{s}}r_2'}U_{1\mathrm{A}}^2 s_{\mathrm{A}} \tag{8-14}$$

在 A 点附近有微小偏差时，$T_{\mathrm{e}}=T_{\mathrm{eA}}+\Delta T_{\mathrm{e}}$，$U_1=U_{1\mathrm{A}}+\Delta U_1$，$s=s_A+\Delta s$，代入式（8-13），可得

$$T_{\mathrm{eA}}+\Delta T_{\mathrm{e}}\approx\frac{3p}{\omega_{\mathrm{s}}r'_2}(U_{1\mathrm{A}}+\Delta U_1)^2(s_{\mathrm{A}}+\Delta s)$$

将上式展开，并忽略两个以上微偏量的乘积，则

$$T_{\mathrm{eA}}+\Delta T_{\mathrm{e}}\approx\frac{3p}{\omega_{\mathrm{s}}r_2'}(U_{1\mathrm{A}}^2 s_{\mathrm{A}}+2U_{1\mathrm{A}}s_{\mathrm{A}}\Delta U_1+U_{1\mathrm{A}}^2\Delta s) \tag{8-15}$$

从式（8-15）中减去式（8-14），可得

$$\Delta T_{\mathrm{e}}\approx\frac{3p}{\omega_{\mathrm{s}}r_2'}(2U_{1\mathrm{A}}s_{\mathrm{A}}\Delta U_1+U_{1\mathrm{A}}^2\Delta s) \tag{8-16}$$

已知转差率 $s=1-\dfrac{n}{n_0}$，则

$$\Delta s=-\frac{\Delta n}{n_0} \tag{8-17}$$

将式（8-17）代入式（8-16），可得

$$\Delta T_e \approx \frac{3p}{\omega_s r'_2}\left(2U_{1A}s_A\Delta U_1 - \frac{U_{1A}^2}{n_0}\Delta n\right) \tag{8-18}$$

式（8-18）就是在稳态工作点附近微偏量 ΔT_e 与 ΔU_1、Δn 之间的关系。

带恒转矩负载时电力拖动系统的运动方程式为

$$T_e - T_L = \frac{GD^2}{375}\frac{dn}{dt} \tag{8-19}$$

在稳态工作点 A 运行时，$T_{eA} - T_{LA} = \frac{GD^2}{375}\frac{dn_A}{dt}$

若在 A 点附近有微小偏差，则：$T_{eA} + \Delta T_e - (T_{LA} + \Delta T_L) = \frac{GD^2}{375}\frac{d}{dt}(n_A + \Delta n)$

以上二式相减，可得

$$\Delta T_e - \Delta T_L = \frac{GD^2}{375}\frac{d(\Delta n)}{dt} \tag{8-20}$$

将式（8-18）和式（8-20）的关系画在一起，即得到异步电动机在忽略电磁惯性下的微偏线性化结构图，如图 8-15 所示。

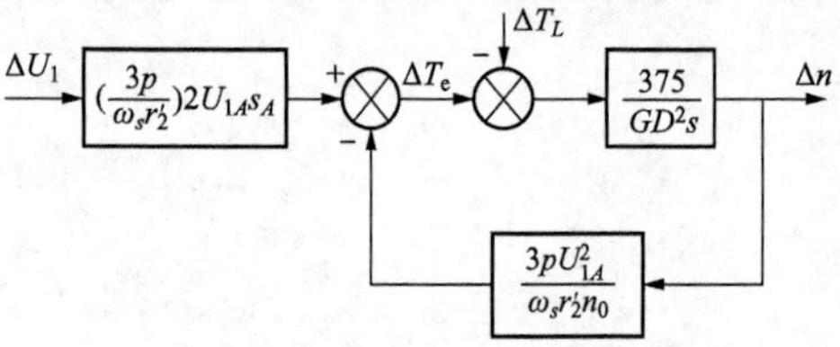

图 8-15　异步电动机的微偏线性化近似动态结构图

如果只考虑 ΔU_1 到 Δn 之间的传递函数，可先令 $\Delta T_L = 0$，图 8-15 中小闭环传递函数可变换为

$$\frac{\frac{375}{GD^2 s}}{1 + \frac{375}{GD^2 s}\frac{3pU_{1A}^2}{\omega_s r'_2 n_0}} = \frac{1}{\frac{GD^2}{375}s + \frac{3pU_{1A}^2}{\omega_s r'_2 n_0}}$$

于是异步电动机的近似线性化传递函数为

$$W_{MA}(s) = \frac{\Delta n(s)}{\Delta U_1(s)} = \left(\frac{3p}{\omega_s r'_2}\right)2U_{1A}s_A\frac{1}{\frac{GD^2}{375}s + \frac{3pU_{1A}^2}{\omega_s r'_2 n_0}} = \frac{2s_A n_0}{U_{1A}}\frac{1}{\frac{GD^2}{375}\frac{\omega_s r'_2 n_0}{3pU_{1A}^2}s + 1} = \frac{K_{MA}}{T_M s + 1}$$

式中：K_{MA}——异步电动机的传递系数，$K_{MA} = \frac{2s_A n_0}{U_{1A}} = \frac{2(n_0 - n_A)}{U_{1A}}$；

T_M——异步电动机拖动系统的机电时间常数，$T_M = \frac{GD^2}{375}\frac{\omega_s r'_2 n_0}{3pU_{1A}^2}$。

由于忽略了电磁惯性，只剩下同轴旋转体的机电惯性，异步电动机便近似成一个一阶惯性的线性环节。

把上述四个环节的传递函数写入图 8-14 各方框内，即得该系统微偏线性化的近似动态结构图。

最后应该再强调一下，具体使用上面得出来的动态结构图时要注意下述两点。

1）由于它是微偏线性化模型，只能用于机械特性线性段上工作点附近稳定性的判别和动态校正，不适用于大范围起制动时动态响应指标的计算。

2）由于忽略了电动机的电磁惯性，分析和计算结果是比较粗略的。

二、电磁转差离合器调速系统

电磁转差离合器调速系统是通过改变电磁转差离合器的励磁电流来实现调速的，由异步电动机、电磁转差离合器和晶闸管整流装置三部分组成。异步电动机通常采用笼型电动机，拖动电磁转差离合器的电枢旋转，晶闸管整流装置将交流电变为直流电，为电磁转差离合器提供直流励磁。通过改变晶闸管的触发角 α，可改变直流励磁的大小，进而改变负载转速。

1. 电磁转差离合器的调速原理

电磁转差离合器一般由主动、从动两部分组成，如图 8-16 所示。图中电枢为主动部分，是由铁磁材料制成的圆筒，由笼型异步电动机拖动，可认为是恒速旋转；磁极称为从动部分，也是由铁磁材料制成，上面装有励磁绕组，绕组的引线接于集电环上，通过电刷与直流电源接通，绕组内流过的励磁电流由直流电源提供。负载接在磁极上，由磁极拖动旋转。

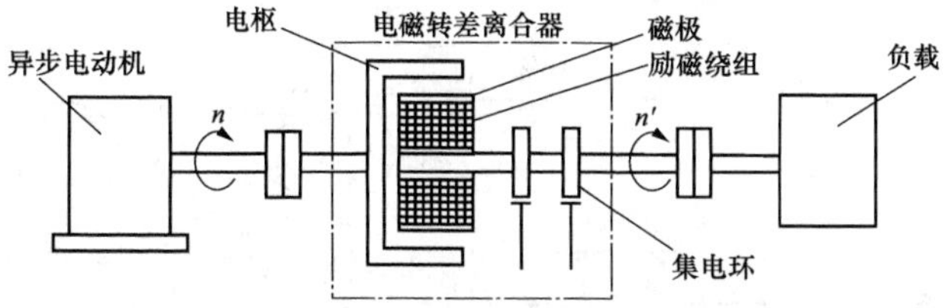

图 8-16 电磁转差离合器结构示意图

当绕组内有电流通过时，在电枢与磁极之间便产生磁场。当异步电动机带动电枢在磁极所建立的磁场内旋转时，电枢各点上的磁通在不断变化之中，由电磁感应定律可知，电枢上将感应出电动势。当磁极也旋转时，在此感应电动势的作用下，电枢内将形成涡流，涡流与磁极磁场相互作用产生电磁转矩，使磁极拖动负载沿电枢的旋转方向旋转。平滑地调节电磁转差离合器的励磁电流，即可实现离合器输出的无级调速。当负载恒定时，励磁电流越大，磁极的转速越高，当励磁电流恒定时，负载越大，磁极的转速越低。

显然，从动部分与主动部分必须保持一定的转差，否则电枢与磁极之间没有相对运动，不会产生感应电动势，也就没有输出转矩。同样，当磁极中没有励磁电流时，磁极也就不会转动，这相当于从动部分与主动部分“分离”；而一旦通上电流，磁极就会转动，相当于从动部分与主动部分“接合”，从而起到离合器的作用。因为这种“分离”与“接合”都是靠电磁作用产生的，故称为“电磁转差离合器”。将电磁转差离合器与异步电动机合起来可称为滑差电机。

2. 电磁转差离合器的调速性能

电磁转差离合器调速系统的机械特性，就是电磁转差离合器本身的机械特性，即从动部分的转矩与转速之间的关系。由于它的工作原理和异步电动机相似，故机械特性也相似。离合器的电枢相当于异步电动机的转子，由铸钢制成，由于它的电阻较大，故机械特性和异步电动机转子具有较大电阻时的机械特性相似，特性比较软，如图 8-17 所示。

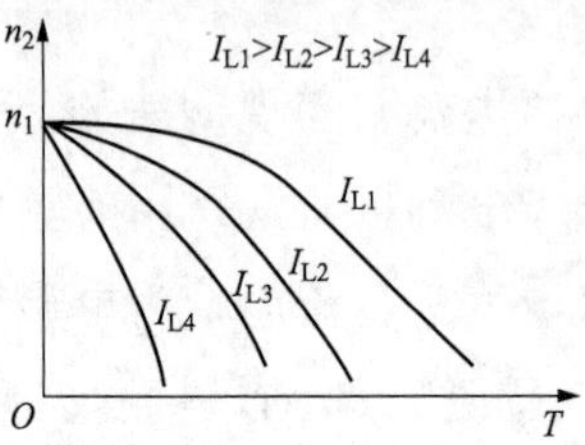

图 8-17　电磁转差离合器的机械特性

电磁转差离合器的励磁电流 I_L 越小，特性越软。若磁场太弱，产生的转矩太小，或者负载过重，都会使从动部分转不起来，从而进入失控区。显然，这样软的机械特性不能直接用于要求转速比较稳定的机械负载上，所以通常采用速度负反馈来组成闭环调速系统，如图 8-18 所示，以获得较硬的机械特性，如图 8-19 所示。由于速度负反馈的存在，使电动机在负载转矩增加时所产生的转速降落，由增加的励磁电流来补偿，从而保持转速稳定，此时调速范围可达 10∶1 以上。

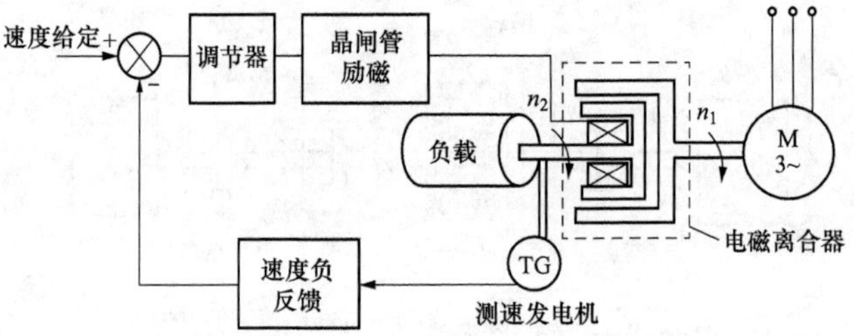

图 8-18　速度负反馈闭环调速系统

电磁转差离合器具有装置及控制线路简单、价格便宜的优点，特别是加入转速闭环后调速精确，基本可以做到无级调速，但低速运行时损耗较大，效率较低，所以适合经常运行于高速状态、要求有一定调速范围的设备上。

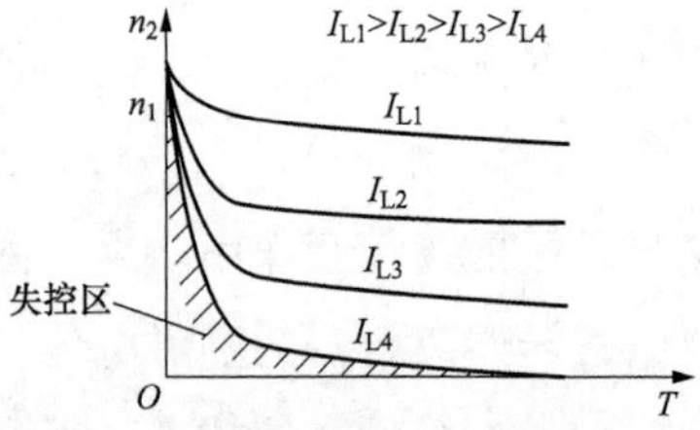

图 8-19　速度负反馈闭环调速系统机械特性

三、转子串电阻调速系统

转子串电阻调速系统仅适用于绕线式异步电动机。当增大转子回路的外串电阻，转子电流将会减小，导致电磁转矩小于负载转矩，使电机转速下降，转差率增大，从而使转子电流和电磁转矩回升，直到电磁转矩与负载转矩重新达到平衡，电动机转速重新稳定，但此时转速已减小了。转子串电阻调速系统如图 8-20 所示，其机械特性如图 8-21 所示，r_2 为转子固有内阻，R_1 和 R_2 为外串电阻。

这种调速方法的特点如下。

(1) 转子串电阻调速时，同步转速 n_0 不变，但改变了机械特性的硬度，转子所串电阻越大，机械特性越软。在同一负载转矩下，转子串电阻越大，其转差率就越大，转速也就越低，损耗也越大。

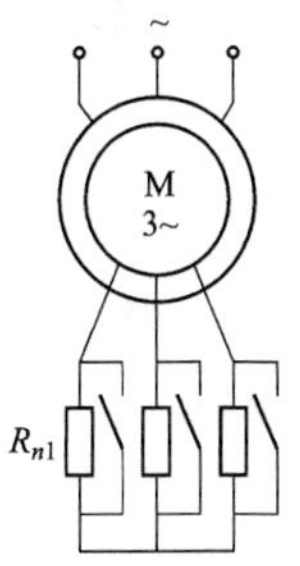

图 8-20 转子串电阻调速系统

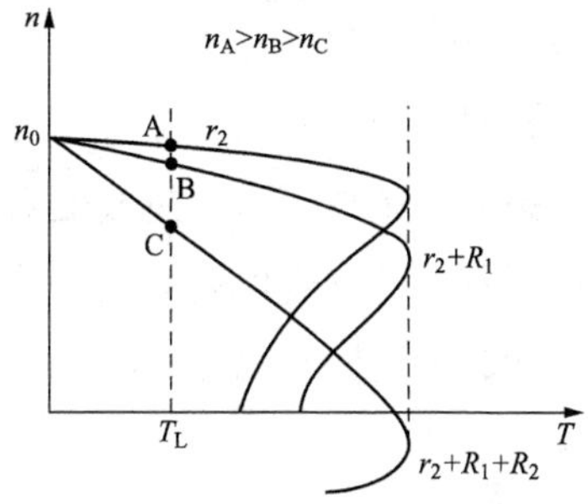

图 8-21 转子串电阻调速系统机械特性

(2) 转子串电阻调速时，最大转矩不变。在调速的过程中，只要负载转矩不变，则电动机的定、转子电流不变，输出转矩也不变，属于恒转矩调速方式，且为有级调速，不平滑。

(3) 转子串电阻调速增大了电能损耗，效率低下，不适宜长期运行，但设备简单，容易实现。

四、串级调速系统

转子串联电阻调速系统的转差功率消耗在转子回路的外电阻上，是很大的浪费，如果能将其回收并利用起来，则效率会大大提高，串级调速系统就是在这种思想下产生的。

所谓串级调速，就是在转子回路中串入与转子电动势同频率的附加电动势，通过改变附加电动势的幅值和相位来实现调速。这样，在低速运行时，转差功率只有一小部分在转子本身的内阻上消耗掉，而大部分被串入的附加电动势所吸收，再利用产生附加电动势的装置，把所吸收的转差功率回馈给电网（或再送回电动机轴上输出），这样就使电动机在低速运行时仍具有较高的效率。

1. 串级调速的原理

为了简单起见，假定异步电动机在固有机械特性上稳定运行，电源电压和负载转矩均不变。

当在转子中串入与转子电动势同频率、反相位的附加电动势 E_f 时，转子合成电动势减小，引起转子电流 I_2 的减小，相应地电磁转矩也随之减小。电磁转矩小于负载转矩，迫使电动机降速，转差率 s 增大。当 s 增大到某一值时，使转子电流 I_2 回升到原值，电磁转矩与负载转矩重新达到平衡，电动机稳定运行在低于原转速的某一转速上。

当在转子中串入与转子电动势同频率、同相位的附加电动势 E_f 时，转子合成电动势增大，转子电流 I_2 和电磁转矩都相应增大，使电动机升速，转差率 s 减小。当 s 减小到某一值时，电磁转矩与负载转矩重新达到平衡，电动机稳定运行在高于原转速的某一转速上。这就是向高于同步转速方向调速的原理。

2. 串级调速的类型

串级调速系统可分为超同步串级调速系统和低同步串级调速系统。超同步串级调速系统的特点是在转子回路中串入的附加电动势 E_f 为频率可变的交流附加电动势，在 E_f 保持与转子电动势同频率的条件下，通过改变 E_f 的幅值和相位，实现串级调速。低同步串级调速系统的持点是用不可控整流电路将转子电动势整流为直流电动势，与转子整流回路中串入的直流附加电动势 E_β 进行合成，通过改变 E_β 的大小，实现串级调速，显然这种方式实现起来更加简单。

按产生直流附加电动势 E_β 的方式不同，低同步串级调运系统可分为电气串级调速系统和机械串级调速系统，如图 8-22 所示。

(1) 电气串级调速系统。典型的电气串级调速系统又称晶闸管串级调速系统，其基本构成如图 8-22(a) 所示。系统中直流附加电动势 E_β 是由晶闸管有源逆变器 UI 产生的（触发角 $\alpha \geqslant 90°$），改变逆变角 $\beta(\beta \leqslant 90°)$ 就改变了逆变电动势，相当于改变了直流附加电动势 E_β，从而实现串级调速。显然电气串级调速系统将转差功率通过 T1 回馈至电网。在不考虑损耗的情况下，这种调速系统的轴输出机械功率为 $P_M=(1-s)P_2$，角速度 $\omega=(1-s)\omega_0$，则电动机输出转矩为

$$T_e=\frac{P_M}{\omega}=\frac{(1-s)P_2}{(1-s)\omega_0}=\frac{P_2}{\omega_0}=\text{常数}$$

可见，电气串级调速系统具有恒转矩调速特性。

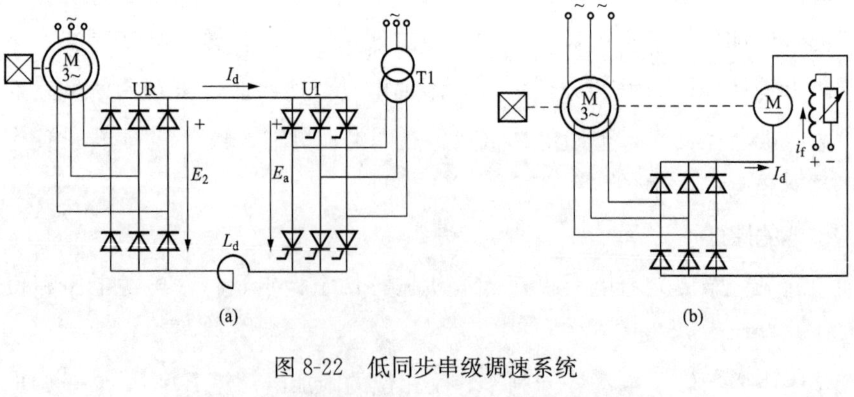

图 8-22 低同步串级调速系统

(a) 电气串级调速系统；(b) 机械串级调速系统

如果把接在转子侧的整流电路也改用晶闸管可控整流，并让它处在有源逆变状态，而让接于电源侧的变流装置处在整流状态，则转差功率由交流电网通过整流和逆变送入转子，

形成定子和转子所谓的“双馈状态”，使电动机的转速可以超过同步转速。

(2) 机械串级调速系统。机械串级调速系统的基本构成如图 8-22(b) 所示。系统中直流附加电动势 E_β 由直流电动机产生，通过改变直流电动机的励磁电流，可改变电枢感应电动势的大小，相当于改变了直流附加电动势 E_β，从而实现串级调速。显然机械串级调速系统将转差功率输送给直流电动机，并转换为机械能输出。在不考虑损耗的情况下，这种调速系统的轴输出机械功率为

$$(1-s)P_2+sP_2=P_2=\text{常数}$$

可见，机械串级调运系统具有恒功率调速特性。

在低同步串级调速系统中，晶闸管串级调速系统由于具有效率高、技术成熟、成本低等优点，所以应用广泛。机械串级调速系统由于调速范围越大时，所需直流电动机容量也越大，只适用于大容量、调速范围小的恒功率生产机械，目前已很少被使用。

3. 串级调速系统机械特性

串级调速系统的机械特性分析比较复杂，这里仅给出结论。以晶闸管串级调速系统为例，机械特性曲线如图 8-23 所示，它以逆变角 β 为参变量。从图中可以得到如下结论。

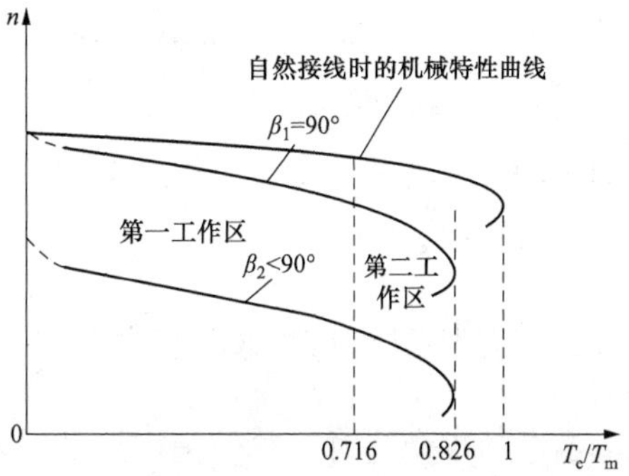

图 8-23 晶闸管串级调速系统机械特性曲线

(1) 由于整流、逆变回路中的电压降落比较大，而且还有功率因数变化的影响，所以串级调速系统的机械特性比异步电动机自然接线时的机械特性软。

(2) 串级调速系统的机械特性有第一、第二两个工作区，额定工作点在第一工作区。

(3) 串级调速系统的过载能力只有异步电动机自然接线时的 82.6%左右。

(4) 逆变角 β 越大，理想空载转差率越小，电机的理想空载转速越高。

4. 串级调速系统的双闭环控制

由于串级调速系统的机械特性静差率较大，所以开环控制只能用于对调速精度要求不高的场合。为了提高静态调速精度以及获得较好的动态特性，可以采用闭环控制，最典型的就是转速和电流双闭环控制系统，其结构图如图 8-24 所示，与直流电动机的双闭环调速系统很相似。

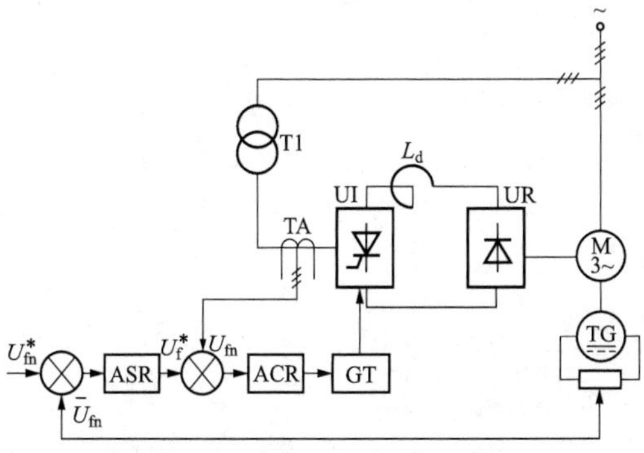

图 8-24 双闭环串级调速系统的构成

在图 8-24 中，ASR 和 ACR 分别为速度调节器和电流调节器，TG 和 TA 分别为测速发电机和电流互感器，GT 为触发电路。

为了使系统既能实现速度和电流的无静差调节，又能获得快速的动态响应，一般两个调节器均采用 PI 调节器。

通过改变转速给定信号 U_n^* 的值，即可实现电动机调速。例如，当转速给定信号 U_n^* 逐渐增大时，电流调节器 ACR 的输出电压也逐渐增加，使逆变角 β 逐渐增大，电动机转速也就随之升高。利用速度调节器 ASR 的输出限幅作用和电流调节器 ACR 的电流负反馈调节作用，可以使双闭环串级调速系统在加速过程中实现恒流升速，获得良好的加速特性。

串级调速系统具有机械特性比较硬、调速平滑、损耗小、效率高、闭环控制容易实现等优点，便于向大容量发展，目前已经用于风机泵类和矿山机械等负载当中，但它也存在功率因数较低的缺点。

第四节　异步电动机变频调速系统及变频器

异步电动机的变频调速系统属于转差功率不变型的调速系统，在各种调速方案中，它的效率最高，性能最好，是交流调速系统的主要发展方向。

由式（8-1）可知，在极对数 p 一定的情况下，平滑地改变电源频率 f_s，即可改变异步电动机的同步转速 n_0，电机的实际转速 n 也随之改变，从而实现无级调速，这就是变频调速的基本原理。

一、变频调速的基本控制方式

当电动机调速时，常希望保持电机中每极磁通量 Φ_m 为额定值不变。如果磁通太弱，没有充分利用电动机的铁芯，是一种浪费；如果过分增大磁通，又会使铁芯饱和，从而导致过大的励磁电流，严重时会因绕组过热而损坏电动机。

对于直流电动机，励磁系统是独立的，只要对电枢反应有恰当的补偿，Φ_m 保持不变是很容易做到的。而在交流异步电动机中，磁通 Φ_m 由定子和转子磁势合成产生，要保持磁通恒定就没那么容易了。

由电机学知识可知，异步电动机定子每相感应电动势和电磁转矩的表达式分别为

$$E_g = 4.44 f_s N_1 K_{N1} \Phi_m \tag{8-21}$$

$$T_e = C_m \Phi_m I_2' \cos\varphi_2 \tag{8-22}$$

式中：E_g 为气隙磁通在定子每相中感应电动势的有效值；N_1 为定子每相绕组串联匝数；K_{N1} 为基波绕组系数；Φ_m 为每极气隙主磁通量；T_e 为电磁转矩；C_m 为转矩常数；I_2' 为折算后的转子电流；$\cos\varphi_2$ 为转子电路的功率因数。

在电动机转速较高时，可忽略定子上的阻抗压降，则定子相电压

$$U_1 \approx E_g = 4.44 f_s N_1 K_{N1} \Phi_m \tag{8-23}$$

于是主磁通为

$$\Phi_m=\frac{E_g}{4.44f_sN_1K_{N1}}\approx\frac{U_1}{4.44f_sN_1K_{N1}} \tag{8-24}$$

假设现在只改变 f_s 调速，设 f_s↑，则 Φ_m 将↓，电磁转矩 T_e↓，电动机的拖动能力下降，对恒转矩负载会因为拖不动而堵转；倘若调节 f_s↓，则 Φ_m 将↑，当 f_s 小于额定频率时，主磁通 Φ_m 将超过额定值。由于在设计电动机时，主磁通 Φ_m 的额定值一般选择在定子铁芯的临界饱和点，Φ_m 超过额定值将会引起铁芯磁通饱和，这样励磁电流急剧升高，使定子铁芯损耗大幅增加。这两种情况在实际运行中都是不允许的。

根据式（8-24）可知，在额定频率 f_{sN} 以下变频时，只要控制好 E_g 和 f_s 的比例，便可达到控制磁通 Φ_m 恒定的目的。对此，需要考虑额定频率以下和额定频率以上两种情况。

1. 额定频率以下调速控制方式

由式（8-24）可知，要保持 Φ_m 不变，则当频率 f_s 从额定值 f_{sN} 向下调节时，必须同时降低 E_g，使得 E_g/f_s＝常数，即采用气隙磁通感应电动势与频率之比为常数的控制方式。

然而，绕组中的气隙磁通感应电动势是难以直接控制的，当电动势值较高时，可以忽略定子绕组的阻抗压降，认为定子电压 $U_1\approx E_g$，则有 U_1/f_s＝常数，这就是恒压频比的控制方式。

低频时，U_1 和 E_g 都较小，定子阻抗压降所占的分量就比较显著了，不能忽略。这时，可以人为地把电压 U_1 抬高一些，以便近似地补偿定子压降，且频率越低，补偿比重越大。带定子阻抗压降补偿的恒压频比控制特性如图 8-25 中的 b 线，无补偿的控制特性则为 a 线。

2. 额定频率以上调速控制方式

在额定频率以上调速时，频率可以从 f_{sN} 往上升高，但电压 U_1 却不能超过额定电压 U_{1N}，一般在 U_{1N} 保持不变。由式（8-24）可知，这样将迫使磁通与频率成反比地降低，相当于直流电动机弱磁升速的情况，即

$$\Phi_m=\frac{U_{1N}}{4.44f_sN_1K_{N1}}$$

把额定频率以下和额定频率以上两种情况结合起来，可得图 8-26 所示的异步电动机变频调速控制特性。在额定频率以下，属于“恒转矩调速”，在额定频率以上，基本属于“恒功率调速”。

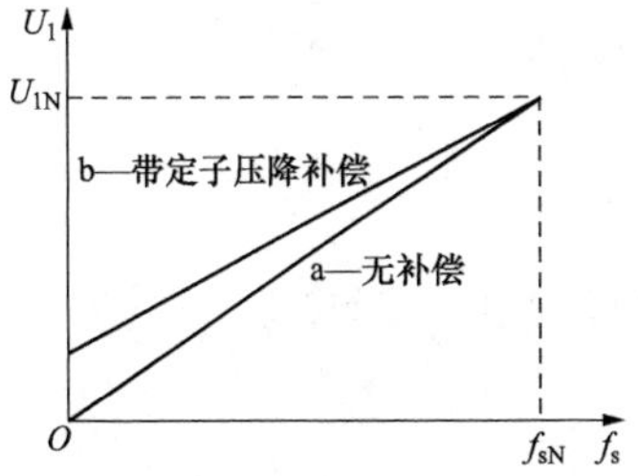

图 8-25　恒压频比控制特性

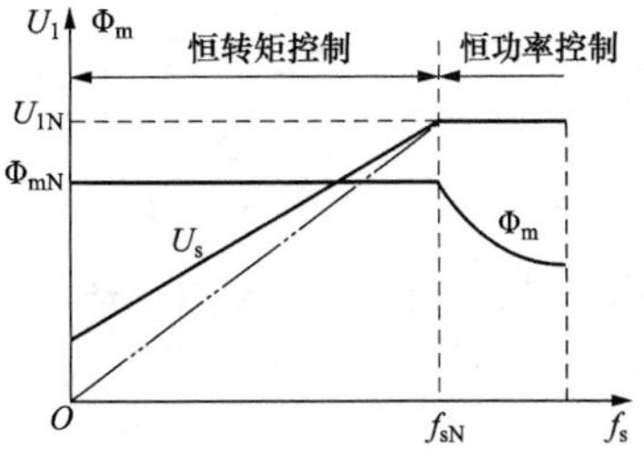

图 8-26　异步电动机变频调速控制特性

二、变频调速的机械特性

1. 异步电动机恒压恒频时的机械特性

根据电机学知识，笼型异步电动机的电磁转矩为

$$T_e = \frac{P_e}{\Omega_s} = \frac{3p}{\omega_s} I_2'^2 \frac{r_2'}{s} \tag{8-25}$$

式中：P_e 为电磁功率；Ω_s 为同步机械角速度。

当 U_1 和 ω_s 都是恒定值时，异步电动机的电磁转矩可以写成式（8-2），在 s 很小时，忽略分母中不含 $1/s$ 的项，则

$$T_e \approx 3p\left(\frac{U_1}{\omega_s}\right)^2 \frac{\omega_s}{r_2'} s \propto s \tag{8-26}$$

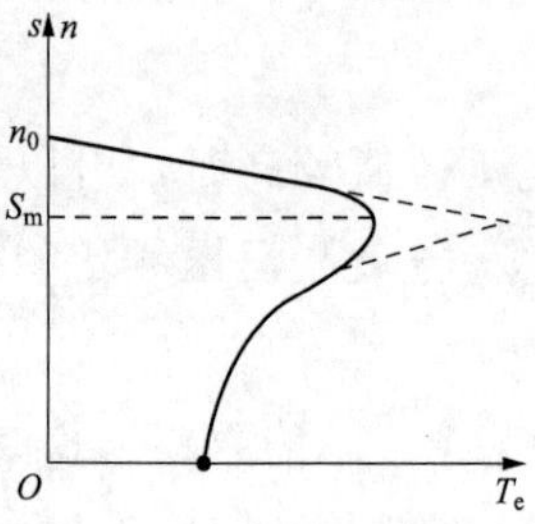

图 8-27 异步电动机恒压恒频时的机械特性

即 s 很小时，转矩近似与 s 成正比，机械特性 $T_e = f(s)$ 是一段直线，如图 8-27 所示。

当 s 接近于 1 时，可忽略式（8-2）分母中的 r_2' 项，则

$$T_e \approx \frac{3pU_1^2 r_2'}{\omega_s[r_1^2 + \omega_s^2(L_1 + L_2')^2]} \frac{1}{s} \propto \frac{1}{s} \tag{8-27}$$

即当 s 接近于 1 时，转矩近似与 s 成反比，$T_e = f(s)$ 是对称于原点的一段双曲线，如图 8-27 所示。

当 s 为上述两段的中间数值时，机械特性从直线段逐渐过渡到双曲线段，如图 8-27 所示。

2. 异步电动机变频调速时的机械特性

（1）恒 E_g/ω_s 控制（即 E_g/f_s＝常数）。当保持 E_g/ω_s 为恒定时，无论频率高低，由式（8-24）可知，每极磁通 Φ_m 均为常值，而转子电流为

$$I_2' = \frac{E_g}{\sqrt{\left(\frac{r_2'}{s}\right)^2 + \omega_s^2 L_2'^2}} \tag{8-28}$$

把式（8-28）代入电磁转矩基本关系式（8-25），得

$$T_e = \frac{3p}{\omega_s} \frac{E_g^2}{\left(\frac{r_2'}{s}\right)^2 + \omega_s^2 L_2'^2} \frac{r_2'}{s} = 3p\left(\frac{E_g}{\omega_s}\right)^2 \frac{s\omega_s r_2'}{r_2'^2 + s^2\omega_s^2 L_2'^2} \tag{8-29}$$

这就是恒 E_g/ω_s 时的机械特性方程。

按上述相似的分析方法，当 s 很小时，可忽略式（8-29）分母中含 s^2 的项，则

$$T_e \approx 3p\left(\frac{E_g}{\omega_s}\right)^2 \frac{\omega_s}{r_2'} s \propto s \tag{8-30}$$

这表明机械特性的这一段近似为一条直线；当 s 接近于 1 时，可忽略式（8-29）分母中 $r_2'^2$

项，则

$$T_e \approx 3p\left(\frac{E_g}{\omega_s}\right)^2 \frac{r_2'}{\omega_s L_2'^2}\frac{1}{s} \propto \frac{1}{s} \tag{8-31}$$

这表明机械特性的这一段近似为双曲线。

s 为上述两段的中间值时，机械特性在直线和双曲线之间逐渐过渡，曲线形状与恒压恒频时相同。

当改变频率时，其同步转速（r/min）为

$$n_0 = \frac{60\omega_s}{2\pi p} \tag{8-32}$$

它随频率的变化而变化。因此，带负载时的转速降落（r/min）为

$$\Delta n = sn_0 = \frac{60}{2\pi p}s\omega_s \tag{8-33}$$

在式（8-30）所表示的机械特性的近似直线段上，可以导出

$$s\omega_s \approx \frac{r_2' T_e}{3p\left(\dfrac{E_g}{\omega_s}\right)^2} \tag{8-34}$$

由此可见，当 E_g/ω_s 为恒值时，对于同一转矩 T_e，$s\omega_s$ 是基本不变的，因而 Δn 也是基本不变的，见式（8-33）。也就是说，在恒 E_g/ω_s 条件下改变频率时，机械特性基本上是平行移动的，如图 8-28 所示。这与他励直流电动机调压调速时的机械特性变化情况相似，所不同的是，当转矩增大到最大值后，转速再降低时，机械特性又折回来了。

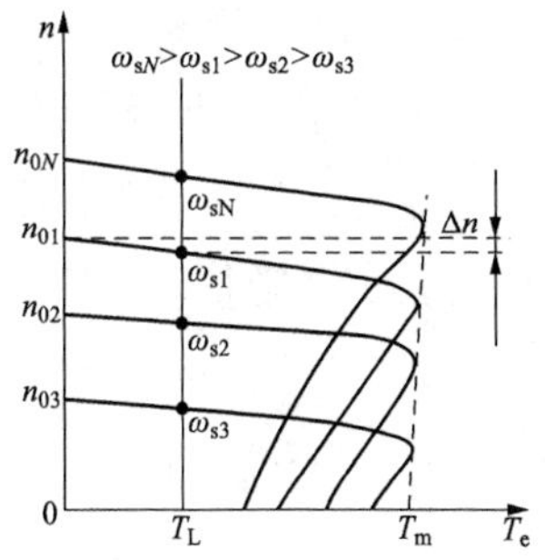

图 8-28 恒 E_g/ω_s 控制变频调速时的机械特性

将式（8-29）对 s 求导，并令 $dT_e/ds=0$，可得恒 E_g/ω_s 控制方式下的临界转矩和临界转差率分别为

$$T_m = \frac{3}{2}p\left(\frac{E_g}{\omega_s}\right)^2 \frac{1}{L_2'} \tag{8-35}$$

$$s_m = \frac{r_2'}{\omega_s L_2'} \tag{8-36}$$

由式（8-35）可知，当 E_g/ω_s 为恒值时，T_m 恒定不变。由此可见，随着频率的降低，恒 E_g/ω_s 控制的机械特性是一组曲线形状与恒压恒频时相同，且平行下移的特性，如图 8-28 所示。

（2）恒 U_1/ω_s 控制（即 U_1/f_s=常数）。由于 E_g 是电动机的内部参数，恒 E_g/ω_s 控制难以实现，工程上常采用恒压频比控制（U_1/ω_s=恒值），这时同步转速与频率的关系与式（8-32）相同，带负载时的转速降落也与式（8-33）相同，在式（8-30）所表示的机械特性的近似直线段上，可以导出

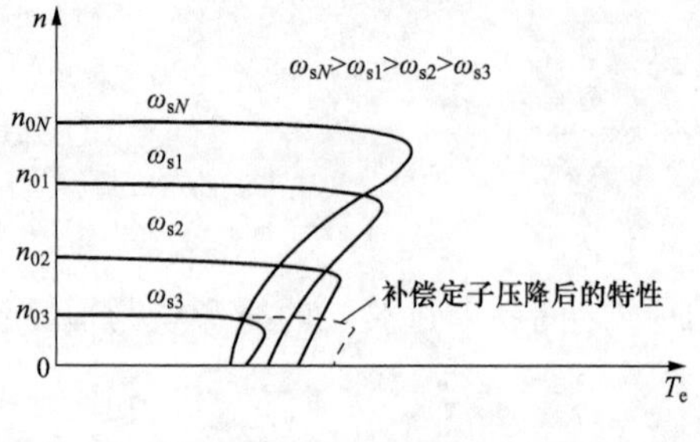

图 8-29 恒压频比控制变频调速时的机械特性

$$s\omega_s \approx \frac{r'_2 T_e}{3p\left(\frac{U_1}{\omega_s}\right)^2} \tag{8-37}$$

由此可见，当 U_1/ω_s 为恒值时，对于同一转矩 T_e，$s\omega_s$ 是基本不变的，因而 Δn 也是基本不变的，这就是说在恒压频比条件下改变频率时，机械特性基本上是平行移动的，如图 8-29 所示。

当 U_1/ω_s 为恒值时，对式（8-2）稍加整理可以看出，临界转矩 T_m 随角频率 ω_s 的变化关系为

$$T_m = \frac{3}{2}p\left(\frac{U_1}{\omega_s}\right)^2 \frac{1}{\frac{r_1}{\omega_s} + \sqrt{\left(\frac{r_1}{\omega_s}\right)^2 + (L_1 + L'_2)^2}} \tag{8-38}$$

可见 T_m 随着 ω_s 的降低而减小。当频率很低时，T_m 太小将限制调速系统的带负载能力，为此需采用定子阻抗电压补偿，适当地提高定子电压，增强带负载能力。图 8-29 中虚线特性就是采用定子阻抗电压补偿后的特性。而恒 E_g/ω_s 控制的机械特性就是恒压频比控制中补偿定子阻抗压降所追求的目标。

（3）额定频率以上变频调速时的机械特性。在额定频率 f_{sN} 以上变频调速时，由于电压 $U_1 = U_{1N}$ 不变，式（8-2）的机械特性方程式可写成

$$T_e = \frac{3pU_{1N}^2 r'_2/s}{\omega_s[(r_1 + r'_2/s)^2 + \omega_s^2(L_1 + L'_2)^2]} \tag{8-39}$$

而式（8-38）的临界转矩表达式可改写成

$$T_m = \frac{3}{2}p\left(\frac{U_{1N}}{\omega_s}\right)^2 \frac{1}{\frac{r_1}{\omega_s} + \sqrt{\left(\frac{r_1}{\omega_s}\right)^2 + (L_1 + L'_2)^2}} \tag{8-40}$$

同步转速的表达式仍与式（8-32）一样。由此可见，当角频率 ω_s 提高时，同步转速 n_0 随之提高，最大转矩减小，机械特性上移；从式（8-33）也可以看出，转速降落随角频率的提高而增大，特性斜率稍变大，但其形状基本相似，如图 8-30 所示。

由于频率提高而电压不变，气隙磁通势必减弱，导致转矩减小，但此时转速升高了，可以认为输出功率基本不变，所以额定频率以上的变频调速属于弱磁恒功率调速。

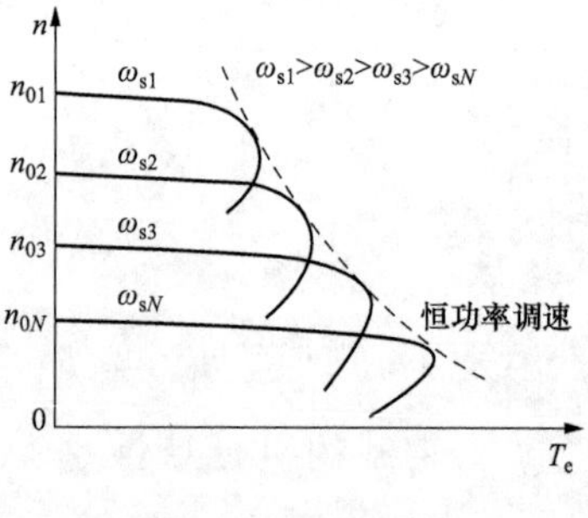

图 8-30 额定频率以上变频调速时的机械特性

三、变压变频器

通过上述分析可知，异步电动机在进行变压变频调速时，必须配备电压和频率同时可

调的交流电源，简称变压变频电源。最早的变压变频电源是旋转变频机组，随着电力电子技术的发展，目前已经全部被变压变频器所取代。

所谓变频器，就是改变频率的电能转换装置，其功能是将电网电源提供的恒压恒频CVCF（constant voltage constant frequency ）交流电变换为变压变频 VVVF（variable voltage variable frequency）交流电，从而实现交流电动机的无级调速。

1. 变频器的分类和特点

变频器的分类方法多种多样，基本分类如下：

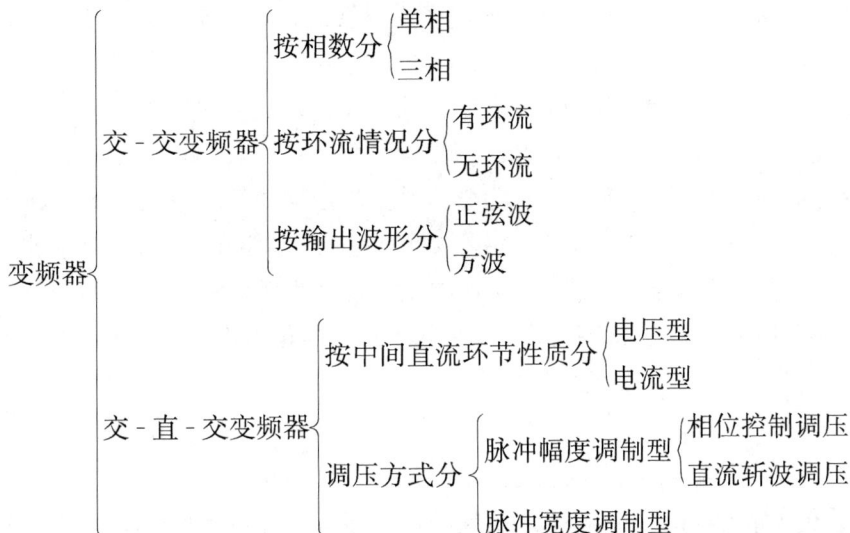

- 变频器
  - 交 - 交变频器
    - 按相数分
      - 单相
      - 三相
    - 按环流情况分
      - 有环流
      - 无环流
    - 按输出波形分
      - 正弦波
      - 方波
  - 交 - 直 - 交变频器
    - 按中间直流环节性质分
      - 电压型
      - 电流型
    - 调压方式分
      - 脉冲幅度调制型
        - 相位控制调压
        - 直流斩波调压
      - 脉冲宽度调制型

交-直-交变频器与交-交变频器的结构对比如图 8-31 所示。交-交变频器没有明显的中间直流环节，电网交流电被直接变为电压和频率可调的交流电，又称为直接式变频器。而交-直-交变频器先把电网交流电通过整流电路转换为直流电，经中间滤波环节后，通过逆变器将直流电变为电压和频率可调的交流电。由于中间有一个直流环节，故也称为间接式变频器。

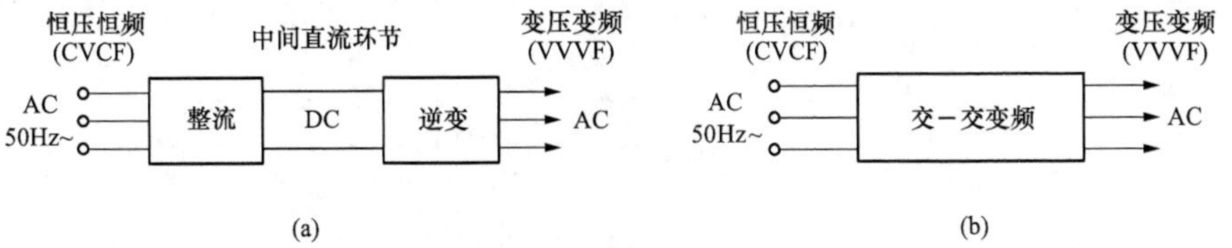

图 8-31　交-直-交变频器和交-交变频器的结构

（a）交-直-交变频器结构；（b）交-交变频器结构

2. 交-交变频器

常用交-交变压变频器的每一相输出都是一个由正、反两组晶闸管可控整流装置反并联的可逆线路，即每一相都相当于一套直流可逆调速系统的反并联可逆线路，其电路原理图如图 8-32(a) 所示。

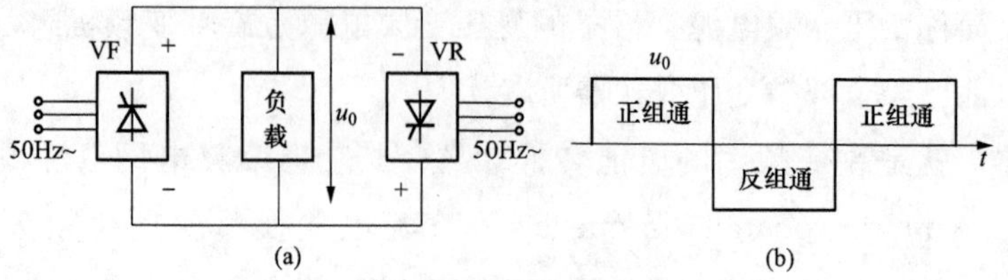

图 8-32　交-交变频电路

(a) 电路原理图；(b) 方波型输出电压波形

当正组供电时，负载上获得正向电压；当反组供电时，负载上获得负向电压，正、反两组按一定周期相互切换，在负载上就获得交变的输出电压 u_0，u_0 的幅值取决于各组可控整流装置的控制角 α，u_0 的频率取决于正、反两组整流装置的切换频率。如果控制角 α 一直不变，则输出电压 u_0 是方波，如图 8-32(b) 所示。

要获得正弦波输出，就必须在每一组整流装置导通期间不断地改变其控制角。例如在正向组导通的半个周期中，使控制角 α 由 $\pi/2$（对应于平均电压 $u_0=0$）逐渐减小到 0（对应于 u_0 最大），然后再逐渐增加到 $\pi/2$（u_0 再变为 0），也就是使 α 角在 $\pi/2 \sim 0 \sim \pi/2$ 变化，则整流的平均输出电压 u_0 就由零变到最大值再变回零，呈正弦规律变化，如图 8-33 所示。图中，在 A 点，$\alpha=0$，平均整流电压最大，然后再经 B、C、D、E 点，α 逐渐增大，平均电压减小，直到 F 点，$\alpha=\pi/2$，平均电压为零，半个周期中输出电压的平均值为图中虚线所示的正弦波，对反向组负半周的控制也是如此。

三相交-交变频器可由三个单相交-交变频电路组成，其典型电路结构如图 8-34 所示。如果每组可控整流装置都采用三相桥式电路，含六个晶闸管（当每一桥臂都是单管时），则三相可逆线路共需三套反并联线路，共 36 个晶闸管，即使采用零式电路也须 18 个晶闸管。因此，这样的交-交变压变频器虽然省去了中间直流环节，看似简单，但所用的器件数量却

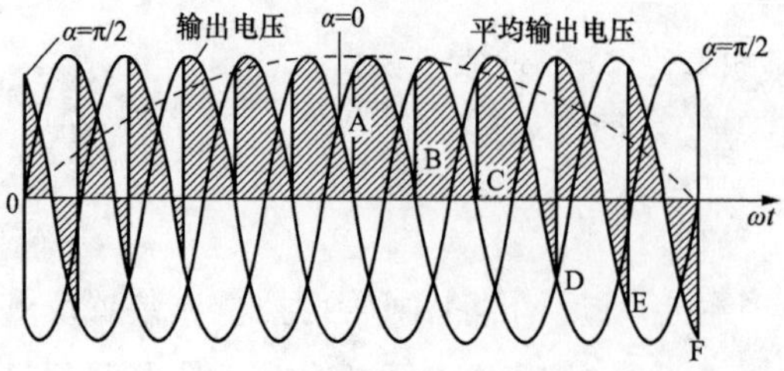

图 8-33　正弦交-交变频电路的单相输出电压波形

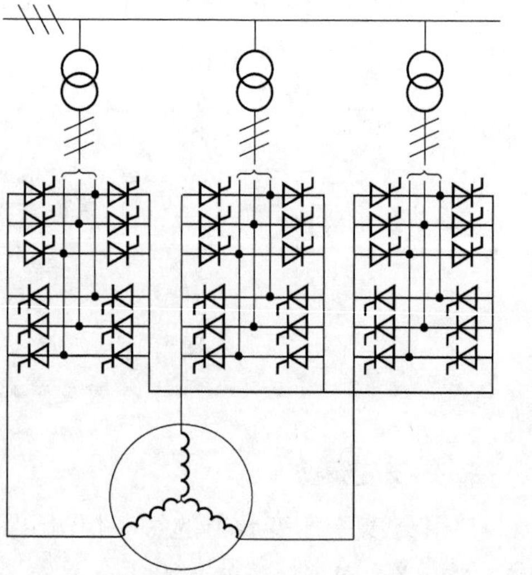

图 8-34　三相交-交变频器典型结构（Y型）

很多，总体设备相当庞大。不过这些设备都是直流调速系统中常用的可逆整流装置，在技术上和制造工艺上都很成熟，目前国内有些企业已有可靠的产品。

这类交-交变频器的其他缺点是：输入功率因数较低，谐波电流含量大，频谱复杂，因此须配置谐波滤波和无功补偿设备；其最高输出频率不超过电网频率的1/3～1/2，一般主要用于轧机主传动、球磨机和水泥回转窑等大容量、低转速的调速系统，供电给低速电机直接传动时，可以省去庞大的齿轮减速箱。

3. 交-直-交变频器

交-直-交变频器的工作原理比较简单，先将工频交流整流成直流，再经逆变环节将直流变为频率可调的交流。

（1）交-直-交变频器的结构类型。按照控制方式的不同，交-直-交变频器有三种不同的结构形式，如图8-35所示。

1）用可控整流电路调压，用方波逆变器调频的交-直-交变频器，如图8-35(a)所示。在这种变频器中，调压和调频在两个环节上分别进行，两者要在控制电路上协调配合。由于输入环节采用晶闸管可控整流电路，当电压调得较低时，电网功率因数较低，另外逆变器输出方波，谐波含量较大，对电动机运行不利，这些都是这类结构的主要缺点。

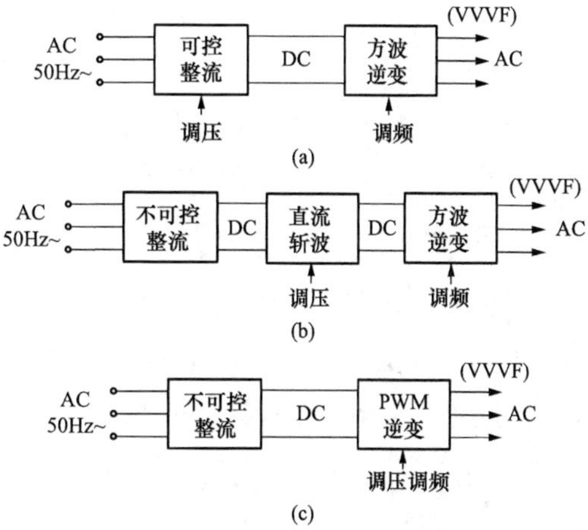

图8-35 交-直-交变频器的不同结构形式
(a) 可控整流调压、方波逆变调频；
(b) 直流斩波调压、方波逆变调频；
(c) PWM逆变调压调频

2）用不可控整流电路整流，直流斩波电路调压，用方波逆变器调频的交-直-交变频器，如图8-35(b) 所示。在这种变频器中，整流环节采用二极管不可控整流，不调节电压，调压功能由直流斩波电路完成。这样虽然多了一个环节，但调压时的输入功率因数不会降低。由于逆变器仍然是方波输出，谐波问题依然存在。

3）用不可控整流电路整流，用脉宽调制（PWM）逆变器同时调压调频的交-直-交变频器，如图8-35(c) 所示。在这种变频器中，不可控整流保证功率因数不会降低，用PWM逆变器同时完成调压和调频，输出谐波可以大大减小。这种逆变器需要全控型电力电子器件，其输出谐波减少的程度取决于PWM逆变器的开关频率。采用IGBT（绝缘栅双极型晶体管）时，开关频率可达10kHz以上，输出波形已经非常接近正弦波，因而又称之为正弦脉宽调制（SPWM）逆变器，是目前最有发展前途的一种变频器结构。SPWM变压变频器有如下优点。

a. 在主电路整流、逆变两个单元中，只有逆变单元可控，通过它同时调节电压和频率，结构简单。采用全控型的功率开关器件，只通过驱动电压脉冲进行控制，电路也简单，效率高。

b. 采用不可控的二极管整流电路，电网侧功率因数较高，且不受逆变输出电压大小的影响。

c. 输出电压波形是一系列的 PWM 波，高开关频率下，正弦基波的比重较大，影响电动机运行的低次谐波受到很大的抑制，因而转矩脉动小，提高了系统的调速范围和稳态性能。

d. 逆变器同时实现调压和调频，动态响应不受中间直流环节滤波器参数的影响，系统的动态性能也得以提高。

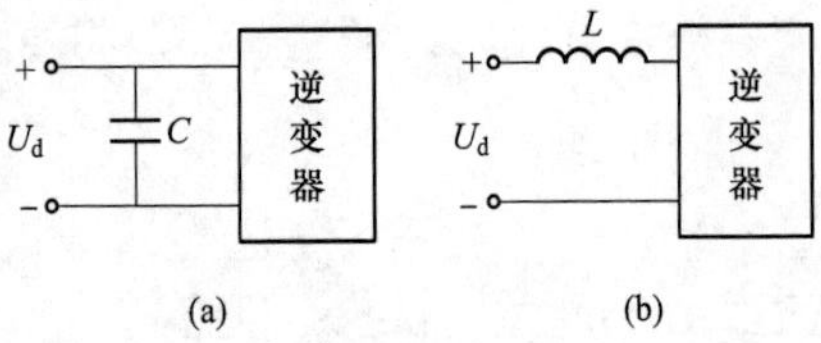

图 8-36　电压型逆变器和电流型逆变器

(a) 电压型逆变器；(b) 电流型逆变器

按照中间直流环节电源性质的不同，逆变器可分为电压型逆变器、电流型逆变器两类。它们的别在于直流环节采用怎样的滤波器。图 8-36 绘出了电压型和电流型逆变器的示意图。

1) 电压型逆变器（voltage source inverter，VSI），直流环节采用大电容滤波，因而电压波形比较平直，在理想情况下是一个内阻为零的恒压源，输出交流电压是矩形波或阶梯波，如图 8-37 所示。这类变频器特别适合于对多电动机供电的场合，如化纤工业的纺丝机中。另外电压型逆变器的直流侧一般没有能量回馈环节，常用于不要求频繁启、制动的场合。

2) 电流型逆变器（current source inverter，CSI），直流环节采用大电感滤波，因而电流波形比较平直，相当于一个恒流源，输出交流电流是矩形波或阶梯波，如图 8-37 所示。由于没有大的滤波电容，直流侧的电压极性是容易改变的，在保证电流方向一定时，使逆变器工作于整流状态，整流电路工作于逆变状态，则可以很方便地实现电动机四象限运行，而不必附设能量回馈环节。另外，由于电感电流不能突变，故系统工作可靠性高。缺点是功率器件在换流过程中要承受较高的电压，故在选择电力电子器件的电压等级时，必须留有充分的裕度量。

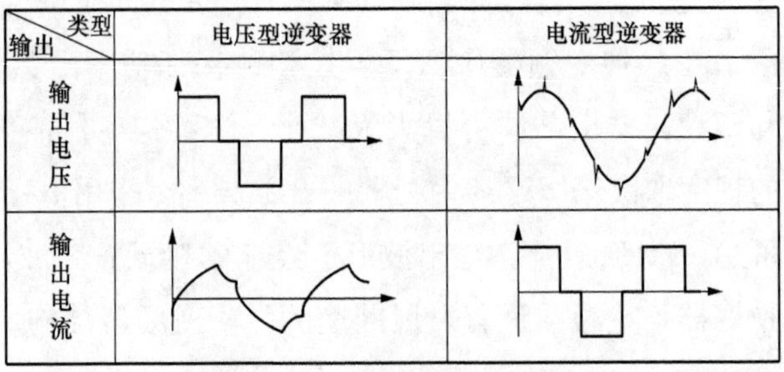

图 8-37　电压型逆变器和电流型逆变器的输出波形

（2）交-直-交变频器的构成与功能。交-直-交变频器的一般构成如图 8-38 所示，通常由主电路、控制电路、驱动电路以及检测保护电路等部分组成。工频交流经整流滤波后变成直流，控制电路控制逆变器开关管的导通与截止，输出电压和频率可调的交流电，驱动电动机运行。对于精度和速度要求较高的系统，应采用闭环控制，此时还需要检测电路。

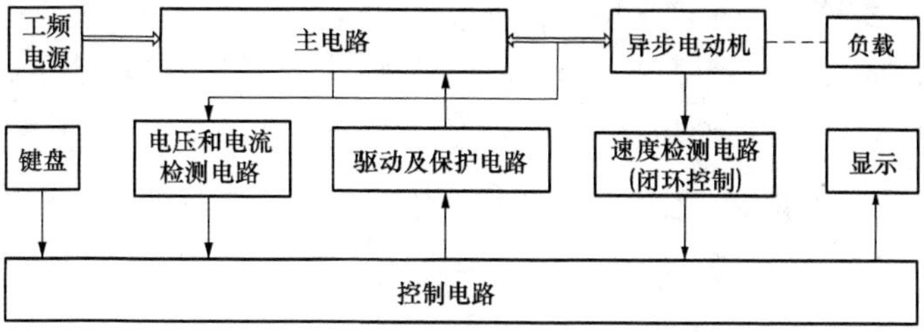

图 8-38　交-直-交变频器的一般构成

1）主电路。给异步电动机提供变压变频电源的电力变换部分称为主回路。主电路一般由整流电路、滤波电路、逆变电路、启动限流电阻及能耗制动五部分组成，如图 8-39 所示。

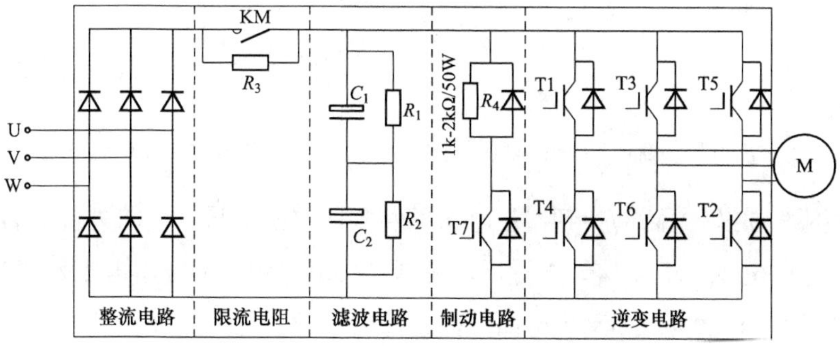

图 8-39　交-直-交变频器主电路结构

整流电路将工频交流电变为直流电，一般采用电力二极管组成的三相或单相桥式整流，由变频器输出功率的大小决定。一般而言，小功率变频器的整流电路多为单相 220V，较大功率变频器的整流电路一般为三相 380V 或 440V。三相桥式不可控整流电路的典型输出电压波形 u_d 如图 8-40 所示。

由于滤波电容容量较大，突加电源时相当于短路，势必产生很大的充电电流，容易损坏整流二极管或电容。为了限制充电电流，在整流电路和滤波电容之间串入限流电阻 R_3，充电完毕后由继电器 KM 的动合触点闭合切除（亦可用晶闸管替代）。

滤波电路在整流电路之后，主要滤除直流电压中六倍电源频率的谐波，提高直流环节供电质量。逆变电路产生的脉动电流也会使直流电压波动，这些波动同样由滤波电容吸收。图 8-39 中电阻 R_1 和 R_2 用于平衡电容 C_1 和 C_2 的电压，以及停机后的电容放电。

制动电路在电动机带有大惯性负载时发挥作用，此时电动机很容易进入倒发电状态，为防止倒发电的能量击穿电容，需对电容两端的电压加以限制，图 8-39 中的开关管 T7 和功率电阻 R_4 用于消耗电机倒发电产生的能量。当电压检测环节检测到电容电压上升到报警值时，会向控制电路发出信号，控制电路检测到这个信号后使开关管 T7 导通，通过功率电阻 R_4 把能量释放掉，保证电容两端的电压被限制在一定的范围内。

逆变电路将直流电变为各种频率的交流电。通用变频器一般都采用三相桥式逆变电路，其开关器件大都采用高速全控型器件如 IGBT，它们受控制电路 PWM 信号的控制而通断，将直流母线电压变成按正弦规律变化的 SPWM 电压以驱动电动机。三相桥式逆变电路的典型输出电压波形如图 8-41 所示。续流二极管的主要作用是为回馈无功功率提供通路。

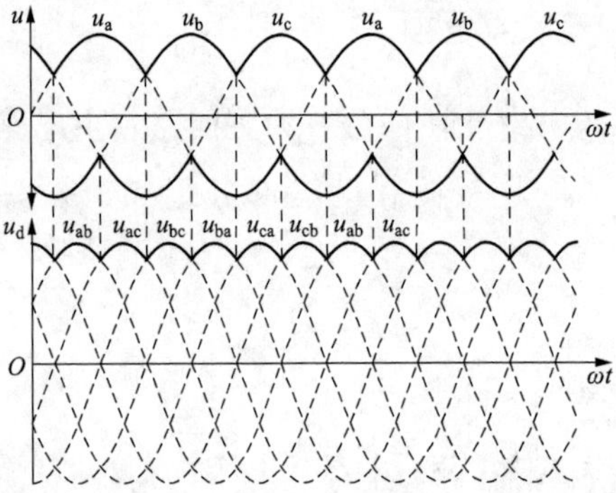

图 8-40　三相桥式不可控整流电路输出电压波形

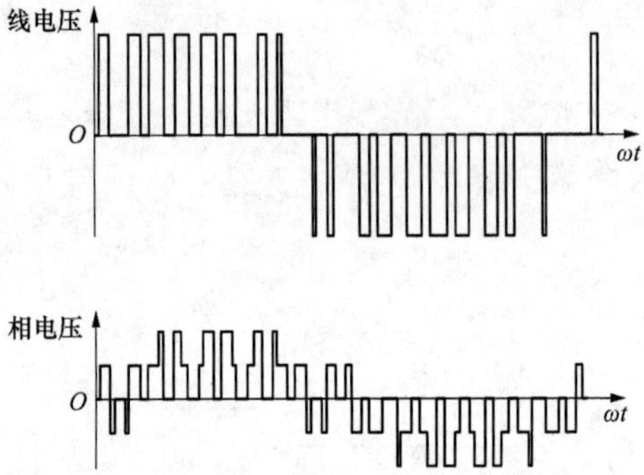

图 8-41　三相桥式逆变电路输出电压波形

2）控制电路。控制电路为变频器主电路提供多种控制信号，它将外部的转速、转矩等指令同检测电路的电压、电流信号进行比较运算，决定变频器的输出电压和频率等。

3）驱动电路。驱动电路驱动主电路开关器件的通断，并将控制电路与主电路在电气上隔离。驱动电路的形式多种多样，目前大多采用专用驱动芯片，如 M57962 等。

4）检测电路。检测电路将电压、电流、转速等信号送入控制电路中，为电路保护和闭环控制提供依据。

5）保护电路。保护电路根据检测到的主电路电压、电流等信号，在发生过载或过压等异常情况时，停止变频器输出或抑制电压、电流值，防止变频器或异步电动机损坏。

四、变频调速矢量控制系统

矢量控制理论基于交流电动机的动态数学模型，分别控制电动机的转矩电流和励磁电流，可使交流调速获得与直流调速同样理想的性能。

1. 矢量控制的基础知识

（1）直流电动机和交流电动机转矩控制的差异。直流电动机的励磁绕组和电枢绕组相互独立，空间上相差 90°，由不同的电源供电，这样由励磁电流建立的主磁通和由电枢电流产生的电枢磁通是相互垂直且独立的。当励磁电流恒定时，直流电动机所产生的电磁转矩和电枢电流成正比，控制直流电动机的电枢电流就可以控制电动机的转矩，所以直流电动机具有良好的动、静态性能。

异步电动机有定子和转子两套绕组，三相绕组在空间上相差 120°，其中定子绕组与外部电源相连，在定子绕组中流过电流。转子绕组通过电磁感应在转子绕组中产生感应电动势，并流过电流，定子侧的电磁能量转变为机械能供给负载。因此，异步电动机的定子电流包括励磁电流和转子电流两个分量，由于励磁电流是异步电动机定子电流的一部分，很难像直流电动机那样仅控制定子电流就能控制电动机的转矩。另外，异步电动机输入的定子电压和电流是时间矢量，而产生的磁动势则是空间矢量，因此要对异步电动机的转矩进行动态控制就比较复杂了。

（2）矢量控制的基本思想。矢量控制的基本思想就是通过特定的变换，使异步电动机的转速也能通过控制两个互相垂直的直流磁场来进行调节，从而可以像控制直流电动机那样来控制交流电动机。

众所周知，当交流电动机三相对称静止绕组 A、B、C 通以三相对称正弦电流 i_a、i_b、i_c 时，所产生的合成磁动势 F 在空间呈正弦分布，并以同步转速 ω_1（即电流的角频率）顺着 A-B-C 的相序旋转。这样的物理模型如图 8-42(a) 所示。

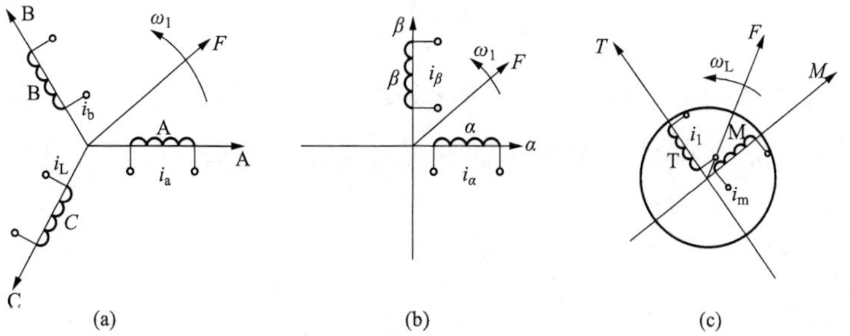

图 8-42 等效的交流电动机绕组和直流电动机绕组的物理模型

(a) 三相静止的交流绕组；(b) 两相静止的交流绕组；(c) 旋转的直流绕组

然而，产生旋转磁动势并不一定非要三相，任意对称的多相绕组通以对称的多相电流，都能产生旋转磁动势，当然以两相最为简单。图 8-42(b) 绘出了两相静止绕组 α 和 β，它们在空间上互差 90°，当通以时间上互差 90°的两相对称交流电流时，便可产生旋转磁动势。当图 8-42(a) 和 8-42(b) 的两个旋转磁动势大小和转速都相等时，即认为图 8-42(b) 的两相静止绕组与图 8-42(a) 的三相静止绕组等效。

再看图 8-42(c) 中的两个匝数相等且空间上互相垂直的绕组 M 和 T，分别通以直流电流 i_m 和 i_t，产生合成磁动势 F，其位置相对于绕组来说是固定的。如果让包含两个绕组在内的整个铁芯以同步转速旋转，则磁动势 F 也随之旋转起来，成为旋转磁动势。把这个磁动势的大小和转速也控制成与图 8-42(a) 和图 8-42(b) 中的磁动势一样，则这套旋转的直流绕组也就和前面的两套静止交流绕组等效了。当观察者站在铁芯上和绕组一起旋转时，M 和 T 是两个通以直流且相互垂直的静止绕组。如果控制磁通的位置在 M 轴上，就和直流电机的物理模型没有本质上的区别了。这时绕组 M 相当于励磁绕组，绕组 T 相当于电枢绕组。

(3) 坐标变换。在图 8-42 中，如三种方法产生的旋转磁场完全相同，可认为这时的三相磁场系统，二相磁场系统和直流旋转磁场系统是等效的，这三种旋转磁场之间可以等效变换。这里二相旋转磁场起着特殊的作用。

1）二相绕组和三相绕组的区别。在三相绕组中，任何一相电流所产生的磁通，必穿过另外两相，即三相绕组互相之间存在着磁耦合。但在二相绕组中，由于两个绕组空间上互相垂直，任一相电流所产生的磁通，并不穿过另一相，即二相绕组之间不存在磁耦合。

2）二相磁场在等效变换中的作用。由于三相旋转磁场和二相旋转磁场之间都是多相交变磁场的合成结果，变换容易，称为 3/2 变换或 2/3 变换。其中 3/2 变换是将存在磁耦合的三相绕组变换成没有磁耦合的二相绕组，绕组间的磁耦合通过坐标变换被解除了，故称为解耦变换。

由于二相旋转磁场和直流旋转磁场都由两个互相正交的磁场组成，绕组间都没有磁耦合，互相变换较容易。而在三相旋转磁场和直流旋转磁场之间，要直接变换就比较困难了。可见，二相旋转磁场在三种磁场之间进行等效变换时起着桥梁的作用。在三种磁场的变换过程中，要保持产生的磁动势完全一致。

1）3/2 变换及 2/3 变换。在三相静止坐标系 A、B、C 和二相静止坐标系 α、β 之间的等效变换，如图 8-43 所示。取 A 轴与 α 轴重合，且设三相绕组每相有效匝数为 N_3，二相绕组每相有效匝数为 N_2，则

$$N_2 i_\alpha = N_3 i_a - N_3 i_b \cos 60° - N_3 i_c \cos 60° = N_3\left(i_a - \frac{1}{2} i_b - \frac{1}{2} i_c\right)$$

$$N_2 i_\beta = N_3 i_b \sin 60° - N_3 i_c \sin 60° = \frac{\sqrt{3}}{2} N_3 (i_b - i_c)$$

写成矩阵形式，并考虑变换前后总功率不变，得

$$\begin{bmatrix} i_\alpha \\ i_\beta \end{bmatrix} = \sqrt{\frac{2}{3}} \begin{bmatrix} 1 & -\frac{1}{2} & -\frac{1}{2} \\ 0 & \frac{\sqrt{3}}{2} & -\frac{\sqrt{3}}{2} \end{bmatrix} \begin{bmatrix} i_a \\ i_b \\ i_c \end{bmatrix}$$

$$\begin{bmatrix} i_a \\ i_b \\ i_c \end{bmatrix} = \sqrt{\frac{2}{3}} \begin{bmatrix} 1 & 0 \\ -\frac{1}{2} & \frac{\sqrt{3}}{2} \\ -\frac{1}{2} & -\frac{\sqrt{3}}{2} \end{bmatrix} \begin{bmatrix} i_\alpha \\ i_\beta \end{bmatrix}$$

2）2s/2r 变换及 2r/2s 变换。在二相静止坐标系 α、β 和二相旋转坐标系 M、T 之间的等效变换，其中 r 表示旋转，s 表示静止。两个坐标系画在一起，如 8-44 所示。M、T 轴和矢量 $F_s(i_s)$ 都以转速 ω_1 旋转，α 轴与 M 轴的夹角 φ 随时间而变化。由图可得出下列关系式

$$i_\alpha = i_m\cos\varphi - i_t\sin\varphi$$

$$i_\beta = i_m\sin\varphi + i_t\cos\varphi$$

写成矩阵的形式，得

$$\begin{bmatrix} i_\alpha \\ i_\beta \end{bmatrix} = \begin{bmatrix} \cos\varphi & -\sin\varphi \\ \sin\varphi & \cos\varphi \end{bmatrix} \begin{bmatrix} i_m \\ i_t \end{bmatrix}$$

$$\begin{bmatrix} i_m \\ i_t \end{bmatrix} = \begin{bmatrix} \cos\varphi & \sin\varphi \\ -\sin\varphi & \cos\varphi \end{bmatrix} \begin{bmatrix} i_\alpha \\ i_\beta \end{bmatrix}$$

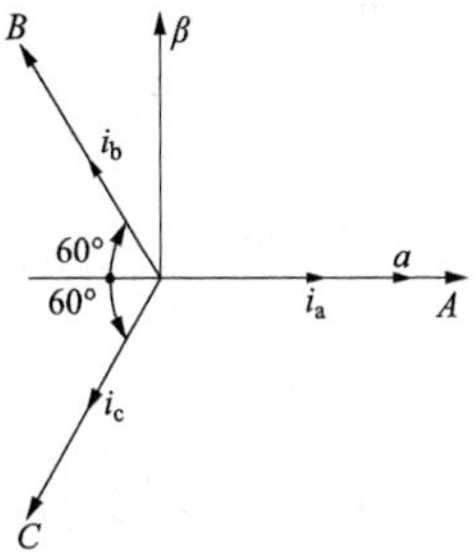

图 8-43 三相和二相坐标系空间位置

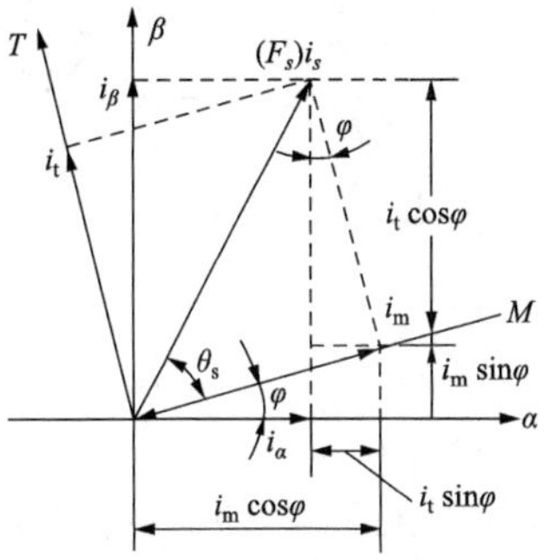

图 8-44 二相静止和旋转坐标系与磁势空间矢量图

2. 矢量控制系统

矢量变换控制的基本思想是通过数学上的坐标变换方法，把交流三相静止绕组 A、B、C 中的电流 i_a、i_b、i_c 变换到交流二相静止绕组 α、β 中的电流 i_α、i_β，再经数学变换把 i_α、i_β 变换到两相旋转绕组 M、T 中的直流电流 i_m、i_t。实质上就是通过数学变换把三相交流电动机的定子电流分解成两个分量，一个是用来产生旋转磁场的励磁分量 i_m，另一个是用来产生电磁转矩的转矩分量 i_t。可见，通过坐标变换，就可以把一台关系复杂的异步电动机等效为一台直流电动机。图 8-45 为坐标变换后的异步电动机的结构图，从总体上看，它是以 i_a、i_b、i_c 为输入，ω 为输出的直流电动机。

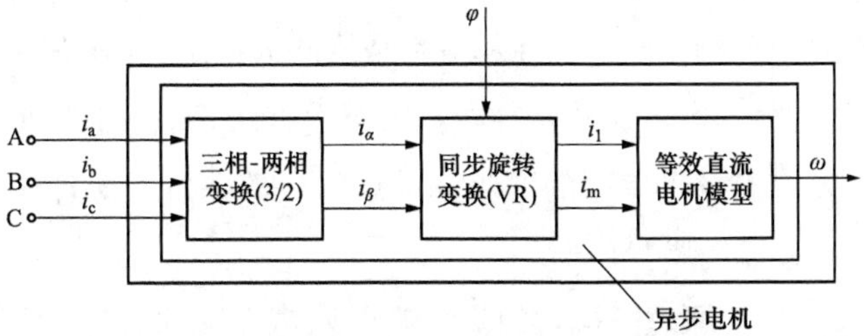

图 8-45 异步电动机坐标变换结构图

既然异步电动机经过坐标变换可以等效成直流电动机，那么模仿直流电动机的控制方法，求得直流电动机的控制量，经相应的坐标反变换，就能够控制异步电动机了，如图 8-46 所示。由于进行坐标变换的是电流（代表磁动势）的空间矢量，所以这种通过坐标变换实现的控制系统称为矢量控制系统。图中给定和反馈信号经过类似于直流调速系统所用的控制器，产生励磁电流的给定信号 i_{m}^{*} 和电枢电流的给定信号 i_{t}^{*}，经反旋转变换 VR^{-1} 得到 i_{α}^{*} 和 i_{β}^{*}，再经过 2/3 变换得到 i_{a}^{*}、i_{b}^{*}、i_{c}^{*}。把这三个电流控制信号和由控制器直接得到的频率控制信号 ω_1 加到电流控制的变频器上，就可以输出异步电动机调速所需的三相变频电流。

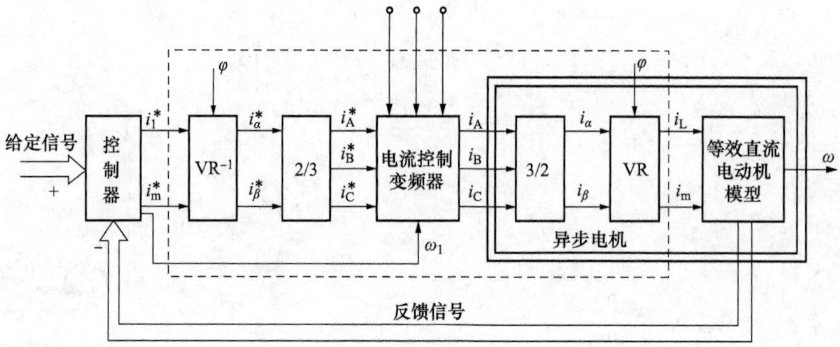

图 8-46　异步电动机矢量变换控制系统

在设计矢量控制系统时，可以认为，在控制器后面引入的反旋转变换环节 VR^{-1} 与电动机内部的旋转变换环节 VR 相抵消，如果再忽略变频器中可能产生的滞后，则图 8-46 中点画线框内的部分可以完全删去，剩下的部分就和直流调速系统非常相似了。因而，矢量控制变频调速系统的动、静态特性完全能够与直流调速系统相媲美。

第五节　MATLAB 用于交流调压调速系统

转速闭环交流调压调速系统的原理图如图 8-11(a) 所示，晶闸管三相交流调压器 VVC 采用三对反并联的晶闸管组成，单个晶闸管采用相位控制方式，利用电网自然换流，MATLAB 模型如图 8-47 所示。

仿真电路中的三相交流调压器相当于三个单相交流调压电路的组合，三相互差 120°相位，六个晶闸管共需要六路触发脉冲，在相位上依次相差 60°。由于任一相在导通时必须和另一相构成回路（无中线），电流流通路径中，须至少有两只晶闸管同时导通，故应采用双脉冲序列或宽脉冲触发，需设置专门的同步脉冲触发电路，触发脉冲必须与交流供电电源同步，MATLAB 模型如图 8-48 所示。

图 8-49 是采用面向电气原理图搭建的交流调压调速系统的总体仿真模型。包括三相对称交流电源、晶闸管三相交流调压器、脉冲触发器、交流异步电动机和控制电路等部分。

控制电路包括给定环节、比较环节、速度调节器 ASR、速度反馈环节等。

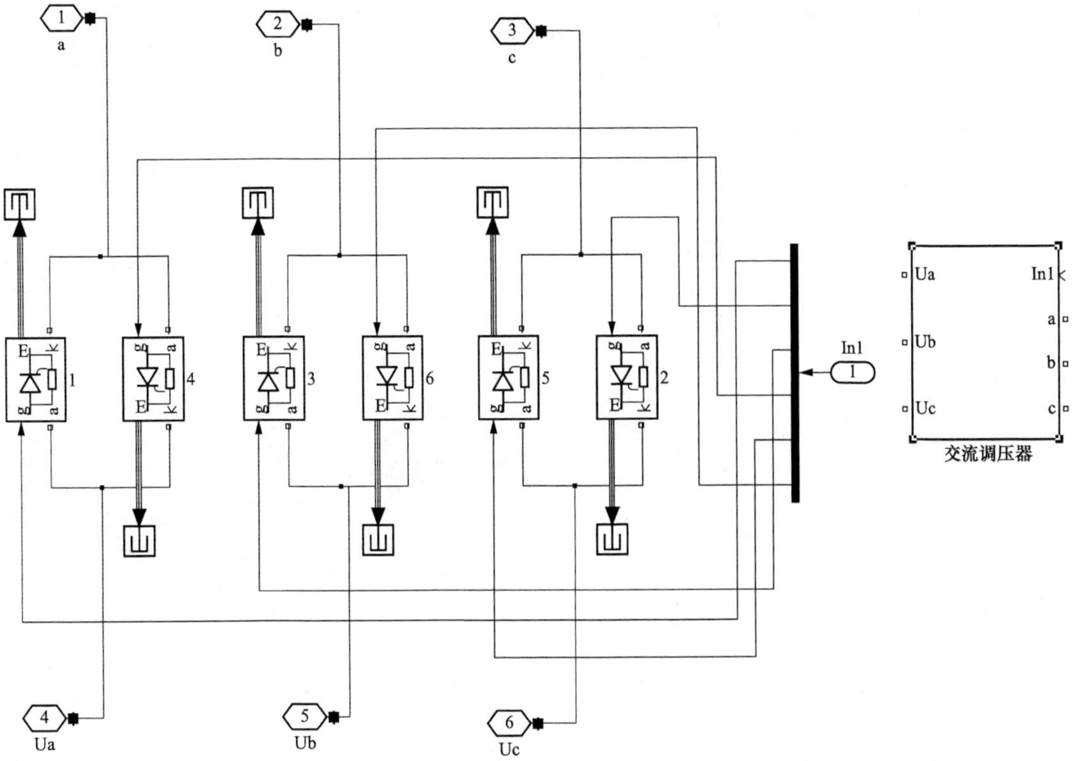

图 8-47　晶闸管反并联交流调压器及其封装

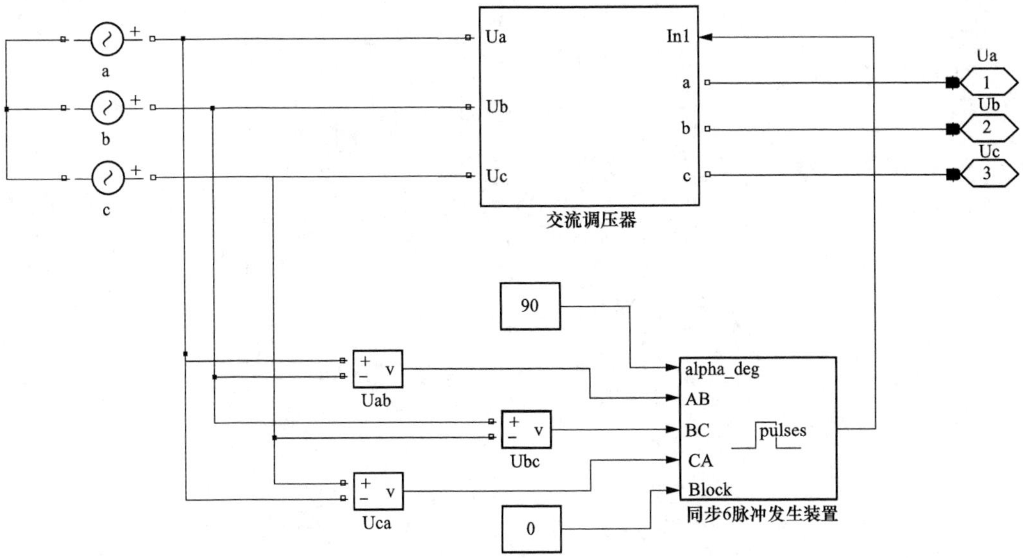

图 8-48　交流调压器及同步脉冲触发电路

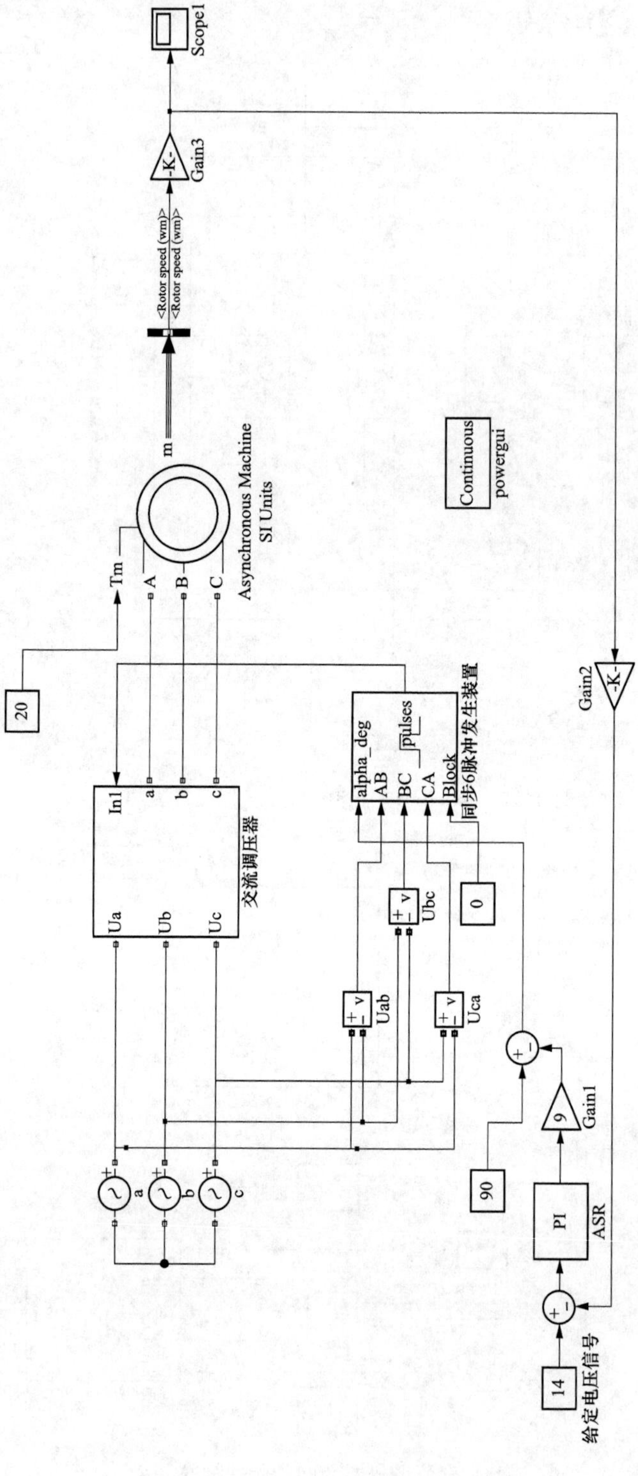

图 8-49　交流调压调速系统总体仿真模型

在图 8-49 中，交流异步电动机模块可以在电机模块库中直接调取使用。该模块输入和输出端子各四个，其中前三个输入端 A、B、C 为电动机的定子电压输入，第四个输入端一般接负载，为加到电动机轴上的机械负载，该端子可直接接 Simulink 信号。模型的前三个输出端子 a、b、c 为转子电压输出，一般短接在一起，或连接其他附加电路，当异步电动机为鼠笼式电动机时，电机模块符号将不显示输出端子（a、b、c）。第四个输出端为 m 端子，它返回一系列电动机内部信号，供给测试信号分配器模块的输入 m 端子。异步电动机的参数可通过电机模块的参数对话框来输入，相关设置如图 8-50 所示。

为消除静差并改善动静态性能，速度调节器 ASR 采用 PI 调节器，有关参数设置如图 8-51 所示。

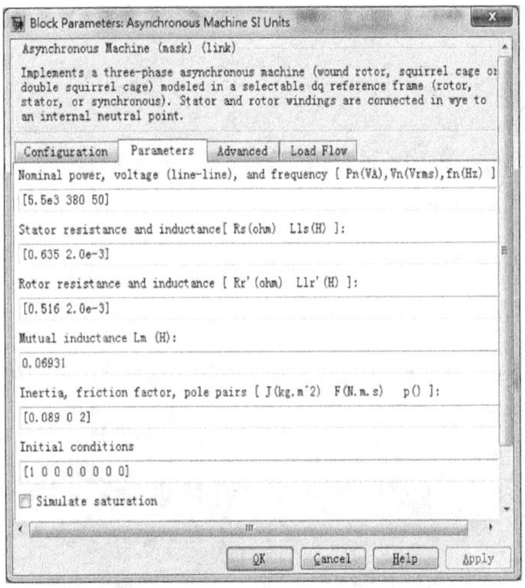

图 8-50 异步电动机参数设置

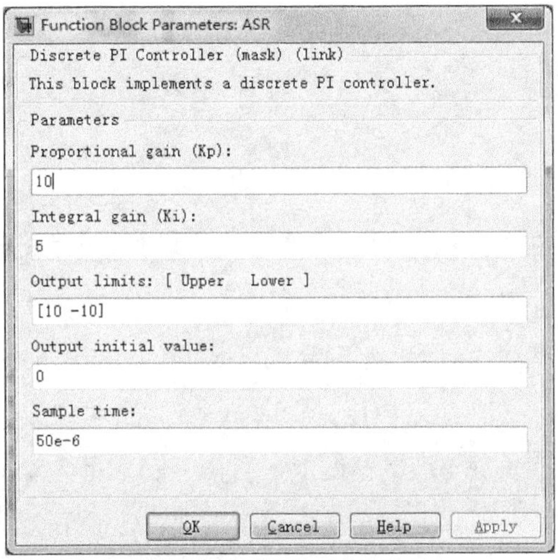

图 8-51 PI 调节器参数设置

另外，Gain 参数设置为 9，Gain2 参数设置为 0.01，Gain3 参数设置为 30/pi。

在电压给定为 12，负载为 20 时，电动机转速波形仿真如图 8-52 所示，经过约 0.6s 达到最大转速 1280r/min，经过约 4.7s 达到稳定转速 1200r/min。

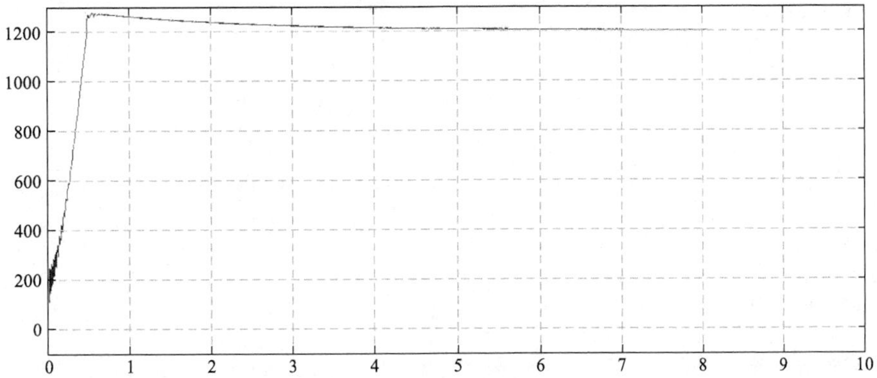

图 8-52 电压给定为 12，负载为 20，电机变化过程

在电压给定为16，负载为20时，电动机转速波形仿真如图8-53所示，经过约0.5s转速在1470r/min附近波动，超调不明显。

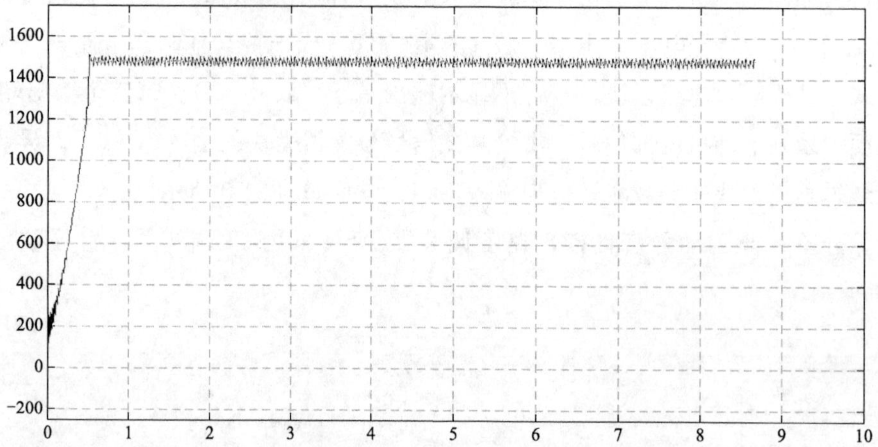

图8-53　电压给定为16，负载20，电机变化过程

在电压给定为12，负载为30时，电动机转速波形仿真如图8-54所示，经过约0.5s转速稳定在1470r/min附近。

通过对比图8-52和图8-53可以看出，在给定电压为12时，转速波动约为2/1200＝0.16％；在给定电压为16时，转速波动约为40/1480＝2.7％，转速调节获得比较理想的效果。在负载不变的情况下，当在一定范围内增大给定时，转速会随之上升，但当给定电压超过某一数值后，给定电压继续增加，转速不会再随之增加，而是保持在额定转速附近运行。

通过对比图8-52和图8-54可以看出，在电压给定不变而负载改变的情况下，随着负载的增大，电机转速上升时间增大，但最终速度都稳定在1200r/min附近。在给定电压不变，负载变换，负载转矩不超过启动转矩情况下，转速都能达到稳定。

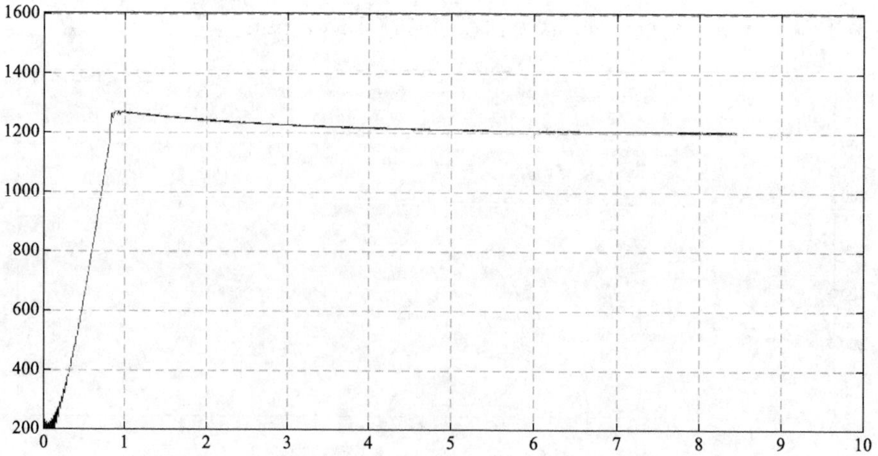

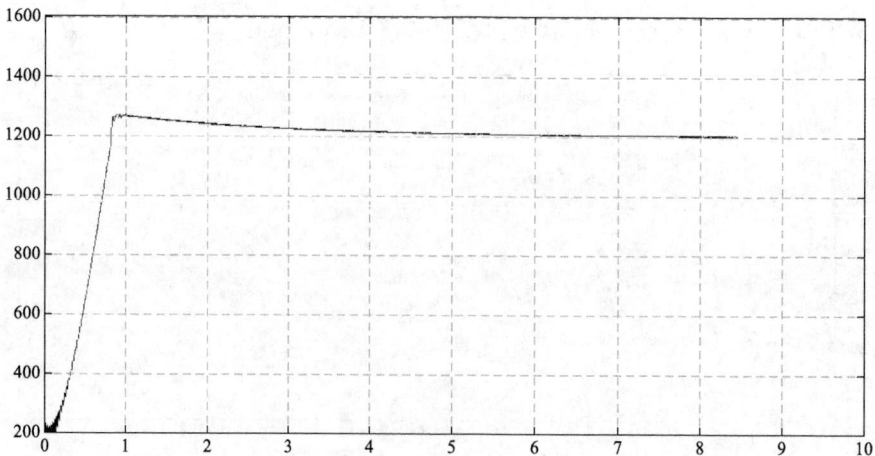

图8-54　电压给定为12，负载30，电机变化过程

小　结

（1）交流电动机的调速方法主要包括变极调速、变转差率调速和变频调速三大类。其中变频调速性能最佳，应用范围最广，是目前交流调速的发展方向。

（2）在额定频率以下变频调速时，为保持电动机主磁通为额定值，必须同时改变电压；在额定频率以上变频调速时，电压保持额定值不变，当频率升高时，电机主磁通成反比例降低。

（3）变频调速的主要设备是变频器，以交-直-交电压型变频器为例，通常由主电路、控制电路、驱动电路及检测保护电路等部分组成，主电路又由整流电路、滤波电路、逆变电路、启动限流电阻和能耗制动等部分组成。

术语和概念

交流调速系统（AC speed regulating system）：以解决交流电动机转速调节为目标的电力拖动自动控制系统。

串级调速（cascade speed regulation）：在转子回路中串入与转子电动势同频率的附加电动势，通过改变附加电动势的幅值和相位来实现调速的方式。

电压型逆变器（voltage source inverter）：电压型直流电源供电的逆变电路。

电流型逆变器（current source inverter）：电流型直流电源供电的逆变电路。

矢量控制（vector control）：通过测量和控制异步电动机定子电流矢量，分别对异步电动机的励磁和转矩进行控制的方式。

习　题

8-1　交流异步电动机主要有哪些调速方法？各自的特点是什么？

8-2　变极调速中Y—YY和△—YY接线方式在特性上有什么不同？

8-3　简述转速闭环调压调速系统在负载突然减小时的动态调节过程。

8-4　转子串电阻调速有哪些缺点？

8-5　简述电磁转差离合器的工作原理。

8-6　电气串级调速系统和机械串级调速系统有什么区别？

8-7　变频调速时为什么要维持磁通恒定？恒磁通控制的条件是什么？

8-8　交-交变频器如何控制才能获得按正弦规律变化的平均电压？

8-9　电压型逆变器和电流型逆变器各自有什么特点？

8-10　交-直-交变频器主电路有哪几部分组成？各部分的作用是什么？

8-11　异步电动机矢量控制的基本思想是什么？

第九章　位置随动控制系统

在实际生产中，电动机带动生产机械运动，使生产机械在一定范围内产生一定的位置移动，这一类拖动系统需要完成生产机械移动一定角度或者是线位移，此时该类系统属于位置随动控制系统范畴，需要利用随动控制系统的知识去分析和解决相应的问题。

位置随动控制系统又称为伺服系统，主要解决位置跟随的相关控制问题，其任务就是设计控制器，输出控制量，通过执行机构实现被控量快速跟随给定量，并且具有足够的控制精度。在航空航天、国防、工业生产及家庭生活中，位置随动系统都有广泛的应用。

本章主要讨论位置随动系统的概念与设计问题。

第一节　位置随动控制系统概述

位置随动控制系统是一种位置反馈控制系统，因此，一定具有位置指令和位置反馈的检测装置，通过位置指令装置将希望的位移转换成具有一定精度的电量，利用位置反馈装置将检测得到的偏差信号放大以后，控制执行电机向消除偏差的方向旋转，直到达到一定的精度为止。这样被控制机械的实际位置就能跟随指令变化，构成一个位置随动系统。随动控制系统又名伺服控制系统，其输入一般是事先未知的，控制系统的任务是使被控量快速准确地按给定信号的变化规律变化，因此又叫作跟踪系统，设计系统时应更多考虑系统的快速性和准确性。

一、位置随动控制系统的组成

图 9-1 为电位器式位置随动控制系统原理图，该系统由以下几个部分组成。

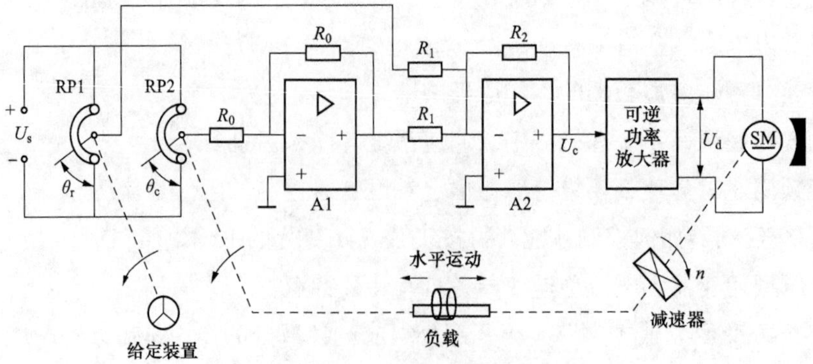

图 9-1　电位器式位置随动控制系统原理图

1. 给定输入部分

由给定装置和电位器 RP1 组成给定输入，将预期输入转化为等比例电压信号。

2. 位置检测部分

由电位器 RP2 与负载机构组成，电位器与减速器同轴，检测负载的水平位置，转化为等比例的电压信号。

3. 放大部分

（1）由放大器 A1 和 A2 组成的电压比较放大器。A1 将反馈反向，再输入 A2，与给定进行比较，输出偏差信号的放大值。

（2）可逆功率放大器。将偏差信号进行功率放大，可以由晶闸管整流电路组成，用以驱动伺服电机 SM。

4. 执行部分

执行机构采用永磁式直流伺服电机，经过减速器，带动负载做水平方向的运动。

二、位置随动控制系统的原理

图 9-1 所示的位置随动控制系统有以下三种工作状态。

1. 静止状态

当两个电位器 RP1 和 RP2 的旋转角度一样，即 $\theta_r=\theta_c$，则加在放大器 A_2 反向输入端的电压为零，其输出 $U_c=0$，可逆功率放大器的输出电压 $U_d=0$，伺服电动机停止转动，整个系统静止。

2. 水平右移

当给定装置顺时针方向转动，使输入角度 θ_r 增加，则 $\Delta\theta=\theta_r-\theta_c>0$，放大器 A_2 的输出 $U_c>0$，从而可逆功率放大器的输出电压 $U_d>0$，伺服电动机正转，经过减速器，带动负载装置左移，负载通过机械连轴机构带动电位器 RP2 转动，使得 θ_c 增加，$\Delta\theta$ 减小，但只要 $\Delta\theta=\theta_r-\theta_c>0$，电动机就一直要带动负载装置左移（假设不会超出连杆左端），只有当 $\Delta\theta=\theta_r-\theta_c=0$ 时，才有 $U_c=0$，$U_d=0$，系统才会回到新的静止状态。

3. 水平左移

当给定装置逆时针方向转动，使输入角度 θ_r 减小，则 $\Delta\theta=\theta_r-\theta_c<0$，使伺服电动机反转，带动负载向右移动，并最终达到平衡状态。

通过上述分析，可见，该位置随动控制系统能够实现被控量对给定值的跟踪，该系统的结构图如图 9-2 所示。

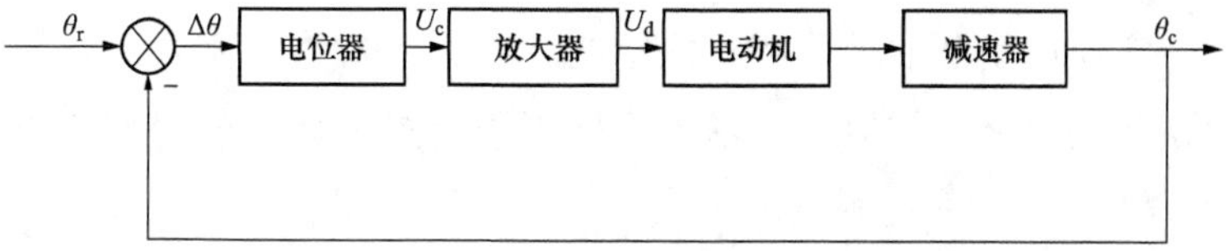

图 9-2　电位器式位置随动控制系统的结构图

三、位置随动控制系统与调速系统的比较

通过第八章直流调速系统的学习，结合本节内容，发现位置随动系统和调速系统一样，都是反馈控制系统，即都是按偏差（被控量与给定值间）控制，属于闭环控制，系统调节的原理是相同的。即使是这样，两者也有不一样的地方，体现在以下几个方面。

（1）给定值形式不同。调速系统的给定值是恒定的，而位置随动系统的给定值在事先是无法确定的，即随机的。

（2）控制系统侧重点不同。调速系统希望输出量尽量稳定，因此强调系统对干扰的抑制性能。而位置随动系统要求输出准确地跟随给定量的变化，并尽量快速、准确，因此，更强调系统的快速性和准确性。

（3）系统结构不同。由图 9-2 可见，随动系统在调速系统的基础上增加一个位置环，位置环也是位置随动系统的主要结构特征。因此，随动系统在结构上往往要比调速系统复杂一些。

四、位置随动控制系统的分类

1. 按组成元件分类

按位置随动控制系统的执行元件不同，可分为直流位置随动控制系统和交流位置随动控制系统两类。直流位置随动控制系统的执行元件是直流伺服电动机，交流位置随动控制系统的执行元件是交流伺服电动机。

2. 按照系统信号特点分类

（1）模拟式随动控制系统。又分为模拟式线位移随动控制系统和模拟式角位移随动控制系统。图 9-1 所示是一个模拟式线位移随动控制系统，其特征式被控量是直线位移。模拟式角位移随动控制系统的特征式被控量是角度变化。位置检测装置可用电位器、自整角机、旋转变压器、感应同步器等，但由于这些检测装置的精度受到制造上的限制，不可能做得很高，从而限制了模拟式随动控制系统的精度，也影响了应用范围。因此，要想获得更高的精度，必须采用数字式检测装置组成数字式随动控制系统。

（2）数字式随动控制系统。其电流环和速度环与模拟式类似，仍然是模拟式的，但位置环是数字式的。有数字式相位控制随动系统、数字式脉冲控制随动控制系统和数字式编码控制随动控制系统三种。

不管是模拟式还是数字式的位置随动控制系统，其闭环结构多采用电流、速度、位置三环结构。有些特定应用场合下可采用其他结构，例如，对精度要求不高的场合仅采用位置环结构也能满足控制要求；其他某些场合可采用仅有速度环和位置环，或仅有电流环和位置环等结构。

3. 按执行元件输出功率大小分类

执行元件输出功率 50W 以下，属于小功率的位置随动控制系统；执行元件输出功率在 50～500W 属于中功率位置随动控制系统；执行元件输出功率超过 500W 时属于大功率位置随动控制系统。

4. 按系统各部件的输入输出特性分类

根据位置随动控制系统中各部件的输入输出特性可分为线性位置随动控制系统和非线性位置随动控制系统。当系统中各部件的输入输出特性均为线性时，该系统称为线性位置随动控制系统；若有一个部件的输入输出特性为非线性，则该系统为非线性位置随动控制系统。严格地说，一个理想线性的部件是不存在的，所以一个实际的位置随动控制系统都是非线性的。但只要正常工作时，系统的非线性在允许的误差范围之内，则称该系统为线性位置随动控制系统。

第二节 位置随动控制系统的主要部件

一、位置检测元件

检测元件的种类：伺服电位器、自整角机、旋转变压器、光栅、多极、感应同步器、光电码盘等。

1. 伺服电位器

最常用的伺服电位器是接触式电阻变换器，或称为电阻式位移变换器，它是在输入位移的作用下，改变接入电路中的固定电阻，即改变其电阻值的大小。实际测量中通常将两个电位器并联构成桥式电路，用以测量系统位移，如图 9-3 所示。电位器的滑动端固定在转轴上，其中，和指令轴相连的称为接收电位器 RPR。两滑动端之间的电压 U_{rp} 与输入位移输出位移之差成正比，供电电压 U_s 可为直流，也可以是交流，视具体情况确定。电位器用于测量角位移时采用转动式，当用于测量直线位移时则采用直线位移式。

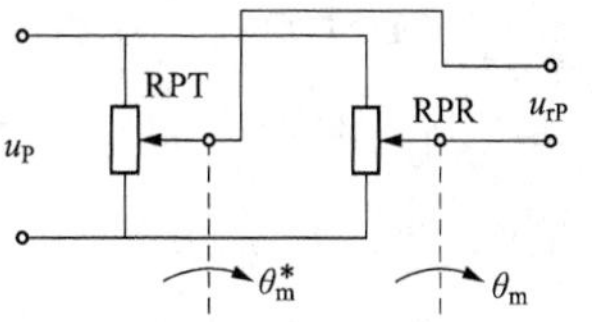

图 9-3 伺服电位器

伺服电位器作位置检测元件优点是：线路简单，惯性小，消耗功率小，所需电源简单，且价格便宜，使用方便。缺点是：位移范围有限，测量精度不高，容易磨损而造成接触不良，且寿命短。所以，伺服电位器适用于测量精度要求不高、位移范围有限的控制系统中。

2. 自整角机

自整角机或旋转变压器可作为随动控制系统的测量元件，通常是成对使用的。自整角机的原理如图 9-4 所示。

图 9-4 中左边为自整角机发送机，右边为自整角机接收机。发送机的转子绕组接交流激磁

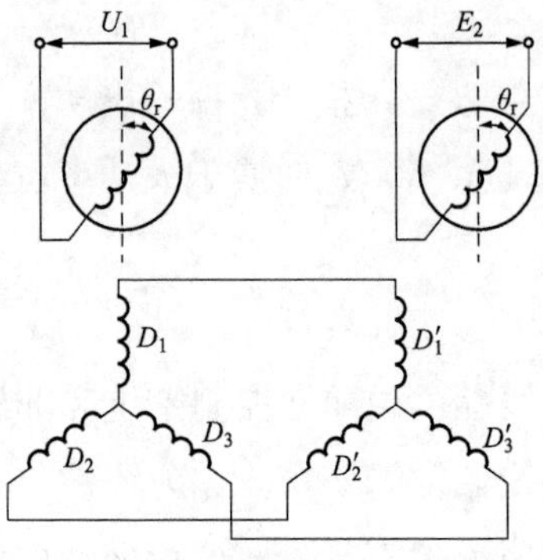

图 9-4　自整角机的原理图

电压 U_j，称激磁绕组。接收机的转子绕组输出电压，称为输出绕组。发送机激磁绕组对定子 D_1 相得夹角用表示，接收机输出绕组对定子 D'_1 相得夹角用 θ_2 表示。$(\theta_1-\theta_2)$ 就是发送机、接收激磁绕组轴线的夹角差值。绕组中产生的感应电势的有效值为 $E_2=E_{2\max}\cos\delta$，式中 $\delta=(\theta_1-\theta_2)$。通常把 $\delta=90°$ 的位置作为协调位置，偏离此位置的角度为失调角 γ，即 $\delta=90°-\gamma$，因此

$$E_2=E_{2\max}\cos\delta=E_{2\max}\sin\gamma$$

当接收机输出绕组接上交流放大器时，可认为输出绕组电压

$$U_2=U_{2\max}\sin\gamma$$

在 γ 角很小时，$\sin\gamma=\gamma$，$U_2=U_{2\max}\gamma$。

3. 旋转变压器

旋转变压器实际上是一种特质的两相旋转电动机，有定子与转子两部分，在定子和转子上各有两套在空间上完全正交的绕组。当转子旋转时，定子和转子绕组间的相对位置发生变化，使输出电压与转子转角呈一定的函数关系。在不同的自动控制系统中，旋转变压器有多种类型和用途，在位置随动控制系统中主要用作角度转换器。

图 9-5 为用作角度转换器的旋转变压器的原理图，两个定子绕组 S_1 和 S_2 分别由两个幅值相等、相位差 90°的正弦交流电压 u_1、u_2 励磁，即

$$u_1(t)=U_m\sin\omega_0 t$$

$$u_2(t)=U_m\cos\omega_0 t$$

为了保证旋转变压器的测角精度，要求两相励磁电流严格平衡，即大小相等、相位差 90°，因而在气隙中产生圆形旋转磁场。转子绕组中产生的感应电压为

$$\begin{aligned}u_{br}(t)&=m[u_1(t)\cos\theta+u_2(t)\sin\theta]\\&=mU_m\sin(\omega_0 t+\theta)\end{aligned}\tag{9-1}$$

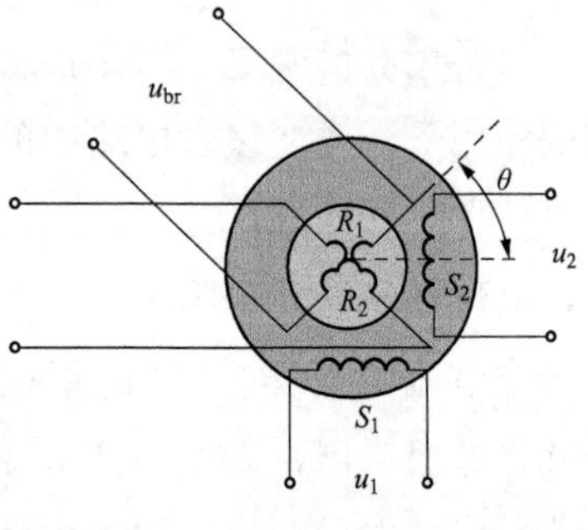

图 9-5　用作角度转换器的旋转变压器的原理图

式中：m 为转子绕组与定子绕组的有效匝数比。

从式（9-1）可以看出，旋转变压器输出电压 u_{br} 的幅值不随转角 θ 变换，而其相位却与 θ 相等，故可看作是角度—相位变换器。把该调相电压作为反馈信号，可构成相位控制随动系统。

4. 感应同步器

感应同步器的工作原理与旋转变压器一样。它具有两种结构形式：一种用来测角位移，叫圆形感应同步器；另一种用来测直线位移，称为直线式感应同步器。前者的典型应用是转台（如立式车床）的角度数字显示和精确定位，后者常安装在具有平移运动的机床上

(如卧式车床)，用来测量刀架的位移并构成全闭环系统。

图 9-6 为直线式感应同步器的结构图。它有两个感应耦合元件，一次侧称为滑尺，二次侧称为定尺，定尺和滑尺相当于旋转变压器的定子和转子。不同的是它们是面对面地平行安装，在通常情况下，定尺安装在机床床身或其他固定部件上，滑尺则安装在机床的工作台或其他运动部件上，它们之间只有很小的空气隙（0.25±0.05mm)，可做相对移动。定尺上用印刷电路的方法刻着一套绕组，相当于旋转变换器的输出绕组，滑尺上则刻有两套绕组，一套叫正弦绕组，另一套叫余弦绕组。当其中一个绕组与定尺绕组对正时，另一个就相差节距 1/4，即相差电角度，说明这两个绕组在平面上是正交的。

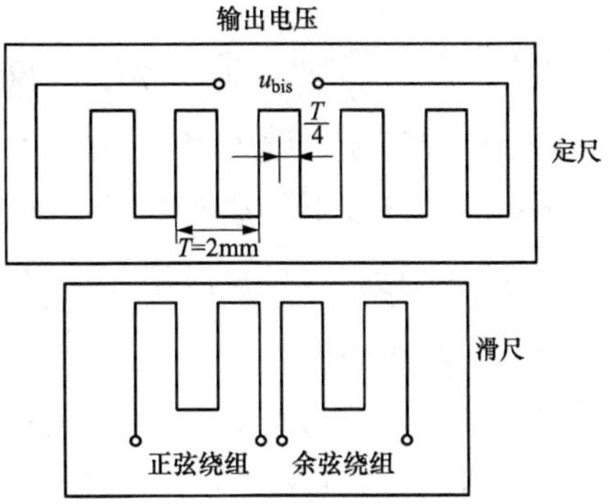

图 9-6　直线式感应同步器的结构图

按工作状态，感应同步器可分为鉴相型和鉴幅型两类。

(1) 鉴相型感应同步器。若感应同步器工作在鉴相状态，应对滑尺的两个励磁绕组提供幅值相等、频率相同、相位相差 90°的正弦励磁电压。采用类似于旋转变压器的分析方法，可导出定尺绕组的感应电压为

$$U_{bis}(t)=mU_f\sin\left(\omega_0 t+\frac{2\pi x}{T}\right) \tag{9-2}$$

式中：x 为机械特性；T 为绕组节距，与一般电动机绕组节距的意义相同，国产感应同步器的节距为 2mm。

式 (9-2) 表明，感应同步器定尺上感应的输出电压幅值不随位移变化，只要励磁电压不变，其幅值就是常量；而相位则与滑尺的机械位移成正比，每隔一个节距重复一次。这种状态下的感应同步器实际上是位移—相位变换器。

(2) 鉴幅型感应同步器。若感应同步器工作在鉴幅状态，应对定子的绕组提供励磁电压 $U_f\sin\omega_0 t$，此时，滑尺的两相绕组中将分别产生感应电动势

$$u_A(t)=m'U_f\cos\frac{2\pi x}{T}\sin\omega_0 t(+)$$

$$u_B(t)=m'U_f\sin\frac{2\pi x}{T}\sin\omega_0 t(+)$$

将 $u_A(t)$ 接到正弦函数变换器上，使其输出电压按给定位移 X 调制为 $m'U_f\cos\frac{2\pi x}{T}\sin\frac{2\pi X}{T}\sin\omega_0 t$，再将 $u_B(t)$ 接到余弦函数变换器上，使其输出电压为 $m'U_f\cos\frac{2\pi x}{T}\sin\frac{2\pi X}{T}\sin\omega_0 t$，然后将这两路信号相减后作为控制信号输出，则有

$$u'_{bis}(t)=m'U_f\sin\omega_0 t\left(\cos\frac{2\pi x}{T}\sin\frac{2\pi X}{T}-\cos\frac{2\pi x}{T}\sin\frac{2\pi X}{T}\right)$$

$$=m'U_{\mathrm{f}}\sin\left[\frac{2\pi x}{T}(X-x)\right]\sin\omega_0 t \tag{9-3}$$

由式（9-3）可见，输出电压的幅值按位移（$X-x$）进行了调幅，当系统运行到差值为 0 时（在差值对应的电角度小于 2π 范围内），输出电压也为 0。

根据感应同步器的这两种工作状态所构成的随动控制系统，都能得到很高的精度，这是因为输出的感应电压是由定尺与滑尺的相对移动直接产生的，没有经过其他机械转换装置。因此，测量精度完全取决于感应同步器本身的精度。感应同步器一般采用激光刻制，在恒温条件下用专门设备进行精密感光腐蚀生产，使其位移量精度高达 1μm，分辨力达到 0.2μm。圆形感应同步器的精度为角秒级，在 0.5″～1.2″，而旋转变压器只是角分级。

5. 光电编码盘

光电编码盘可直接将角位移信号转换成数字信号，它是一种直接编码装置，与旋转变压器一样，常用于数控机床中装在旋转轴上构成半闭环系统。按照编码原理可分为增量式和绝对式两种。

（1）增量式光电编码盘。它实际上是一个光电脉冲发生器和一个可逆计数器，其工作原理见图 9-7 所示。在光电脉冲发生器圆盘上刻有节距相等的窄缝，另外还有 a、b 两组检测窄缝群，如图 9-7(a) 所示。节距同前，但两组检测窄缝与圆盘上的窄缝的对应位置错开 1/4 节距，其目的是使 a、b 两个光电变换器的输出信号在相位上相差 90°。圆盘与被测轴相连接，而两组检测窄缝静止不动的。当被测轴转动时，两个光电脉冲变换器就输出相位相差 90°的两个近似正弦波，如图 9-7(b) 所示。再经过简单的电路处理，可得到相应的脉冲信号。当圆盘正转（如图中箭头所示）时，信号 b 超过前信号 a 90°，逻辑电路 f 端输出脉冲信号；当圆盘反转时，信号 a 超过前信号 b90°，逻辑电路 g 端输出反转脉冲信号。若将这些脉冲信号送给可逆计数器进行累计，就可测出轴的旋转角度。

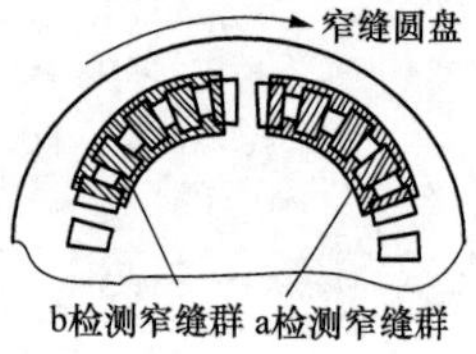

(a)

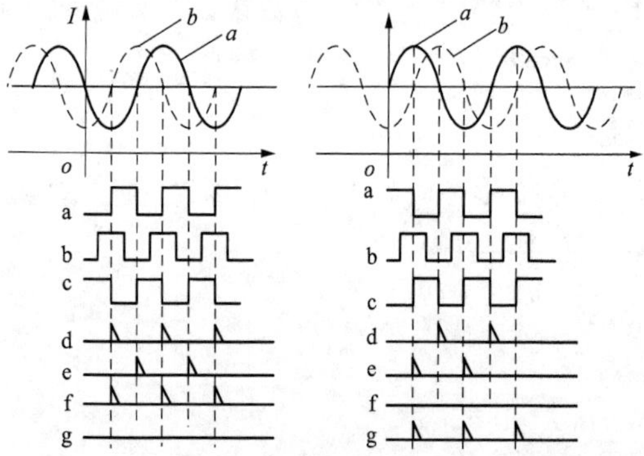

(b)

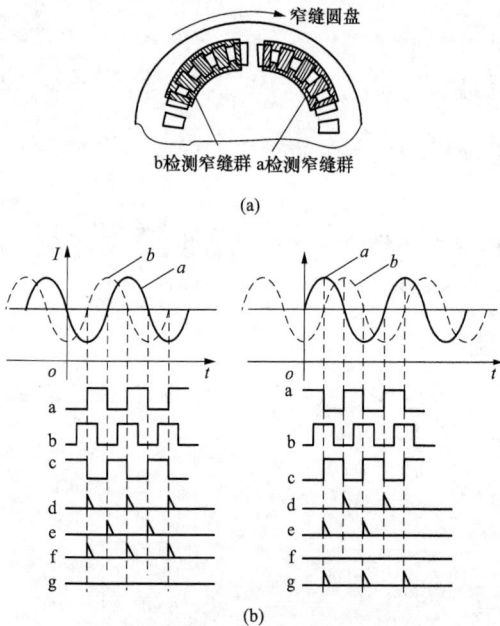

图 9-7　增量式光电编码盘的工作原理

（a）结构原理；（b）输出波形

（2）绝对式光电编码盘。它是通过读取轴上的图形来表示轴的位置，码制可选用二进制、二十进制（BCD 码）或循环码等。

1）二进制编码盘。二进制编码盘如图 9-8(a) 所示，外层为最低位，里层为最高位，从外往里按二进制编码盘，轴位置和数码的对照表见表 9-1。在码盘移动时，可能出现二位以上的数字同时改变，导致“粗大误差”的产生。例如，当数码由 0111（十进制 7）变到 1000（十进制 8），由于光电管排列不齐或光电管特性不一致，就有可能导致高位偏移，本来是 1000 的数，变成了 0000，相差为 8。为克服这一缺点，在二进制或二十进制码盘中，除最低位外，其余均有双排光电管组成双读出端，进行“选读”。当最低位由“1”转为“0”时，应当进位，读超前光电管；由“0”转为“1”时，不应进位，则读滞后光电管，这时除最低位外，对应于其他各位的读数不变。

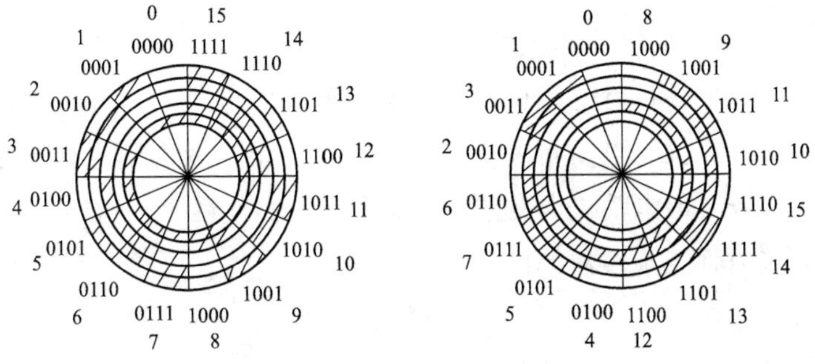

图 9-8　绝对式光电编码盘

（a）二进制编码盘；（b）循环码编码盘

表 9-1　　光电编码盘轴位和数码对照表

轴的位置	二进码	循环码
0	0000	0000
1	0001	0001
2	0010	0011
3	0011	0010
4	0100	0110
5	0101	0111
6	0110	0101
7	0111	0100
8	1000	1100
9	1001	1101
10	1010	1111
11	1011	1110
12	1100	1010
13	1101	1011
14	1110	1001
15	1111	1000

2）循环码编码盘（格雷码盘）。循环码编码盘如图 9-8(b) 所示，其特点是在相邻两个扇面只有一个码发生变化，因而当读数改变时，只可能有一个光电管处在交界面上，即使发生读错，也只有最低一位的误差，不可能产生“粗大误差”。因此，循环码表示最低位的

区段宽度要比二进制编码盘要宽一些，这也是它的优点，其缺点是不能直接实现二进制算术运算，必须先通过逻辑电路换成二进制编码盘。

光电编码盘的分辨率为 360/N。对于增量式光电编码盘，N 为转一周的计数总和；对于绝对式光电编码盘，$N=2^n$，n 为输出字的位数。光电编码盘的分辨率可达到 $1/2^{20}$，如果光电编码盘制造非常精确，则编码精度可达到量化误差。可见，光电编码盘用作位置检测可以大大提高测量精度。

二、执行机构

直流伺服电动机，又称执行电动机，它能够把输入的电压信号变换成轴上的角位移和角速度等机械信号。直流伺服电动机的工作原理、基本结构及内部电磁关系与一般用途的直流电动机相同。但较一般电动机也有差别，具有电动机惯性小、机械特性和调节特性好、调速范围宽、过载能力强及刚性强等特点。

1. 直流电动机

直流电动机的基本结构与直流发电机相同。电动机输入为电压信号，输出为转速信号。

（1）直流电动机的电枢回路平衡方程。直流电动机的电枢回路如图 9-9 所示。

直流电动机的电枢回路平衡方程为

$$U=E_a+I_aR_a$$

电枢电流的表达式为

$$I_a=\frac{U-E_a}{R_a}=\frac{U-C_e\Phi n}{R_a}$$

电动机的机械特性为

$$n=\frac{U}{C_e\Phi}-\frac{R_a}{C_eC_T\Phi^2}T_{em}=n_0-\beta T_{em}$$

（2）直流电动机的启动。直流电动机的启动电流为 $I_{st}=I_a=\dfrac{U}{R_a}$，由于 R_a 较小，因此启动电流可达额定电流的十几倍。为了限制启动电流，一般采用在电枢回路中串联启动电阻 R_{st} 的方法，如图 9-10 所示。一般要求启动电流限制在额定电流的 1.5～2 倍，以保证具有足够的启动转矩。

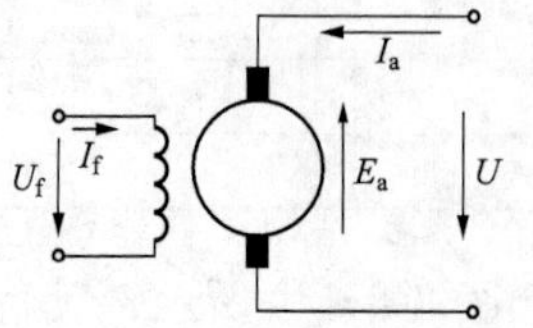

图 9-9　直流电动机的电枢回路

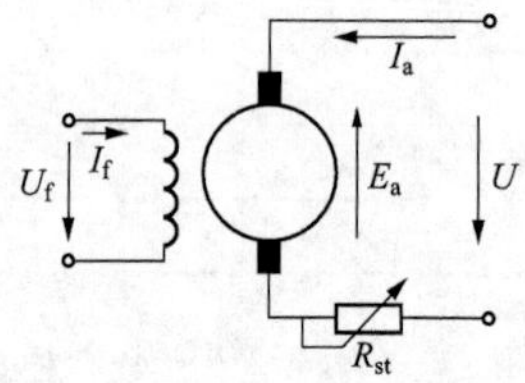

图 9-10　电枢回路串联启动电阻

对于自动控制系统中使用的直流电动机，功率只有几百瓦，由于电枢电阻比较大，其起动电流不超过额定电流的 5～6 倍，加上其转动惯量较小，转速上升快，起动时间短，所以可以直接启动，而且启动电流大，启动转矩也大，这正是控制系统所希望的。

为了获得较大的启动转矩，励磁磁通应为最大，因此电动机启动时，励磁回路的调节电阻必须短接，并在励磁绕组两端加上额定励磁电压。

2. 直流伺服电动机的控制方法和运行特性

直流伺服电动机的最大特点是可控性。伺服系统一般有位置控制、速度控制和力矩控制三种基本控制方式。

直流伺服电动机通常应用于功率较大的自动控制系统中，其控制电源为直流电压，分普通直流伺服电动机、盘形电枢直流伺服电动机、空心杯直流伺服电动机和无槽直流伺服电动机等。普通直流伺服电动机有永磁式和电磁式两种基本结构类型。电磁式又分为他励、并励、串励和复励四种，永磁式可看作是他励式。

直流伺服电动机工作原理与一般的直流电动机相同。控制方式有改变电枢电压的电枢控制和改变磁通的磁场控制两种。电枢控制具有机械特性和控制特性线性度好，而且特性曲线为一组平行线，空载损耗较小，控制回路电感小，响应迅速等优点，所以自动控制系统中多采用电枢控制。磁场控制只用于小功率电动机。

(1) 直流伺服电动机控制方法。下面以电枢控制为例说明直流伺服电动机的控制方法。把电枢电压 U 作为控制信号，实现电动机的转速控制，这就是电枢控制方法。

电枢控制的物理过程：当 T_2+T_0 和 Φ 不变时，增大 U，由于电动机有惯性，转速不变化，E_a 暂时不变化，I_a 增大，使 T_{em} 增加，由于阻转矩 T_2+T_0 不变，则 $T_{em}>T_2+T_0$，n 升高，E_a 随着增大，I_a 和 T_{em} 减小，直到 $T_{em}=T_2+T_0$ 为止，此时电动机转速变为 n_2。

电压 U 降低时，转速 n 下降的过程相同。当电压 U 极性改变时，电枢电流 I_a 及电磁转矩 T_{em} 的方向改变，电动机的转向改变。

(2) 直流伺服电动机的机械特性。在电枢电压 U 不变的情况下，直流伺服电动机的转速随转矩的变化关系 $n=f(T_{em})$，称为电动机的机械特性，即

$$n=\frac{U}{C_e\Phi}-\frac{R_a}{C_eC_T\Phi^2}T_{em}=n_0-\beta T_{em}$$

当 $n=0$ 时，电磁转矩 $T_{em}=T_d$ 称为堵转转矩，即 $T_d=\frac{U}{R_a}C_T\Phi$。

机械特性的线性度越好，系统的动态误差就越小。硬特性转矩的变化对转速的影响比软特性为好，易于控制，这正是自动控制所需的。

在不同电压下，机械特性为一组平行线。n_0 和 T_d 都与电源电压 U 成正比，但特性曲线的斜率与 U 无关。

电枢回路电阻 R_a 越小，机械特性越硬，R_a 越大，机械特性越软。

(3) 直流伺服电动机的调节特性（控制特性）。电动机的转速与电枢电压的关系 $n=f(U)$ 称为电动机的调节特性或控制特性。

1）恒定负载时的调节特性。当励磁不变、负载转矩恒定时，由机械特性表达式可知

$$n=\frac{U}{C_e\Phi}-\frac{R_a}{C_eC_T\Phi^2}T_{em}$$

$$T_{em}=T_2+T_0$$

当负载转矩 T_2 一定（且认为 T_0 恒定）时，电动机的调节特性 $n=f(U)$ 的关系曲线是一直线，其斜率为 $k=\frac{1}{C_e\Phi}$。

当 $n=0$ 时，$U=U_0=\frac{T_{em}R_a}{C_T\Phi}$。当 $U<U_0$，$T_{em}<T_L$，$n=0$；当 $U=U_0=\frac{T_{em}R_a}{C_T\Phi}$，$T_{em}=T_L$，电动机处于从静止到转动的临界状态；当 $U>U_0$，$n>0$。电压 U_0 称为电动机的死区，或称为始动电压，因为 $T_{em}=C_T\Phi\frac{U_0}{R_a}$，所以 $U_0=\frac{T_LR_a}{C_T\Phi}$。与始动电压相对应的电枢电流为 $I_{a0}=\frac{T_L}{C_T\Phi}$。

电枢电压小于始动电压时，电动机不能启动；当电源电压超过始动电压时，电动机开始旋转。当负载转矩为恒值时，无论电动机的转速有多大，I_{a0} 总是不变，此时电动势方程为

$$U=E_a+I_{a0}R_a=E_a+U_0=C_e\Phi n+U_0$$

当 $U>U_0$ 时，转速随电压线性变化。控制特性的线性度越好，系统的动态误差越小。

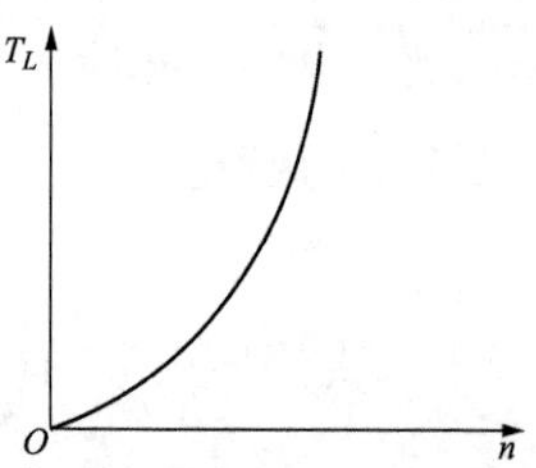

图 9-11　空气阻转矩与转速的关系

2）可变负载时的调节特性。在自动控制系统中，电动机的负载多数情况下是不随转速改变的，但是也有可变负载。例如，当负载转矩是由空气摩擦造成的阻转矩时，则转矩 T_L 随转速 n 增加而增大，并且转速越高，转矩增加得越快。空气阻转矩与转速的关系曲线如图 9-11 所示。

在可变负载的情况下，调节特性不再是一条直线。这是因为在不同转速时，由于阻转矩 T_L 不同，相应的 I_a 也不同。当 U 改变时，I_aR_a 不再保持为常数，因此 E_a 的变化不再与 U 的变化成正比。随着转速增加，负载转矩增量越来越大，I_aR_a 增量也越来越大，E_a 增量却越来越小，$E_a\propto n$，所以随着控制信号的增加，转速增量越来越小，这样 U 和 n 的关系如图 9-12 所示，不再是一条直线。当然曲线 $n=f(U)$ 的具体形状还与负载特性 $n=f(T_L)$ 的形状有关，但是总的趋势是一致的。

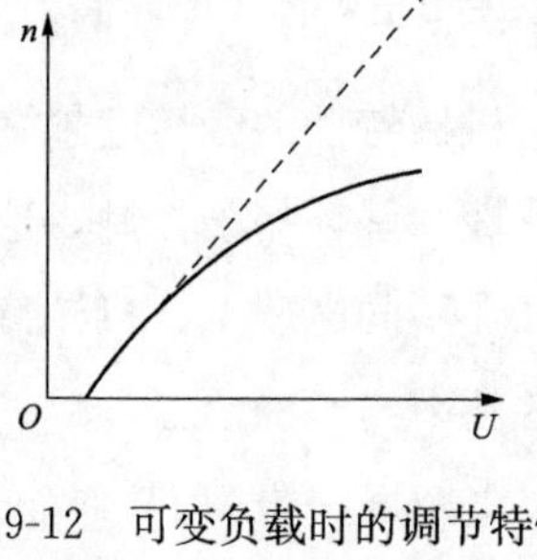

图 9-12　可变负载时的调节特性

实际工作中，常常用实验的方法直接测出电动机的调节

特性，此时电动机与负载配合，并由放大器提供信号电压。在实验中测出电动机的转速 n 随放大器输入电压 U 变化的曲线，就是带有放大器的直流伺服电动机的调节特性曲线。

第三节 位置随动控制系统的设计

位置随动控制系统的原理图如图 9-13 所示。该系统的作用是使负载 J（工作机械）的角位移随给定角度的变化而变化，即要求被控量复现控制量。

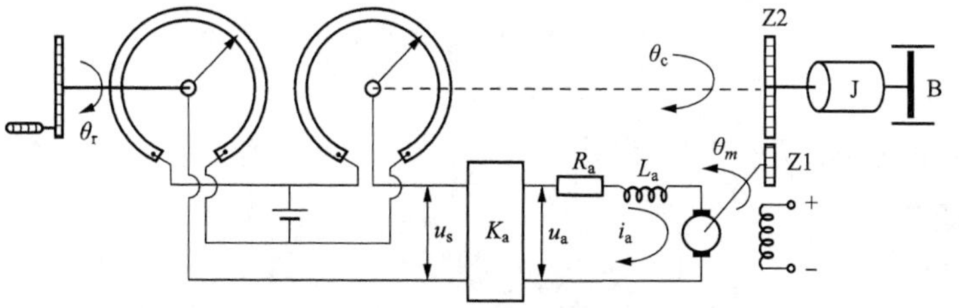

图 9-13 位置随动控制系统的原理图

Z1—电动机；Z2—减速器；J—工作机械

该系统主要由以下部件组成：系统中手柄是给定元件，手柄角位移 θ_r 是给定值（参考输入量），工作机械是被控对象，工作机械的角位移 θ_c 是被控量（系统输出量），电桥电路是测量和比较元件，它测量出系统输入量和系统输出量的跟踪偏差 $\theta_r-\theta_c$ 并转换为电压信号，该信号经晶闸管装置放大后驱动电动机，而电动机和减速器组成执行机构。

一、位置随动控制系统的工作原理

位置随动控制系统的任务是控制工作机械的角位移 θ_c 跟踪输入手柄的角位移 θ_r。

当工作机械的转角 θ_c 与手柄的转角 θ_r 一致时，两个环形电位器组成的桥式电路处于平衡状态，其输出电压 $U_s=0$，电动机不动，系统处于平衡状态。当手柄转角 θ_r 发生变化时，若工作机械仍处于原来的位置不变，则电桥输出电压 U_s 不等于 0，此电压信号经放大后驱动电动机转动，并经减速器带动工作机械使角位移 θ_c 向 θ_r 变化的方向转动，并逐渐使 θ_r 和 θ_c 的偏差减小。当 $\theta_r=\theta_c$ 时，电桥的输出电压为 0，电动机停转，系统达到新的平衡状态。当 θ_r 任意变化时，控制系统均能保证 θ_c 跟随 θ_r 任意变化，从而实现角位移的跟踪目的。

二、位置随动控制系统的数学模型

直流电动机电枢回路电压平衡方程为

$$u_a(t)=L_a\frac{di_a}{dt}+i_aR_a+E_a \tag{9-4}$$

式中：E_a 为电枢反电势，$E_a = K_e \omega_m$；K_e 为与电动机反电势有关的比例系数。

电动机轴上的转矩平衡方程为

$$J\frac{\mathrm{d}\omega_m}{\mathrm{d}t} + B\omega_m = M_m(t) - M_c(t) \tag{9-5}$$

式中：$M_m(t)$ 为电枢电流产生的电磁转矩，$M_m(t) = K_m i_a(t)$；K_m 为电动机的转矩系数；J 为折算到电动机轴上的总转动惯量；B 为折算到电动机轴上的总黏性摩擦系数。

暂不考虑负载转矩，则电动机的输出转矩来驱动负载并且并克服黏性摩擦，故得转矩平衡方程为

$$M_m = J\frac{\mathrm{d}^2\theta_m}{\mathrm{d}t^2} + B\frac{\mathrm{d}\theta_m}{\mathrm{d}t} \tag{9-6}$$

忽略不计电动机电枢电感 L_a，由式（9-4)、式（9-6）消去中间量 $i_a(t)$，对变量 u_a 与 θ_m 作拉氏变换可得

$$\frac{K_m}{R_a}U_a(s) - \frac{K_m K_e}{R_a}s\theta(s) = Js^2\theta(s) + Bs\theta(s)$$

$$G_1(s) = \frac{\theta(s)}{U_a(s)} = \frac{\dfrac{K_m}{R_a}}{s\left(Js + B + \dfrac{K_m K_e}{R_a}\right)} \tag{9-7}$$

式（9-7）为直流电动机的传递函数，电动机的模型为一个二阶系统。由于电动机的转速通常较快，在电动机与末端角度控制器通常采用齿轮减速器进行减速，减速器速比用 i 表示，因此，整个系统的开环传递函数为

$$G(s) = \frac{K_s K_a K_m}{Rs\left(Js + B + \dfrac{K_m K_e}{R_a}\right)i} \tag{9-8}$$

这里忽略电动机的电枢电感 L_a，令 $K_1 = \dfrac{K_s K_a K_m}{Ri}$ 称为增益，$F = B + \dfrac{K_m K_e}{R_a}$ 称为阻尼系数，则该自动位移控制系统的开环传递函数为 $G(s) = \dfrac{K}{s(Ts+1)}$，其中 $K = K_1/F$ 是开环增益，是需要选定的系统参数，$T = J/F$ 为系统的时间常数，一般是为系统保留下来的固有参数。则系统相应的闭环传递函数为

$$\Phi(s) = \frac{G(s)}{1+G(s)} = \frac{K}{Ts^2 + s + K} \tag{9-9}$$

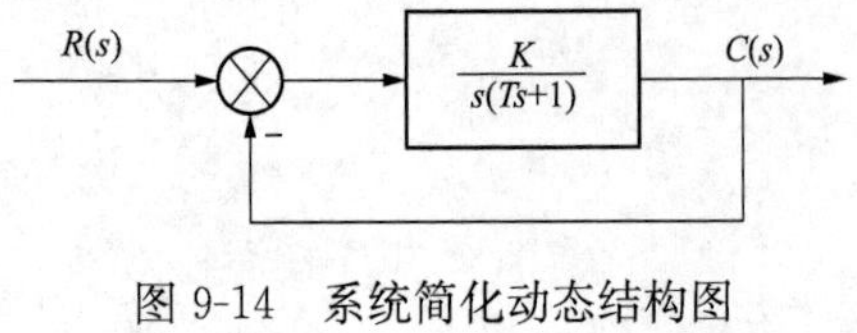

图 9-14　系统简化动态结构图

该系统可简化为一个简单的二阶系统，其系统简化动态结构图如图 9-14 所示。

代入电动机及其他模块的参数，系统的开环传递函数为 $G(s) = \dfrac{5}{s(0.45s+1)}$。

三、系统校正

1. 性能指标要求

校正后系统的性能指标应满足：速度位置误差 $e_{ss}\leqslant 0.1$，相角裕度 $\gamma'\geqslant 50$。

2. 校正装置

采用串联超前校正，采用串联超前校正可以增大系统的截止频率，从而使闭环系统的带宽也增大，使响应速度加快。串联超前校正网络的传递函数为

$$G(s)=\alpha\frac{Ts+1}{\alpha Ts+1}$$

式中：α 为放大倍数；T 为时间常数。

3. 校正过程

首先调整开环增益。由于 $e_{ss}=\dfrac{1}{K}\leqslant 0.1$，故取 $K=10\mathrm{rad}^{-1}$，待校正系统开环传递函数为 $G(s)=\dfrac{10}{s(0.45s+1)}$

根据系统的频率特性，计算出系统的截止频率 ω_c

即令
$$|G(\mathrm{j}\omega)|=\left|\frac{10}{\mathrm{j}\omega(0.45\mathrm{j}\omega+1)}\right|=1$$

可得
$$\omega_c=4.46\mathrm{rad/s}$$

根据截止频率即可求出系统的相角裕度 γ

$$\gamma=180^\circ+\angle G(\mathrm{j}\omega_c)=26.5^\circ$$

而二阶系统的幅值裕度必为$+\infty$。由待校正系统的相角裕度可以计算出串联超前网络的最大相角 φ_m

$$\varphi_m=\Delta\gamma+(5^\circ\sim10^\circ)=50^\circ-\gamma+(5^\circ\sim10^\circ)=28.5^\circ\sim33.5^\circ$$

这里取 $\varphi_m=30^\circ$，为了发挥超前网络的最大补偿作用，用最大相位角进行补偿。

根据 $\varphi_m=\arcsin\dfrac{1-\alpha}{1+\alpha}$，即可求出 $\alpha=0.33$。

取 $\omega_m=\omega_c'$，根据 $\omega_m=\dfrac{1}{T\sqrt{\alpha}}$，即可求出 $T=0.20$。

因此超前网络的传递函数为

$$G(s)=\alpha\frac{Ts+1}{\alpha Ts+1}=0.33\times\frac{0.20s+1}{0.33\times0.20s+1}$$

由于 $\alpha<1$，故超前网络对系统有衰减作用，这对系统的性能是不利的。实际中取 $G(s)'=\dfrac{1}{\alpha}G(s)=\dfrac{Ts+1}{\alpha Ts+1}=\dfrac{0.20s+1}{0.33\times0.2s+1}$

为了验证串联超前校正网络的校正作用，需要对系统的性能指标进行校验。

校正后系统的开环传递函数为$G(s)=\dfrac{0.2s+1}{0.033s+1}\cdot\dfrac{10}{s(0.45s+1)}$

校正之后系统的相角裕度为$\gamma=50°$，满足校正要求。

4. 系统仿真

系统校正前、校正后及校正装置的伯德图如图 9-15 所示，校正后系统的相位裕度为 50.2°。

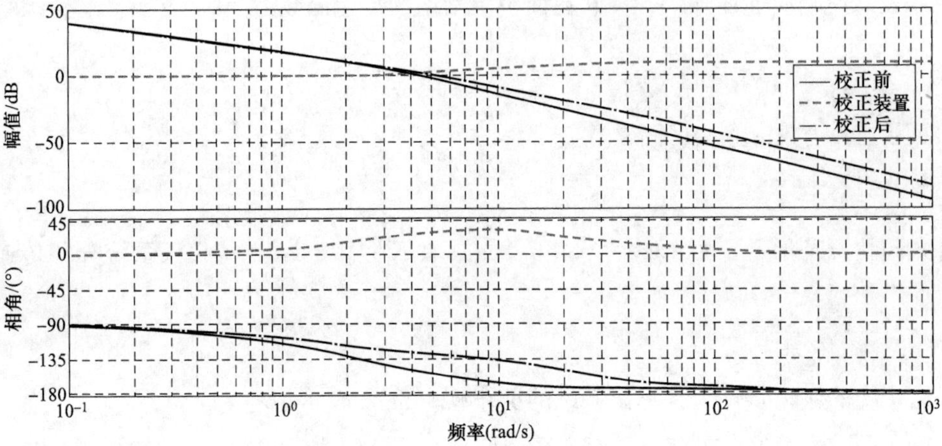

图 9-15　系统的伯德图

小　结

（1）位置随动控制系统的输出量为位移，而不是转速。该类系统主要让系统输出跟踪不断变化的输入，其典型输入量为单位斜坡信号，供电回路一般是可逆回路，以便让伺服电动机可以正反双向转动。

（2）位置随动控制系统的外环为位置环（位置负反馈），主要用来消除位置误差。在精度要求较高的地方，可加入转速负反馈和电流负反馈，以稳定转速和电流。

（3）位置随动控制系统较调速系统多了一个积分环节，因此，系统稳定性较调速系统差，易形成振荡，一般采用 PID 调节器，再引入输入前馈补偿或扰动前馈补偿，提高系统动态和稳态性能。

术 语 和 概 念

位置随动控制系统（position servo control system）：是一种位置反馈控制系统，目的是控制系统输出跟踪快速变化的输入。

伺服电机（servo motor）：可快速、精确控制速度，位置，将电压信号转化为转矩和转速以驱动控制对象。

习　题

9-1　位置随动控制系统在构造上和控制特点上与调速他有哪些区别？

9-2　位置随动控制系统若加入转速负反馈和转速微分负反馈，系统的快速性是否会受影响？

9-3　伺服电动机和普通电力拖动电动机在结构上和性能上有哪些区别？

9-4　位置随动控制系统的动态特性和稳态特性有什么特点？

9-5　常用的检测线位移的元件有哪些？它们各有什么特点，分别适用于什么场合？

9-6　某位置随动系统的开环传递函数为

$$G(s)=\frac{500}{s(0.1s+1)}$$

（1）画出系统的开环 bode 图，并分析系统的稳定性；

（2）当系统输入为 $1+2t+t^2$ 时，系统的稳态误差为多少？

附　　录

附录一　常用函数的拉氏变换和 Z 变换

附表 1-1　　常用函数的拉氏变换和 Z 变换表

序号	拉氏变换	时间函数	Z 变换
1	e^{-kTs}	$\delta(t-kT)$	z^{-k}
2	1	$\delta(t)$	1
3	$\frac{1}{s}$	$1(t)$	$\frac{z}{z-1}$
4	$\frac{1}{s^2}$	t	$\frac{Tz}{(z-1)^2}$
5	$\frac{1}{s^3}$	$\frac{t^2}{2!}$	$\frac{T^2z(z+1)}{2(z-1)^3}$
6	$\frac{1}{s^4}$	$\frac{t^3}{3!}$	$\frac{T^3(z^2+4z+1)}{6(z-1)^4}$
7	$\frac{1}{s+a}$	e^{-at}	$\frac{z}{z-e^{-aT}}$
8	$\frac{1}{(s+a)^2}$	te^{-at}	$\frac{Tze^{-aT}}{(z-e^{-aT})^2}$
9	$\frac{a}{s(s+a)}$	$1-e^{-at}$	$\frac{(1-e^{-aT})z}{(z-1)(z-e^{-aT})}$
10	$\frac{a}{s^2(s+a)}$	$t-\frac{1}{a}(1-e^{-at})$	$\frac{Tz}{(z-1)^2}-\frac{(1-e^{-aT})z}{a(z-1)(z-e^{-aT})}$
11	$\frac{1}{(s+a)(s+b)(s+c)}$	$\frac{e^{-at}}{(b-a)(c-a)}+\frac{e^{-bt}}{(a-b)(c-b)}+\frac{e^{-ct}}{(a-c)(b-c)}$	$\frac{z}{(b-a)(c-a)(z-e^{-aT})}+\frac{z}{(a-b)(c-b)(z-e^{-bT})}+\frac{z}{(a-c)(b-c)(z-e^{-cT})}$
12	$\frac{s+d}{(s+a)(s+b)(s+c)}$	$\frac{d-a}{(b-a)(c-a)}e^{-at}+\frac{d-b}{(a-b)(c-b)}e^{-bt}+\frac{d-c}{(a-c)(b-c)}e^{-ct}$	$\frac{(d-a)z}{(b-a)(c-a)(z-e^{-aT})}+\frac{(d-b)z}{(a-b)(c-b)(z-e^{-bT})}+\frac{(d-c)z}{(a-c)(b-c)(z-e^{-cT})}$

续表

序号	拉氏变换	时间函数	Z变换
13	$\frac{abc}{s(s+a)(s+b)(s+c)}$	$1-\frac{bc}{(b-a)(c-a)}e^{-at}-\frac{ca}{(c-b)(a-b)}e^{-bt}-\frac{ab}{(a-c)(b-c)}e^{-ct}$	$\frac{z}{z-1}-\frac{bcz}{(b-a)(c-a)(z-e^{-aT})}-\frac{caz}{(c-b)(a-b)(z-e^{-bT})}-\frac{abz}{(a-c)(b-c)(z-e^{-cT})}$
14	$\frac{\omega}{s^2+\omega^2}$	$\sin\omega t$	$\frac{z\sin\omega T}{z^2-2z\cos\omega T+1}$
15	$\frac{s}{s^2+\omega^2}$	$\cos\omega t$	$\frac{z(z-\cos\omega T)}{z^2-2z\cos\omega T+1}$
16	$\frac{\omega^2}{s(s^2+\omega^2)}$	$1-\cos\omega t$	$\frac{z}{z-1}-\frac{z(z-\cos\omega T)}{z^2-2z\cos\omega T+1}$
17	$\frac{\omega}{(s+a)^2+\omega^2}$	$e^{-at}\sin\omega t$	$\frac{ze^{-aT}\sin\omega T}{z^2-2ze^{-aT}\cos\omega T+e^{-2aT}}$
18	$\frac{s+a}{(s+a)^2+\omega^2}$	$e^{-at}\cos\omega t$	$\frac{z^2-ze^{-aT}\cos\omega T}{z^2-2ze^{-aT}\cos\omega T+e^{-2aT}}$
19	$\frac{b-a}{(s+a)(s+b)}$	$e^{-at}-e^{-bt}$	$\frac{z}{z-e^{-aT}}-\frac{z}{z-e^{-bT}}$
20		k	$\frac{z}{(z-1)^2}$
21		k^2	$\frac{z(z+1)}{(z-1)^3}$
22		k^3	$\frac{z(z^2+4z+1)}{(z-1)^4}$
23		a^k	$\frac{z}{z-a}$
24		ka^k	$\frac{az}{(z-a)^2}$
25		k^2a^k	$\frac{az(z+a)}{(z-a)^3}$
26		$(k+1)a^k$	$\frac{z^2}{(z-a)^2}$

附录二　MATLAB 的应用介绍

MATLAB 是一种高级的数学分析与工程计算软件，可以用作动态系统的建模与仿真。MATLAB 是英文 Matrix Laboratory（矩阵实验室）的缩写，它善于矩阵的分析与运算，在 MATLAB 中处理的所有变量都是矩阵。在控制工程中，主要利用 MATLAB 对所设计系统进行仿真以及性能的计算。仿真的方法一般有两种，一是利用 MATLAB 语言编程来实现；二是在 SIMULINK 环境下，用图形化方法来建立系统的动态结构图。也可以将两种方法结合使用，实用性更强。

一、帮助系统

为了便于用户使用，MATLAB 提供了完善的帮助系统。利用其帮助系统，可以使我们更快、更轻松、更准确地掌握 MATALB 的使用方法。

1. 命令行帮助

在 MATLAB 命令窗口的命令提示符下键入“help”，将得到 MATLAB 命令的屏幕帮助信息。如果要查询具体的帮助主题词或指令名称，只需在命令行键入“help command name”即可。例如，在命令行键入“help bode”将会显示 bode 命令的功能及参数说明。

如果用户记得不是十分准确的话，将无法使用 help 命令。这时可以利用 lookfor 函数，通过一般的关键词，搜索与之相关的命令。例如，键入“look for fourier”，可以找到关于傅里叶变换的相关指令。

2. 联机帮助

在 MATLAB 界面中单击工具条上的“?”按钮，或单击 Help 菜单中的“MATLAB Help”选项，便可显示联机帮助界面。

3. 演示帮助

在 MATLAB 命令窗口的命令提示符下键入“demo”，或单击菜单中的“Demos”选项，将弹出 Demo 窗体，它包含了很多 MATLAB 的应用范例，范例具有很好的学习指导性。建议在使用 MATLAB 之前，首先学习 MATLAB 的范例，有助于对 MATLAB 的快速掌握。

二、 MATLAB 的函数

在分析和设计控制系统时常用到一些 MATLAB 命令和函数。MATLAB 常用函数和命令详见附表 2-1。

附表 2-1　　MATLAB 常用函数命令一览表

字符名	功能说明
+	加
−	减
*	矩阵乘
. *	向量乘
^	矩阵乘方
.	向量乘方
\	矩阵左除
/	矩阵右除
. \	向量左除
字符名	功能说明
./	向量右除
()	生成向量或提取子阵
:	定义参数或下标运算
[]	生成矩阵
.	获取结构字段
…	续行
%	注解
‘	矩阵转置
.’	向量转置
=	赋值
==	等于
<	小于
<=	小于等于
>	大于
>=	大于等于
&	逻辑与
|	逻辑或
~	逻辑非
xor	逻辑异或
管理工作空间命令	**功能说明**
who	列出工作空间所有变量
save	将工作空间中变量存盘
load	读取变量
clear	清除变量
length	查询矢量的维数
数据分析与傅里叶变换函数	**功能说明**
max	求矢量中最大元素
min	求矢量中最小元素
mean	求矢量中各元素的平均值
median	求矢量中各元素的中间值
std	求矢量中各元素的标准方差

续表

数据分析与傅里叶变换函数	功能说明
sort	对矢量中各元素排序
sum	对矢量中各元素求和
prod	对矢量中各元素求积
trapz	用梯形法求数值积分
diff	差分函数或近似积分
cov	协方差矩阵
filter	一维数字滤波
filter2	二维数字滤波
conv	多项式卷积
conv2	二维卷积
deconv	因式分解或多项式除法
fft	离散 Fourier 变换
fft2	二维离散 Fourier 变换
数据分析与傅里叶变换函数	**功能说明**
ifft	离散 Fourier 逆变换
ifft2	二维离散 Fourier 逆变换
gradient	近似梯度计算
基本矩阵函数及矩阵变换函数	**功能说明**
rank	求矩阵的秩
det	求矩阵的行列式
null	右零空间
orth	正交空间
rref	矩阵的行列阶梯实现
expm	矩阵指数函数
logm	矩阵的对数
sqrtm	矩阵的平方
funm	矩阵的任意函数
zeros	产生零矩阵
ones	产生全 1 的矩阵
rand	产生随即矩阵
flipud	按上下方向翻转矩阵元素
tril	取矩阵的下三角部分
triu	取矩阵的上三角部分
图形函数	**功能说明**
gcf	获取当前图形的窗口句柄
clf	清除当前图形窗口
close	关闭图形窗口
subplot	将图形窗口分成若干个区域
axes	设定坐标轴形式
axis	设定坐标轴标度
hold	保护当前图形和坐标轴属性

续表

图形函数	功能说明
plot	绘制线性坐标图形
loglog	绘制全对数坐标图形
semilogx	绘制 x 轴半对数坐标图形
semilogy	绘制 y 轴半对数坐标图形
fill	绘制填充的二维多边形
polar	绘制极坐标图形绘制
bar	绘制条形图曲线
stem	绘制离散序列柄状图形
rose	绘制极坐标直方图
fplot	给定函数绘图
title	给图形加标题
xlabel	给图形 x 坐标加说明
ylabel	给图形 y 坐标加说明
text	在图形上加文字说明
gtext	在鼠标指定的位置上加文字说明
grid	给图形加网格线

三、 MATLAB 简单运算与编程

1. 多项式运算

自动控制原理中对多项式的处理一般有求多项式的根和由根建立多项式等，可分别用命令 root（p）和 poly（r）实现。

【附例 2-1】 求多项式 $p(s)=s^3+2s^2+5s+6$ 的根，再由根建立多项式。

解 在 MATLAB 命令行键入

```
p=[1 2 5 6];
r=roots(p)
```

按回车，运行结果为

```
r =
  -0.2836+2.0266i
  -0.2836-2.0266i
  -1.4329
```

继续键入

```
p=poly(r)
```

按回车，运行结果为

```
p =
  1.0000    2.0000    5.0000    6.0000
```

2. 拉氏变换和拉氏反变换

求拉氏变换与拉氏反变换可分别由命令 laplace(ft,t,s)和 ilaplace(Fs,s,t)实现。

【附例 2-2】 求 $f(t)=t^2+2t+1$ 的拉氏变换。

解 在 MATLAB 命令行键入

```
syms s t;
ft = t^2 + 2 * t + 1;
Fs = laplace(ft,t,s)
```

按回车，运行结果为

```
Fs =
   2/s^3 + 2/s^2 + 1/s
```

【附例 2-3】 求 $F(s)=\frac{1}{s(s+1)(s+2)}$ 的拉氏反变换。

解 在 MATLAB 命令行键入

```
syms s t;
Fs = 1/s/(s + 1)/(s + 2);
ft = ilaplace(Fs,s,t)
```

按回车，运行结果为

```
ft =
   1/2 - exp( - t) + 1/2 * exp( - 2 * t)
```

3. 简单编程

MATLAB 同样是一种高效的编程语言，它与其他语言（如 C、BASIC 和 FORTRAN）编程结构相似，由一些基本机构组成，如循环等；还可以由一些基本的命令组合成特定的程序，实现特定的功能，即新的 MATLAB 函数，这些函数也可以加入 MATLAB 命令中。

在对自动控制系统进行仿真后，一般要对仿真后的输出值进行处理，如画响应曲线等。下面简单介绍一些常用的绘制响应曲线的命令和函数。

(1) 一维图。命令 plot(x,y,s) 可画出 y 值相对于 x 值的关系图，但前提是 x 和 y 是同一长度的向量，时域分析中的一些响应曲线都可用这条命令绘制。命令中 s 表示曲线的线型、采样点的类型或者颜色的标记，以此来区分多条曲线。MATLAB 提供的线、点和颜色的类型见附表 2-2。

附表 2-2　MATLAB 提供的线、点和颜色的类型

线的类型		点的类型		颜色的类型	
实线	—	圆点	·	红色	r
短划线	--	加号	+	绿色	g

续表

线的类型		点的类型		颜色的类型	
虚线	:	星号	*	蓝色	b
点划线	—.	圆圈	○	白色	w
		×号	×	黄色	y

若需要在一幅图上绘制多条曲线，可采用具有多个自变量的 plot 命令：

plot(x1,y1,s1,x2,y2,s2,x3,y3,s3,…)

（2）在图上加网格线、图形标题、x 轴标记和 y 轴标记。曲线绘制完成后，一般还需要加上网格线、图形标题、x 轴标记和 y 轴标记。相对应的 MATLAB 命令如下：

```
grid
title('图形标题')
xlabel('x 轴标记')
ylabel('y 轴标记')
```

若要在图形的其他位置加标记可用 gtext（‘文字标记’）命令实现。执行该命令后，将在图形上出现十字图标，移动十字图标到指定位置单击鼠标左键便能将“文字标记”加在相应位置。

（3）手动设置坐标轴。对于动态响应曲线、根轨迹、伯德图等的自动绘图一般情况下都能适用，但在某些情况下可能需要放弃自动绘图中的坐标轴设置，重新设置坐标轴范围，可用下面命令实现：

v = [x - min x - max y - min y - max]

但在使用时需执行命令 axis(v)，并且一直保持到后面的图形中，再次键入 axis 可恢复自动定标。

附录三　控制系统典型实验

实验一　典型环节的模拟研究

一、实验目的

（1）了解并掌握教学实验系统模拟电路的使用方法，掌握典型环节模拟电路的构成方法，培养学生实验技能。

（2）熟悉各种典型环节的阶跃响应曲线。

（3）了解参数变化对典型环节动态特性的影响。

二、实验仪器

（1）自动控制原理学习机一台；

（2）超低频示波器一台；

（3）万用表一块；

（4）微机及自动控制原理学习软件一套。

三、各典型环节的模拟电路图及输出响应

本实验是利用运放的基本特性（开环增益高、输入阻抗大、输出阻抗小等），设置不同的反馈网络来模拟各种典型环节。

1. 比例（P）环节

（1）其框图如附图 3-1 所示。

（2）其电路图如附图 3-2 所示。

（3）其传递函数为$\dfrac{U_c(s)}{U_r(s)}=K=\dfrac{R_1}{R_0}$。

（4）当输入为阶跃信号时，即 $u_r(t)=1(t)$ 时，$u_c=K=R_1/R_0$，故改变比例系数 K 的值，即调整不同 R_1 和 R_0 的值，可得到不同的输出响应。其理想输出波形如附图 3-3 所示。

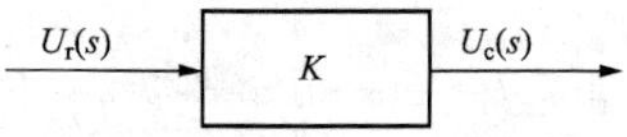

附图 3-1　比例环节框图

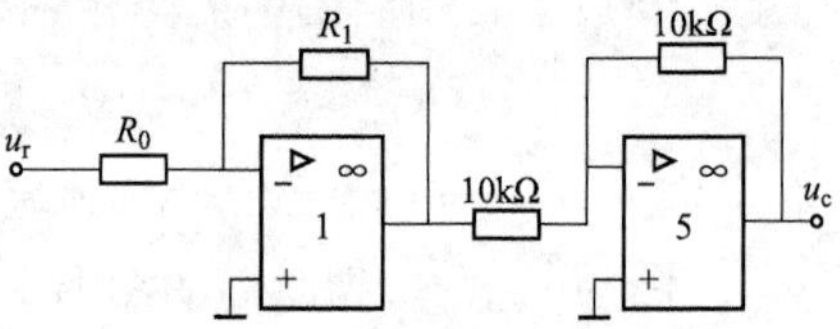

附图 3-2　比例环节电路图

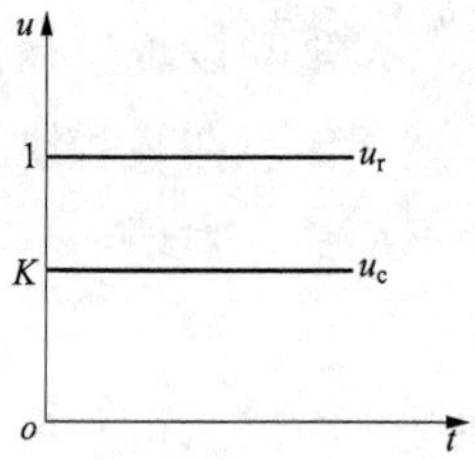

附图 3-3　比例环节理想输出波形

2. 积分（I）环节

（1）其框图如附图 3-4 所示。

（2）其电路图如附图 3-5 所示。

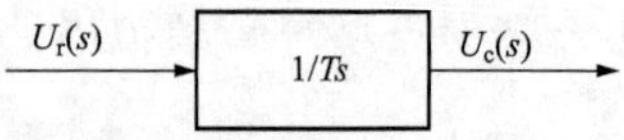

附图 3-4　积分环节框图

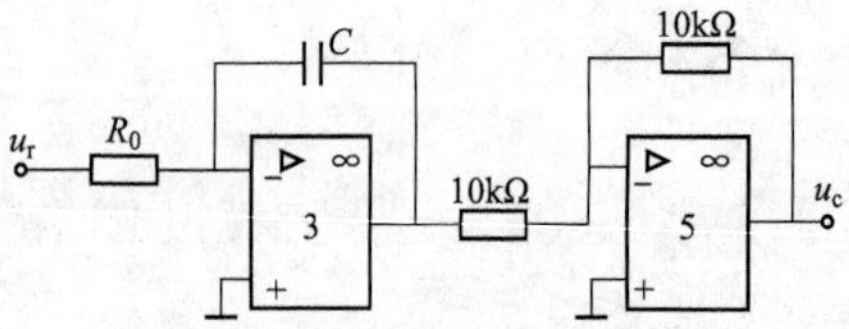

附图 3-5　积分环节电路图

（3）其传递函数为

$$\frac{U_c(s)}{U_r(s)}=\frac{1}{Ts}$$

式中：$T=R_0C$。

（4）当 $u_r(t)=1(t)$ 时，其输出响应为 $u_c(t)=\frac{1}{T}t$，其理想输出波形如附图 3-6 所示。

3. 比例积分（PI）环节

（1）其动态结构图如附图 3-7 所示。

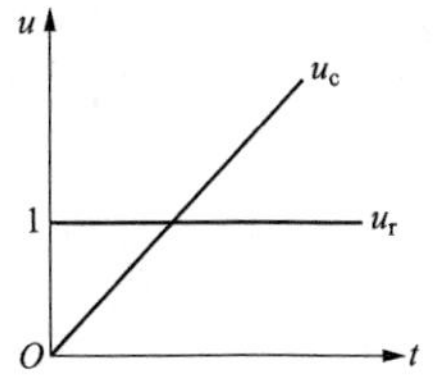

附图 3-6　积分环节理想输出波形

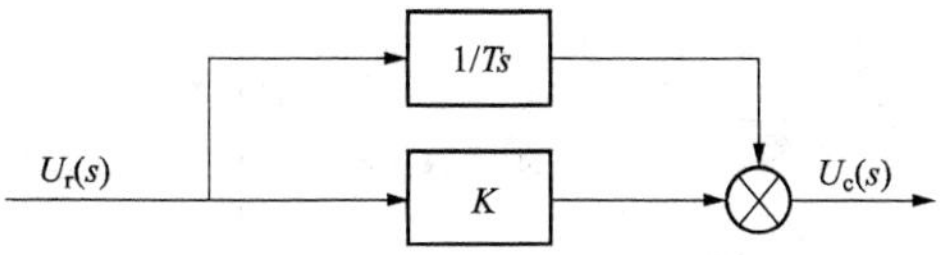

附图 3-7　比例积分环节动态结构图

（2）其电路图如附图 3-8 所示。

（3）其传递函数为

$$\frac{U_c(s)}{U_r(s)}=K+\frac{1}{Ts}$$

式中：$K=\frac{R_1}{R_0}$；$T=R_0C$。

（4）当 $u_r(t)=1(t)$ 时，其输出响应为 $u_c(t)=K+\frac{1}{T}t$，其理想输出波形如附图 3-9 所示。

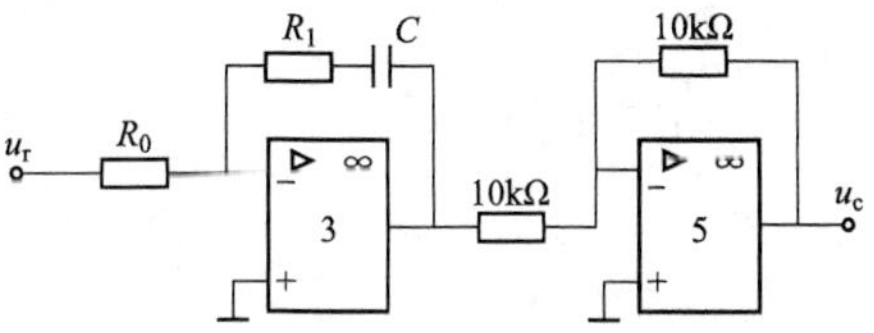

附图 3-8　比例积分环节电路图

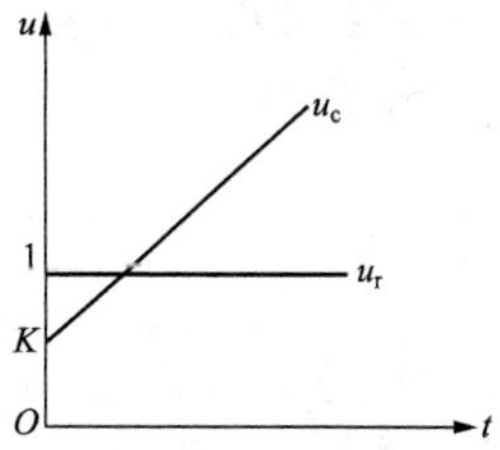

附图 3-9　比例积分环节理想输出波形

4. 比例微分（PD）环节

（1）其动态结构图如附图 3-10 所示。

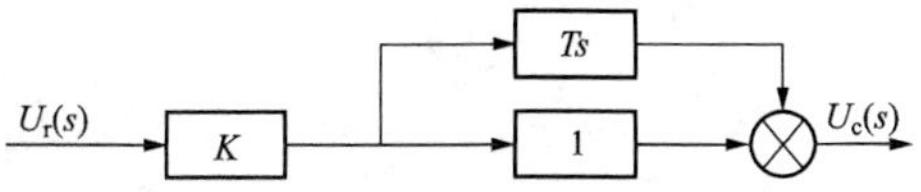

附图 3-10　比例微分环节动态结构图

（2）其电路图如附图 3-11 所示。

（3）附图 3-10 的传递函数为 $\frac{U_c(s)}{U_r(s)}=K(1+Ts)$。

附图 3-11 的传递函数为

$$\frac{U_c(s)}{U_r(s)}=K\frac{T_ds+1}{T_fs+1}$$

式中：$K=\dfrac{R_1+R_2}{R_0}$；$T_f=R_3C$；$T_d=\left(R_3+\dfrac{R_1R_2}{R_1+R_2}\right)C$。

（4）当 $u_r(t)=1(t)$ 时，其输出响应为 $u_c(t)=KT\delta(t)+K$，其理想输出波形如附图 3-12 所示。

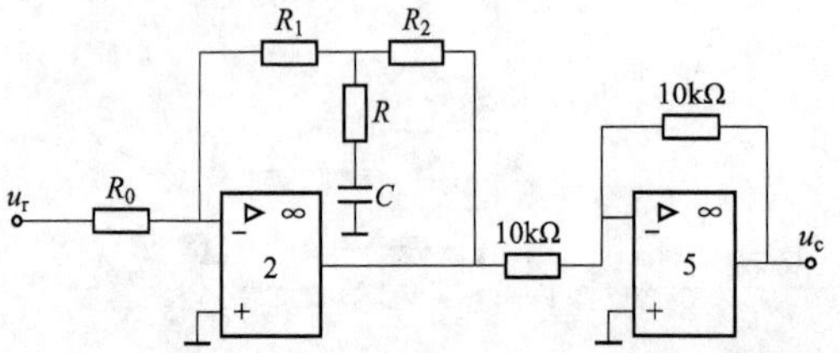

附图 3-11　比例微分环节电路图

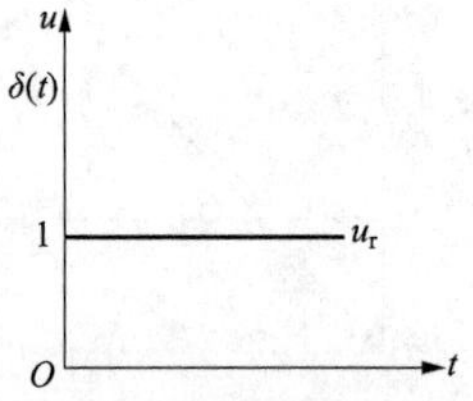

附图 3-12　比例微分环节理想输出波形

5. 惯性（T）环节

（1）其框图如附图 3-13 所示。

（2）其电路图如附图 3-14 所示。

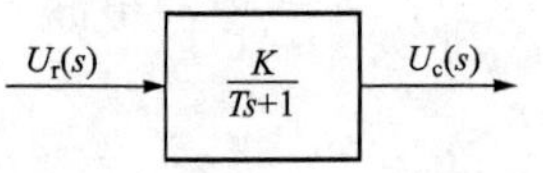

附图 3-13　惯性环节的框图

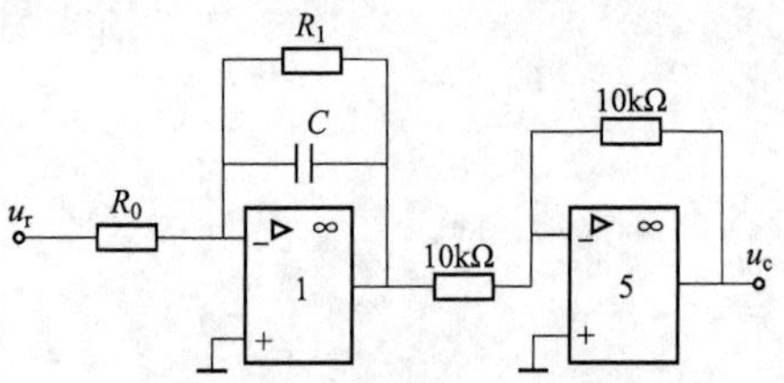

附图 3-14　惯性环节电路图

（3）其传递函数为

$$\frac{U_c(s)}{U_r(s)}=\frac{K}{Ts+1}$$

式中：$K=\dfrac{R_1}{R_0}$；$T=R_1C$。

（4）当 $u_r(t)=1(t)$ 时，其输出响应为 $u_c(t)=K(1-e^{-\frac{t}{T}})$，其理想输出波形如附图 3-15 所示。

6. 比例积分微分（PID）环节

（1）其动态结构图如附图 3-16 所示。

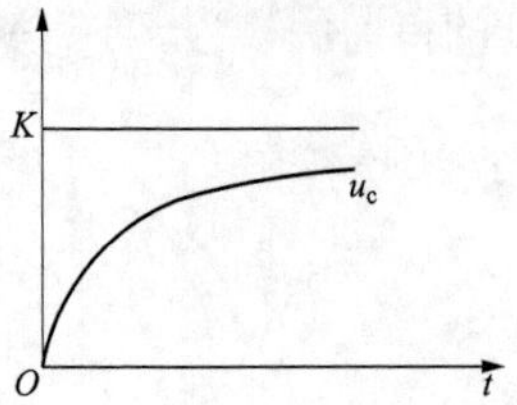

附图 3-15　惯性环节理想输出波形

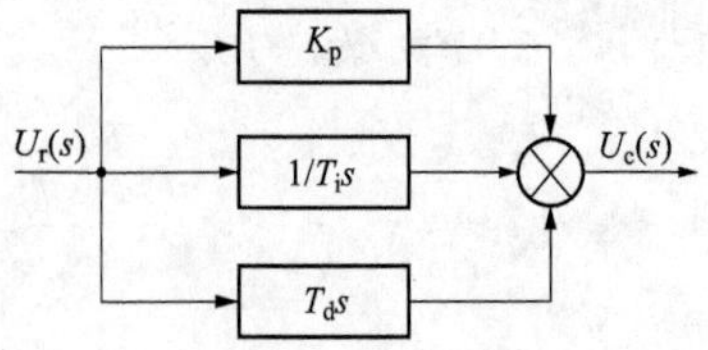

附图 3-16　比例积分微分环节动态结构图

(2) 其电路图如附图 3-17 所示。

(3) 附图 3-16 的传递函数为$\frac{U_c(s)}{U_r(s)}=K_p+\frac{1}{T_i s}+T_d s$。

附图 3-17 的传递函数为

$$\frac{U_c(s)}{U_r(s)}=K_p\frac{1+\frac{1}{T_i s}+T_d s}{1+T_f s}$$

式中：$K_p=\frac{R_1+R_2}{R_0}+\frac{R_2+R_3}{R_0}\cdot\frac{C_2}{C_1}$；$T_i=(R_1+R_2)C_1+(R_2+R_3)C_2$；

$T_d=\frac{(R_1R_2+R_2R_3+R_3R_1)C_1C_2}{(R_1+R_2)C_1+(R_2+R_3)C_2}$；$T_f=R_3C_2$。

(4) 当输入 $U_r(t)=1(t)$ 时，其输出响应为 $u_c(t)=T_d\delta(t)+K_p+\frac{1}{T}t$，其理想输出波形图如附图 3-18 所示。

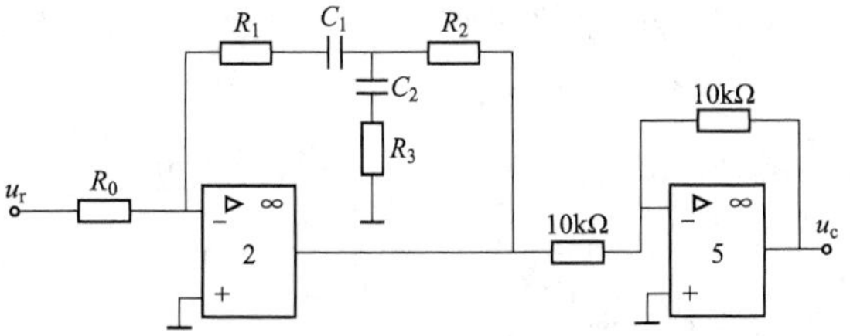

附图 3-17 比例积分微分环节电路图

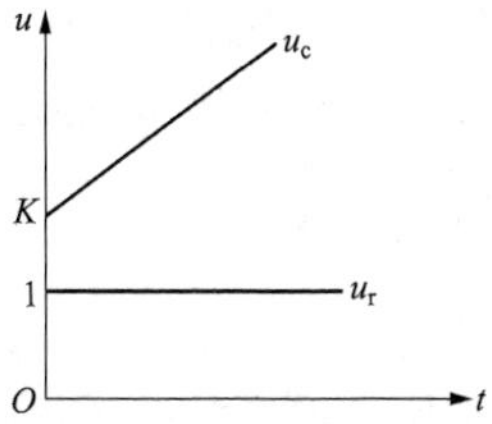

附图 3-18 比例积分微分环节理想输出波形

四、实验步骤

(1) 按各典型环节的电路图接线，其参数选择参考如下。

1) 比例环节 (P)：

$K_p=0.5$，即取 $R_0=1\text{M}\Omega$，$R_1=510\text{k}\Omega$；

$K_p=1$，即取 $R_0=R_1=1\text{M}\Omega$；

$K_p=2$，即取 $R_0=510\text{k}\Omega$，$R_1=1\text{M}\Omega$。

2) 积分环节 (Ⅰ)：

$T=1\text{s}$：取 $R_0=1\text{M}\Omega$，$C=1\mu\text{F}$；

$T=4.7\text{s}$：取 $R_0=1\text{M}\Omega$，$C=4.7\mu\text{F}$；

$T=10\text{s}$：取 $R_0=1\text{M}\Omega$，$C=10\mu\text{F}$。

3) 比例积分环节 (PI)：

$K=1$，$T=4.7\text{s}$： 取 $R_0=R_1=1\text{M}\Omega$，$C=4.7\mu\text{F}$；

$K=1$，$T=10\text{s}$： 取 $R_0=R_1=1\text{M}\Omega$，$C=10\mu\text{F}$；

$K=0.5$，$T=9.4s$：取 $R_0=2M\Omega$，$R_1=1M\Omega$，$C=4.7\mu F$。

4）比例微分环节（PD）：

$K_p=2$，$T_d=3s$：取 $R_0=R_1=R_2=R_3=1M\Omega$，$C=2\mu F$；

$K_p=1$，$T_d=3s$：取 $R_0=2M\Omega$，$R_1=R_2=R_3=1M\Omega$，$C=2\mu F$；

$K_p=1$，$T_d=7.05s$：取 $R_0=2M\Omega$，$R_1=R_2=R_3=1M\Omega$，$C=4.7\mu F$。

5）惯性环节（T）：

$K=1$，$T=1s$：取 $R_0=R_1=1M\Omega$，$C=1\mu F$；

$K=1$，$T=4.7s$：取 $R_0=R_1=1M\Omega$，$C=4.7\mu F$；

$K=2$，$T=4.7s$：取 $R_0=510k\Omega$，$R_1=1M\Omega$，$C=4.7\mu F$。

6）比例积分微分环节（PID）：

$K_p=1.22$，$T_i=4.88s$，$T_d=0.4s$：

取 $R_0=R_1=1M\Omega$，$R_2=100k\Omega$，$R_3=20k\Omega$，$C_1=C_2=4.7\mu F$。

（2）将电路输入端 u_r 与阶跃信号的输出端Y相连，电路的输出端 u_c 接至示波器。

（3）按下阶跃信号的产生按钮，用示波器观察输出端的实际曲线 $u_c(t)$，且将结果记下，改变比例、积分、微分等参数，重新观察结果。

（4）分别记录下各典型环节中各组参数对应的实际阶跃响应曲线，并画出理想阶跃响应曲线。

（5）对比实测与理想阶跃响应曲线，找出差别并说明原因。

五、思考题

（1）由运放组成的各环节的传递函数是在什么条件下推导的？输入电阻、反馈电阻的阻值范围可任意选用吗？

（2）在各环节中若无后面的一个比例环节，其输出响应有什么差别？

（3）惯性环节在什么情况下可近似为比例环节？又在什么情况下可近似为积分环节？

实验二　典型系统动态响应和稳定性

一、实验目的

（1）学习动态性能指标的测试技能。

（2）了解参数变化对系统动态性能及稳定性的影响。

二、实验仪器

（1）自动控制原理学习机一台；

（2）示波器一台；

（3）万用表一块。

三、实验原理

1. 典型二阶系统

（1）其动态结构图如附图 3-19 所示。

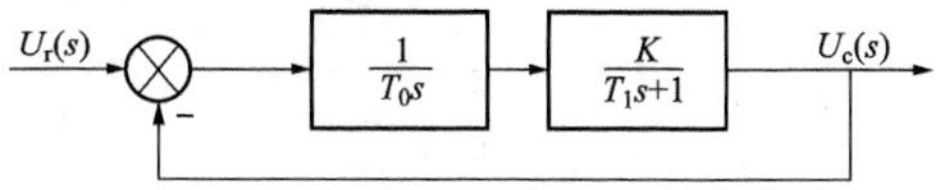

附图 3-19　典型二阶系统的动态结构图

（2）其开环传递函数为

$$G(s)=\frac{K_1}{T_0 s(T_1 s+1)}$$

其闭环传递函数为

$$\Phi(s)=\frac{\omega_n^2}{s^2+2\xi\omega_n s+\omega_n^2}$$

（3）其电路图如附图 3-20 所示。

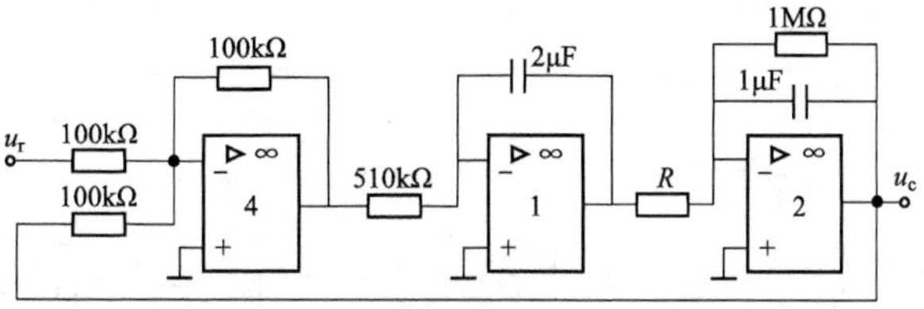

附图 3-20　典型二阶系统电路图

由附图 3-20 可得，$K_1=\frac{1\text{M}\Omega}{R}$，$T_0=T_1=1\text{s}$，则开环传递函数为

$$G(s)=\frac{K_1}{s(s+1)}$$

闭环传递函数为

$$\Phi(s)=\frac{K_1}{s^2+s+K_1}=\frac{\omega_n^2}{s^2+2\xi\omega_n s+\omega_n^2}$$

故

$$\omega_n=\sqrt{K_1}\,,\ \xi=\frac{\sqrt{K_1}}{2K_1}$$

典型二阶系统阶跃响应曲线如附图 3-21 所示，由图可见如下。

（1）当 $0<\xi<1$ 时，即欠阻尼情况，二阶系统的理想阶跃响应为衰减振荡，如附图 3-21 中曲线①所示。其中

$$\sigma\%=e^{-\xi\cdot\pi/\sqrt{1-\xi^2}}\,,\ t_p=\frac{\pi}{\omega_n\sqrt{1-\xi^2}}\,,\ t_s=\frac{4}{\xi\omega_n}$$

（2）当 $\xi=1$ 时，即临界阻尼情况，系统的理想阶跃响应为单调的指数曲线，如附图 3-21 中曲线②所示。

（3）当 $\xi>1$ 时，即过阻尼情况，系统的理想阶跃响应为单调的指数曲线，如附图 3-21 中曲线③所示。

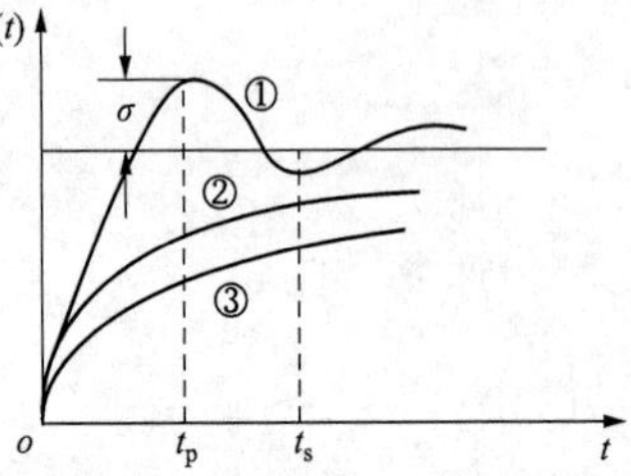

附图 3-21　典型二阶系统理想阶跃响应曲线

①—$0<\xi<1$；②—$\xi=1$；③—$\xi>1$，$K_1=1\text{M}\Omega/R$

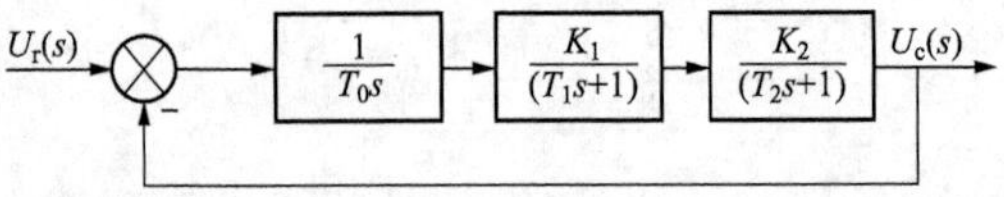

附图 3-22　典型三阶系统动态结构图

2. 典型三阶系统

（1）其动态结构图如附图 3-22 所示。

（2）其电路图如附图 3-23 所示。

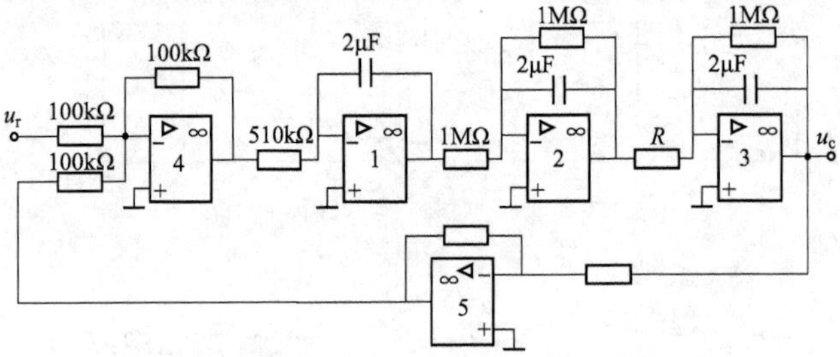

附图 3-23　典型三阶系统的电路图

（3）稳定性研究。其三阶系统模拟电路的开环传递函数为 $G(s)=\dfrac{1000/R}{s(s+1)(2s+1)}$，式中 R 单位为 kΩ，则系统的特征方程为

$$s^3+1.5s^2+0.5s+0.5K=0$$

列劳斯表为

$$\begin{array}{lll} s^3 & 1 & 0.5 \\ s^2 & 1.5 & 0.5K \\ s^1 & (1.5-K)/3 & \\ s^0 & 0.5K & \end{array}$$

由 $1.5-K>0$ 和 $0.5K>0$，可得系统的稳定范围为 $0<K<1.5$。由于 $K=1000/R$，则

$R>667\text{k}\Omega$　　系统稳定；

$R=667\text{k}\Omega$　　系统临界稳定；

$R<667\text{k}\Omega$　　　　系统不稳定。

系统输出波形分别如附图 3-24 所示。

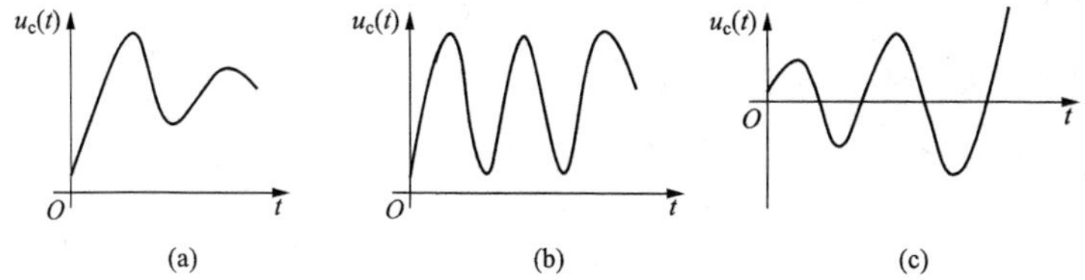

附图 3-24　三阶系统输出波形

(a) 系统稳定；(b) 系统临界稳定；(c) 系统不稳定

四、实验步骤

1. 典型二阶系统动态性能指标的测试

(1) 按附图 3-20 接线，先取 R 为 100kΩ。

(2) 用示波器观察系统阶跃响应 u_c 的曲线，测量并记录超调量 $\sigma\%$、峰值时间 t_p 及调节时间 t_s。

(3) 分别按 R＝1MΩ、4MΩ 改变系统开环增益，观察相应的阶跃响应 u_c 的曲线，测量并记录指标 $\sigma\%$、t_p 及 t_s。

(4) 记录结果，并与理论值进行比较分析。

2. 典型三阶系统动态性能指标的测试

(1) 按附图 3-23 接线，先取 R 为 1MΩ。

(2) 用示波器观察系统的阶跃响应，并记录波形。

(3) 分别按 R＝520kΩ、330kΩ 改变系统开环增益，并观察系统的阶跃响应曲线，并记录波形。

(4) 将各种情况下的波形进行比较分析。

五、思考题

(1) 在实验线路中如何确保系统实现负反馈？如果反馈回路中有偶数个运放，则构成什么反馈？

(2) 对于二阶系统，改变增益会发生不稳定现象吗？

实验三　控制系统的频率特性

一、实验目的

(1) 学习测量系统（环节）频率特性曲线的方法和技能。

(2) 学习根据频率特性的实验曲线求取传递函数的方法。

二、实验仪器

（1）自动控制原理学习机一台；

（2）频率特性测试仪一台；

（3）万用表一块；

（4）示波器一台。

三、实验原理

（1）被测系统的动态结构图如附图 3-25 所示。

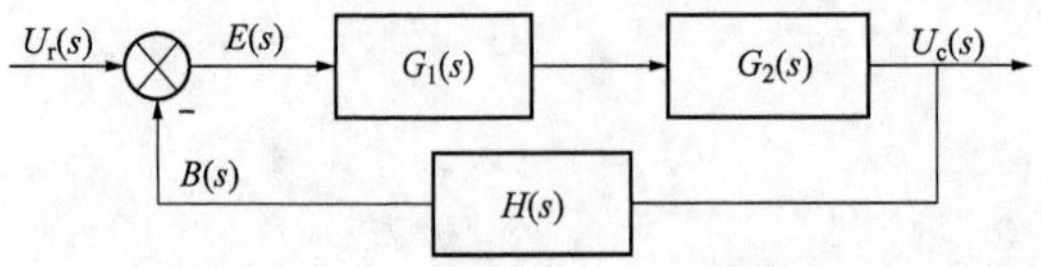

附图 3-25 系统动态结构图

系统（或环节）的频率特性 $G(j\omega)$ 是一个复变量，可以表示成以角频率 ω 为参数的幅值和相角，即

$$G(j\omega)=|G(j\omega)|\angle G(j\omega)$$

附图 3-25 所示系统的开环频率特性为

$$G_1(j\omega)G_2(j\omega)H(j\omega)=\frac{B(j\omega)}{E(j\omega)}=\left|\frac{B(j\omega)}{E(j\omega)}\right|\cdot\angle\frac{B(j\omega)}{E(j\omega)}$$

采用对数幅频特性和相频特性表示为

$$20\lg|G_1(j\omega)G_2(j\omega)H(j\omega)|=20\lg\left|\frac{B(j\omega)}{E(j\omega)}\right|=20\lg|B(j\omega)|-20\lg|E(j\omega)|$$

和

$$\angle G_1(j\omega)G_2(j\omega)H(j\omega)=\angle\frac{B(j\omega)}{E(j\omega)}=\angle B(j\omega)-\angle E(j\omega)$$

本实验应用频率特性测试仪测量系统的频率特性。将频率特性测试仪内信号发生器产生的超低频正弦信号的频率从低到高变化，并施加于被测系统的输入端 u_r，然后分别测量相应的反馈信号 $b(t)$ 和误差信号 $e(t)$ 的对数幅值和相位。

分别计算出各个频率时的开环对数幅值和相位，并在半对数坐标纸上做出实验曲线，即开环对数幅频曲线和相频曲线。

根据实验所得到的开环对数幅频曲线，画出开环对数幅频曲线的渐近线，再根据渐近线的斜率和转折频率确定频率特性（或传递函数）。所确定的频率特性的正确性可以由测量的相频曲线来检验：对于最小相位系统而言，实际测量所得出的相频曲线必须与由确定的频率特性所画出的理论相频曲线在一定程度上相符。若测量所得的相位与在高频时不等于 $-n90°$，那么，频率特性必定是一个非最小相位系统的频率特性。

（2）被测系统的模拟电路图如附图 3-26 所示。

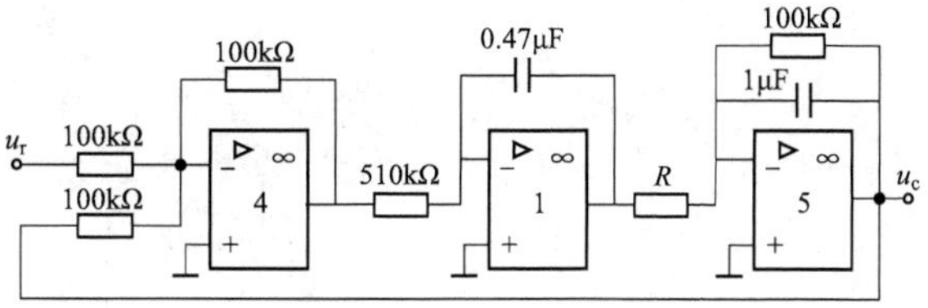

附图 3-26　系统电路图

四、实验步骤

（1）将频率特性测试仪中的信号发生器的频率调节为 100mHz（正弦波），幅值调节至适当值，并施加至被测系统的输入端；

（2）用示波器观察系统各环节波形，避免系统进入非线性状态；

（3）测量系统误差信号 $e(t)$ 的幅值（对数幅值，单位为 dB）和相位（°），并记录测量结果；

（4）测量反馈信号 $b(t)$ 的幅值（dB）和相位（°）；

（5）增大输入正弦信号的频率直至 300Hz，分别重复上述步骤。

五、思考题

（1）传递函数的概念适合于什么系统？

（2）系统输入正弦信号的幅值能太大吗？又能太小吗？应如何选取？

实验四　系　统　校　正

一、实验目的

（1）了解和观测校正装置对系统稳定性及动态特性的影响。

（2）验证设计的校正装置是否满足系统性能指标的要求。

二、实验仪器

（1）自动控制原理学习机一台；

（2）示波器一台；

（3）万用表一块。

三、实验原理

（1）未校正系统的动态结构图如附图 3-27 所示。

（2）未校正系统的电路图如附图 3-28 所示。

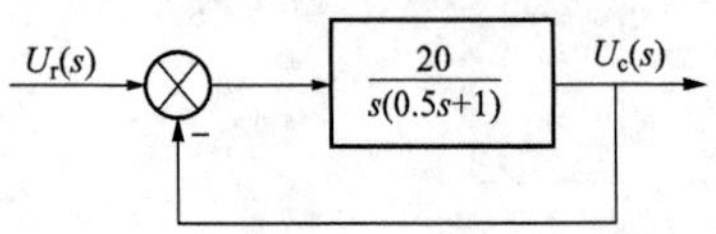

附图 3-27　未校正系统的动态结构图

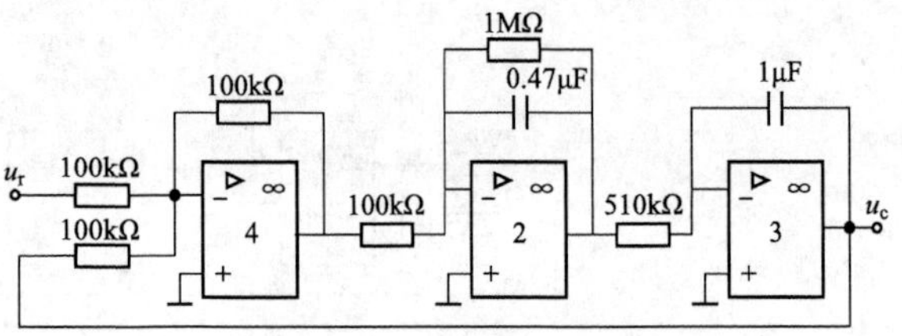

附图 3-28　未校正系统电路图

（3）闭环传递函数为

$$\Phi_0(s)=\frac{40}{s^2+2s+40} \Rightarrow \begin{cases}\omega_n=6.32\\ \xi=0.158\end{cases} \Rightarrow \begin{cases}\sigma\%=60\%\\ t_s=4\text{s}\\ \text{静态速度误差系数 } K_v=20\end{cases}$$

（4）要求设计串联校正装置使系统满足下列性能指标：

1）超调量

$$\sigma\%\leqslant 25\%;$$

2）调节时间

$$t_s\leqslant 1\text{s};$$

3）静态速度误差系数

$$K_v\geqslant 20。$$

由 $\sigma\%=e^{-\xi\pi/\sqrt{1-\xi^2}}\leqslant 25\%$，可得 $\xi>0.4$，取 $\xi=0.5$。由于 $K_v\geqslant 20$，取 $K_v=20$，则

$$t_s=\frac{4}{\xi\omega_n}\leqslant 1\text{s},\ \omega_n=\frac{4}{\xi}=8$$

应用相消法可求得校正后系统的开环传递函数为

$$G(s)=\frac{0.5s+1}{Ts+1}\cdot\frac{20}{s(0.5s+1)}=\frac{20}{s(Ts+1)}=\frac{20/T}{s(s+1/T)}$$

式中：$\frac{0.5s+1}{Ts+1}$为校正网络的传递函数；T 为待定的时间常数。

则校正后系统的闭环传递函数为

$$\Phi(s)=\frac{20/T}{s^2+\frac{1}{T}s+\frac{20}{T}}$$

因此

$$\omega_n^2=\frac{20}{T},\ 2\xi\omega_n=\frac{1}{T}$$

将 $\xi=0.5$ 代入，可得

$$T=0.05,\ \omega_n=20$$

故校正网络的传递函数为

$$G_c(s)=\frac{0.5s+1}{0.05s+1}$$

校正装置电路图如附图 3-29 所示。

（5）校正后系统的动态结构图如附图 3-30 所示。

（6）校正后系统的电路图如附图 3-31 所示。

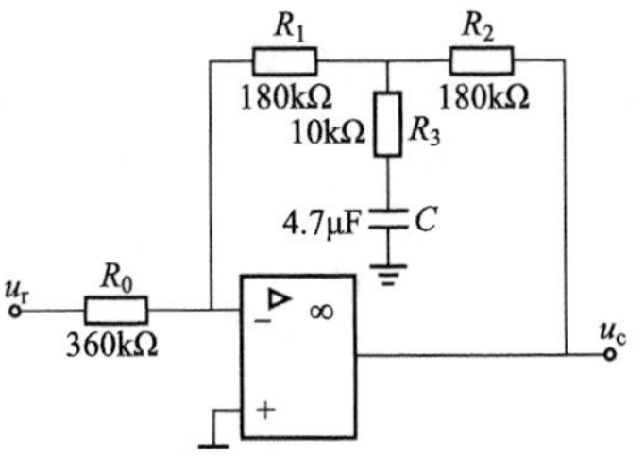

附图 3-29　校正装置电路图

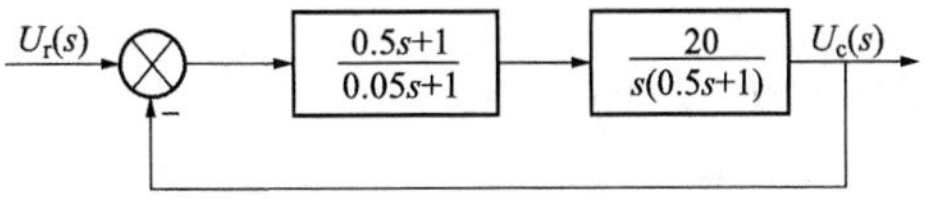

附图 3-30　校正后系统的动态结构图

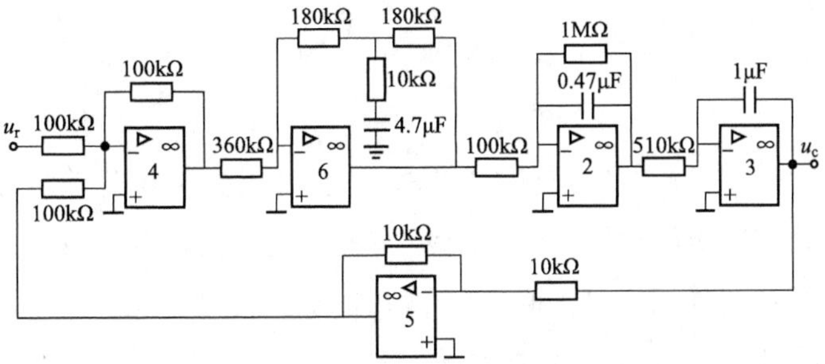

附图 3-31　校正后系统的电路图

四、实验步骤

1. 测量未校正系统的性能指标

（1）按附图 3-28 接线；

（2）输入阶跃信号，观察阶跃响应曲线，并测出超调量 $\sigma\%$ 及调节时间 t_s；

（3）记录曲线及参数。

2. 测量校正后系统的性能指标

（1）按附图 3-31 接线；

（2）输入阶跃信号，观察阶跃响应曲线，并测出校正后系统的 $\sigma\%$ 及 t_s；

（3）记录曲线及参数。

五、思考题

（1）如何测量稳定误差系数？怎样检验静态速度误差系数是否满足期望值？

（2）除超前校正装置外，还有什么类型的校正装置？它们的特点是什么？如何选用校正装置的类型？

实验五　采样控制系统分析

一、实验目的

（1）培养学生模拟研究采样控制系统的技能；

（2）验证和加深理解采样控制系统的基本理论。

二、实验仪器

（1）自动控制原理学习机一台；

（2）示波器一台；

（3）正弦波信号发生器一台；

（4）万用表一块。

三、实验原理

本实验采用“采样—保持器”组件 LF398，它具有将连续信号离散后以零阶保持器输出信号的功能。其管脚连接如附图 3-32 所示，采样周期 T 等于输入至 LF398 8 脚的脉冲周期，此脉冲由多谐振荡器（用组件 MC1555 或 MC1455 及阻容元件构成）发生的方波经单稳电路（用组件 MC14538 及阻容元件的构成）产生，改变多谐振荡器的周期，即改变采样周期。

LF398 采样—保持器功能的动态结构图如附图 3-33 所示。

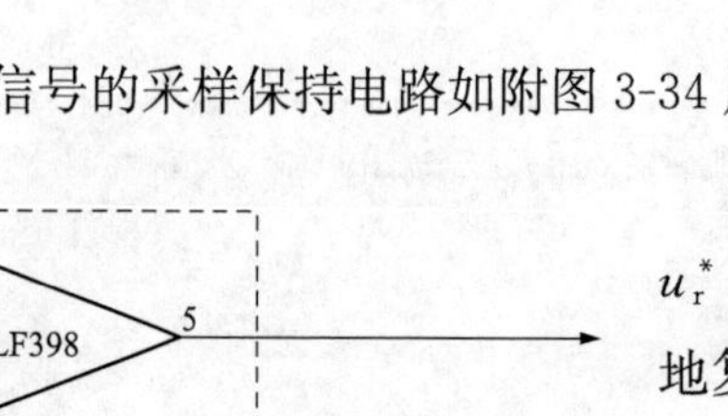

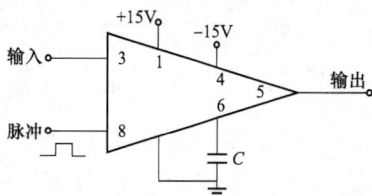

附图 3-32　LF398 管脚图

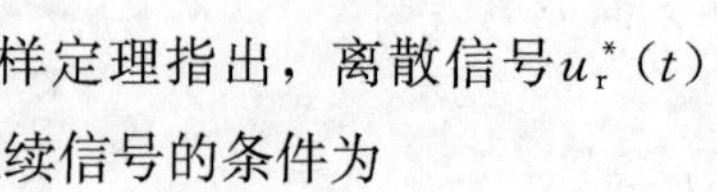

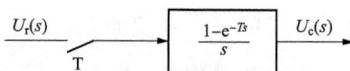

附图 3-33　LF398 功能的动态结构图

（1）信号的采样保持电路如附图 3-34 所示。

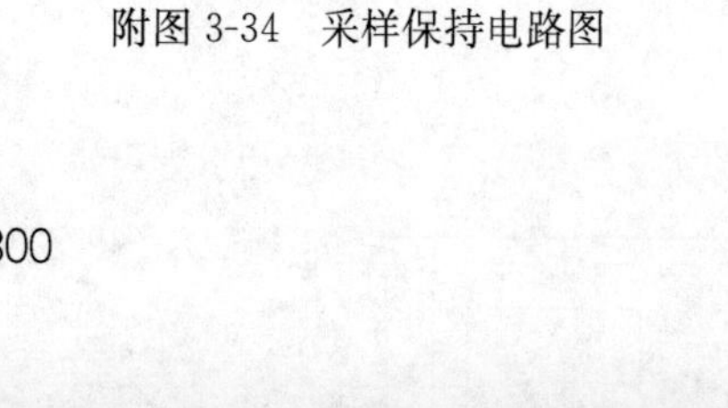

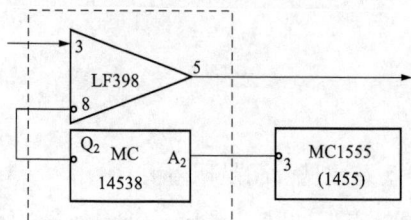

附图 3-34　采样保持电路图

连续信号 $u_r(t)$ 经采样器采样后变为离散信号 $u_r^*(t)$。采样定理指出，离散信号 $u_r^*(t)$ 可以完整地复原为连续信号的条件为

$$\omega_s \geqslant 2\omega_{max}$$

式中：ω_s 为采样角频率；$\omega_s = 2\pi/T$（T 为采样周期）；ω_{max} 为连续信号 $u_r(t)$ 的幅频谱 $|U_r(j\omega)$ 的上限频率。

上式也可表示为

$$T \leqslant \pi/\omega_{\max}$$

若连续信号 $u_r(t)$ 是角频率为 $\omega=2\pi\times25\text{rad/s}$ 的正弦波，它经采样后变为 $u_r^*(t)$，则 $u_r^*(t)$ 经保持器能复原为连续信号的条件是

$$T \leqslant \frac{\pi}{\omega}=\frac{\pi}{2\pi\times25}=\frac{1}{50}(\text{s})=20\text{ms}$$

（2）采样控制系统原理动态结构图如附图 3-35 所示。

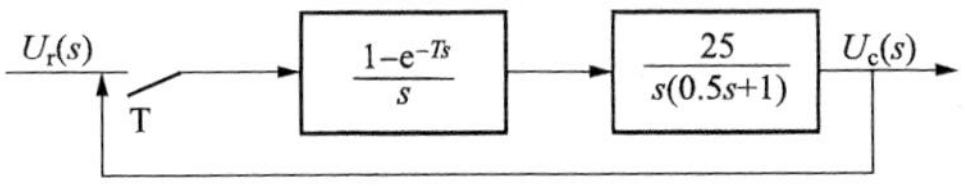

附图 3-35　采样控制系统原理动态结构图

（3）采样控制系统电路图如附图 3-36 所示。

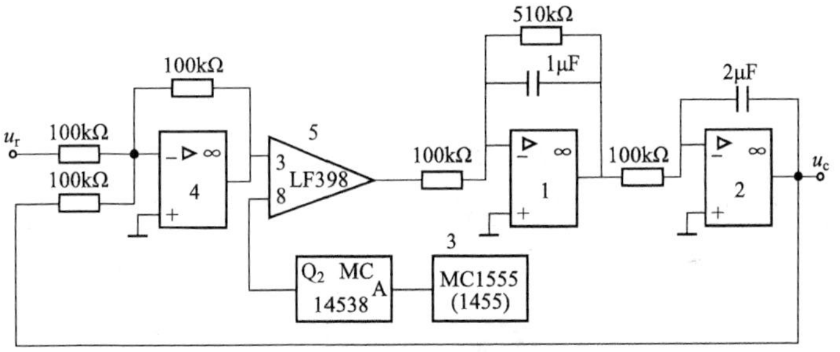

附图 3-36　采样控制系统电路图

附图 3-36 所示采样控制系统的开环脉冲传递函数为

$$Z\left[\frac{25(1-e^{-Ts})}{s^2(0.5s+1)}\right]=25(1-z^{-1})Z\left[\frac{1}{s^2(0.5s+1)}\right]$$

$$=\frac{12.5[(2T-1+e^{-2T})z+(1-e^{-2T}-2Te^{-2T})]}{(z-1)(z-e^{-2T})}$$

闭环脉冲传递函数为

$$\frac{U_c(z)}{U_r(z)}=\frac{125[(2T-1+e^{-2T})z+(1-e^{-2T}-2Te^{-2T})]}{z^2+(25T-13.5+11.5e^{-2T})z+(12.5-11.5e^{-2T}-25Te^{-2T})}$$

采样控制系统的特征方程式为

$$z^2+(25T-13.5+11.5e^{-2T})z+(12.5-11.5e^{-2T}-25Te^{-2T})=0$$

由上式可知，特征方程式的根与采样周期 T 有关。若特征根的模均小于 1，则系统稳定；若有一个特征根的模大于 1，则系统不稳定。可见，系统的稳定性与采样周期 T 的大小有关。

四、实验步骤

1. 信号的采样保持与采样周期的关系

(1) 按附图 3-34 接线;

(2) 将信号发生器产生的频率为 25Hz 的正弦信号接至 LF398 的输入端;

(3) 改变采样周期,使 $T=3\text{ms}$;

(4) 用示波器同时观察 LF398 的输入波形和输出波形;

(5) 改变采样周期,直至 20ms,观测输出波形。

2. 采样控制系统的稳定性及动态响应

(1) 按附图 3-36 接线;

(2) 取 $T=3\text{ms}$;

(3) 输入为阶跃信号 $u_r(t)$,观察并记录系统的输出波形 $u_c(t)$,并测量超调量 $\sigma\%$;

(4) 分别取采样周期为 $T=30\text{ms}$ 和 $T=150\text{ms}$,观察并记录系统的输出波形。

五、思考题

(1) 采样周期对采样控制系统性能的影响怎样?

(2) 采样控制系统可按连续控制系统来分析和设计吗?若可以,条件是什么?

主要参考文献

［1］ 胡寿松. 自动控制原理. 6版. 北京：科学出版社，2016.

［2］ 黄坚. 自动控制原理及其应用. 4版. 北京：高等教育出版社，2014.

［3］ 于希宁. 自动控制原理. 2版. 北京：中国电力出版社，2014.

［4］ Richard C. Dorf，著. 谢红卫，等，译. 现代控制系统. 北京：高等教育出版社，2003.

［5］ 孔凡才. 自动控制原理与系统. 3版. 北京：机械工业出版社，2015.

［6］ 夏德钤. 自动控制理论. 4版. 北京：机械工业出版社，2013.

［7］ 李友善. 自动控制原理. 4版. 北京：国防工业出版社，2014.

［8］ 苗宇. 自动控制原理. 2版. 北京：北京交通大学出版社，2013.

［9］ 张建民. 自动控制原理. 2版. 北京：中国电力出版社，2013.

［10］ 孙亮. 自动控制原理. 3版. 北京：高等教育出版社，2011.

［11］ 宋书中. 交流调速系统. 2版. 北京：机械工业出版社，2012.

［12］ 候崇升. 现代调速控制系统. 北京：机械工业出版社，2006.

［13］ 李华德. 交流调速控制系统. 北京：电子工业出版社，2003.

［14］ 陈伯时. 电力拖动自动控制系统：运动控制系统. 3版. 北京：机械工业出版社，2015.

［15］ 黄忠霖. 控制系统MATLAB计算及仿真. 2版. 北京：国防工业出版社，2004.

［16］ 魏克新. MATLAB语言与自动控制系统设计. 北京：机械工业出版社，2004.

［17］ 魏巍. MATLAB控制工程工具箱技术手册. 北京：国防工业出版社，2004.

［18］ 周渊深. 交直流调速系统与MATLAB仿真. 北京：中国电力出版社，2007.

［19］ 薛定宇. 控制系统计算机辅助设计——MATLAB语言及应用. 3版. 北京：清华大学出版社，2012.